Wider die Götter

Peter L. Bernstein

Wider die Götter

Die Geschichte von Risiko und Riskmanagement von der Antike bis heute

Aus dem Amerikanischen von Gerhard Beckmann

Gerling Akademie Verlag

Die Deutsche Bibliothek – CIP-Einheitsaufnahme

Bernstein, Peter L.:
Wider die Götter : die Geschichte von Risiko und
Riskmanagement von der Antike bis heute / Peter L. Bernstein.
Aus dem Amerikan. von Gerhard Beckmann. – München :
Gerling-Akad.-Verl., 1997
Einheitssacht.: Against the gods <dt.>
ISBN 3-9803352-7-5

3. Auflage 2000
Die Originalausgabe erschien 1996 unter dem Titel »Against The Gods«
bei John Wiley & Sons, New York.

Satz: Fotosatz Reinhard Amann, Aichstetten
Druck und Bindung: Franz Spiegel Buch GmbH, Ulm
ISBN 3-9803352-7-5

www.gerling-academy-press.com

Für
Peter Brodsky

Inhalt

Von 1900 bis 1960: Im Bann der Unbestimmtheiten und die Sucht nach Sicherheit

Auf in die Zukunft: Die Erforschung des Ungewissen

Anhang

Einleitung

Worin besteht eigentlich der Unterschied zwischen den Jahrtausenden vergangener Geschichte und unserer Zeit, der Moderne? Die Beantwortung dieser Frage greift über alle Hinweise zum Fortschritt der Naturwissenschaften wie von Technologie, Kapitalismus und Demokratie hinaus.

Die ferne Vergangenheit war ja reich an brillanten Naturwissenschaftlern, Mathematikern, Erfindern, Technologen und politischen Denkern. Das Firmament war bereits Jahrhunderte vor Christi Geburt verzeichnet, die große Alexandrinische Bibliothek erbaut und die euklidische Geometrie unterrichtet worden. Das Interesse an technischen Neuerungen war im Hinblick auf die Kriegsführung damals genauso unersättlich wie heute. Kohle, Öl, Eisen und Kupfer stehen bereits Tausende von Jahren im Dienst des Menschen, Nachrichtenverkehr und Reisen lassen sich bis zu den Ursprüngen der schriftlich überlieferten Kultur zurückverfolgen.

Das Revolutionäre, das die Neuzeit von historischer Vergangenheit trennt, ist die Vorstellung der Risikosteuerung, der Gedanke, daß die Zukunft nicht bloß den Launen der Götter entspringt und daß Männer wie Frauen der Natur nicht passiv gegenüberstehen. Zuvor war die Zukunft nur ein Spiegelbild der Vergangenheit oder das Halbdunkel der Orakel und Weissager, die das Vorherwissen von Ereignissen monopolisiert hatten.

In diesem Buch wird die Geschichte von Denkern und ihrer bemerkenswerten Vision erzählt, die Zukunft in den Dienst der Gegenwart stellen zu können. Indem sie der Welt zeigten, wie sich Risiko begreifen, messen und in seinen Konsequenzen abwägen läßt, konnte jene Bereitschaft zum Risiko entstehen, die ein wesentlicher Katalysator des Fortschritts der modernen westlichen Gesellschaft ist. Sie haben die Götter herausgefordert wie Prometheus und das Dunkel erforscht auf der Suche nach Licht, so daß die Zukunft nicht mehr feindliche Macht, sondern Chance bedeutete. Die Risikosteuerung, welche dadurch in Gang kam, hat die Spiel- und Wettleidenschaft des Menschen in wirtschaftliches Wachstum, verbesserte Lebensqualität und technologischen Fortschritt umgesetzt.

Diese Neuerer haben einen rationalen Umgang mit Risiken ermöglicht und damit den Schub für das Tempo, die Energie, den Kommunikationskreislauf und das hochdifferenzierte Finanzwesen erzeugt, die Wissenschaft und Wirtschaft zu den maßgeblichen Bereichen unserer Epoche machten. Ihre Entdeckungen zur Eigenart des Risikos, über die Möglichkeit von freier Wahl und Entscheidung und eines entsprechenden wissenschaftlichen Instrumentariums bilden den Kern der modernen Marktwirtschaft, der sich die Nationen weltweit eiligst anschließen möchten. Trotz aller damit verbundenen Probleme und Fallstricke hat die Marktwirtschaft mit der Freiheit der Wahl als Angelpunkt der Menschheit einen beispiellosen Zugang zu den guten und angenehmen Seiten des Lebens eröffnet.

Das Charakteristikum der modernen Gesellschaft besteht darin, daß sie festzulegen vermag, was in Zukunft möglich ist, und zwischen möglichen Alternativen wählen kann. Das Risikomanagement umfaßt einen Riesenkomplex von Entscheidungsfindungen – von der Verteilung des Volksvermögens bis zur Sicherung des öffentlichen Gesundheitssystems, von der Kriegsführung bis zur Familienplanung, vom Festlegen der Versicherungsprämien bis zum Anschnallen des Sicherheitsgurts in Auto und Flugzeug, vom Maisanbau bis zum Vermarkten von Cornflakes.

In früheren Epochen waren die Werkzeuge und Methoden für Ackerbau, Warenerzeugung, Betriebsführung, Verkehr und Kommunikation einfach. Es gab oft Pannen, doch für Reparaturen brauchte es weder Klempner noch Elektriker und Computerfachleute – genausowenig wie Buchhalter und Investmentberater. Die Folgen von Störungen in einem Sektor wirkten sich auf andere Bereiche unmittelbar und direkt aus. Heutzutage funktioniert alles nur dank hochkomplizierter Instrumentarien, und Pannen können Katastrophen mit weitreichenden Folgen auslösen. Wir müssen uns der Wahrscheinlichkeit von Funktionsstörungen und -fehlern ständig bewußt sein. Ohne Zuhilfenahme der Wahrscheinlichkeitstheorie und anderer Methoden zur Risikosteuerung hätten Ingenieure nie die großen Brücken zu planen vermögen, die selbst breiteste Flüsse überspannen, würden die Wohnungen immer noch mit Kaminen oder Zimmeröfen geheizt werden müssen, würde es keine Nutzung von Elektrizität geben, die Polio nach wie vor Kinderlähmung verursachen, kein Flugzeug fliegen und Weltraumreisen ein bloßer Traum geblieben sein.*

Ohne das Versicherungswesen würden junge Familien nach dem Tod ihres Ernährers verhungern oder auf Nächstenliebe angewiesen sein; würden noch viel mehr Menschen ohne medizinische Versorgung auskommen müssen, und nur die Reichsten könnten sich ein Eigenheim leisten. Wenn Bauern ihre Produkte nicht schon vor der Erntezeit zu Festpreisen verkaufen könnten, würden erheblich weniger Nahrungsmittel erzeugt.

Wenn es keine Kapitalmärkte gäbe, die Sparern ein Diversifizieren der Risiken gestatteten, und wenn Investoren (wie in der Frühzeit des Kapitalismus) auf eine Aktie beschränkt blieben, wären die großen innovativen Unternehmen unseres Zeitalters eventuell nie entstanden. Die Möglichkeit der Risikosteuerung und die dadurch gegebene Risikobereitschaft mit dem Willen zu zukunftsorientierten Entscheidungen setzt die Energien frei, die unser Wirtschaftssystem antreiben.

DIE WURZELN DES modernen Risikoverständnisses liegen im hindu-arabischen Zahlensystem, das vor achthundert Jahren die westliche Welt erreichte. Die eigentliche Risikoforschung begann jedoch erst in der Renaissance, als der Mensch sich von den Fesseln der Vergangenheit befreite und tradierte Meinun-

* Der Wissenschaftler, der die Saturn-5-Rakete entwickelte, welche den ersten Apollo-Flug zum Mond antrieb, hat es folgendermaßen ausgedrückt: »Da benötigt man ein absolut dichtes Ventil und probiert alles mögliche, um so ein Ventil zu entwickeln. Es ist nun aber so, daß die Realität nur undichte Ventile liefert, und deshalb muß man definieren, welcher Grad von Undichte tolerierbar ist.« (Nachruf auf Arthur Rudolph in der *New York Times* vom 3. Januar 1996)

gen und religiöse Vorstellungen offen in Frage stellte. Es war dies eine Epoche, in der weite Teile der Erde überhaupt erst entdeckt wurden und die Ausbeutung ihrer Schätze begann. Es war ein Zeitalter religiöser Umbrüche, der ersten Anfänge des Kapitalismus und einer entschiedenen Hinwendung zu Naturwissenschaft und Zukunft.

Im Jahre 1654 forderte der Chevalier de Méré, ein französischer Edelmann mit einem Faible für Glücksspiele und Mathematik, den berühmten französischen Mathematiker Blaise Pascal auf, ein Rätsel zu lösen: Wie sind die Wetteinsätze eines angelaufenen Glücksspiels zwischen zwei Spielern aufzuteilen, von denen einer führt? An dieser Aufgabe waren alle Mathematiker gescheitert, seit der Mönch Luca Pacioli sie rund zweihundert Jahre zuvor gestellt hatte; Pacioli war es übrigens auch gewesen, der das System der doppelten Buchführung für Kaufleute entwickelt und Leonardo da Vinci im Gebrauch der Multiplikationstafel unterwiesen hatte. Pascal suchte die Mithilfe des Juristen Pierre de Fermat, der auch als Mathematiker brillant war. Das Ergebnis ihrer Gemeinschaftsarbeit war geistiges Dynamit. Was wie eine Variante des 17. Jahrhunderts vom Spiel »Trivial Pursuits« anmuten könnte, führte zur Entdeckung der Wahrscheinlichkeitstheorie und damit zum mathematischen Kern des Risikobegriffs.

Die Lösung dieser Aufgabe versetzte den Menschen in die Lage, mit Hilfe von Zahlen Entscheidungen zu treffen und die Zukunft vorherzusagen. Natürlich hatte er auch vorher schon – im Mittelalter, in der Antike, sogar in der Agrargesellschaft vor Erfindung der Schrift – Entscheidungen getroffen, Interessen verfolgt und Handel getrieben, doch ohne wirklich eine Vorstellung von Risiko oder Entscheidungsfindung zu haben. Wenn wir uns heute weniger auf Aberglauben und Tradition verlassen als unsere Vorfahren, so nicht etwa, weil wir rationalere Menschen wären, sondern weil wir dank des Risikobegriffs auf rationalem Wege Entscheidungen zu treffen vermögen.

Der Durchbruch zur Wahrscheinlichkeitstheorie erfolgte in einer Zeit außerordentlich starker Innovations- und Forschungsschübe. Bis 1654 gehörte es zum gesicherten Wissen, daß die Erde rund ist; waren riesige neue Länder entdeckt worden; legte das Schießpulver die Burgen des Mittelalters in Schutt und Asche; war der Buchdruck mit beweglichen Lettern voll etabliert, Künstlern das perspektivische Zeichnen vertraut geworden; Europa wurde reich; die Amsterdamer Börse florierte. Der berühmt gewordene Zusammenbruch der holländischen Tulpen-Spekulation in den 1630er Jahren folgte auf die Ausgabe von Optionen, welche die ausgereiften Finanzierungsinstrumente unserer Tage im wesentlichen vorwegnehmen.

Diese Entwicklung machte dem Obskurantismus Beine. Martin Luthers Einfluß hatte sich breit durchgesetzt; in der künstlerischen Darstellung von Dreifaltigkeit und Heiligen war der Glorienschein zumeist verschwunden. William Harveys Entdeckung des Blutkreislaufs warf die herkömmliche medizinische Lehre über den Haufen – und Rembrandt malte »Die Anatomie des Dr. Tulp« mit dem kalten weißen, nackten Menschenleib. Wenn der Chevalier de Méré mit der erwähnten Denksportaufgabe nicht an Pascal herangetreten wäre, hätte in solch einem geistigen Umfeld bestimmt ein anderer die Wahrscheinlichkeitstheorie erfunden.

Andere Mathematiker entwickelten sie weiter, so daß aus einer Kalkulkationsmarotte von Glücksspielern ein wirksames Instrument der systematischen Informationsbeschaffung, -deutung und -nutzung wurde. Eine geniale Idee kam zur andern, um jene quantitativen Methoden der Risikosteuerung zu begründen, die das immer schnellere Tempo der modernen Gesellschaftsprozesse förderten.

Um 1725 wetteiferten Mathematiker miteinander im Ausarbeiten von Tabellen zur menschlichen Lebenserwartung, und die englische Regierung finanzierte die Staatsausgaben mit dem Verkauf von Leibrenten. Bis zur Jahrhundertmitte war in London mit einem hochentwickelten Seeversicherungswesen ein blühender neuer Geschäftszweig entstanden.

Im Jahre 1703 äußerte Gottfried Wilhelm Leibniz gegenüber dem Schweizer Gelehrten und Mathematiker Jacob Bernoulli die Bemerkung, daß die »Natur Muster eingerichtet hat, die zur Wiederholung von Ereignissen führen, aber nur zum größten Teil«[1] – eine Aussage, die Bernoulli dazu anregte, das

Gesetz der Großen Zahl und statistische Methoden zur Auswertung von Stichproben zu finden: die Basis für moderne Verfahren so unterschiedlicher Art wie Meinungsforschung, Weinproben, Wertpapierauswahl und das Testen neuer Medikamente.* Leibniz' Einschränkung – »aber nur zum größten Teil« – war stärker, als ihm möglicherweise selbst klar war, doch lieferte er gerade damit den Schlüssel zu der Erkenntnis, warum es so etwas wie Risiko überhaupt gibt. Ohne diese Einschränkung wäre nämlich alles vorhersehbar, und in einer Welt, wo jedes Phänomen mit einem vorhergehenden identisch wäre, könnten keine Veränderungen stattfinden. Das Gesetz Großer Zahlen besagt, daß die Differenz zwischen beobachtetem und wahrem Wert einer Probe abnimmt, je größer die Zahl der Beobachtungen wird.

Im Jahre 1730 machte Abraham de Moivre auf die Struktur der Normalverteilung – auch als »Gaußsche Glockenkurve« bekannt – aufmerksam; außerdem entdeckte er die Standardabweichung. Im Volksmund werden beide in der »Durchschnittsregel« zusammengefaßt; beide sind Kernelemente der modernen Methoden zur Quantifizierung von Risiken. Acht Jahre später erfaßte Daniel Bernoulli – ein Neffe Jacob Bernoullis und ein gleichermaßen glänzender Naturwissenschaftler und Mathematiker – das Wahl- und Entscheidungsverhalten der meisten Menschen systematisch. Noch bedeutsamer: Er stellte die These auf, daß die Befriedigung aus jeder Mehrung des Wohlstands, und sei sie noch so klein, »umgekehrt proportional zur Menge der zuvor besessenen Güter sein müsse«. Mit dieser scheinbar harmlosen Feststellung lieferte Bernoulli eine Erklärung dafür, warum König Midas unglücklich war, warum Menschen tendenziell risikoscheu sind und warum die Preise fallen müssen, wenn die Kunden überzeugt werden sollen, mehr zu kaufen. Bernoullis These blieb 250 Jahre lang das herrschende Paradigma vom rationalen Verhalten; sie war das Fundament heutiger Prinzipien für das Management von Kapitalanlagen.

* Die Arbeiten Jacob Bernoullis werden ausführlich im 7. Kapitel dargestellt.

Fast hundert Jahre nach der Zusammenarbeit von Pascal und Fermat gelang dem nonkonformistischen englischen Geistlichen Thomas Bayes eine wichtige Verbesserung der Statistik; er zeigte, wie die mathematische Verknüpfung von neuen und alten Daten bessere Entscheidungen ermöglicht. Bayes Theorem betrifft die häufigen Fälle, wenn wir aufgrund eines gesunden intuitiven Urteils mit der Wahrscheinlichkeit eines ganz bestimmten Ergebnisses rechnen und unser Urteil aufgrund realer Entwicklungen modifizieren möchten.

Alle uns heute verfügbaren Hilfsmittel zur Risikosteuerung und für die analytische Vorbereitung von Wahl und Entscheidung – von der strikt rationalen Spieltheorie bis hin zu den Herausforderungen der Chaostheorie – rühren von Erkenntnissen her, die zwischen 1654 und 1760 gemacht wurden.

Im Jahre 1875 entdeckte dann der Amateurmathematiker Francis Galton – ein Vetter von Charles Darwin – die Regel von der Regression zum Mittelwert, die erklärt, warum Hochmut vor dem Fall kommt und ein dunkler Horizont oft einen Silberstreifen hat. Wann immer wir eine Entscheidung treffen, die von der Erwartung ausgeht, daß alles wieder zum »Normalzustand« zurückkehrt, halten wir uns an diese Rückbildungstheorie.

Und im Jahre 1952 hat der spätere Nobelpreisträger Harry Markowitz – damals noch ein junger Postgraduatestudent der Universität Chicago, der sich auf Unternehmensforschung spezialisierte – mathematisch nachgewiesen, warum es ein inakzeptables Risiko darstellt, alles auf eine Karte zu setzen, und ein Investor oder Manager am ehesten durch Diversifizierung einen Blumentopf gewinnt. Seine Entdeckung löste jenes Umdenken aus, das die Börse an der Wall Street wie die Finanzpolitik und Firmenstrategie von Unternehmen rund um den Globus revolutionierte; die Folgen sind bis heute spürbar.

IN DER GESCHICHTE, die ich zu berichten habe, stehen sich von Anfang an zwei Lager gegenüber – die Vertreter der Auffassung, daß die besten Entscheidungen sich auf Quantifizierung und auf Zahlen gründen, die durch Muster der Vergangenheit vorgegeben sind; und die Verfechter von Entscheidungen auf der Grundlage von subjektiveren Einschätzungen einer ungewissen Zukunft. Diese Kontroverse ist bis heute nicht beigelegt.

In ihrem Zentrum steht die Frage, in welchem Maße sich Zukünftiges durch Vergangenes definieren läßt. Die Zukunft können wir nicht quantifizieren, weil sie unbekannt ist; vergangene Ereignisse haben wir mit Hilfe von Zahlen zu analysieren gelernt. Bis zu welchem Grad können wir uns aber darauf verlassen, daß Muster aus der Vergangenheit uns zu erkennen geben, wie es in Zukunft aussehen wird? Was hat mehr Bedeutung, wenn wir ein Risiko tragen müssen – die Tatsachen, so wie sie uns vertraut sind, oder unser subjektiver Glaube, erkennen zu können, was im vor uns liegenden zeitlichen Vakuum verborgen ist? Ist Risikomanagement eine Kunst oder eine Wissenschaft? Gibt es da überhaupt eine klare Trennungslinie?

Es ist eine Sache, ein mathematisches Modell aufzustellen, das allem Anschein nach alles erklärt. Wenn wir mit den Schwierigkeiten des Alltags konfrontiert sind, kann solch ein Modell angesichts der Mehrdeutigkeit der Fakten und unter den Einflüssen des menschlichen Herzens jedoch rasch verschwimmen. Der jüngst verstorbene Fischer Black, ein Pionier auf dem Gebiet moderner Finanztheorie, der vom M.I.T. an die Wall Street wechselte, hat einmal bemerkt: »In den Banken am Ufer des Hudson sehen Märkte um vieles ineffizienter aus als auf den Bänken am Ufer des Charles.«*[2]

Mittlerweile hat der Konflikt zwischen vergangenheitsorientierter Quantifizierung und subjektiver Überzeugung an Bedeutung gewonnen. Das mathematisch gesteuerte System heutigen Risikomanagements enthält den Keim einer entmenschlichten, selbstzerstörerischen Technologie. Der Nobelpreisträger Kenneth Arrow hat gewarnt: »Unser Wissen über die Funktionsweisen von Gesellschaft oder Natur entsteht im Dunstkreis von Unklarheiten. Wann immer man sichere Gewißheit zu haben meinte, waren immense Mißgeschicke die Folge.«[3] Es könnte durchaus sein, daß die Freiheit von der Tra-

* Im Englischen ein Wortspiel mit dem Wort »banks«, das sowohl »Banken« wie »Ufer« bedeuten kann. Das New Yorker Börsenzentrum Manhattan liegt am Hudsonfluß, das M.I.T. in Cambridge, Mass., an den Ufern des Charles. Anm. d. Ü.

dition uns zu Sklaven einer neuen Religion macht, die nicht weniger starr, einengend und willkürlich ist, als es die alte war.

Es wimmelt in unserem Leben nur so von Zahlen, da vergessen wir manchmal, daß auch Zahlen nur Mittel zum Zweck sind. Sie sind seelenlos, sie können sogar zum Fetisch werden. Viele immens problematische Entscheidungen werden per Computer getroffen, von Maschinen, die, was Zahlen betrifft, die Gefräßigkeit von Ungeheuern haben und darauf angelegt sind, mit immer größeren Zahlenmengen gefüttert zu werden, die sie zermahlen, verdauen und wieder ausspucken.

UM ERMESSEN ZU KÖNNEN, bis zu welchem Grade die heutigen Methoden des Risikomanagements Segen oder Fluch bedeuten, müssen wir die Geschichte ihrer Entwicklung kennen. Wir müssen verstehen, warum die Menschen vergangener Epochen versucht – oder auch nicht versucht – haben, das Risiko zu bannen; wie sie dies Ziel angegangen sind, welche Denk- und Sprachmodi auf ihre Erfahrungen zurückgehen und zu welchen kulturellen Veränderungen die Folgen, im großen wie im kleinen, im Zusammenspiel historischer Entwicklungen geführt haben. Solche Betrachtungsweise wird uns eine tiefere Einsicht davon vermitteln, wo wir heute stehen und wohin möglicherweise unser Weg führt.

Wir werden im Laufe dieses Buches häufig auf das Glücksspiel Bezug nehmen, dessen Bedeutung nämlich weit über das Kreisen des Roulettes hinausreicht. Die komplexen Ideen des Risikomanagements und der Entscheidungsfindung sind zum großen Teil aus der analytischen Beschäftigung mit kindischen Spielen hervorgegangen. Man muß kein Spieler oder Anleger sein, um zu verstehen, was Glücksspiel und Investieren uns über das Risiko offenbaren.

Würfel und Roulette, Aktien- und Obligationenmarkt sind natürliche Labors der Risikoforschung, weil sie auf einfachste Art Quantifizierungen liefern; denn ihre Sprache ist ja die Zahlensprache. Außerdem offenbaren sie uns eine Menge über uns selbst. Wenn wir beim Weiterspringen der kleinen weißen

Kugeln auf dem kreisenden Rad des Roulettes den Atem anhalten oder unseren Börsenmakler anrufen, um Aktien zu erwerben oder zu verkaufen, lassen die Zahlen unser Herz höher schlagen. Und so erleben wir es bei allen wichtigen Dingen, deren Resultat von Glück und Zufall abhängt.

Das Wort »Risiko« leitet sich vom frühitalienischen *risicare* her, das »wagen« bedeutet, und demgemäß meint Risiko eher eine Wahlentscheidung als etwas Schicksalhaftes. Um das Wagnis des Handelns vor dem Hintergrund unserer freien Wahlmöglichkeiten geht es in der vorliegenden Geschichte des Risikos, die viel zum Verständnis dessen beiträgt, was es heißt, ein Mensch zu sein.

Bis 1200:
Die Anfänge

1
Wind und Sturm bei den Griechen und die Bedeutung des Würfelspiels

Wieso ist der Risikobegriff eine so unverwechselbar moderne Vorstellung? Warum mußten bis zur Renaissance Jahrtausende vergehen, bis der Mensch endlich die Hindernisse beiseite räumte, die dem Berechnen und Meistern des Risikos im Weg standen?

Auf diese Fragen gibt es keine simplen Antworten. Wir wollen jedoch mit einem Hinweis beginnen. Das Glücksspiel – Inbegriff des bewußt eingegangenen Risikos – ist seit Menschengedenken ein beliebter Zeitvertreib; oft genug sogar eine Sucht. Als Pascal und Fermat der Durchbruch und die bahnbrechende Entdeckung der Wahrscheinlichkeitsregeln gelang, wurden sie dazu nicht etwa durch eine tiefsinnige Frage nach dem Wesen des Kapitalismus oder durch eine große Zukunftsvision angeregt; sie verdankten die Anregung vielmehr einem Glücksspiel. Doch bis zu diesem Zeitpunkt hatten Menschen immerfort Wetten gesetzt und Glücksspiele gespielt, ohne von den Systemen der Chancenverteilung zu wissen, die heute über Gewinn und Verlust entscheiden. Man ging Risiken ein, ohne von der Theorie des Risikomanagements zu wissen und beeinflußt zu sein.

Das Glücksspiel hat Menschen seit eh und je gelockt, weil es uns direkt, schrankenlos mit dem Schicksal konfrontiert. Wir wagen uns in diese tollkühne Schlacht, weil wir einen mächtigen Bundesgenossen auf unserer Seite zu haben glauben, das Glück; weil wir überzeugt sind, das Glück werde in unsere Auseinandersetzung mit dem Schicksal eingreifen und uns den Sieg bringen. Adam Smith, ein ausgezeichneter Kenner der menschlichen Natur, hat dafür die psychologische Begründung geliefert: er sah sie gegeben in der eitlen und maßlosen Überschätzung der eigenen Fähigkeiten beim größeren Teil der Menschheit [und] dem absurden Glauben an das eigene Glück.«[1] Obwohl Smith begriff, daß der menschliche Drang zum Risiko den wirtschaftlichen Fortschritt förderte, hegte er doch die Befürchtung, daß die Gesellschaft Schaden erlitte, wenn dieser Drang überhandnähme. Ihm lag deshalb daran, die Vorzüge freier Marktwirtschaft durch moralische Gesittung in Schach zu halten. 160 Jahre später pflichtete ihm ein anderer bedeutender britischer Ökonom bei; John Maynard Keynes erklärte: »Wenn die Kapitalentwicklung eines Landes das Nebenprodukt eines Spielkasinobetriebs wird, wird sie wahrscheinlich ungünstig verlaufen.«[2]

Nun wäre allerdings die Welt langweilig, wenn es dem Menschen an Eitelkeit und Glücksvertrauen fehlte. Keynes mußte einräumen: »Wenn die menschliche Natur nicht versucht wäre, etwas zu riskieren ..., könnte es wohl sein, daß allein auf Grund von Berechnung keine sehr hohe Investitionstätigkeit aufkommen würde.«[3] In Erwartung eines Fehlschlags geht niemand ein Risiko ein. Als die Sowjets den Versuch unternahmen, das Unwägbare durch Regierungsbeschlüsse und Planwirtschaft wegzuverwalten, wurde der gesellschaftliche und wirtschaftliche Fortschritt erstickt.

DIE SPIELLEIDENSCHAFT hält Menschen seit Jahrtausenden in Bann; und dem Spiel wird seit altersher überall gefrönt, in den untersten Schichten wie in angesehensten Gesellschaftskreisen.

Die Soldaten des Pontius Pilatus würfelten um das Gewand des am Kreuz hängenden Jesus. Marc Aurel, der römische Kaiser, ließ sich für gewöhnlich von seinem persönlichen Croupier begleiten. Der Earl of Sandwich erfand den Imbiß, der bis heute seinen Namen trägt, damit er nicht aus Hunger den Spieltisch verlassen mußte. George Washington veranstaltete in seinem Feldherrnzelt während des amerikanischen Unabhängigkeitskriegs Glücksspiele.[4] Das Glücksspiel ist ein fester Bestandteil unseres Bildes vom Wilden Westen. Und der Song »Luck be a Lady Tonight« zählt zu den unvergeßlichen Einlagen des Musicals *Guys and Dolls*, das von einem der Spielleidenschaft verfallenen Mann und seinem wechselhaften *Crap*-Spiel handelt.

Bei der frühesten uns bekannten Form des Glücksspiels wurde der sogenannte Astragalus verwendet.[5] Dieser Urahn des heutigen Würfels war ein ziemlich rechteckiger Knochen, der aus dem besonders harten, marklosen Schaf- oder Wildknöchel gefertigt wurde und praktisch unzerstörbar war. Beispiele des Astragalus sind auf vielen archäologischen Grabungsstätten ans Licht gekommen. Das betreffende Glücksspiel ist bereits auf ägyptischen Grabmalereien aus der Zeit um 3500 v. Chr. abgebildet. Vasen aus der griechischen Antike zeigen Jünglinge, die solche Würfelknochen in einen Kreis werfen. Obwohl die Spielleidenschaft im alten Ägypten mit Zwangsarbeit beim Bau der Pyramiden bestraft wurde, waren die Pharaonen selbst, wie uns dank archäologischer Ausgrabungen bekannt ist, keineswegs darüber erhaben, mit präparierten Würfeln zu spielen. Das amerikanische *Craps* ist eine Fortentwicklung von mehreren Formen des Würfelspiels, die in der Zeit der Kreuzzüge nach Europa gelangten und gemeinhin als Hasardspiele bezeichnet wurden; das Wort geht auf den arabischen Ausdruck für Würfel zurück – *al zahr.*[6]

Das Kartenglücksspiel entstand aus alten Formen der Wahrsagerei in Asien, war aber bis zur Erfindung des Buchdrucks in Europa nicht sonderlich weit verbreitet. Die Spielkarten waren anfänglich groß, quadratisch und ohne Kennzeichnung durch Eckenfiguren oder Augen. Bildkarten wurden damals, statt mit doppelköpfigen Figuren, mit bloß einem Kopf gedruckt, so daß man sie am unteren Ende erkennen mußte; denn durch ein Herumdrehen der Karten hätte man ja verraten, daß man Bildkarten hielt. Die quadratische Form machte das Mogeln leicht; die Spieler konnten, um Karten später im Pack zu erkennen, ein winziges Stück der Ecke markieren. Bildkarten mit Doppelkopf und Karten mit abgerundeten Ecken wurden erst im 19. Jahrhundert gebräuchlich.

Wie Craps ist auch Poker, das erst seit 150 Jahren existiert, die amerikanische Abart eines älteren Spiels. Laut David Hayano besteht Poker alles in allem aus »listigen Tricks, monumentalen Täuschungen, kalt berechneten Strategien und glühenden Glaubensvorstellungen [mit] unsichtbaren Tiefenstrukturen ... [Es ist] ein Spiel, das man nicht beobachten, sondern erleben muß.«[7] Hayano zufolge wird Poker regulär von 40 Millionen Amerikanern gespielt, die ausnahmslos überzeugt sind, ihre Gegner ausstechen zu können.

Süchtig machen insbesondere die reinen Glücksspiele, wie sie in den Kasinos gespielt werden, die sich zur Zeit wie ein Steppenbrand in den früher so soliden und beständigen amerikanischen Städten und Gemeinden ausbreiten. Ein Bericht der *New York Times* vom 25. September 1995 mit Ortsangabe Davenport im Bundesstaat Iowa bezeichnet das Glücksspiel als rasanteste Wachstumsbranche der USA, »ein Geschäftszweig mit 40 Mrd. $ Jahresumsatz, der mehr Kunden anlockt als Baseball-Stadien oder Kinos«.[8] Die Zeitung zitiert Schätzungen eines Professors der Universität Illinois, wonach die Regierungen der US-Bundesstaaten mittlerweile für jeden Dollar an Steuereinnahmen von den Kasinos drei Dollar an Sozial- und Strafjustizkosten aufzubringen haben – eine Quittung, die Adam Smith bestimmt nicht überrascht hätte.

Bis 1985 hat es in Iowa nicht einmal eine Lotterie gegeben; 1995 existierten dort bereits zehn große Kasinos sowie eine Pferde- und eine Hunderennbahn mit Spielautomaten, die rund um die Uhr in Betrieb sind. Der erwähnte Artikel hält fest, daß »fast neun von zehn Einwohnern des Staates Iowa zugeben zu spielen« und 5,4% von ihnen gestehen, spielsüchtig zu sein – was einen Anstieg von 1,7 % gegenüber dem Vorjahr bedeutet. Und das in einem amerikanischen Bundesstaat, wo in den 1970er Jahren ein katholischer Priester zu Gefängnis verurteilt wurde, weil er einmal Bingo veranstaltet hatte! *Al zahr* in seiner reinsten Form floriert offenbar immer noch.

MAN MUSS REINE GLÜCKSSPIELE von Spielen unterschieden, bei denen es auch auf Geschicklichkeit ankommt. Am Roulettetisch, beim Würfeln und an den Spielautomaten herrschen die gleichen Prinzipien, die aber nur zu einem Teil erklären, worauf es bei Poker, Pferderennwetten und Backgammon ankommt. Bei der ersten Gruppe ist das Spielergebnis Schicksal; bei der zweiten kommt Wahlfreiheit dazu. Bei den Glücksspielwetten muß man nur die wahrscheinlichen Gewinnchancen kennen; dagegen erfordert es viel größere Kenntnisse zur Vorhersage von Gewinnern und Verlierern, wenn das Spielresultat von Geschicklichkeit und von Glück abhängt. Unter Kartenspielern und Rennwettern gibt es echte Fachleute; aus dem Crapsspielen ist hingegen bisher noch kein erfolgreicher Profi hervorgegangen.

Für viele Beobachter unterscheidet sich der Börsenmarkt kaum von einem Spielkasino. Ist ein auf dem Börsenmarkt erzielter Gewinn auf eine Kombination von Geschick und Glück zurückzuführen oder schlichtweg nur Ergebnis eines glücklich verlaufenen Hasardspiels? Wir werden uns im 12. Kapitel ausführlich mit dieser Frage beschäftigen. In früheren Zeiten setzten die Leute ihre Wetten ohne Kenntnis von Risikosteuerung oder Wahrscheinlichkeitsregeln. Heute erfordern Entscheidungen, daß Instinkt und Risikoberechnung Hand in Hand gehen.

So wie im wirklichen Leben gibt es auch bei Hasardspielen Pech- und Glückssträhnen. Auf dergleichen reagieren Spieler asymmetrisch: Bei einer Pechsträhne hoffen sie auf eine Aufhebung der Durchschnittsregel, damit die Pechsträhne rasch zu Ende geht; und bei Glückssträhnen erhoffen sie sich von eben der gleichen Durchschnittsregel, daß sie sich selber aufhebt, damit die Gewinnsequenz ewig andauert. Das Gesetz vom Durchschnitt ignoriert beides. Die letzte Würfelfolge enthält absolut gar nichts an Informationen über den nächsten Wurf. Karten, Münzen, Würfel und Roulette sind ohne Gedächtnis.

Hasardspieler mögen glauben, daß sie auf Rot oder auf sieben- bzw. viermal die gleiche Zahl setzen; *in Wahrheit setzen sie jedoch auf die Uhr.* Der Verlierende wünscht sich bei einer kurzen Glücksserie, daß sie sich in die Länge zieht, damit seine Chancen die Oberhand behalten. Der Gewinner wünscht sich bei einer langen Glücksserie, daß sie kurz wirkt, damit die Wahrscheinlichkeit des Abbruchs sich verschiebt. Auf die gleiche Weise betreiben weitab von den Spieltischen die Manager der Versicherungsbranche ihr Geschäft. Sie setzen die Prämien zur Abdeckung der Verluste fest, die sie langfristig tragen müssen; wenn jedoch fast gleichzeitig Erdbeben, Brandkatastrophen und Hurrikane eintreten, kann die kurze Frist sehr schmerzhaft werden. Im Unterschied zu Hasardspielern bilden Versicherungsgesellschaften allerdings Kapital und Rücklagen, die ihnen über die unvermeidlichen Folgen von kurzen Unglücksperioden hinweghelfen.

Beim Hasardspiel ist der Zeitfaktor entscheidend. Risiko und Zeitlichkeit sind die zwei Seiten ein und derselben Medaille, denn ohne ein Morgen würde es auch kein Risiko geben können. Das Risiko verändert sich mit der Zeit, es wird durch den Horizont der Zeit bestimmt, die Zukunft ist das Spielfeld.

Besonders entscheidend ist der Zeitfaktor bei irreversiblen Entscheidungen. Trotzdem müssen viele irreversible Entscheidungen auf der Basis unvollständiger Informationen getroffen werden. Das gilt beispielsweise für Entscheidungen, ob man mit der Untergrundbahn fahren oder ein Taxi nehmen, bis hin zu der Frage, ob man ein Automobilwerk in Brasilien bauen, den Arbeitsplatz wechseln oder Krieg erklären soll.

Aktien, die wir heute kaufen, können wir morgen wieder verkaufen. Was aber können wir tun, wenn der Croupier am Roulettetisch ruft: »Weitere Wetten werden nicht mehr angenommen!« Oder nachdem der Pokereinsatz verdoppelt wird? Da gibt es kein Zurück. Sollen wir Abstand nehmen in der Hoffnung, daß die fortlaufende Zeit das Glück oder die Wahrscheinlichkeit zu unseren Gunsten wendet?

Hamlet klagt, daß zu großes Zögern wegen ungewissen Ausgangs ungünstig ist, denn »der angeborenen Farbe der Entschließung wird des Gedankens Blässe angekränkelt; und Unternehmungen voll Mark und Nachdruck ... verlieren so der Handlung Namen«. Nun ist es aber so, daß wir, sobald wir handeln, uns die Möglichkeit nehmen, neue relevante Informationen abzuwarten. Aus dieser Sicht läßt sich Untätigkeit rechtfertigen. Je ungewisser das Ergebnis, desto positiver kann sich ein Hinauszögern unseres Handelns auswirken. Hamlet lag falsch. Es ist genau umgekehrt: Der Mensch, der die Entscheidung hinauszögert, hat es halbwegs geschafft.

ZUR ERKLÄRUNG DES ANFANGS aller Dinge – des Urknalls, um einen Ausdruck der modernen Wissenschaft zu gebrauchen – griff die griechische Mythologie auf die Vorstellung von einem gewaltigen Craps-Spiel zurück. Drei Brüder würfelten um den Kosmos. Zeus gewann die Himmelsregionen, Poseidon die Meere, und Hades, der Verlierer, ging als Herr der Unterwelt zur Hölle.

In Anbetracht ihrer Spielleidenschaft, ihrer mathematischen Kenntnisse, ihrer Logik und ihres geradezu besessenen Insistierens auf Beweisen wäre die Wahrscheinlichkeitstheorie den Griechen eigentlich auf den Leib geschrieben gewesen. Dennoch haben die Griechen, das gebildetste Volk des Altertums, dieses faszinierende Terrain nie betreten, und das Versäumnis ist deshalb so erstaunlich, weil die griechische Kultur – als einzige uns bekannte der Antike – ohne dominante Priesterschaft war, die das Monopol der Verständigung mit den geheimnisvollen Mächten des Schicksals in der Hand behielt. Die Kultur, so wie sie uns bekannt ist, hätte sich möglicherweise viel rascher fortentwickelt, wenn die Griechen die Entdeckungen ihrer geistigen Nachfahren – der Renaissancemenschen – um fast zweitausend Jahre vorweggenommen hätten.

Bei aller Bedeutung, welche die Griechen Theoretischem beimaßen, hatten sie kaum Interesse, es für eine Technologie zu nutzen, die ihre Einstellung gegenüber der Zukunftsbeherrschung verändert hätte. Als Archimedes den Hebel erfand, hat er behauptet, die Erde bewegen zu können, falls er nur einen richtigen Standort fände. Er hat aber offensichtlich gar nicht daran gedacht, sie zu verändern. Der Alltag und der Lebensstandard der Griechen waren über Jahrtausende im wesentlichen unverändert geblieben; sie jagten, fischten, bauten Getreide an, brachten Kinder zur Welt und nutzten Bautechniken, die bloß Variationen dessen darstellten, was viel früher bereits an Euphrat und Tigris und in Ägypten entwickelt worden war.

Die einzige Form von Risikomanagement, die ihre Aufmerksamkeit erweckte, war der Kniefall vor den Winden. Immer wieder besingen ihre Dichter und Dramatiker die Abhängigkeit von den Winden; zu deren Besänftigung wurden heißgeliebte Kinder als Opfer dargebracht. Die Ursache dafür war vor allem eine Tatsache. Den Griechen fehlte ein Zahlensystem, das sie instand gesetzt hätte, die Folgen ihres Handelns zu *kalkulieren* und nicht bloß aufzuzeichnen.[9]

Das soll nicht heißen, daß die Griechen das Moment der Wahrscheinlichkeit an und für sich nicht reflektiert hätten. Das altgriechische Wort εἰκός *(eikos)* – mit der Sinn von »plausibel« oder »wahrscheinlich« – hatte den gleichen Bedeutungsinhalt wie der moderne Wahrscheinlichkeitsbegriff: »was mit einem gewissen Grad an Wahrscheinlichkeit erwartet werden kann«. Sokrates definiert εἰκός *(eikos)* als »Ähnlichkeit mit der Wahrheit«.[10]

Diese sokratische Definition bringt einen subtilen Aspekt ans Licht, der von großer Bedeutung ist. *Ähnlichkeit mit der Wahrheit ist nicht dasselbe wie Wahrheit.* Für die Griechen war Wahrheit einzig und allein das, was sich durch Logik und Axiome beweisen ließ. Durch das nachdrückliche Beharren auf Beweisen geriet Wahrheit für sie in einen direkten Gegensatz zu empirischem Experimentieren. So weist beispielsweise Simmias im *Phaidon* Sokrates darauf hin, daß »die Proposition, daß die Seele sich im Einklang befindet, überhaupt nicht nachgewiesen worden ist, sondern nur auf Wahrscheinlichkeit beruht«. Aristoteles klagt über Philosophen, welche »... zwar plausibel reden ..., aber nicht sagen, was wahr ist«. An anderer Stelle nimmt Sokrates Aristoteles vorweg, wenn er behauptet, daß ein »Mathematiker, der in der Geometrie von Wahrscheinlichkeiten ausgeht, nicht einmal die Eins auf einem Würfel wert ist«.[11] Für die folgenden eintausend Jahre blieben das *Nachdenken* über Spiele und das *Spielen selbst* zwei voneinander getrennte Bereiche.

Der israelische Historiker und Wissenschaftsphilosoph Shmuel Sambursky hat die einzige mir bekannte überzeugende Erklärung dafür geliefert, warum es bei den Griechen nicht zu dem strategischen Schritt kam, einen quantitativen Zugang zur Wahrscheinlichkeit zu suchen.[12] In einem Aufsatz aus dem Jahre 1956 stellt Sambursky die These auf, daß die Griechen aufgrund ihrer scharfen Unterscheidung von Wahrheit und Wahrscheinlichkeit in der Unordnung des täglichen Lebens einfach keine feste Struktur oder Harmonie zu erkennen vermochten. Obwohl Aristoteles seinen Landsleuten empfahl, ihre Entscheidungen nach Maßgabe von »Wunsch und Überlegungen, die auf ein Ziel gerichtet sind«, zu treffen, lieferte er ihnen keinen Leitfaden, wie man zur Wahrscheinlichkeit eines erfolgreichen Ausgangs gelangen konnte. Die griechischen Dramen erzählen eine Geschichte nach der andern über die Hilflosigkeit des Menschen in der Gewalt von unpersönlichen Schicksalsmächten. Wenn die Griechen eine Vorhersage über mögliche Ereignisse von Morgen suchten, berieten sie sich nicht mit ihren klügsten Philosophen, dann wandten sie sich an ihre Orakel.

Die Griechen glaubten, daß Ordnung nur in den Himmelsregionen zu finden sei, wo alle Planeten und Sterne mit beispielloser Regelmäßigkeit an dem ihnen zugewiesenen Ort erscheinen. Solcher Harmonie zollten die Griechen höchsten Respekt; ihre Mathematiker haben sie gründlich erforscht. Die Vollkommenheit des Firmaments konnte aber das Ungeordnete des Lebens auf der Erde nur noch schärfer hervortreten lassen. Und außerdem bildete die Vorhersehbarkeit des Firmaments einen krassen Kontrast zum Treiben der unsteten, närrischen Götter, die dort hoch oben wohnten.

Die alten talmudischen jüdischen Philosophen sind der Risikoquantifizierung vielleicht ein wenig näher gekommen. Doch auch hier findet sich kein Hinweis, daß sie methodisch weitergedacht hätten. Sambursky zitiert eine Stelle aus dem Talmud, *Kethuboth 9q*, wo der Philosoph erläutert, daß ein Mann sich ungestraft von seiner ehebrecherischen Frau scheiden darf – aber nicht, wenn er vorgibt, daß der Ehebruch vor der Heirat stattgefunden hat.[13]

»Dann herrscht doppelter Zweifel«, erklärt der Talmud. Falls – durch ein nicht spezifiziertes Verfahren – festgestellt worden ist, daß die Braut nicht als Jungfrau ins Ehebett kam, so betrifft die eine Seite des doppelten Zweifels die Frage, ob der für den Ehebruch verantwortliche Mann der künftige Verlobte selbst war – ob das Geschehen »unter ihm ... oder nicht unter ihm« stattfand. Was den zweiten Aspekt des Zweifels an solchem Ehebruch angeht, so fährt die Überlegung fort: »Und wenn du sagst, daß er unter ihm stattfand, so besteht Zweifel, ob es dazu durch Gewalt oder durch ihren freien Willen kam.« Beiden Aspekten des doppelten Zweifels wird eine Chance von 50 zu 50 eingeräumt. Die Philosophen folgern mit beeindruckendem statistischen Scharfsinn, es bestünde also nur eine Chance von eins zu vier ($^1/_2 \times ^1/_2$), daß die Frau vor der Heirat Ehebruch beging; und deshalb darf der Ehemann sich unter Anführung dieses Grundes nicht von ihr scheiden.

NUN KÖNNTE MAN MEINEN, daß es purer Zufall war, wenn zwischen der Erfindung des Astragalus und der Entdeckung der Wahrscheinlichkeitsregeln so viel Zeit verfloß; denn die Griechen und die talmudischen Gelehrten waren der Analyse, die Pascal und Fermat Jahrhunderte später durchführten, schließlich so nahegekommen, daß es doch nur eines geringen Anstoßes bedurft hätte, um den nächsten Schritt zu tun.

Es war trotzdem kein Zufall, daß es nicht dazu kam. Es bedurfte noch eines grundlegenden Wandels, bis eine Kultur den Begriff des Risikos zu akzeptieren vermochte – eines veränderten Blickwinkels, nicht die Gegenwart, sondern die Zukunft betreffend.

Bis zur Renaissance wurde die Zukunft kaum mehr denn als Glückssache oder als Resultat willkürlich erscheinender Wechselfälle wahrgenommen; Entscheidungen wurden meist instinktiv getroffen. Wenn die Lebensumstände so eng mit der Natur verbunden sind, bleibt für menschliche Einflußnahme wenig Raum. Solange die Erfordernisse menschlicher Existenz auf die Grundtätigkeiten von Fortpflanzung, Getreideanbau, Jagen, Fischen und der Suche nach Schutz und Unterkunft beschränkt bleiben, ist der Mensch schlichtweg außerstande, sich Lebensumstände vorzustellen, in denen er die Resultate seiner Entscheidungen aktiv beeinflussen könnte. Ein Sparpfennig bedeutet keinen Gewinn, solange die Zukunft kaum mehr als ein schwarzes Loch ist.

Mindestens bis zur Zeit der Kreuzzüge kannten die meisten Menschen nur wenige Überraschungen. Sie lebten von Tag zu Tag. In eine stabile Gesellschaftsstruktur eingebettet, schenkten sie den Kriegen, die über das Land hinwegfegten, oder Zeiten, wenn auf gute Herrscher schlechte folgten, und selbst religiösen Veränderungen wenig Beachtung. Die augenfälligste Lebensvariable war das Wetter. Wie der Ägyptologe Henri Frankfort einmal bemerkt hat: »Vergangenheit und Zukunft waren alles andere als eine Angelegenheit der Sorge und völlig in der Gegenwart eingefaßt.«[14]

Die Kultur hat trotz des Andauerns solcher Einstellung gegenüber der Zukunft über die Jahrhunderte große Fortschritte gemacht. Das Fehlen moderner Risikovorstellungen war offenbar kein Hindernis. Andererseits war aber der kulturelle Fortschritt an sich noch kein ausreichender Grund, um neugierige Menschen zur Erkundung von Möglichkeiten wissenschaftlicher Zukunftsvorhersagen zu veranlassen.

MIT DER AUSBREITUNG des Christentums in der westlichen Welt trat der Wille eines einzigen Gottes als Orientierungsperspektive für die Zukunft in den Vordergrund; er ersetzte die bunte Vielfalt von Göttern, die seit Anbeginn der Zeit verehrt worden waren. In diesem Zusammenhang kam es zu einer bedeutsamen Wahrnehmungsverschiebung: Die Zukunft des Lebens auf Erden blieb zwar ein Geheimnis; sie wurde jedoch von einer Macht vorherbestimmt, deren Absichten und Maßstäbe für alle klar waren, die sich die Zeit nahmen, sie zu ergründen.

Als die Betrachtung der Zukunft eine Frage des moralischen Verhaltens und des Glaubens wurde, schien die Zukunft nicht mehr gar so undurchsichtig wie zuvor. Trotzdem war sie noch immer nicht für irgendeine Art von mathematischer Erwartung erfaßbar. Sosehr auch die frühen Christen Gott anflehen mochten, irdische Ereignisse zu ihren Gunsten zu wenden – ihre Prophezeiungen blieben auf das Jenseits beschränkt.

Doch die Suche nach einem besseren Leben auf Erden ging weiter. Gegen 1000 n. Chr. segelten Christen über weite, offene Meere; sie begegneten neuen Völkern und machten mit neuen Vorstellungen Bekanntschaft. Dann kamen die Kreuzzüge – ein Kulturschock. Die Menschen des Westens kollidierten mit einem arabischen Reich, das um 700 n.Chr. auf Geheiß von Mohammed entstanden war und sich bis nach Indien erstreckte. Die Christen mit ihrem Zukunftsglauben stießen auf Araber, die einen viel höheren Grad intellektueller Reife erreicht hatten als die Eindringlinge, die sie von den heiligen Stätten verjagen wollten.

Dank der Eroberung Indiens waren die Araber mit dem Zahlensystem der Hindus vertraut geworden, das es ihnen ermöglichte, geistige Fortschritte des Ostens der eigenen Gelehrsamkeit, naturwissenschaftlichen Forschung und Experimentiertätigkeit einzuverleiben. Das hatte tiefgreifende Folgen, zuerst einmal für die Araber selbst und anschließend auch für den Westen.*

Bei den Arabern kam es dank der Zahlen der Hindus zu einer Revolution in der Mathematik und in den Berechnungen für Astronomie, Navigation und Handel. Allmählich ersetzten neue Rechenmethoden den Abakus, der – von den Mayas in der westlichen Hemisphäre über Europa bis nach Indien und im Fernen Osten – jahrhundertelang das einzige arithmetische Hilfsmittel gewesen war. Das Wort Abakus leitet sich vom griechischen *abax* für »Sandkasten« ab; ursprünglich waren zum Rechnen Kieselsteinreihen auf dem Sand der Sandkästen ausgelegt worden.[15] Das Wort *kalkulieren* stammt von *calculus*, dem lateinischen Wort für Kiesel.

Während der folgenden fünf Jahrhunderte verdrängte das neue Rechensystem den simplen Abakus, und an die Stelle der beweglichen Kugeln des Rechenbretts trat die Schrift. Schriftliches Rechnen förderte ein abstraktes Denken, das ungeahnte Bereiche der Mathematik erschloß. Damit konnten Seereisen über größere Routen führen, die Zeitmessung genauer, die Warenerzeugung methodisch komplexer werden. Wenn wir heute noch immer nach dem römischen Zahlensystem mit I, V, X, L, C, D und M oder mit dem griechischen bzw. dem hebräischen System rechnen würden, das Buchstaben als Zahlensymbole verwendete, sähe die Welt heute völlig anders aus.

* Peter Kinder hat mich auf die große historische Ironie des Ganzen hingewiesen. Die Wikinger und Nordländer, welche im 9. Jahrhundert n.Chr. die römische Kulturwelt verwüsteten und die Stätten gelehrten Wissens zerstörten, tauchen in der Geschichte wieder als die Normannen auf, die im 12. Jahrhundert die Leistungen arabischer Gelehrsamkeit für die westliche Welt zurückgewannen.

Es brauchte allerdings mehr als nur die arabischen Zahlen, um die Europäer zur Entwicklung des radikalen Konzepts anzuregen, an die Stelle von Willkür methodische Wahrscheinlichkeit zu setzen. Dazu bedurfte es außerdem der Vorstellung, daß die Zukunft vorhersehbar und in gewissem Maße sogar steuerbar ist. Dieser weitere Schritt konnte erst nach der Erkenntnis vollzogen werden, daß der Mensch dem Schicksal nicht völlig hilflos ausgeliefert ist oder daß sein irdisches Geschick nicht ausschließlich von Gott bestimmt wird.

Renaissance und Reformation sollten die nötigen Rahmenbedingungen für die Meisterung des Risikos liefern. Als nach 1300 n. Chr. der Mystizismus der Wissenschaft und der Logik wich, wurden die gotischen Bauformen durch architektonische Formen der alten Griechen und Römer ersetzt. Die Kirchenfenster öffneten sich dem Licht und die Skulpturen zeigten statt stilisierter Figuren ohne Muskelkraft und Körperschwere Männer und Frauen, die mit beiden Füßen auf der Erde standen. Die Ideen, die in der Kunst Veränderungen bewirkten, begünstigten auch die Reformation und schwächten die Herrschaft der römischen Kirche.

Mit der Reformation änderte sich mehr als nur das Verhältnis des Menschen zu Gott. Die Abschaffung des Beichtstuhls signalisierte, daß der Mensch künftig auf eigenen Füßen stehen und für die Folgen seiner Entscheidungen selbst Verantwortung übernehmen müßte.

Wenn Männer und Frauen nicht mehr der Willkür göttlicher Macht und des Zufalls ausgeliefert waren, dann durften sie angesichts einer unbekannten Zukunft ebensowenig länger untätig sein. Ihnen blieb auch nichts anderes übrig; sie waren gezwungen, Entscheidungen über erheblich weitere Räume, Umstände und Zeitperioden zu treffen als je zuvor. Die für die protestantische Ethik charakteristische Vorstellung von Sparsamkeit und Konsumzurückhaltung unterstrich die wachsende Bedeutung der Zukunft für die Gegenwart. Im Zuge solch einer Ausweitung der Wahl- und Entscheidungsmöglichkeiten gelangte man allmählich zu der Erkenntnis, daß die Zukunft nicht nur Gefahren barg, sondern auch Chancen bot, daß sie offen, unbegrenzt und verheißungsvoll war. Das 16. und

17. Jahrhundert war eine Zeit geographischer Entdeckungen, der Konfrontation mit neuen Ländern und Völkern, des Experimentierens in Kunst und Dichtung, in Naturwissenschaft, Architektur und Mathematik. Das neue Bewußtsein für mögliche Chancen führte zu einer dramatischen Wachstumsbeschleunigung im Handel, der sich wiederum als starkes Stimulans für Wandel und Forschung auswirkte. Kolumbus unternahm schließlich keine Kreuzfahrt in die Karibik; er suchte neue Handelsrouten nach Indien. Die Aussicht auf Reichtum ist sehr motivierend; es werden jedoch nur wenige Menschen reich, ohne ein Risiko einzugehen.

Diese simple Formulierung enthält mehr Wahrheit, als man auf den ersten Blick erkennt. Handel ist ein wechselseitig positiver Prozeß, eine Transaktion, dank derer sich am Ende beide Seiten als wohlhabender betrachten. Welch revolutionäre Idee! Bis dahin waren Menschen hauptsächlich durch Ausbeutung oder durch Plünderung von anderer Leute Besitz reich geworden. Doch wenngleich Europäer das Plündern in Übersee fortsetzten, war das Anhäufen von Reichtümern daheim jetzt nicht mehr bloß für einige wenige, sondern für viele möglich; jetzt kamen statt des erblichen Adels und seiner Lakaien die Klugen, Wagemutigen und Innovativen zu Wohlstand.

Nun ist aber der Handel ein riskantes Geschäft, und als ein stetig wachsender Handel die Regeln des Glücksspiels nutzte, um Reichtum zu schaffen, lautete das unvermeidliche Ergebnis: Kapitalismus – die Verkörperung der Risikobereitschaft. Der Kapitalismus hätte jedoch nicht aufblühen können ohne zwei neue Berufsbilder, für die es, solange die Zukunft eine Sache des Zufalls oder der göttlichen Vorhersehung gewesen war, gar keinen Bedarf gegeben hatte. Da ist erstens die Buchhaltung zu nennen – eine niedere Tätigkeit, welche aber die Ausbreitung der neuen Zähl- und Rechenmethoden förderte, und zweitens die Zukunftsprognose – ein erheblich ambitionierteres, schwierigeres Unterfangen, das Risikobereitschaft mit direktem finanziellem Gewinn verbindet.

Man plant nicht, Waren über den Ozean zu transportieren, sie für einen späteren Verkauf auf Lager zu nehmen oder dafür Darlehen aufzunehmen, ohne die vorherige Bemühung zu erfahren, was die Zukunft birgt. Sicherstellen, daß die bestellten Materialien pünktlich eintreffen; vorsorgen, daß die zum Verkauf erforderlichen Instrumentarien an Ort und Stelle vorhanden sind – so etwas muß vorausgeplant werden, ehe die Kunden eintreffen und das Geld auf die Theke legen. Der erfolgreiche Geschäftsmann ist zuallerst einmal ein vorausschauender Planer; das Erwerben, Herstellen und Vermarkten von Gütern, das Festsetzen der Preise und das konkrete Organisieren folgt der Prognose.

DIE PERSONEN, denen Sie in den folgenden Kapiteln begegnen, haben Pascals und Fermats Entdeckung als aller Weisheit Anfang erkannt und nicht als bloße Lösung einer Denksportaufgabe aus dem Umkreis des Glücksspiels. Sie waren wagemutig genug, um die vielen Facetten des Risikos im Hinblick auf Probleme wachsender Komplexität und praktischer Bedeutung zu erkennen. Sie waren in der Lage zu begreifen, daß es hier um Fragen ging, welche die grundlegenden philosophischen Aspekte des menschlichen Daseins berühren.

Doch an dieser Stelle muß das Grundsätzliche für einen Augenblick hintanstehen bleiben. Die Erzählung muß mit den Anfängen beginnen. Die moderne Methode des Umgangs mit dem Unbekannten beginnt mit dem Berechnen von Gewinnchancen und Wahrscheinlichkeiten. Am Anfang steht die Zahl. Doch woher sind die Zahlen gekommen?

2
Leicht wie das Einmaleins

Ohne Zahlen gibt es keine kalkulierbaren Risiken, Chancen und wahrscheinlich eintretenden Ereignisse; ohne Chancen und Wahrscheinlichkeit aber gibt es wiederum nur einen Weg, mit Risiko umzugehen: sich an die Götter und die Parzen zu wenden. Ohne Zahlen ist Risiko etwas, das man aus dem Bauch heraus entscheidet.

Wir leben heute in einer Welt der Zahlen und Berechnungen, vom Zeitpunkt des morgendlichen Aufwachens, wenn wir zum Wecker schielen, bis zum Abschalten des Fernsehers vor dem Schlafengehen. Im Laufe des Tages zählen wir die Meßbecher Kaffee, die wir in die Kaffeemaschine geben; wir bezahlen die Haushälterin, registrieren die Börsenwerte vom Vortag, wählen die Telefonnummer eines Freundes, werfen einen prüfenden Blick auf den Benzinstand unseres Autos und die Stundenkilometer auf dem Tacho: Im Bürogebäude drücken wir den Etagenknopf im Lift und öffnen die Tür, die ein Schild mit unserer Nummer trägt. Und nach alldem hat der Tag gerade erst begonnen!

Wir haben Mühe, uns überhaupt ein Zeitalter vorzustellen, in dem Zahlen unbekannt waren. Falls wir imstande wären, einen gebildeten Menschen aus dem Jahre 1000 n. Chr. in die Gegenwart zu versetzen, so würde er wahrscheinlich die Zahl Null nicht erkennen und mit Sicherheit bei einer Rechenaufgabe aus dem dritten Schuljahr versagen; und mit Menschen aus dem Jahr 1500 n. Chr. würde es uns kaum besser ergehen.

DIE GESCHICHTE DER ZAHLEN beginnt in der westlichen Welt um 1202 n. Chr., als der Bau der Kathedrale von Chartres dem Ende entgegenging und in England König Johann das dritte Jahr seiner Herrschaft vollendete. Damals erschien in Italien ein

Werk mit dem Titel *Liber Abaci* oder »Buch des Abakus«. Die fünfzehn Kapitel des Werkes waren durchweg von Hand geschrieben; bis zur Erfindung des Buchdrucks sollten noch fast dreihundert Jahre vergehen. Dem erst 27jährigen Autor Leonardo Pisano war das Glück hold; sein Werk sollte die Billigung Kaiser Friedrichs II. finden. Etwas Besseres konnte einem Autor damals gar nicht widerfahren.[1]

Den größten Teil seines Lebens nannte Leonardo Pisano sich »Fibonacci«; unter diesem Namen ist er auch heute bekannt. Sein Vater hieß mit Vornamen Bonaci; Fibonacci ist eine Zusammenziehung von »Sohn des Bonaci«. Bonaci bedeutet »Trottel«, Fibonacci »Dummkopf« – aber ein besonders großer Trottel kann Bonaci wirklich nicht gewesen sein, weil er nämlich in mehreren Städten als Konsul von Pisa tätig war; und sein Sohn Fibonacci war bestimmt kein Dummkopf.

Der Gedanke, das *Liber Abaci* zu schreiben, kam Fibonacci während eines Besuchs in Bugia, einer blühenden Stadt im heutigen Algerien, wo sein Vater gerade als pisanischer Konsul diente. Während seines dortigen Aufenthalts lernte Fibonacci durch einen arabischen Mathematiker die Wunderwelt des hindu-arabischen Zahlensystems kennen, das arabische Mathematiker während der Kreuzzüge in den Westen mitgebracht hatten. Als Fibonacci klar wurde, welche Kalkulationen dies System ermöglichte – Berechnungen, die sich mit den römischen Buchstabenzahlen nie und nimmer durchführen ließen –, beschloß er, alles zu erfahren, was es darüber zu lernen gab. Er machte sich zum Studium bei den führenden arabischen Mathematikern des Mittelmeerraums auf eine Reise, die ihn nach Ägypten, Syrien, Griechenland, Sizilien und in die Provence führte.

Das Ergebnis war ein in jeder Hinsicht außergewöhnliches Buch. Das *Liber Abaci* eröffnete dem Menschen eine ganz neue Welt, wo Zahlen an die Stelle der Buchstaben traten, die im hebräischen, griechischen und römischen Zahl- und Rechensystem verwendet wurden. Das Buch fand bei Mathematikern in Italien sowie europaweit rasch eine Anhängerschaft.

Das *Liber Abaci* ist keine bloße Fibel zum Erlernen von Lesen und Schreiben mit Hilfe neuer Zahlensymbole. Fibonacci gibt zunächst einmal Hinweise, wie sich aus der Stellenzahl einer Ziffer erkennen läßt, ob sie eine Einheit, ein Vielfaches von Zehn oder ein Vielfaches von 100 ist usw. Die folgenden Kapitel bieten einen höheren Anspruch: Kalkulationen mit ganzen Zahlen und Brüchen, Verhältnisregeln, das Ziehen von Quadratwurzeln sowie Wurzeln höherer Ordnung, ja, sogar die Lösung von linearen und quadratischen Gleichungen.

So genial und erstmalig Fibonaccis Übungen aber auch sein mochten – wenn sich das Buch auf die Theorie beschränkt hätte, wäre es außerhalb eines kleinen Kreises von Fachmathematikern vermutlich nie beachtet worden. Weil Fibonacci es aber um Teile mit praktischen Anwendungsmöglichkeiten erweiterte, fand es eine begeisterte Anhängerschaft. So führte er beispielsweise zahlreiche Neuerungen an, die sich dank der neuen Zahlen für die Geschäftsbuchhaltung ergaben – für das Berechnen von Gewinnmargen und Geldwechsel, das Umrechnen verschiedener Maße und Gewichte; und er fügte – obwohl der Wucher vielerorts noch verboten war – sogar Berechnungen über Zinszahlungen hinzu.

Das *Liber Abaci* bot genau die Art von Anregung, die ein so brillanter und schöpferischer Mensch wie Kaiser Friedrich II. mit Sicherheit zu schätzen wußte. Denn obwohl dieser Friedrich, der von 1211 bis 1250 herrschte, einen Hang zur Grausamkeit und eine Leidenschaft für weltliche Macht an den Tag legte, war er doch auch genuin an Wissenschaften, Künsten und politischer Philosophie interessiert. In Sizilien ließ er alle privaten Garnisonen und Feudalburgen zerstören, er besteuerte die Geistlichkeit und entfernte sie aus öffentlichen Ämtern. Außerdem begründete er eine sachkundige Bürokratie, er hob Binnenzölle auf, annullierte alle Maßnahmen, die Importe behinderten, und schaffte staatliche Monopole ab.

Nebenbuhler duldete Friedrich nicht. Im Unterschied zu seinem Großvater Friedrich Barbarossa, den der Papst 1176 bei der Schlacht von Legnano demütigte, genoß er die endlosen Auseinandersetzungen mit dem Papsttum. Seine Unbeugsamkeit brachte ihm nicht nur die Exkommunikation; sie traf ihn zweimal, und beim zweitenmal forderte Papst Gregor IX. die Absetzung Friedrichs, den er als Ketzer, Wüstling und Anti-Christen brandmarkte. Friedrich reagierte mit einem brutalen Angriff auf päpstliche Gebiete; unterdessen fing seine Flotte eine große Delegation von Prälaten ab, die eben zu der Synode in Rom unterwegs waren. Diese war nur zu dem Zweck einberufen worden, Friedrich die Macht zu entziehen.

Friedrich pflegte Kontakt mit führenden Intellektuellen seiner Zeit, von denen er viele zu sich nach Palermo einlud. Er ließ einige der schönsten Burgen Siziliens bauen und gründete 1224 eine Universität zur Ausbildung von Beamten. Es wurde die erste Universität Europas, die sich eines königlichen Privilegs rühmen konnte.

Friedrich war vom *Liber Abaci* fasziniert und empfing Fibonacci während eines Besuchs von Pisa in den 1220er Jahren zu einer Audienz. Im Laufe des Gesprächs löste er Aufgaben in Algebra und kubische Gleichungen, die ihm von einem Wissenschaftler aus dem kaiserlichen Gefolge gestellt wurden. Die Begegnung gab Fibonacci die Anregung zu einem weiteren Werk, dem *Liber Quadratorum* oder »Buch der Quadrate«, das er dem Kaiser dann auch gewidmet hat.

Berühmt geworden ist Fibonacci vor allem wegen einer kurzen Passage aus seinem *Liber Abaci*, die so etwas wie ein mathematisches Wunder darstellte. Es geht da um die Frage, wie viele Kaninchen innerhalb eines Jahres von einem ursprünglichen Kaninchenpaar unter der Voraussetzung zur Welt kommen, daß alle Paare pro Monat ein weiteres Paar zeugen und die Kaninchen sich im Alter von zwei Monaten zu vermehren beginnen. Fibonacci entdeckte, daß das ursprüngliche Kaninchenpaar sich binnen Jahresfrist um insgesamt 223 Kaninchenpaare vermehrt haben würde.

Er entdeckte aber etwas noch viel Interessanteres. Er war davon ausgegangen, daß das erste Paar bis zum zweiten Monat nicht mit der Fortpflanzung beginnen und danach Monat für Monat ein weiteres Paar zeugen würde. Im vierten Monat würden dann die ersten beiden Kaninchenjungen ihrerseits mit der Fortpflanzung anfangen. Nachdem dieser Prozeß in Gang gekommen war, würde die Gesamtzahl an Kaninchenpaaren zum Monatsende in laufender Folge betragen: 1, 2, 3, 5, 8, 13, 21, 34, 55, 89, 144, 233. Jede folgende Zahl ist die Summe aus den beiden vorhergehenden Zahlen. Falls die Kaninchen das 100 Monate so fortsetzen würden, ergäbe sich daraus eine Gesamtzahl von 354.224.848.179.261.915.075 Paaren Kaninchen.

Die Zahlenreihe Fibonaccis bietet weitaus mehr als geistiges Amüsement. Bildet man das Verhältnis zweier aufeinanderfolgender Fibonacci-Zahlen, so erhält man ab 2 : 3 als erste Nachkommastelle die 6. Ab 89 : 144 ergibt sich immer 0,618 … – Änderungen treten erst ab der 4. Nachkommastelle auf. Treibt man dieses Spiel nun ad infinitum, so stellt man fest, daß die Änderungen immer kleiner werden, aber nie völlig aufhören. Das Verhältnis zweier aufeinanderfolgender Fibonacci-Zahlen beschreibt im Grenzwert unendlich großer Zahlen eine irrationale Zahl, d.h. eine Zahl mit einer nie abbrechenden, nichtperiodischen Folge von Nachkommastellen.

Den Griechen war dieses Verhältnis aus der Geometrie bekannt; sie bezeichneten es als »die goldene Mitte«. Die goldene Mitte – oder auch der goldene Schnitt – bestimmt die Proportionen des Parthenon, die Form der Spielkarten und die Proportionen des Gebäudes der UNO-Generalversammlung in New York. Bei den meisten christlichen Kreuzformen steht der horizontale Teil in genau dem gleichen Verhältnis zum vertikalen Balken: Die Länge oberhalb des Kreuzteils beträgt 61,8% zur Länge darunter. Die goldene Mitte taucht auch in der Natur überall auf – in Blumenmustern, an Artischocken- und Palmenblättern. Es entspricht auch dem Verhältnis der Länge des menschlichen Körpers oberhalb des Nabels zu seiner Länge unterhalb (natürlich nur bei normal proportionierten Menschen). Die Länge jedes folgenden Knochens unserer Finger von der Spitze bis zum Handballen entspricht diesem Verhältnis ebenfalls.**

* Eine der merkwürdigen Eigenheiten, die sich bei Zahlen ergeben können, offenbart, daß man diese Zahl 0,618 erhält, wenn man die Quadratwurzel von 5 zieht, die 2,24 lautet, davon 1 abzieht und das Ergebnis durch 2 dividiert; diese Zahlen finden sich alle in der algebraischen Herleitung einer Formel für die Fibonacci-Zahl wieder.

** In der Fachterminologie lautet die Formel für das Fibonacci-Verhältnis folgendermaßen: Das Verhältnis des kleineren Teils zum größeren Teil gleicht dem Verhältnis des größeren Teils zum Ganzen.

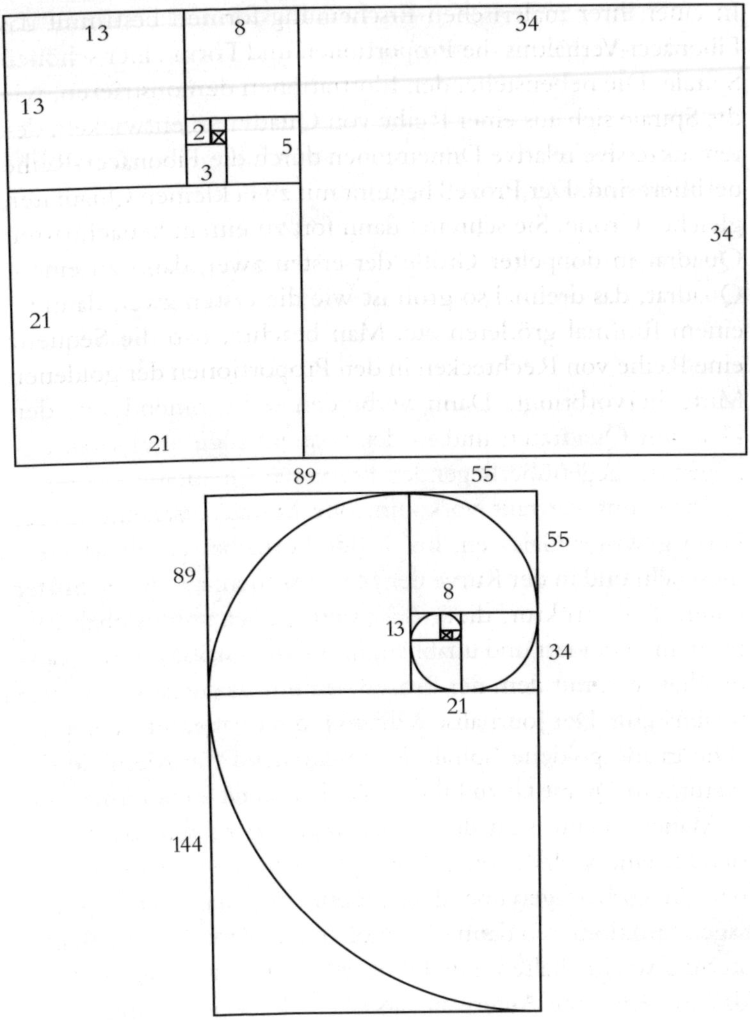

Konstruktion einer gleichwinkligen Spirale unter Verwendung der Fibonaccischen Proportionen.

Man beginne mit einem Quadrat aus einer Einheit, füge ein weiteres solches Quadrat an, wo es paßt, dem ein Quadrat aus drei Einheiten folgt, wo es paßt, und fahre in der gleichen Richtung fort durch Anfügung von Quadraten aus 5, 8, 13, 21 und 34 Einheiten etc.

(*Nachdruck mit Erlaubnis aus*: Fascinating Fibonaccis *von Trude Hammel Garland, (c) 1987 by Dale Seymour Publications, P.O.Box 10888, Palo Alto, CA 94303)*

In einer ihrer malerischen Erscheinungsformen bestimmt das Fibonacci-Verhältnis die Proportionen und Form einer schönen Spirale. Die nebenstehenden Illustrationen demonstrieren, wie die Spirale sich aus einer Reihe von Quadraten entwickelt, deren sukzessive relative Dimensionen durch die Fibonacci-Reihe definiert sind. Der Prozeß beginnt mit zwei kleinen Quadraten gleicher Größe. Sie schreitet dann fort zu einem benachbarten Quadrat in doppelter Größe der ersten zwei, dann zu einem Quadrat, das dreimal so groß ist wie die ersten zwei, dann zu einem fünfmal größeren etc. Man beachte, daß die Sequenz eine Reihe von Rechtecken in den Proportionen der goldenen Mitte hervorbringt. Dann verbinden – beginnend mit den kleinsten Quadraten und in der Sequenzfolge – Viertelkreisbögen die gegenüberliegenden Ecken der Quadrate.

Diese uns vertraut vorkommende Spirale erscheint in der Form gewisser Galaxien, im Widderhorn, bei vielen Meeresmuscheln und in der Kurve der Meereswellen, auf denen Surfer reiten. Die Struktur, die größer und größer wird, behält ihre Form unverändert und unabhängig von der Größe des Anfangsquadrats bei, mit dem der Prozeß beginnt: Form ist von Größe unabhängig. Der Journalist William Hoffer hat einmal bemerkt: »Die große goldene Spirale ist anscheinend die Methode der Natur, um Quantität zu bilden, ohne Qualität zu opfern.«[2]

Manche Leute sind der Auffassung, daß Fibonaccis Zahlen sich für eine Vielfalt von Vorhersagen verwenden lassen, besonders für Vorhersagen über den Aktienmarkt; und solche Vorhersagen funktionieren dann oft genug hinreichend, um die Begeisterung wachzuhalten. Die Fibonacci-Reihe ist so faszinierend, daß es sogar eine American Fibonacci Association gibt, die an der Universität Santa Clara in Kaliforien beheimatet ist und zu diesem Thema seit 1962 umfangreiche Forschungsberichte veröffentlicht hat.

Das *Liber Abaci* von Fibonacci war ein spektakulärer erster Entwicklungsschritt auf dem Wege, Messungen zum Schlüsselfaktor der Bezähmung von Risiko zu machen. Damals war die Gesellschaft jedoch noch nicht bereit, Zahlen und Risiko miteinander zu verknüpfen. Zur Lebenszeit Fibonaccis glaubten die meisten Menschen noch immer, daß Risiken den Launen der Natur entsprängen. Der Mensch würde erst lernen müssen, menschlich verursachte Risiken zu erkennen. Er würde den Mut finden müssen, den Kampf mit den Schicksalsmächten aufzunehmen, bevor er die Techniken und Methoden zur Risikobewältigung akzeptieren kann. Eine solche Akzeptanz lag damals noch mindestens zweihundert Jahre in der Zukunft.

DAS GANZE AUSMASS der Leistung Fibonaccis vermögen wir erst zu ermessen, wenn wir in die Zeit zurückblicken, bevor er erklärte, was den Unterschied zwischen 10 und 100 ausmacht. Doch selbst da werden wir einige bemerkenswerte Neuerer kennenlernen.

Primitive Menschen wie der Neandertaler konnten zählen, doch gab es für sie nur wenige Anlässe, die ein Zählen erforderlich machten. Sie markierten den Gang der Tage auf einem Stein oder einem Holzstamm und führten Buch über die auf der Jagd erlegten Tiere. Hinsichtlich der Tageszeit orientierten sie sich am Stand der Sonne; im übrigen war es für sie kaum von Bedeutung, ob es fünf Minuten oder auch eine halbe Stunde früher oder später war.

Die ersten methodischen Versuche des Messens und Zählens wurden etwa um 10 000 v. Chr. unternommen.[3] Es war die Epoche, als Menschen in den von großen Flüssen wie Euphrat und Tigris, Nil, Indus, Jangtse, Mississippi und Amazonas ausgewaschenen Tälern seßhaft wurden, um Nahrungsmittel anzubauen. Die Flüsse wurden bald zu Handels- und Reiserouten, die besonders Unternehmungslustige zu den Mündungsmeeren und Ozeanen führten. Für Reisende, die immer weitere Entfernungen zurücklegten, waren Kalenderzeit, Navigation und Geographie von großer Wichtigkeit; sie machten zunehmend präzisere Berechnungen notwendig.

Die ersten Astronomen waren Priester. Aus der Astronomie ist die Mathematik hervorgegangen. Als den Menschen klar wurde, daß ihnen Kerbzeichen auf Steinen und Stöcken nicht mehr genügten, begannen sie mit dem Ordnen von Zahlen in Zehner- und Zwanzigergruppen, die sich leicht an Fingern und Zehen abzählen ließen.

Obwohl die Ägypter es als Astronomen und im Vorhersagen der periodischen Nilüberflutungen und -ebben weit brachten, sind sie doch nie auf den Gedanken gekommen, die Zukunft in den Griff zu kriegen oder zu beeinflussen. Die Vorstellung von Veränderung war ihrer Mentalität fremd, die durch Gewohnheit geprägt war, durch jahreszeitliche Rhythmen und von Achtung vor der Vergangenheit.

Um 450 v. Chr. entwickelten die Griechen ein Zählsystem, das die 24 Buchstaben des griechischen Alphabets sowie drei weitere Buchstaben nutzte, die später obsolet wurden. Jede Zahl von 1 bis 9 wurde durch einen spezifischen Buchstaben repräsentiert; ebenso jedes Vielfache von 10. So kommt beispielsweise das Zeichen »pi« vom ersten Buchstaben des griechischen Wortes »*penta*«, das 5 bedeutet; der erste Buchstabe von »*deca*«, der Bezeichnung für 10, stand für 10; »*alpha*«, der erste Buchstabe des Alphabets, repräsentierte 1; »*rho*« 100. Infolgedessen schrieb man die Zahl 115 »*rho-decapenta*« oder ϱδπ. Die Hebräer, deren Sprache und Alphabet eine Verwandtschaft zum Griechischen aufweisen, benutzten ein ähnliches Buchstabenzahlensystem.[4]

So praktisch solche Buchstabenzahlen für den Menschen zur Errichtung soliderer Bauten, für weitere Reisen und genauere Zeitmessungen sein mochten, waren ihrer Anwendungsmöglichkeit doch enge Grenzen gesetzt. Fürs Addieren und Substrahieren, Multiplizieren oder Dividieren ließen sich die Buchstaben nur mit großer Mühe nutzen; fürs Kopfrechnen waren sie im Grunde völlig ungeeignet. Dergleichen Zahlenersatzsymbole waren eigentlich nur ein Mittel zum Aufzeichnen von Ergebnissen, die mit Hilfe anderer Methoden errechnet wurden – meistens mit dem Abakus. Der Abakus – das älteste Zählhilfsmittel der Geschichte – beherrschte die Welt der Mathematik bis zum Auftauchen des hindu-arabischen Zahlensystems zwischen 1000 und 1200 n. Chr.

Der Abakus funktioniert so, daß er den Rechenkugeln für jede Reihe eine obere Grenze setzt; nach dem Auffüllen der kompletten rechten Reihe bewegen sich die überzähligen Kugeln beim Addieren nach links in die nächste Reihe usw. Auf den Abakus gehen in der volkstümlichen englischen Rechensprache Wendungen wie »*borrow one*« und »*carry over three*« zurück.[5]

TROTZ IHRER GRENZEN machten diese Frühformen der Mathematik große Fortschritte möglich, vor allem in der Geometrie – der Sprache der Figuren – und ihrer mannigfachen Anwendung in der Astronomie, der Navigation und der Mechanik. Auf diesen Gebieten gelangen den Griechen und ihren Kollegen in Alexandria besonders eindrucksvolle neue Entwicklungen. Übrigens: Nur die Bibel hat mehr und höhere Auflagen erlebt als Euklids berühmtestes Buch mit dem Titel *Elemente*.

Die herausragende Leistung der Griechen liegt hier trotzdem nicht in wissenschaftlichen Einzelentdeckungen; schließlich hatten es die Tempelpriester Ägyptens und Babyloniens in der Geometrie schon vor Euklid recht weit gebracht. Sogar der berühmte Satz des Pythagoras – das Quadrat über der Hypotenuse eines rechtwinkligen Dreiecks gleicht der Summe aus den Quadraten über den beiden Katheten – fand schon um 2000 v. Chr. an Euphrat und Tigris praktische Anwendung.

Die Einzigartigkeit des griechischen Geistes lag im Insistieren auf *Beweisen*. Für die Griechen war das »Warum?« wichtiger als das »Was?«. Sie waren imstande, die letzten Fragen neu zu formulieren, weil es bei ihnen – erstmals in der Menschheitsgeschichte – eine Kultur ohne eine allmächtige Priesterschaft und die dementsprechende intellektuelle Zwangsjacke gab. Dank dieser Freiheit wurden die Griechen auch die ersten Touristen und Kolonisatoren der Welt; sie machten den Mittelmeerraum zu ihrem Reservat.

Infolgedessen wurden die Griechen auch selbstbewußter. Sie lehnten es ab, die Daumenregeln, die ihnen ältere Kulturen tradiert hatten, fraglos zu übernehmen. Beispiele und Stichproben interessierten sie nicht; ihnen lag daran, Begriffe zu finden, die überall und ausnahmslos anwendbar waren. Nur ein Beispiel: Daß das Quadrat über der Hypotenuse eines rechtwinkligen Dreiecks der Größe der Quadrate aus den beiden anderen Seiten gleicht, ließe sich schon durch Nachmessen bestätigen. Die Griechen wollten aber den Grund wissen; sie wollten wissen, warum das größenunabhängig für alle rechtwinkligen Dreiecke gilt. Das entscheidende Charakteristikum der euklidischen Geometrie sind die Beweise. Von da an sollten in der mathematischen Theorie nicht mehr Berechnungen, sondern Beweise herrschen.

Dieser radikale Bruch mit den analytischen Methodologien anderer Kulturen führt uns wieder zu der erstaunlichen Frage zurück, warum es den Griechen versagt blieb, die Wahrscheinlichkeitsregeln, das Kalkül und selbst die einfache Algebra zu entdecken. Vielleicht lag es darin begründet, daß sie bei all ihren Leistungen von einem umständlichen, auf Buchstaben beruhenden Zahlensystem abhängig waren. Unter dem gleichen Handicap litten auch die Römer; selbst eine so einfache Zahl wie die 9 erforderte zwei Buchstaben: IX. Die Römer konnten die Zahl 32 nicht als III II notieren, weil keine Möglichkeit bestand zu erkennen, ob solch eine Notation 32, 302, 3020 oder irgendeine größere Kombination von 3, 2 und 0 darstellte. Auf der Grundlage eines derartigen Systems war das Kalkulieren unmöglich.

Ein höherstehendes Zahlensystem wurde jedoch erst um 500 n. Chr. von den Hindus entdeckt; dies Zahlensystem verwenden wir heute noch. Wer die wunderbare Erfindung gemacht hat und durch welche Umstände es zu ihrer Verbreitung über den ganzen indischen Subkontinent kam, bleibt ein Geheimnis. Die Araber lernten die neuen Zahlen erstmals rund 90 Jahre nach der Gründung des Islam (622) als einer missionierenden Religion durch Mohammed kennen, als seine Anhänger, geeint zu einem mächtigen Volk, bis über Indien hinaus vordrangen.

AUF DAS GEISTIGE LEBEN der westlichen Länder hatte das neue Zahlensystem eine galvanisierende Wirkung. Bagdad – ohnehin bereits ein Zentrum bedeutender Gelehrsamkeit – wurde zur Kernzelle mathematischen Forschens und Denkens. Der Kaliph beauftragte jüdische Gelehrte mit der Übersetzung der Werke von bahnbrechenden Mathematikern wie Ptolemäus und Euklid. Die wesentlichen mathematischen Schriften zirkulierten bald darauf im ganzen arabischen Reich; im neunten und zehnten Jahrhundert wurden sie bereits am westlichen Mittelmeerrand, in Spanien, benutzt.

Es hatte im Westen übrigens eine Person gelebt, die mindestens zwei Jahrhunderte vor den Hindus ein genuines Zahlensystem vorgeschlagen hatte. Um 250 n. Chr. schrieb ein Mathematiker namens Diophantos eine Abhandlung, in der er die Vorzüge eines Systems mit echten Zahlen an Stelle von Buchstaben auseinanderlegte.[6]

Viel ist über diesen Diophantos nicht bekannt, das wenige, was wir über ihn wissen, dafür aber amüsant. Dem Mathematikhistoriker Herbert Warren Turnbull zufolge behauptet ein griechisches Epigramm über Diophantos: »Seine Jugend machte ein Sechstel seines Lebens aus; $^1/_{12}$ danach wuchs ihm der Bart; er heiratete $^1/_7$ später, und fünf Jahre danach wurde sein Sohn geboren; der Sohn lebte halb so lang wie sein Vater, und der Vater starb vier Jahre nach dem Sohn.« In welchem Alter ist Diophantos gestorben?[7] Die Lösung der Aufgabe findet sich am Ende dieses Kapitels.

Diophantos hat die Idee einer symbolischen Algebra – den Gebrauch von Symbolen, die Zahlen repräsentieren – sehr weit verfolgt, hat sie aber irgendwie nicht zu Ende gedacht. Er macht eine Bemerkung über »die unmögliche Lösung der absurden Gleichung $4 = 4x + 28$«.[8] Unmöglich? Absurd? Die Gleichung verlangt, daß x eine negative Zahl ist: -6. Ohne einen Begriff Null – und eben dieser Begriff hat Diophantos gefehlt – ist eine negative Zahl jedoch eine logische Unmöglichkeit.

Die bemerkenswerten neuen Erkenntnisse des Diophantos blieben anscheinend unbeachtet. Es hat fast anderthalb Jahrtausende gedauert, bis sein Werk überhaupt wieder zur Kenntnis genommen wurde. Schließlich fanden seine Leistungen gebührende Beachtung: Seine Abhandlung spielte eine zentrale Rolle für das Aufblühen der Algebra während des 17. Jahrhunderts. Die heutzutage uns allen vertrauten algebraischen Gleichungen – Gleichungen des Typs $bx = c$ – werden als Diophantische Gleichungen bezeichnet.

DAS KERNSTÜCK DES hindu-arabischen Systems war die Erfindung der Null; *sunya* hieß sie bei den Indern, im Arabischen *cifr.*[9] Letzteres wurde bei uns zu »Chiffre«, was ursprünglich »leer« bedeutete und auf die Leerstelle im Abakus oder Rechenbrett rückverweist.*

Für Menschen, die das Zählen bloß zur Bestandsaufnahme der Jagdbeute, der verstrichenen Tage oder der zurückgelegten Streckeneinheiten benötigt hatten, war die Vorstellung der Null schwer begreiflich. Mit dem Sinn und Nutzen des Zählens in ihrem Sinn hatte die Null nichts zu tun. Das formulierte der englische Philosoph Alfred North Whitehead im 20. Jahrhundert folgendermaßen:

> Das Entscheidende der Null besteht darin, daß wir sie bei den Verrichtungen des alltäglichen Lebens nicht verwenden müssen. Niemand geht null Fisch einkaufen. In gewisser Weise ist sie die kultivierteste aller Grundzahlen; ihre Verwendung wird uns einzig und allein durch die Erfordernisse ausgebildeter Denkformen aufgenötigt.[10]

Whiteheads Wendung »ausgebildete Denkformen« weist darauf hin, daß der Begriff der Null mehr als nur eine verbesserte Zähl- und Rechenmethode in Gang brachte. Wie Diophantos geahnt hatte, würde ein genuines Zahlensystem es ermöglichen, die Mathematik zu einer Wissenschaft des Abstrakten wie zu einer Methode des Messens zu entwickeln. Es war die Null, welche die menschlichen Vorstellungen und den Fortschritt entgrenzte.

Die Null revolutionierte das alte Zahlensystem in zweierlei Hinsicht. Ihr war es, erstens, zu verdanken, daß der Mensch nur mehr zehn Zahlzeichen, von 0 bis 9, verwenden mußte, um jede nur denkbare Berechnung durchzuführen und jede nur denkbare Zahl zu schreiben. Sie bedeutete, zweitens, daß eine Zahlenfolge wie 1, 10, 100 indizierte, daß die nächste Zahl dieser Folge 1000 sein würde. Die Null macht die gesamte

* Der arabische Ausdruck hat sich sogar im Russischen erhalten, wo er als *tsifra* – dem Wort für Zahl – weiterlebt. Ähnlich im deutschen Wort »Ziffer«.

Struktur des Zahlensystems unmittelbar sichtbar und deutlich. Versuchen Sie das doch einmal mit den römischen Ziffern I, X und C zu erreichen oder mit V, L und D – wie lautet in diesen Folgen die nächste Zahl?

DAS ERSTE uns bekannte Werk arabischer Arithmetik wurde von al-Charismi verfaßt, einem Mathematiker, der um 825 n. Chr. lebte – rund vierhundert Jahre vor Fibonacci.[11] Obwohl sein Name nur wenigen der vielen Nutznießer seines Werks bekannt sein wird, ist er doch indirekt den meisten von uns vertraut. Die mittelalterlich-lateinische Form seines Namens lautete nämlich Algorismi – genau, daher stammt der Begriff Algorithmus, der soviel wie Rechenregeln bedeutet. Al-Charismi hat als erster Mathematiker Regeln für das Addieren, Subtrahieren, Multiplizieren und Dividieren mit den neuartigen Hindu-Zahlen aufgestellt.[12] In einer weiteren Abhandlung mit dem Titel *Hisab al-jahr w'almuqabalah* oder »Wissenschaft von Transposition und Annullierung« definiert er die Schritte algebraischer Gleichungen. Dem arabischen *al-jahr* verdanken wir unser Wort *Algebra*, den Begriff für die Lehre von den Gleichungen.[13]

Einer der bedeutendsten, mit Sicherheit aber der berühmteste arabische Mathematiker war Omar Chajjam, der von ca. 1050 bis 1130 n. Chr. lebte und eine Gedichtsammlung verfaßt hat, die im Deutschen unter dem Titel *Sinnsprüche Omars des Zeltmachers* bekannt ist.[14] Die bezaubernde Folge seiner 75 Vierzeiler (*rubai*) wurde Mitte des 19. Jahrhunderts in der Nachdichtung des englischen Lyrikers Edward Fitzgerald als *Rubaiyat* in Europa und Amerika begeistert aufgenommen. Der schmale Band handelt mehr von den Freuden des Weingenusses und vom positiven Ergreifen der flüchtigen Seiten des Lebens als von Wissenschaft oder Mathematik. Ja, im Gedicht XXVII schreibt Omar Chajjam:

In meiner Jugend suchte ich
Weise und Heil'ge auf, verglich
Der Lehren viel, doch unterm Strich
Ging stets ich wieder so, wie ich gekommen.

Laut Fitzgerald wuchs Omar Chajjam gemeinsam mit seinen zwei Freunden Nizam al Mulk und Hasan al Sabbah auf, die kein bißchen weniger glänzend waren als er selbst, und eines Tages machte Hasan den Vorschlag: da doch mindestens einer von ihnen es zu Macht und Reichtum bringen würde, sollten alle drei einen Eid schwören, »daß, wem immer dies zufallen möge, er es in gleichen Teilen mit den übrigen teilen und keinen Vorrang für sich persönlich behalten werde«. Diesen Eid haben dann alle drei tatsächlich abgelegt. Mit der Zeit wurde Nizam zum Wesir des Sultans ernannt. Daraufhin suchten ihn seine zwei Freunde auf und verlangten ihren Teil, das er ihnen vereinbarungsgemäß übergab.

Hasan forderte und erhielt ein Regierungsamt, wurde aber aus Unzufriedenheit über diesen Aufstieg zum Oberhaupt einer fanatischen Sekte, die in der ganzen islamischen Welt Terrorakte verübte. Viele Jahre später hat Hasan seinen alten Freund ermordet.

Omar Chajjam wollte weder Titel noch Amt. »Die größte Wohltat, die du mir angedeihen lassen kannst«, so erklärte er Nizam, »wäre ein Leben im Schatten deines Glücks, damit ich die Vorteile der Wissenschaft verbreite und für dein langes Leben und Wohlergehen bete.« Obwohl der Sultan Omar Chajjam schätzte und ihn mit Gunstbezeugungen überschüttete, »führte Omars epikuräische Freimut in Denken und Reden dazu, daß er im eigenen Land bei Lebzeiten scheel angesehen wurde«.

Mit dem neuen Zahlensystem entwickelte Omar Chajjam ein Rechenverfahren, das al-Charismis Bemühungen bei weitem übertraf und zur Grundlage der komplizierteren Sprache der Algebra wurde. Unter Ausnutzung seiner mathematischen Fachkenntnisse vermochte Omar Chajjam außerdem eine Kalenderreform und eine neue Dreiecksordnung von Zahlen zu entwerfen, welche eine einfachere Berechnung von quadratischen, kubischen und höheren mathematischen Potenzen vorbereitete; dieses Dreieck bildete die Grundlage für Begriffe, die im 17. Jahrhundert zur Entdeckung der Auswahl-, Chancen- und Wahrscheinlichkeitstheorie durch den französischen Mathematiker Blaise Pascal führten.

Die beeindruckende Leistung der Araber zeigt wieder einmal, daß ein Gedanke einen bestimmten Weg zurücklegen kann und dann trotzdem vor einer logischen Schlußfolgerung stehenbleibt. Warum sind die Araber – in Anbetracht ihres fortgeschrittenen mathematischen Denkens – nicht bis zur Wahrscheinlichkeitstheorie und zum Risikomanagement gelangt? Die Antwort auf diese Frage muß, wie ich meine, mit ihrer Lebensauffassung im Zusammenhang gesehen werden. Wer bestimmt unsere Zukunft – das Schicksal, die Götter oder wir selbst? Das Konzept eines Risikomanagements konnte erst mit der Überzeugung entstehen, daß der Mensch in gewissem Grade einen freien Willen hat. Zu diesem Gedankensprung waren die fatalistisch eingestellten Muslime, wie vor ihnen die Griechen und die frühen Christen, damals nicht bereit.

UM 1000 n. Chr. wurde das neue Zahlensystem durch maurische Universitäten in Spanien und anderswo sowie in Sizilien durch die Sarazenen verbreitet. Eine von den Normannen ausgegebene, auf »*1134 Annoy Domini*« datierte Münze ist der erste Beleg für die praktische Nutzung des Systems, das jedoch bis zum 13. Jahrhundert nur begrenzt Anwendung fand.

Trotz der Förderung des Buches von Fibonacci durch Kaiser Friedrich II. und der weiten Verbreitung des Buches in ganz Europa stieß die Einführung der hindu-arabischen Zahlen bis ins frühe 16. Jahrhundert auf heftigen, erbitterten Widerstand. Diesmal können wir die Verzögerung erklären. Es gab zwei Faktoren, die dabei eine Rolle spielten.

Ein Teil des Widerstands rührte aus der Kraft der Trägheit, mit der alle Veränderungen begrüßt werden, wenn sie Dinge betreffen, die durch jahrhundertelangen Gebrauch zur geheiligten Gewohnheit werden. Wenn völlig neue Methoden erlernt werden müssen, gibt es selten einen frohen Aufschrei.

Der zweite Faktor betraf konkretere Ursachen. Die neuen Zahlen förderten den Betrug. Es war verführerisch leicht, eine 0 zu einer 6 oder zu einer 9 abzuändern; und aus einer 1 ließ sich leichthin eine 4, eine 6, eine 7 oder eine 9 machen. (Das ist auch ein Grund, warum die Kontinentaleuropäer eine besondere Schreibweise für die 7 haben.) Obwohl das Bildungsniveau in Italien, wo die neuen Zahlen einen ersten Brückenkopf gewonnen hatten, relativ hoch war, erließ die Stadt Florenz 1229 ein Edikt, das Bankiers den Gebrauch der »ungläubigen« Symbole untersagte. Ergebnis war, daß viele Bürger, die das neue System nutzen wollten, sich als Muslime verkleiden mußten, um es erlernen zu können.[15]

Die Erfindung des Buchdrucks mit beweglichen Lettern Mitte des 15. Jahrhunderts war der Katalysator, der den Widerstand gegen die freie Verwendung der neuen Zahlen schließlich brach. Betrügerische Nachbesserungen waren nunmehr nicht länger möglich. Von da an lagen die lächerlichen Komplikationen, die der Gebrauch der römischen Zahlen mit sich brachte, für alle klar auf der Hand. Der Durchbruch führte zu einem neuen Aufblühen geschäftlicher Transaktionen. Ab diesem Zeitpunkt wurden die Multiplikationstabellen al-Charismis zu dem Hilfsmittel, das mittlerweile von allen Schulkindern gebraucht wird. Und mit der ersten Ahnung von Wahrscheinlichkeitsregeln gewann das Glücksspiel eine völlig neue Dimension.

DIE ALGEBRAISCHE LÖSUNG des Epigramms über Diophantos sieht folgendermaßen aus. Wenn sein Alter zum Todesdatum x ist, dann gilt

$$x = {}^1/_6x + {}^1/_{12}x + {}^1/_7x + 5 + {}^1/_2x + 4.$$

Diophantos ist 84 Jahre alt geworden.

Von 1200 bis 1700: Tausend ungewöhnliche Fakten

3
Der Glücksspieler der Renaissance

Piero della Francesca, der das Bild der Heiligen Jungfrau auf der folgenden Seite (»Die Madonna von Brera«) malte, lebte mehr als zweihundert Jahre nach Fibonacci, von ca. 1420 bis 1492. Diese Lebensdaten stellen ihn mitten in die italienische Renaissance hinein. Sein Werk symbolisiert den Bruch zwischen dem neuen Geist des 15. Jahrhunderts und dem Geist des Mittelalters.

Die Figuren della Francescas, sogar die der Heiligen Jungfrau, sind menschliche Wesen. Sie sind ohne Heiligenschein, sie stehen mit beiden Beinen auf der Erde; es sind Porträts konkreter, dreidimensionaler Individuen. Obwohl sie ja wahrscheinlich zur Begrüßung der Heiligen Jungfrau und des Jesuskinds dort stehen, ist die Aufmerksamkeit der meisten allem Anschein nach auf ganz andere Dinge gerichtet. Die Art der Gotik, Schatten im architektonischen Raum zur Suggestion von Geheimnis einzusetzen, ist verschwunden; hier dienen die Schatten dazu, die Schwere der Strukturen und die Konturen des Raums zu betonen, der die Figuren umfaßt.

Das Ei scheint über dem Haupt der Jungfrau zu schweben, doch bei genauerer Betrachtung kommt Ungewißheit auf, wo dieses himmlische Symbol der Fruchtbarkeit wirklich hängt. Und warum sind diese irdischen, wenngleich frommen Männer und Frauen sich dieser merkwürdigen Erscheinung über ihren Köpfen eigentlich kaum bewußt?

Die Weltsicht der Griechen ist auf den Kopf gestellt worden. Mittlerweile sind es die himmlischen Sphären, die rätselhaft wirken, und die Irdischen sind freie Wesen. Diese Menschen bezeugen der Darstellung des Göttlichen Respekt, sind ihm jedoch beileibe nicht untertan – eine in der Kunst der Renaissance wiederkehrende Botschaft. Donatellos liebenswerte Da-

»Die Madonna von Brera« von Piero della Francesca
Pinacoteca di Brera, Mailand
(Bildarchiv Foto Marburg)

vid-Statue, die zu den ersten Skulpturen nackter Männlichkeit seit der griechischen und römischen Antike zählt, zeigt den großen Dichter und Helden des Alten Testaments mit dem Kopf des Goliath zu seinen Füßen ohne Scham über seinen vorpubertären Körper. Die gewaltige Kuppel, die eindeutig betonte Masse der Materie und der unverzierte Innenraum des Doms von Brunelleschi in Florenz verkünden geradezu, daß die Religion auf die Erde heruntergeholt worden ist.

Die Renaissance war ein Zeitalter der Entdeckungen. Im Todesjahr Pieros stach Kolumbus in See; nicht lange danach revolutionierte Kopernikus die Himmelssicht des Menschen. Seine Erkenntnisse erforderten ein hohes Maß an mathematischem Wissen, und im 16. Jahrhundert machte die Mathematik besonders in Italien rasch sensationelle Fortschritte. Nach der Einführung des Buchdrucks mit beweglichen Lettern um 1450 wurden viele Texte des klassischen Altertums ins Italienische übersetzt und auf Lateinisch oder in der Landessprache publiziert. Es gab lebhafte öffentliche Debatten, auf denen die Menge ihre Favoriten unter den disputierenden Mathematikern zur Lösung komplizierter algebraischer Gleichungen anspornte.

Solch breites Interesse war in starkem Maße durch ein außergewöhnliches Buch geweckt worden, das der Franziskaner Luca Paccioli geschrieben und 1494 publiziert hatte.[1] Paccioli kam etwa 1445 zur Welt, in Borgo San Sepulcro, der Heimatstadt Piero della Francescas. Obwohl seine Familie zur Vorbereitung auf den kaufmännischen Beruf riet, lehrte Piero ihn neben Lesen und Schreiben auch Kunst und Geschichte und drängte ihn, die berühmte Bibliothek des nahe gelegenen Fürstenhofs von Urbino zu nutzen. Die Studien, die Paccioli dort betrieb, formten die Grundlage seines späteren Ruhms als Mathematiker.

Als 20jähriger wurde Paccioli der Erzieher reicher Kaufmannssöhne in Venedig, wo er selbst öffentliche Philosophie- und Theologievorlesungen besuchte und bei einem Mathematiker Privatunterricht nahm. Er erwies sich als gelehriger Schüler und schrieb damals bereits sein erstes veröffentlichtes mathematisches Werk. Bei seinem Onkel Benedetto, der als Offizier in Venedig Dienst tat, lernte Paccioli Architektur und Militärkunde.

1470 zog Paccioli zu weiteren Studien nach Rom. Als 27jähriger trat er in den Franziskanerorden ein, reiste jedoch weiterhin durch die Lande. Er lehrte Mathematik in Perugia, Rom, Neapel, Pisa und Venedig, bevor er sich 1496 in Mailand als Mathematikprofessor niederließ. Zehn Jahre zuvor hatte er den Titel eines Magisters erlangt, der dem heutigen Doktorgrad entspricht.

Paccciolis Meisterwerk *Summa de arithmetic, geometria et proportionalità* – die meisten ernsthaft akademischen Werke wurden zu jener Zeit noch auf Lateinisch abgefaßt – kam 1494 heraus, sollte den Ruhm der »sehr großen Abstraktion und des Scharfsinns der Mathematik« mehren und zeigt, wie viel Paccioli Fibonaccis *Liber Abaci* verdankt, das fast dreihundert Jahre vorher erschienen war. Die *Summa* erklärt die Grundregeln der Algebra und enthält Multiplikationstabellen bis hin zu 60 x 60 – eine äußerst nützliche Sache in einer Zeit, als dank des Buchdrucks das neue Ziffernsystem wachsende Verbreitung fand.

Zu den auf Dauer einflußreichsten Teilen des Buches gehört seine Exposition der doppelten Buchführung. Sie war keine Erfindung Pacciolis, aber so gründlich und ausführlich hatte sie bis dahin noch niemand dargeboten. Als Idee war sie in Fibonaccis *Liber Abaci* aufgetaucht und dann in einem Buch, das 1305 von der Londoner Filiale einer italienischen Firma veröffentlicht wurde, etwas klarer hervorgetreten. Doch wo immer die Anfänge begründet liegen mögen: Die neue Buchführungsmethode war revolutionär und in ihren Auswirkungen auf die Wirtschaft von ähnlich großer Bedeutung wie die Entdeckung der Dampfmaschine dreihundert Jahre später.

In seiner Mailänder Zeit begegnete Paccioli Leonardo da Vinci; die beiden Männer schlossen Freundschaft. Paccioli war von Leonardos Talent tief beeindruckt und pries sein »unschätzbares Werk über räumliche Bewegungen, Schwingungen, Gewicht und alle Kräfte«.[2] Sie müssen sehr viel zu besprechen gehabt haben; das wechselseitige Verhältnis von Mathematik und Kunst interessierte Paccioli in hohem Maße. Er hat einmal bemerkt: »Wenn, wie man sagt, Musik das Gehör befriedigt, einen unserer natürlichen Sinne ..., so wird die Perspektive ein Gleiches für das Sehen bewirken, das um so würdiger ist, als es das vorrangige Eingangstor des Geistes darstellt.«

Vor der Begegnung mit Paccioli hatte Leonardo von Mathematik nur wenig gewußt, wenngleich er ein intuitives Gespür für Proportion und Geometrie besaß; seine Notizbücher sind voller Zeichnungen, die mit Lineal und Kompaß ausgeführt wurden. Paccioli regte ihn zum konzeptionellen Verständnis dessen an, was er intuitiv praktiziert hatte. Martin Kemp stellt in seiner Leonardo-Biographie fest, daß Paccioli »den Anstoß zu Leonardos plötzlicher Beschäftigung mit der Mathematik gegeben hat, die bei Leonardo zu einer unter zeitgenössischen Künstlern beispiellosen Interessenverschiebung führte«. Andererseits steuerte Leonardo komplizierte Skizzen zu Pacciolis zweitem großen Werk *De Divine Proportione* bei, das 1492 in zwei hübschen Manuskripten fertiggestellt wurde und 1509 als Buchdruck herauskam.

Leonardo besaß ein Exemplar der *Summa*, die er gründlich studiert haben muß. Seine Notizbücher verraten das wiederholte Bemühen, für proportionale Berechnungen Multipla und Brüche als Hilfsmittel zu verwenden. Einmal ermahnt er sich, »die Multiplikation der Wurzeln von Meister Luca zu erlernen«. Heute würde Leonardo kaum beim Rechenunterricht in der dritten Klasse durchkommen.

Die Tatsache, daß ein Renaissancegenie wie Leonardo so große Mühe mit elementarer Arithmetik hatte, ist ein vielsagender Hinweis auf den Stand der Mathematikkenntnisse gegen Ende des 15. Jahrhunderts. Wie haben Mathematiker aber von diesem Ausgangspunkt zu den ersten methodischen Schritten des Risikoberechnens und -steuerns gefunden?

PACCIOLI PERSÖNLICH hat die Macht geahnt, die das Wunder der Zahlen lostreten könnte. An einer Stelle seiner *Summa* stellt er folgende Aufgabe:

> A und B spielen ein faires Spiel *Balla*. Sie kommen überein, so lange weiterzuspielen, bis einer von ihnen sechs Runden gewonnen hat. Das Spiel wird jedoch abgebrochen, als A fünf

Runden und B drei Runden gewonnen hat. Wie sollten die Spieleinlagen zwischen beiden verteilt werden?[3]

Diese Denksportaufgabe taucht in mathematischen Werken des 16. und 17. Jahrhunderts wiederholt und in vielen Varianten auf, die Grundfrage ist jedoch immer die gleiche: Wie teilen wir bei einem abgebrochenen Spiel den Einsatz auf? Es gab darauf verschiedene Antworten, die hitzige Debatten auslösten.

Die Aufgabe, die dann unter der Bezeichnung »Frage der Punkte« bekannt wurde, ist weniger harmlos, als es den Anschein hat. Die Lösung des Problems, wie bei einem unvollendeten Spiel die Einlagen aufzuteilen sind, markiert den Beginn einer methodischen Wahrscheinlichkeitsanalyse, indem sie das Maß der Erwartung aus einem künftigen Geschehen definiert. *Es führt uns an die Schwelle der Quantifizierung von Risiko.*

Während wir verstehen können, daß im Mittelalter der Aberglaube allem Forschen in Richtung Wahrscheinlichkeitstheorie mächtige Hindernisse in den Weg legte, ist es eine reizvolle Frage, warum die Griechen und sogar die Römer an Problemstellungen im Sinne Paccioli kein Interesse fanden.

Die Griechen begriffen, daß sich in der Zukunft mehr Dinge ereignen *können*, als sich tatsächlich ereignen *werden*. Sie begriffen, daß die Naturwissenschaft, um Platon zu zitieren, »die Wissenschaft des Wahrscheinlichen« ist. Und Aristoteles bemerkt in *De Caelo*: »Es ist schwierig, in vielen Dingen oder vielmals erfolgreich zu sein; so wäre es beispielsweise unmöglich, den gleichen Wurf eines Würfels zehntausendmal zu wiederholen, wohingegen es ein- oder zweimal relativ leicht zu schaffen ist.«[4]

Derartige Aussagen hätten sich durch schlichtes Beobachten als gültig bestätigen lassen. Dennoch hielten die Griechen und Römer sich bei ihrem Glücksspiel an Regeln, die uns widersinnig erscheinen, und dies Manko ist um so seltsamer, als diese Glücksspiele während des ganzen Altertums populär waren – die Griechen waren bereits mit dem sechsseitigen Würfel vertraut – und ein anschauliches Versuchslabor zum Erforschen von Chancen und wahrscheinlichen Ergebnissen zur Verfügung stellten.

Man erinnere sich nur der Spiele mit dem Astragalus, dem

als Würfel benutzten Knochen, ein längliches Objekt mit zwei schmalen und zwei breiten Seitenflächen. Gewöhnlich wurden vier Astragali gleichzeitig geworfen. Die Wahrscheinlichkeit, daß ein solcher Würfelknochen auf einer breiten Seite landete, war höher als das Landen auf einer schmalen Oberfläche; insofern stand zu erwarten, daß der Punktegewinn für eine schmale Seite höher sein müßte als für eine breite Seite. Es war aber vielmehr so, daß die Spieler beim Landen des Knochens auf der einen Schmalseite 1 Punkt und auf der anderen Schmalseite 6 Punkte gewannen; und für die wahrscheinlicheren breiten Seiten bekamen sie 3, für die übrigen breiten Seiten dagegen 4 Punkte. Die höchste Punktzahl gab es für den sogenannten Venuswurf, wenn die vier Seiten mit den Werten 1, 3, 4, 6 oben liegen; hingegen gewann ein Wurf mit vier Sechsen oder vier Einsen weniger Punkte.[5]

Obwohl es gemeinhin bekannt war, daß – wie Aristoteles feststellte – lange Erfolgs- oder Verlustserien unwahrscheinlicher waren als kurze, blieben derartige Beobachtungen doch qualitativer und nicht quantitativer Natur: »... wohingegen es ein- oder zweimal relativ leicht zu schaffen ist«.[6] Obwohl man diesem Glücksspiel mit unermüdlicher Begeisterung nachging, hat sich anscheinend niemand die Mühe gemacht, sich hinzusetzen und die Gewinnchancen zu kalkulieren.

Der Grund dafür bestand höchstwahrscheinlich darin, daß die Griechen für Experimente wenig Interesse aufbrachten; ihnen waren nur Theorie und Beweis wichtig. Sie scheinen nie daran gedacht zu haben, ein bestimmtes Phänomen so oft zu wiederholen, bis eine Hypothese nachgewiesen war. Das lag vermutlich daran, daß sie die Möglichkeit einer Regularität in irdischen Dingen ausschlossen. Die Genauigkeit war ein Monopol der Götter.

IN DER RENAISSANCE befaßten sich Naturwissenschaftler wie Entdecker neuer Länder, Maler wie Architekten mit Forschen, Experimentieren und Beweisen. Und Würfelspieler wunderten sich bestimmt über die mit der Zeit auftretenden Regelmäßigkeiten.

So auch der Arzt Girolamo Cardano, der allein wegen seines Leumunds als besessener Glücksspieler eine Erwähnung in der Geschichte des Risikos verdient; er bewies aber auch auf anderen Gebieten außergewöhnliche Fähigkeiten, und es ist daher erstaunlich, daß Cardano so wenig bekannt ist. Er ist der vollkommene Renaissancemensch.[7]

Cardano wurde um 1500 in Mailand geboren und starb 1571 – er lebte also zur gleichen Zeit wie Benvenuto Cellini und gehörte wie dieser zu den ersten Autobiographen. Cardano gab seinem Buch den Titel *De Vita Propria Liber* (»Des Girolamo Gardano von Mailand eigene Lebensbeschreibung«) – und was für ein Leben es gewesen ist! Noch stärker als sein Ego war seine intellektuelle Neugier. In seiner Autobiographie nennt er als die vier wesentlichen Leistungen seiner Epoche die Entdeckung von zwei Dritteln der Erde, die den Menschen der Antike überhaupt nicht bekannt gewesen waren; die Erfindung von Schußwaffen und Schießpulver; die Erfindung des Kompasses und die Erfindung des Buchdrucks mit beweglichen Lettern.

Cardano war ein ranker Mann mit langem Hals, einer wulstigen Unterlippe, einer Warze über einem Auge und einer solch lauten Stimme, daß sogar die Freunde sich darüber beklagten. Nach eigener Aussage litt er unter Durchfall, Brüchen, Nierenbeschwerden, Herzklopfen und sogar einer entzündeten Brustwarze. Und er prahlte: »Ich war immer heißblütig, zielstrebig und an Frauen interessiert«, außerdem »schlau, durchtrieben, sarkastisch, fleißig, impertinent, traurig, verräterisch, ein Zauberer und Hexer, elend, hassenswert, wollüstig, obszön, lügnerisch, kriecherisch und scharf auf das Geschwätz alter Männer.«

Cardano war ein leidenschaftlicher Glücksspieler. Er bekannte sich zu »maßloser Hingabe an Tisch- und Würfelspiele … Während meines ganzen Lebens … habe ich nicht nur hin und wieder, sondern, ich schäme mich, es auszusprechen, tagtäglich gespielt.« Er beteiligte sich an allem, von Würfel- und Kartenspielen bis zu Schach. Er ist sogar soweit gegangen, das Glücksspiel »in Zeiten großer Sorge und schweren Leids« als wohltuend zu empfehlen. »Ich habe nicht wenig Trost im unentwegten Würfelspielen gefunden.« Bloßes Zuschauen verachtete er; mit Betrügerei kannte er sich aus; er warnte insbesondere vor Spielern, die »die Karten mit Seife einschmieren, damit sie leicht gleiten und eine mit der anderen mitrutscht«. In seiner mathematischen Analyse von wahrscheinlichen Ergebnissen beim Würfelwerfen schränkt er seine Beobachtungen vorsorglich mit der Bemerkung ein: »... falls es ein ehrlicher Wurf ist«. Trotzdem hat er hinreichend große Summen verloren, um den Schluß zu ziehen: »Den größten Nutzen vom Glücksspiel hat man durch einen völligen Verzicht aufs Spielen.« Er ist vermutlich überhaupt der erste gewesen, der Glücksspiele einer ernsthaften, schriftlichen Analyse unterzogen hat.

Cardano war jedoch viel mehr als nur Spieler und Teilzeitmathematiker, nämlich der berühmteste Arzt seiner Zeit, dessen Rat und Dienste ebenso vom Papst wie von Königen und Kaisern in Europa gesucht wurden. Für Intrigen an Herrscherhöfen hatte er allerdings nichts übrig; er lehnte ihre Einladungen daher ab. Er lieferte die erste klinische Beschreibung der Typhussymptome, schrieb über Syphilis und entwickelte eine neue Bruchoperationsmethode. Im übrigen hielt er fest: »Ein Mensch ist nichts außer seinem Bewußtsein; gerät selbiges in Unordnung, so kommt alles durcheinander; und falls dieses wohlauf sein mag, so ist alles gut.« Er war ein früher Verfechter des Badens und Duschens. Als er 1552 zur Behandlung des asthmakranken Erzbischofs von Schottland nach Edinburgh reiste, nutzte er sein ganzes Wissen über Allergien, um dem geistlichen Herrn dann Bettzeug aus ungewebter Seide statt mit Federn, ein Kopfkissen aus Leinen statt aus Leder und den Gebrauch eines Haarkamms aus Elfenbein zu empfehlen. Bevor er zur Reise nach Edinburgh aus Mailand aufbrach, hatte er für seine ärztlichen Dienste ein Tageshonorar von zehn Goldkronen ausgehandelt; als er nach vierzig Tagen wieder abreiste, erhielt er von seinem dankbaren Patienten jedoch 1400 Kronen und obendrein viele wertvolle Geschenke.

Cardano muß ein vielbeschäftigter Mann gewesen sein. Er publizierte 131 eigene Werke, weitere 170 Schriften hat er angeblich vor der Veröffentlichung verbrannt, und er hinterließ 111 Werke in Manuskriptform. Seine Schriften umfaßten thematisch eine enorme Spannweite einschließlich Mathematik, Astronomie, Physik, Urin, Zähnen, dem Leben der Jungfrau Maria, dem Horoskop Jesu Christi, Moral, Unsterblichkeit, Kaiser Nero, Musik und Träumen. Sein Bestseller war das Buch *De Subtilitate Rerum* (»Über die Feinheit der Dinge«), eine Sammlung von Artikeln, die sechs Auflagen erlebte; sie handelten von Wissenschaft und Philosophie wie von Aberglauben und seltsamen Phänomenen.

Er hatte zwei Söhne, die ihm beide Trübsal brachten. In *De Vita Propria* beschreibt Cardano seinen Ältesten und Lieblingssohn Giambattista als »im rechten Ohr taub, mit kleinen, weißen, unruhigen Augen. An seinem linken Fuß hatte er zwei Zehen, da die dritte und vierte Zehe, wenn ich mich nicht irre, durch eine Membran verbunden waren und als große Zehe zählten. Er hatte einen leichten Buckel ...« Giambattista heiratete ein unehrenhaftes Mädchen, das ihm untreu war; nach eigenem Bekenntnis stammte von ihren drei Kindern nicht eins vom Ehemann. Nach drei Jahren ehelicher Hölle gab der verzweifelte Giambattista Anweisung, einen Kuchen mit Arsen zu backen und seiner Frau zu essen zu geben, die daraufhin auch prompt starb. Cardano tat alles in seiner Macht, um das Leben seines Sohnes zu retten, doch nach Giambattistas Geständnis des Mordes war alles umsonst. Auf dem Weg zur Hinrichtung hackten die Wachen ihm die linke Hand ab, sie folterten ihn. Der jüngere Sohn, Aldo, hat seinen Vater mehrmals beraubt und landete mindestens achtmal im Stadtgefängnis.

Cardano hatte außerdem einen jungen Schützling namens Lodovico Ferrari, ein brillanter Mathematiker, der zeitweilig Sekretär des Kardinals von Mantua war. Ferrari zog im Alter von vierzehn Jahren zu Cardano, um sich ganz dem alten Mann zu widmen und bezeichnete sich selbst als »Cardanos Schöpfung«. Er hat Cardanos Thesen in Auseinandersetzungen mit anderen Mathematikern mehrfach verteidigt; manche Experten sind der Auffassung, daß viele Ideen, für die Cardano Anerkennung fand, Ferrari zugeschrieben werden müssen. Dem Vater, der unter der Tragödie seiner zwei Söhne litt, brachte Ferrari jedoch wenig Trost. Bei einer Wirtshausrauferei verlor der freigebige Lebensgenießer alle Finger der rechten Hand, und er starb mit 43 Jahren an einem Gift, das ihm entweder seine Schwester oder deren Liebhaber verabreicht hatte.

CARDANOS BEDEUTENDES mathematisches Werk *Ars Magna* (»Die große Kunst«) kam 1545 heraus, zur gleichen Zeit, als Kopernikus seine Entdeckungen zum Planetensystem machte und Vesalius seine bahnbrechenden anatomischen Arbeiten leistete. Cardanos Buch erschien bloße fünf Jahre nach dem ersten Auftauchen der Symbolzeichen »+« und »−« im Werk *Grounde of Artes* des Engländers Robert Record. Vierzehn Jahre später führte ein englisches Buch mit dem Titel *Whetstone of Witte* das Zeichen »=« ein, mit der Begründung, daß »keine zwei Dinge gleicher sein können als ein paar Parallelen«.[8]

Ars Magna ist das erste größere Werk der Renaissance, dessen zentrales Thema Algebra ist. Cardano geht schnurstracks auf die Lösungen für kubische und quadratische Gleichungen zu, und er ringt sogar mit den Quadratwurzeln negativer Zahlen, die vor der Einführung des Ziffernsystems gänzlich unbekannt und den meisten Menschen zu jener Zeit noch ein Rätsel waren.[9] Obwohl die algebraische Notation damals primitiv war und jeder Autor seine eigenen Symbole verwendete, hat Cardano den Gebrauch von *a, b, c* eingeführt, der den Algebraschülern bis heute vertraut geblieben ist. Es ist im Grunde erstaunlich, daß es Cardano nicht gelang, Pacciolis Problemstellung zum *Balla*-Spiel zu lösen. Versucht hat er es, wie viele andere herausragende Zeitgenossen auch, er war der Aufgabe nicht gewachsen.

Cardanos Abhandlung zum Glücksspiel trägt den Titel *Liber de Ludi Aleae* (»Das Buch über Hasardspiele«). Das lateinische »*aleae*« deutet eigentlich auf Würfelspiele; das lateinische Adjektiv »*aleatorius*« bezeichnet generell Ereignisse mit ungewissem Ausgang. Unser heutiges »*aleatorisch*«, das sich davon herleitet, meint Dinge, die auf Zufall beruhen. So haben die Römer dank ihrer eleganten Sprache unwissentlich die Bedeutung von Glücksspiel und Unsicherheit für uns miteinander verknüpft. *Liber de Ludi Aleae* stellt wohl den ersten ernsthaften Versuch dar, die statistischen Regeln der Wahrscheinlichkeit zu entwickeln. Das Wort selbst kommt im Buch allerdings nicht vor; Cardanos Titel bezieht sich, wie der größte Teil seines Textes auch, auf »Chancen«. Die lateinische Wurzel der englischen, französischen und italienischen Begriffe für Wahrscheinlichkeit – *probabilità, probabilité, probability* – ist eine Kombination aus *probare*, das »testen«, »beweisen« oder »billigen«, und *-ilis*, das »möglich sein« bedeutet. In diesem Sinne von »beweisbar« oder »zustimmungswürdig« hat Cardano das Wort vielleicht gekannt. Die Verbindung von Wahrscheinlichkeit und Willkürlichkeit – und darum geht es schließlich beim Glücksspiel – wurde erst einhundert Jahre nach Erscheinen des *Liber de Ludo Aleae* zum Bestandteil des allgemeinen Bewußtseins.

Dem kanadischen Philosophen Ian Hacking zufolge enthält die lateinische Wurzel von »Probabilität« in etwa den Sinn von »anerkennenswert«.[10] Diesen Sinn hat das Wort tatsächlich für lange Zeit besessen. Als Beispiel zitiert Hacking eine Stelle aus dem 1724 veröffentlichten Roman *Roxana oder Die glückliche Herrin* von Daniel Defoe. Als die betreffende Dame einen wohlhabenden Herrn dazu überredet hat, für ihren Unterhalt aufzukommen, trifft sie die Feststellung: »Es war das erstemal, das sich mir die Aussicht bot, wirklich bequem zu leben; und es war eine sehr probable Art zu leben.« Das heißt in diesem Zusammenhang: Sie hat ein Lebensniveau erreicht, das ihr die Achtung von sozial Höhergestellten sichert; sie war, wie es Hacking formuliert, »von ihren schmuddligen Anfängen einen gehörigen Schritt weitergekommen«.[11]

Hacking zitiert noch ein anderes Beispiel für den Bedeutungswandel von Probabilität.[12] Galileo verwendet den Begriff *probabilità* ausdrücklich an der Stelle, wo er Kopernikus' Theorie, daß die Erde sich um die Sonne dreht, als »improbabel« bezeichnet, weil sie dem widerspricht, was die Menschen mit eigenen Augen sehen können: daß die Sonne sich nämlich um die Erde dreht. Improbabel war diese Theorie in dem Sinne, daß sie nicht auf Billigung stieß. Kaum ein Jahrhundert später verwendet der deutsche Gelehrte Leibniz das Wort in einem neuen (aber doch nicht im allerneuesten) Sinn, als er die kopernikanische Hypothese die »unvergleichlich probabelste«

nannte. Für Leibniz, so schreibt Hacking, »ist Probabilität durch Beweis und Vernunft bestimmt«.[13] Das deutsche Wort *wahrscheinlich* fängt diese Begriffsbedeutung sehr gut ein, bedeutet es doch so viel wie: »mit dem Anschein von Wahrheit«.

Der Begriff des Wahrscheinlichen hat immer diesen doppelten Sinn gehabt, einmal als zukunftsgerichtete Erwartung, zum andern als Deutung von Vergangenem; zum einen unsere Meinungen, andererseits unser tatsächliches Wissen betreffend. Dieser Unterschied wird im Lauf des Buchs immer wieder sichtbar.

Im ersteren Sinn meint Wahrscheinlichkeit den Grad des Glaubens oder Billigens einer Meinung – also die instinktive Auffassung von Wahrscheinlichem. Unter Gelehrten wird diese Bedeutung als epistemologisch bezeichnet, d. h., daß die Grenzen des menschlichen Erkennens nicht voll analysierbar sind.

Dieser erste Sinn von Wahrscheinlichkeit ist der bei weitem ältere; die Vorstellung vom Messen und Berechnen des Wahrscheinlichen kam erst viel später auf. Der ältere Wortsinn entwickelte sich mit der Zeit aus dem Kontext von Billigung und Zustimmung: Wieviel von dem, was wir wissen, können wir akzeptieren? Für Galileo lautete die Frage nach dem Wahrscheinlichen: Wieviel von dem, was wir hören, kann unsere Zustimmung finden? In der moderneren Verwendung des Begriffs bei Leibniz ging es darum, wieviel Glaubwürdigkeit wir dem Beweismaterial zubilligen können.

Die jüngere Auffassung von Wahrscheinlichkeit trat erst hervor, nachdem Mathematiker ein theoretisches Verständnis von der Häufigkeit vergangener Ereignisse entwickelt hatten. Cardano mag der erste gewesen sein, der den statistischen Aspekt der Wahrscheinlichkeit eingeführt hat; der gewöhnliche Wortgebrauch umfaßte zu seiner Zeit allerdings nach wie vor nur das Moment des Instinktiven und war ohne jede Beziehung zu dem, was er in Form von Meßbarkeit zu erreichen suchte.

Cardano ahnte, daß er einer großen Sache auf der Spur war. In seiner Autobiographie zählt er das *Liber de Ludo Alteae* zu seinen bedeutenden Werken, mit dem Hinweis, daß er »den

Grund für tausend erstaunliche Fakten entdeckt« habe. Man beachte die Formulierung genau: Er beansprucht, »den Grund« erkannt zu haben. Die Fakten selbst, die er in seinem Buch zur Häufigkeit von Resultaten anführt, waren allen Spielern bekannt; die Theorie zur Erklärung solcher Häufigkeit dagegen nicht. Cardano ergeht sich in seinem Buch in der üblichen Wehklage des Theoretikers: »... diese Tatsachen tragen eine Menge zum Verständnis des Spiels, aber kaum etwas Nützliches fürs Spielen bei.«

Cardano gibt in seiner Autobiographie an, das *Liber de Ludo Aleae* im Jahre 1525, also in jungen Jahren, verfaßt und 1565 umgeschrieben zu haben. Es ist bei aller außergewöhnlichen Originalität ein in vieler Hinsicht wirr konzipiertes Buch. Cardano hat es aus groben Notizen zusammengemixt. Es kommt vor, daß er Problemlösungen bringt, denen an späterer Stelle Lösungen folgen, die mit völlig anderen Methoden erzielt werden, überdies wird alles noch durch das Fehlen jeglicher Systematik im Gebrauch von mathematischen Symbolen erschwert. Das Werk wurde nicht zu Cardanos Lebzeiten publiziert, es wurde nach seinem Tod unter seinen Manuskripten gefunden und erschien erstmals 1663 in Basel. Bis dahin war es aber auf dem Gebiet der Wahrscheinlichkeitstheorie dank anderer Mathematiker, die gar nichts von Cardanos wegweisenden Bemühungen wußten, zu beeindruckenden Weiterentwicklungen gekommen.

Wenn Cardanos Werk anderen Mathematikern nicht ein Jahrhundert lang vorenthalten geblieben wäre, so hätten seine Verallgemeinerungen über wahrscheinliche Wettresultate den Fortschritt in Mathematik und Wahrscheinlichkeitstheorie wohl erheblich beschleunigt. Denn er ist es gewesen, der die mittlerweile übliche Formation erstmals bestimmt hat, Wahrscheinlichkeit als einen Bruch darzustellen, der gegeben ist durch die Zahl günstiger Ergebnisse dividiert durch den »Zyklus«, d.h. die Gesamtzahl der möglichen Ergebnisse. So sehen wir beispielsweise eine Chance von 50 : 50, beim Werfen einer Münze mit »Kopf« zu gewinnen, weil das Obenliegen des Kopfes eines von zwei gleichermaßen wahrscheinlichen Ergebnissen ist. Die Wahrscheinlichkeit, aus einem kompletten Satz

Karten eine Königin zu ziehen, beträgt $^1/_{13}$, alldieweil es in einem Satz von 52 Spielkarten vier Königinnen gibt; die Aussicht, die Pikdame zu ziehen, beträgt dagegen $^1/_{52}$, da ein Satz nur eine Pikdame enthält.

Folgen wir einmal Cardanos Gedankengang, wenn er für das Würfelspiel genau die Wahrscheinlichkeit jeden Wurfs schildert.* Im hier zitierten Absatz aus dem 15. Kapitel »Über das Würfelwerfen« des *Liber de Ludo Aleae* formuliert er allgemeine Prinzipien, die bis dahin noch niemand dargelegt hatte:

> Eine Hälfte der Gesamtzahl der Seitenflächen bedeutet stets Gleichheit; so stehen die Chancen gleich, daß bei drei Würfen eine bestimmte Zahl erscheint, weil der ganze Zyklus in sechs Würfen erschöpft ist, oder daß bei einem Wurf wiederum eine von drei Zahlen erscheint. Ich kann beispielsweise genauso leicht eins, drei oder fünf wie zwei, vier oder sechs werfen. Da werden die Wetten gemäß dieser Chancengleichheit gesetzt, sofern ehrlich gewürfelt wird.[14]

In Fortführung dieser Argumentationslinie berechnet Cardano die Wahrscheinlichkeit, in einem Wurf eine von zwei Zahlen zu würfeln – sagen wir mal entweder die Eins oder die Zwei. Das Ergebnis lautet: Es gibt eine Chance von eins zu drei bzw. von 33,3%, weil es um zwei Zahlen eines »Zyklus« von sechs Seiten des Würfels geht. Er berechnet auch die Wahrscheinlichkeit der Wiederholung günstiger Würfe mit einem einzigen Würfel. Die Wahrscheinlichkeit, die Eins oder die Zwei zweimal nacheinander zu würfeln, beträgt $^1/_9$ – die Wurzel aus einer von drei Chancen bzw. $^1/_3$ multipliziert mit sich selbst. Die Wahrscheinlichkeit, die Eins oder die Zwei dreimal nacheinander zu werfen, ist $^1/_{27}$ bzw. $^1/_3 \times {}^1/_3 \times {}^1/_3$; die Wahrscheinlichkeit, die Eins oder die Zwei viermal hintereinander zu würfeln, beträgt $^1/_3$ hoch 4.

Anschließend errechnet Cardano die Wahrscheinlichkeit, beim Spiel mit zwei Würfeln, statt nur mit einem, die Eins oder Zwei zu gewinnen. Da die Wahrscheinlichkeit einer eins oder

* Leser, die an den technischen Aspekten dieser Ausführungen nicht interessiert sind, können bis Seite 73 überspringen, ohne daß sie den Faden verlieren würden.

einer zwei beim Spiel mit einem Würfel eins zu drei steht, würde man intuitiv meinen, daß die Wahrscheinlichkeit einer eins oder zwei bei zwei Würfeln doppelt so hoch ist bzw. 67% beträgt. In Wahrheit lautet die richtige Antwort aber: Sie liegt bei fünf aus neun bzw. bei 55,6%. Beim Spiel mit zwei Würfeln steht die Chance, daß beim gleichen Wurf auf beiden Würfeln eine eins oder eine zwei erscheint, eins zu neun; doch die Wahrscheinlichkeit der eins oder zwei auf einem von beiden war ja bereits in Rechnung gestellt worden; daher müssen wir diese $^1/_9$ Wahrscheinlichkeit von den 67% abziehen, die laut Intuition bestehen. So kommt es zu $^1/_3 + ^1/_3 - ^1/_9 = ^5/_9$.

Mit jedem weiteren Schritt berücksichtigt Cardano mehr Würfel und Gewinne, bis ihn seine Forschungen zu guter Letzt zu Verallgemeinerungen über die Gesetze des Zufalls führen, die vom Experimentieren zur Theorie übergehen.

Es war ein entscheidender Schritt, als Cardano die Folgen analysierte, wenn statt mit einem Würfel mit zweien gespielt wird. Wir wollen seinem Gedanken noch einmal, jetzt aber detaillierter nachgehen. Obwohl zwei Würfel ingesamt 12 Seiten haben, sah Cardano die Wahrscheinlichkeit, mit zwei Würfeln eine eins oder eine zwei zu würfeln, keineswegs durch nur zwölf mögliche Ergebnisse begrenzt. Er hat nämlich erkannt, daß ein Spieler beispielsweise auch mit einem Würfel eine drei und mit dem anderen eine vier, jedoch genausogut mit dem ersten eine vier und mit dem zweiten eine drei werfen könnte.

Die Anzahl der möglichen Kombinationen, welche den »Zyklus« – die Gesamtzahl an möglichen Ergebnissen – ausmachen, liegt viel höher als die Gesamtzahl – zwölf – der Seiten auf zwei Würfeln. Die Entdeckung der Bedeutung von Zahlenkombinationen stellt Cardanos wichtigsten Beitrag zur Entwicklung der Wahrscheinlichkeitsregeln dar.

Die Bedeutung der Kombinationen für das Berechnen von wahrscheinlichen Ergebnissen läßt sich recht gut anhand von *Craps* illustrieren. Wie Cardano nachwies, liefert der Wurf von zwei Würfeln mit je sechs Seiten nicht elf (von zwei bis 12), sondern 36 mögliche Kombinationen, von zwei Einsen bis zur doppelten Sechs.

Am leichtesten zu erzielen ist die Punktzahl 7 – die Schlüsselzahl beim *Craps*-Spiel. Sie ist sechsmal wahrscheinlicher als die doppelte Eins oder die doppelte Sechs und dreimal so wahrscheinlich wie die andere Schlüsselzahl dieses Spiels, die 11. Es gibt sechs mögliche Kombinationen, um 7 Punkte zu gewinnen: 6 + 1, 5 + 2, 4 + 3, 3 + 4, 2 + 5 und 1 + 6; man beachte, daß dieses Muster sich lediglich aus den Summen von je drei Kombinationen ergibt – 5 und 2; 4 und 3; 1 und 6. Die 11 kann dagegen bloß auf zweierlei Weise zustande kommen, weil sie nur die Summe aus einer einzigen Kombination ist: 5 + 6 oder 6 + 5. Und für die doppelte Eins und für die doppelte Sechs existiert nur je eine Möglichkeit. Passionierte *Craps*-Spieler wären gut beraten, sich stets nachstehende Tabelle vor Augen zu halten:

Die Wahrscheinlichkeit jeder Summe
beim Werfen mit zwei Würfeln

Summe	*Wahrscheinlichkeit*
2	$^1/_{36}$
3	$^2/_{36}$ oder $^1/_{18}$
4	$^3/_{36}$ oder $^1/_{12}$
5	$^4/_{36}$ oder $^1/_9$
6	$^5/_{36}$
7	$^6/_{36}$ oder $^1/_6$
8	$^5/_{36}$
9	$^4/_{36}$ oder $^1/_9$
10	$^3/_{36}$ oder $^1/_{12}$
11	$^2/_{36}$ oder $^1/_{18}$
12	$^1/_{36}$

Beim *Backgammon* – einem anderen Glücksspiel, bei dem mit zwei Würfeln gespielt wird – können die Augen auf jedem Würfel entweder addiert oder für sich getrennt beachtet werden. Das heißt beispielsweise: Wenn zwei Würfel geworfen werden, können sich fünfzehn verschiedene Kombinationen mit 5 ergeben:

5 + 1
5 + 2
5 + 3
5 + 4
5 + 6
1 + 5
2 + 5
3 + 5
4 + 5
6 + 5
1 + 4
4 + 1
2 + 3
3 + 2

Die Wahrscheinlichkeit eines 5er-Punktwerts beträgt $^{5}/_{36}$ oder ca. 42 %.[15]

Hier kommt es wirklich sehr auf begriffliche Genauigkeit an. In Cardanos Formulierung ergibt sich die *Wahrscheinlichkeit* eines Ergebnisses aus dem Verhältnis der günstigen Ergebnisse zur Gesamtzahl möglicher Ergebnisse. Die *Chancen*, daß ein bestimmtes Ergebnis eintritt, ergeben sich aus dem Verhältnis der günstigen zu den ungünstigen Ergebnissen. Die Chancen sind ganz offensichtlich von der Wahrscheinlichkeit abhängig; aber auf die Chancen kommt es an, wenn man eine Wette setzt.

Wenn beim *Backgammon* die Wahrscheinlichkeit eines Fünf-Augen-Wurfs in 15 Fünfer-Würfen aus 36 Würfen besteht, dann stehen die Chancen für einen Fünf-Augen-Wurf 15 zu 21. Wenn bei *Craps* die Wahrscheinlichkeit, daß man eine 7 würfelt, bei einem von sechs Würfen liegt, dann stehen die Chancen, eine andere Punktezahl als 7 zu würfeln, 5 zu 1. Das heißt, man sollte nie mehr als $ 1 darauf wetten, daß beim nächsten Wurf eine 7 kommt, wenn der andere Spieler $ 5 wettet, daß keine 7 kommt. Die Wahrscheinlichkeit, daß bei einem Werfen von Münzen der Kopf oben liegen wird, ist 50 : 50 oder eins zu zwei. Da die Chancen für Kopf oder Wappen gleich hoch sind, sollte man bei diesem Spiel nie einen höheren Einsatz als der Gegner wagen. Wenn auf der Pferderennbahn die Chancen für einen Außenseitersieg 20 zu 1 stehen, liegt die theoretische Wahrscheinlichkeit, daß die Mähre als Siegerin aus dem Rennen hervorgeht, bei eins von 21 oder bei 4,8%, d.h. bei nicht einmal fünf Prozent.

Die Chancen liegen in Wahrheit jedoch erheblich unter fünf Prozent, weil Pferderennen – im Unterschied zu *Craps* – nicht im Wohnzimmer stattfinden. Pferderennen erfordern eine Rennbahn, und die Eigentümer der Rennbahn sowie der Staat, der ja die Rennlizenz erteilt, haben einen vorrangigen Anspruch auf den Gewinn-Pool. Wenn man die Gewinnchancen für alle Pferde im Sinne von Wahrscheinlichkeiten umformuliert – so wie der 20:1-Schuß-ins-Blaue eine Gewinnwahrscheinlichkeit von 4,8 % besitzt –, und alle Wahrscheinlichkeiten addiert, so ergibt sich eine Gesamtsumme von mehr als 100%. Die Differenz zwischen dieser Gesamtzahl und 100% ist ein Indiz für den Anteil, welche die Betreiber der Rennbahn und der Staat abschöpfen.

WIR WERDEN nie herausbekommen, ob Cardano sein *Liber de Ludi Aleae* als Lehrbuch über Risikosteuerung für Glücksspieler oder als theoretische Schrift über die Wahrscheinlichkeitsregeln verfaßte. In Anbetracht der großen Bedeutung, die dem Wetten in seiner Zeit zukam, müssen ihm die Spielregeln auf alle Fälle eine erste Anregung zu seiner Arbeit geliefert haben. Aber dabei können wir es nicht belassen. Wett- und Glücksspiele sind ein ideales Versuchslabor für Experimente zur Risikoquantifizierung. Cardanos starke intellektuelle Neugier und die komplizierten mathematischen Grundsätze, die er in seiner *Ars Magna* anzugehen wagte, lassen erkennen, daß es ihm um mehr als Gewinne am Spieltisch ging.

Cardano beginnt sein *Liber de Ludi Aleae* vom Experiment aus, schließt jedoch mit der Theorie der Zahlenkombinationen. Über die eigenständigen Erkenntnisse von der Bedeutung der Wahrscheinlichkeit für Glücksspiele hinaus und ganz abgesehen von der mathematischen Genialität, mit der Cardano die anstehenden Probleme ins Auge faßte, stellt sein *Liber de Ludo Aleae* den ersten überlieferten Versuch dar, beim Abwägen von Risiken das Element der Berechnung einzuführen. Dank dieser

Entwicklung, die Cardano mit solch großem Erfolg einleitete, kam es überhaupt zum Entstehen eines Risikomanagements. Was immer ihn dazu angeregt haben mag – sein Buch stellt eine immense originäre Leistung und einen kühnen mathematischen Schritt dar.

Doch der eigentliche Held dieser Geschichte ist nicht Cardano, sondern die Epoche, in der er lebte. Die Möglichkeit zu entdecken, was er entdeckt hat, bestand seit Jahrtausenden. Und das hindu-arabische Zahlensystem hatte Europa mindestens drei Jahrhunderte erreicht, bevor sich Cardano an die Arbeiten für sein *Liber de Ludo Aleae* machte. Die bis dahin fehlenden Elemente waren Gedankenfreiheit, ein leidenschaftliches Interesse am Experimentieren und das Verlangen, die Zukunft in den Griff zu bekommen; all das wurde in der Renaissance freigesetzt.

DER LETZTE BEDEUTENDE ITALIENER, der sich mit dem Wahrscheinlichkeitsproblem beschäftigte, war Galileo, und da war Cardano längst ein alter Mann, denn Galileo wurde 1564, im gleichen Jahr wie William Shakespeare geboren.[16] Galileo teilte die Vorliebe seiner Zeitgenossen für das Beobachten und Experimentieren; er verfolgte alles, was sich in seiner Umwelt tat, und hat sogar seinen eigenen Pulsschlag als Hilfsmittel zum Zeitmessen gebraucht.

Als Galileo 1583 einem Gottesdienst in der Kathedrale von Pisa beiwohnte, fiel ihm eine hin- und herschwingende Lampe auf, die über ihm an der Decke hing. In dem Kirchengebäude zog es; wegen des Zugs waren die Schwingungen der Lampe unregelmäßig, sie verliefen mal in großen, mal in engen Bögen. Und während Galileo dies beobachtete, machte er die Feststellung, daß alle Schwingungen der Lampe, unabhängig von der Weite ihres Ausschlagens, genau die gleiche Zeitmenge beanspruchten. Das Resultat dieser zufälligen Erkenntnis war die Einführung des Pendels in die Uhrenmanufaktur. Binnen der nächsten dreißig Jahre wurde der durchschnittliche Zeitverlust bei Chronometern von täglich fünfzehn Minuten auf dreißig Sekunden reduziert. Auf solche Weise wurde die Zeit mit Technologie verknüpft. Im übrigen ist diese Anekdote ein Beispiel für Galileos Lebensart.

Fast vierzig Jahre später – da war er erster und außerordentlicher Mathematikprofessor der Universität Pisa und Mathematiker seiner Erlauchtesten Hoheit, des Großherzogs Cosimo II. von Toskana – verfaßte Galileo einen kurzen Bericht über das Glücksspiel, »aus Verpflichtung gegenüber ihm, der mir aufgetragen hat hervorzubringen, was mir zu diesem Problem einfällt«.[17] Der Bericht trug den Titel *Sopra le Scoperte dei Dadi* (»Über das Würfelspiel«). Der Gebrauch des Italienischen an Stelle von Latein ist ein Indiz dafür, daß ihn das Thema nicht mit Begeisterung erfüllte und daß es ihm einer ernsthaften Betrachtung unwürdig schien. Er hat sich offensichtlich einer unangenehmen Aufgabe unterzogen, deren Zweck darin bestand, die Spielchancen seines großherzoglichen Arbeitgebers zu erhöhen.

Im Laufe dieser Arbeit vollzieht Galileo einen großen Teil der Überlegungen Cardanos nach; und es ist durchaus möglich, daß Galileo – wenngleich Cardanos Abhandlung über das Glücksspiel erst vierzig Jahre später veröffentlicht werden sollte – von Cardanos diesbezüglichen Leistungen gewußt hat. Die Historikerin und Statistikwissenschaftlerin Florence Nightingale meint, daß Cardano seinen Überlegungen über einen so langen Zeitraum nachgegangen ist, daß er sie bestimmt mit Freunden diskutiert hat; außerdem waren seine Vorlesungen beliebt, und so ist es sehr wohl denkbar, daß Mathematiker mit dem Inhalt des *Liber de Ludo Aleae* vertraut waren, obwohl sie es nie gelesen hatten.[18]

Wie Cardano behandelt auch Galileo Versuche, mit einem oder mehreren Würfeln zu spielen, um dann allgemeine Schlüsse über die Häufigkeit verschiedener Kombinationen und Ergebnisse zu ziehen. Zwischendurch weist er darauf hin, daß diese Methodologie eigentlich für jeden Mathematiker nachvollziehbar sei. Die aleatorische Vorstellung von Wahrscheinlichkeit war 1623 offenbar bereits soweit akzeptiert, daß Galileo weitere größere Entdeckungen auf diesem Gebiet für unwahrscheinlich hielt.

Und doch gab es da noch viel zu entdecken. Und die Ausweitung des Interesses an diesem Thema über Frankreich und von dort in der Schweiz, in Deutschland und England führte zu einem rasanten Aufkommen neuer Theorien zur Wahrscheinlichkeit.

Während des 17. und 18. Jahrhunderts kam es insbesondere in Frankreich zu einer wahren Explosion mathematischer Innovationen, die weit über die empirischen Würfelexperimente Cardanos hinausführten. Fortschritte auf dem Gebiet von Kalkulus und Algebra begründeten zunehmend abstrakte Vorstellungen, die die Grundlagen für viele praktische Anwendungen der Wahrscheinlichkeitsberechnung legten – das reichte von Versicherungen und Investitionen bis zu scheinbar so entlegenenen Wissensgebieten wie Medizin, Erblehre, dem Verhalten von Molekülen, Kriegführung und Wettervorhersagen.

Zunächst einmal kam es darauf an, brauchbare Meß- und Berechnungsmethoden zu erarbeiten, damit erkennbar würde, welcher Grad von Ordnung in der ungewissen Zukunft verborgen liegen könnte. Tastende Versuche dieser Art gab es bereits im frühen 17. Jahrhundert. So veröffentlichte beispielsweise der puritanische Geistliche Thomas Gataker im Jahre 1619 sein einflußreiches Werk *On the Nature and Use of Lots*, in dem er argumentierte, daß das Ergebnis beim Glücksspiel nicht nach göttlichem, sondern nach dem Naturgesetz erfolgte.[19] Gegen Ende des 17. Jahrhunderts – etwa hundert Jahre nach dem Tod Cardanos und weniger als fünfzig Jahre nach dem Tod Galileos – waren die Hauptprobleme der Wahrscheinlichkeitsanalyse gelöst. In einem nächsten Schritt mußte die Frage angegangen werden, wie Menschen Wahrscheinlichkeiten, denen sie sich gegenübersehen, erkennen und wie sich solche Erkenntnis in Handeln ummünzen lasse. Darum geht es ja letzten Endes bei Risikomanagement und Entscheidungsfindung; in der Praxis wird die Ausgewogenheit von Berechnung und Intuition zum Angelpunkt der ganzen Geschichte.

4
French Connection

Weder Cardano noch Galileo ahnten, daß sie an der Schwelle zur Entdeckung des für das Risikomanagement wichtigsten Instruments standen, das überhaupt je erfunden wurde: der Wahrscheinlichkeitsgesetze. Cardano war von einer Experimentenreihe zu einigen wichtigen Verallgemeinerungen geschritten, aber nur daran interessiert, eine Spieltheorie aufzustellen; an die Wahrscheinlichkeitstheorie dachte er dabei nicht. Und Galileo war nicht einmal an einer Theorie über das Glücksspiel interessiert.

Galileo starb 1642. Zwölf Jahre nach seinem Tod gelang drei Franzosen ein gewaltiger Sprung nach vorn, als sie die Wahrscheinlichkeitsanalyse entwickelten – ein Ereignis, dem dieses Kapitel gewidmet ist. Und weniger als zehn Jahre danach wurde aus dieser zunächst noch rudimentären Idee eine voll ausgereifte Theorie, die den Weg zu bedeutsamen praktischen Anwendungen eröffnete. 1657 veröffentlichte der Holländer Huygens ein vielgelesenes Lehrbuch über die Wahrscheinlichkeit (das 1664 von Newton gründlich studiert und mit Anmerkungen versehen wurde); fast gleichzeitig dachte Leibniz über die Möglichkeit nach, die Wahrscheinlichkeit auf juristische Probleme anzuwenden; 1662 publizierten Mitglieder des Pariser Kreises von Port-Royal unter dem Titel *Logik* ein bahnbrechendes Werk über Philosophie und Wahrscheinlichkeit. 1660 veröffentlichte John Graunt in England die Resultate seiner Bemühungen, demographische Daten zu generalisieren, die er aus einer statistischen Auswahl der Sterberegister örtlicher Kirchengemeinden gewonnen hatte. Holländische Städte, die sich traditionell durch den Verkauf von Jahresrenten finanziert hatten, waren gegen Ende des gleichen Jahrzehnts imstande, diese Praktik auf eine solide versicherungsstatistische Grundlage zu stellen. Und um 1700 finanzierte die englische Regierung

Budgetdefizite, wie schon erwähnt, mit dem Verkauf von Leibrenten.

Die Geschichte der drei Franzosen beginnt damit, daß ein unwahrscheinliches Trio über den Rand der Spieltische hinausblickte und die methodischen und theoretischen Grundlagen der Wahrscheinlichkeitsmessung formulierte. Der erste von ihnen, Blaise Pascal, war ein brillanter junger Lebemann, der später zum religiösen Fanatiker wurde und zuletzt den Gebrauch des Verstandes überhaupt ablehnte. Der zweite, Pierre de Fermat, war ein erfolgreicher Jurist, der sich nebenher heftig für Mathematik interessierte. Das dritte Mitglied des Trios war der Chevalier de Méré, ein Edelmann, der sein Gefallen an mathematischen Fragen mit einem unwiderstehlichen Hang zum Glücksspiel verband; sein Anspruch auf Ruhm beruht einzig darauf, daß er die Frage stellte, welche die andern zwei auf die Entdeckungsreise schickte.

Weder der junge Lebemann noch der Jurist brauchten Experimente, um ihre Hypothesen zu bestätigen. Sie arbeiteten im Unterschied zu Cardano induktiv, als sie zum erstenmal eine Wahrscheinlichkeitstheorie aufstellten. Die Theorie lieferte ein Maß an Wahrscheinlichkeit in Form harter Zahlen – ein echter Klimawandel gegenüber der früheren Praxis, Entscheidungen auf der Grundlage von mehr oder weniger subjektiven Überzeugungen zu treffen.

PASCAL, der zu einem berühmten Mathematiker und Philosophen wurde, kam 1623 zur Welt, d.h. etwa zur gleichen Zeit, als Galileo letzte Hand an seinen Traktat *Sopra le Scoperte dei Dadi* legte. Pascal, ein Kind der Zeit nach den Religionskriegen des 16. Jahrhunderts, war sein halbes Leben über hin und her gerissen zwischen seiner Mathematikerlaufbahn und dem Sog religiöser Überzeugungen, die im Kern anti-intellektuell waren. Und wenngleich er ein glänzender Mathematiker war, den die eigenen Leistungen als »Geometer« mit Stolz erfüllten, sollte sein Leben schlußendlich doch von seinen religiösen Sehnsüchten beherrscht werden.[1]

Pascal war ein Wunderkind, das fasziniert war von Formen

und Figuren. Er entdeckte den größten Teil der euklidischen Geometrie für sich allein in seinem Spielzimmer, während er auf dem Fliesenboden Diagramme zeichnete. Als 16jähriger verfaßte er ein Schriftstück über die Mathematik des Kegels, eine Arbeit, die einen solch fortgeschrittenen Wissensstand verriet, daß selbst der große Descartes davon beeindruckt war.

Pascals leidenschaftliches Interesse an der Mathematik kam seinem Vater zugute, der selbst Mathematiker war und als Steuerpächter üppig verdiente. Die französischen Steuerpächter schossen dem Monarchen Geld vor – das Äquivalent zur Aussaat – und holten es sich dann bei den Bürgern wieder zurück – das Äquivalent der Ernte, von der sie sich, wie die Bauern und Landpächter auch, einen weitaus höheren Ertrag als die Kosten für das Saatgut erhofften.

Als Blaise Pascal eine Rechenmaschine erfand und patentieren ließ, die seinem Vater die langweilige Arbeit des Addierens der Tageseinnahmen erleichterte, war er noch ein junger Teenager. Dieses Gerät mit Rädern und Gängen, die sich zum Addieren und Subtrahieren vorwärts bzw. rückwärts drehten, ähnelte den mechanischen Rechenmaschinen, die den elektronischen Kalkulationsmaschinen von heute vorausgingen. Der kleine Pascal konnte auf seiner Maschine auch multiplizieren und dividieren, er begann sogar, an einer Methode zur Ziehung von Quadratwurzeln zu arbeiten. Zum Leidwesen aller Buchhalter der folgenden zweieinhalb Jahrhunderte ließ seine Erfindung sich wegen untragbar hoher Herstellkosten nicht vermarkten.

Der Vater erkannte das Genie seines Sohns und führte ihn mit 14 Jahren in einen auserwählten Diskussionszirkel ein, der wöchentlich einmal im Haus des Jesuiten Marin Mersenne in der Nähe von Place Royal zusammentraf. Der Abbé Mersenne war in der ersten Hälfte des 17. Jahrhunderts zum Mittelpunkt der wissenschaftlichen und mathematischen Welt geworden; abgesehen davon, daß er in seiner Wohnung Woche für Woche bedeutende Gelehrte zusammenbrachte, korrespondierte er – in einer recht verkrampften Handschrift – mit aller Welt über neue und bedeutsame Entwicklungen.[2]

In Ermangelung von wissenschaftlichen Gesellschaften,

Zeitschriften und ähnlichen Möglichkeiten zum Gedanken- und Informationsaustausch lieferte Mersenne damit einen wertvollen Beitrag zur Entwicklung und Verbreitung neuer wissenschaftlicher Theorien. Die Académie des Sciences in Paris und die Royal Society in London, die rund zwanzig Jahre nach Mersennes Tod gegründet wurden, standen in direkter Nachfolge seines persönlichen Engagements.

Blaise Pascals frühe Arbeiten in fortgeschrittener Geometrie und Algebra beeindruckten die hochrangigen Mathematiker, denen er bei Abbé Mersenne begegnete. Nichtsdestotrotz gab es für seine wissenschaftlichen Neigungen schon recht bald Konkurrenz. Als sein Vater 1646 auf dem Eise stürzte und sich das Becken brach, waren die zu seiner Pflege herbeigerufenen Knocheneinrichter zufällig Jansenisten – Mitglieder einer katholischen Sekte mit hohem Bekehrungseifer, die glaubten, daß das Seelenheil nur über Askese, Aufopferung und rigoroses Verbleiben auf dem engen Lebensweg zu erreichen sei. Diese Sektierer verkündeten, daß ein Mensch, der sich nicht unentwegt nach immer höheren Stufen der Reinheit ausstreckt, in die Immoralität zurücksinkt. Es kam einzig und allein auf Gefühl und Glauben an; der Verstand blockierte den Weg zur Erlösung.

Als die Jansenisten Vater Pascals Hüfte wieder instand gesetzt hatten, blieben sie weitere drei Monate im Haus, um sich der Seele des Sohnes anzunehmen, der ihre Lehre mit Begeisterung aufnahm und infolgedessen außer den weltlichen Vergnügungen seines früheren Lebens auch der Mathematik und den Naturwissenschaften den Laufpaß gab. Sein ganzes Augenmerk galt nunmehr der Religion. Als Antwort auf Bitten nach einer Erklärung für seinen Sinneswandel fragte er bloß zurück: »Wer hat mir meinen Platz im Leben gegeben? Auf wessen Weisung und dank wessen Vollmacht ist mir dieser Ort und diese Zeit als Geschenk gegeben? Das ewige Schweigen der unendlichen Räume erfüllt mich mit Schrecken.«[3]

Der Schrecken wurde so überwältigend, daß er 1650 im Alter von 27 Jahren von einer partiellen Lähmung, von Schluckbeschwerden und starken Kopfschmerzen heimgesucht wurde. Die Ärzte rieten ihm, sich zur Heilung aufzurappeln und wieder die frühere, vergnügungsorientierte Lebensweise aufzunehmen. Er befolgte das Rezept umgehend. Beim Tod des Vaters empfahl Pascal seiner Schwester: »Laß uns nicht trauern wie die Heiden, die ohne Hoffnung sind.«[4] Er lebte noch ausschweifender als früher und wurde an den Pariser Spieltischen ein regelmäßiger Gast.

Pascal nahm auch seine Forschungen wieder auf. Er wies experimentell das Vorkommen luftleerer Räume nach und löste damit ein Problem, das seit der These des Aristoteles, die Natur dulde kein Vakuum, strittig gewesen war. Im Verlauf dieses Experiments hat er gezeigt, daß der Luftdruck verschiedener Höhen unter Verwendung von Quecksilber in einer völlig luftleeren Röhre meßbar ist.

ZU DIESER ZEIT machte Pascal die Bekanntschaft des Chevaliers de Méré, der sich seiner mathematischen Fähigkeiten rühmte und damit angab, die Wettchancen in den Spielkasinos berechnen zu können. In einem Brief, den er Ende der 1650er Jahre an Pascal schrieb, hat er geprahlt: »Ich habe in der Mathematik außergewöhnliche Dinge entdeckt, an welche nicht einmal die gelehrtesten Männer des Altertums gedacht und die die besten Mathematiker Europas in Erstaunen versetzt haben.«[5]

Selbst Leibniz muß beeindruckt gewesen sein; denn er beschrieb den Chevalier als »einen Mann durchdringenden Geistes, der sowohl Glücksspieler wie Philosoph war«. Leibniz müssen dann aber gleich darauf Bedenken gekommen sein, weil er nämlich fortfuhr: »Ich habe beinah laut gelacht wegen des Getues, das der Chevalier de Méré in seinem Brief an Pascal an den Tag legt.«[6]

Pascal pflichtete Leibniz bei. »M. de Méré«, so teilte er einem Kollegen mit, »hat einen guten Verstand, ist aber kein Geometer, was, wie Ihr versteht, einen großen Mangel darstellt.«[7] Da klingt Pascal ganz wie ein Akademiker, der sich einen Spaß daraus macht, einen Nichtakademiker in seine Schranken zu weisen. Er hat Méré jedenfalls unterschätzt.[8]

Andererseits wissen wir überhaupt nur dank Pascal von Mérés intuitivem Wahrscheinlichkeitsgespür. Der Chevalier gewann beim Spiel wiederholt mit hauchdünnem Vorsprung; seine Gegner sprachen von Zufallsergebnissen. Laut Pascal wußte de Méré aber, daß die Wahrscheinlichkeit, mit einem Würfel eine Sechs zu werfen, bei vier Würfen über 50% ansteigt – nämlich auf 51,77469136%. Der Chevalier verfolgte die Strategie, bei einer großen Zahl von Würfen winzige Summen zu gewinnen – statt sein Chateau auf einige wenige Spiele zu setzen. Es war eine Strategie, die gleichfalls große Kapitalmengen erforderte, weil es vorkommen kann, daß die Sechs über viele Würfe nacheinander nicht aufscheint, bevor eine Serie kommt, die ihr durchschnittliches Auftreten über 50% steigert.[9]

De Méré versuchte es mit einer Variation dieses Systems und setzte darauf, daß *sonnez* – die doppelte Sechs – bei 24 Würfen mit zwei Würfeln eine Wahrscheinlichkeit von mehr als 50% besaß. Er verlor mit dieser Wette genug Geld, um zu verstehen, daß die Wahrscheinlichkeit des Wurfs einer doppelten Sechs unter 24 Würfen in Wirklichkeit nur 49,14% betrug. Hätte er dagegen auf 25 Würfe gesetzt, bei denen die Wahrscheinlichkeit des Eintretens von *sonnez* auf 50,55% steigt, wäre er am Ende ein reicherer Mann gewesen. Die Geschichte des Risikomanagements wird mit roter und mit schwarzer Tinte geschrieben.

Bei ihrer ersten Begegnung diskutierte der Chevalier gerade mit einem französischen Mathematiker über Paccciolis altes Punkteproblem: Wie sollen zwei Spieler bei einem abgebrochenen *Balla*-Spiel den Einsatz aufteilen? Das Problem war noch immer ungelöst.

Es war ein Problem, das Pascal brennend interessierte; er zögerte aber, es allein anzugehen. In der heutigen Zeit wäre dergleichen auf der Jahrestagung einer wissenschaftlichen Gesellschaft oder Akademie Thema eines Gremiums, doch ein solches Forum stand zu Pascals Lebzeiten nicht zur Verfügung. Es mochte vorkommen, daß so etwas im kleinen Kreis von Gelehrten in der Abgeschiedenheit des Hauses von Abbé Mersenne diskutiert wurde; üblicherweise trat man in solch einem Fall jedoch in eine private Korrespondenz mit anderen Mathematikern ein, die zur Erforschung des Problems beitragen könnten. Pascal wandte sich 1654 an Pierre de Carcavi, der zum

Kreis um Abbé Mersenne zählte; de Carcavi wiederum brachte ihn mit dem Rechtsanwalt Pierre de Fermat in Toulouse in Kontakt.

Einen kompetenteren Mitstreiter zur Lösung dieses Problems hätte Pascal gar nicht finden können. Fermat war ein Mensch von geradezu erschreckender Gelehrsamkeit.[10] Er sprach alle wichtigen europäischen Sprachen, hat sogar in mehr als einer gedichtet und überdies zahlreiche Kommentare zu Werken der griechischen und lateinischen Literatur verfaßt. Außerdem war er ein hochkarätiger Mathematiker. Er hat im Alleingang die analytische Geometrie entdeckt, hat zur frühen Entwicklung der Integralrechnung beigetragen, Forschungen zur Messung des Gewichts der Erde betrieben und über Lichtbrechung und Optik gearbeitet. Und im Laufe seiner umfangreichen Korrespondenz mit Pascal hat er Bedeutsames zur Entstehung der Wahrscheinlichkeitstheorie geleistet.

Die Krönung des Fermatschen Lebenswerks betrifft jedoch die algebraische Zahlentheorie – den Aufbau des Zahlensystems, der dem Verhältnis jeder einzelnen Zahl zu allen übrigen Zahlen zugrunde liegt. Diese Verhältnisse geben zahllose Rätsel auf, von denen bis zum heutigen Tage keineswegs alle gelöst sind. So haben die Griechen beispielsweise die *vollkommenen Zahlen* entdeckt – jene Zahlen, die die Summe all ihrer Teilzahlen mit Ausnahme ihrer selbst bilden wie etwa die Sechs, welche die Summe aus 1, 2 und 3 bildet. Die nächsthöhere vollkommene Zahl ist die $28 = 1 + 2 + 4 + 7 + 14$. Die dritte vollkommene Zahl ist 496, der als nächste die 8 128 folgt. Die fünfte vollkommene Zahl ist 33 550 336.

Pythagoras entdeckte die freundlichen Zahlen, wie er sie nannte, »Eins, das die andere Eins ist« – Zahlen, deren Teilbarkeitsfaktoren summiert die Zahl selber ergeben. Alle Divisoren von 284 – 1, 2, 4, 71 und 142 – ergeben addiert 220; alle Divisoren von 220 – 1, 2, 4, 5, 10, 11, 20, 22, 44, 55 und 110 – ergeben zusammen 284.

Bisher hat niemand eine Regel gefunden, um alle existierenden vollkommenen oder freundlichen Zahlen zu finden; und keiner hat bisher die unterschiedlichen Sequenzen zu erklären vermocht, in denen sie einander folgen. Ähnliche Schwierigkeiten gibt es bei den Primzahlen, d. h. Zahlen wie 1, 3 oder 29, die nur durch 1 und sich selbst geteilt werden können. Zu einem Zeitpunkt glaubte Fermat eine Formel gefunden zu haben, deren Lösung stets eine Primzahl ergäbe; er machte allerdings darauf aufmerksam, für diese (heute sogenannte) *Fermatsche Zahl* keinen *theoretischen* Beweis liefern zu können. Seine Formel ergab 5, dann 17, dann 257 und schließlich 65 537 – alles Primzahlen; die nächste aus seiner Formel resultierende Zahl lautet 4 294 967 297.

Fermat ist jedoch insbesondere durch ein Theorem berühmt geworden, das heute als *Fermatsche Vermutung* oder unter dem Namen *Großer Fermatscher Satz* bekannt ist; es handelt sich um eine Notiz, die Fermat an den Rand seines Exemplars der *Arithmetik* des Diophantos kritzelte. Trotz der Beweisschwierigkeiten ist die Hypothese an sich leicht zu beschreiben.

Der griechische Mathematiker Pythagoras hat als erster nachgewiesen, daß das Quadrat über der längsten Seite eines rechtwinkligen Dreicks, der Hypotenuse, flächengleich ist mit der Summe der Quadrate über den beiden anderen Seiten, den Katheten. Diophantos, ein früher Erforscher der Wunder von quadratischen Gleichungen, hatte eine ähnliche Formel aufgestellt: $x^4 + y^4 + z^4 = u^2$. »Warum«, so fragt Fermat, »hat Diophantos nicht zwei (statt drei) vierte Potenzen gesucht, deren Summe quadratisch ist? Tatsache ist, daß die Aufgabe unmöglich ist, wie ich mit meiner Methode in aller Strenge beweisen kann.«[11] Fermat stellt fest, Pythogoras habe recht, daß $a^2 + b^2 = c^2$; daß aber $a^3 + b^3$ keinesfalls c^3 gleichen, so wie auch keine andere ganze Zahl, die höher ist als 2, eine Gleichung ergeben würde: Das Theorem des Pythagoras gilt nur für das Quadrieren.

Und dann schrieb Fermat: »Ich habe einen wahrhaft wunderbaren Beweis dieses Theorems, für den auf diesem schmalen Seitenrand nicht genügend Platz ist.«[12] Mit dieser simplen Bemerkung machte er Mathematiker über 350 Jahre lang sprachlos, als sie nach einer theoretischen Begründung für etwas suchten, was sich gemäß einer Menge empirischer Experimente als wahr erwies. 1993 behauptete ein englischer Mathematiker namens Andrew Wiles, daß er dieses Problem nach siebenjährigen Studien auf einem Dachboden in Princeton gelöst hätte. Wiles' Resultate wurden im Mai 1995 in den *Annals of Mathematics* veröffentlicht; die Mathematiker sind sich allerdings noch immer uneins, was er da tatsächlich vollbracht hat.

Die Fermatsche Vermutung stellt eher ein Kuriosum dar, als daß sie zur Erkenntnis der Zusammenhänge unserer Welt beitrüge. Die Lösung des Punkteproblems, an der Fermat und Pascal zusammenarbeiteten, zahlt hingegen schon seit langem gesellschaftlich Dividenden – als Eckstein des modernen Versicherungswesens und anderer Bereiche des Risikomanagements.

DIE LÖSUNG des Punkteproblems beginnt mit der Erkenntnis, daß der Spieler, der beim Abbrechen des Spiels vorn liegt, die größere Wahrscheinlichkeit eines Sieges für sich hat, falls das Spiel fortgesetzt würde. Aber um wieviel größer sind die Chancen des führenden Spielers? Wie gering sind die Gewinnaussichten des hintanliegenden Spielers? Wie lassen diese Fragen sich letztendlich in die Wissenschaft der Vorhersagen übersetzen?

Der Briefwechsel, den Pascal und Fermat 1654 zu diesem Thema führten, bedeutete ein Epochenereignis in der Geschichte der Mathematik und Wahrscheinlichkeitstheorie.* Als Reaktion auf die Neugier des Chevaliers de Méré bezüglich dieser uralten Problemstellung erstellten sie eine systematische Methode zur Bestimmung künftiger Ergebnisse. Für Situationen, in denen mehr Ergebnisse möglich sind, als tatsächlich resultieren werden, liefern Pascal und Fermat uns ein Verfahren, um die Wahrscheinlichkeit aller möglichen Ergebnisse zu ermitteln – immer vorausgesetzt, daß die Ergebnisse sich mathematisch messen lassen.

Sie näherten sich dem Problem von verschiedenen Standpunkten. Fermat kehrte sich zu diesem Zweck der reinen Algebra zu. Pascal war innovativer, er nutzte eine geometrische Anordnung, um die zugrundeliegende algebraische Struktur zu

* Der vollständige Text dieser Korrespondenz findet sich in den *Oeuvres de Fernot*, Bd. I (Paris, 1894), S. 288–314.

erhellen. Seine Methode ist einfach und auf eine große Vielfalt von Fragestellungen zur Wahrscheinlichkeit anwendbar.

Die mathematische Grundvorstellung hinter solcher geometrischen Algebra war bekannt, lange bevor Fermat und Pascal sie aufgriffen. Mit ihr hatte sich viereinhalb Jahrhunderte zuvor Omar Chajjam beschäftigt. Der chinesische Mathematiker Chu Shih-chieh widmete sich der Aufgabe im Jahre 1303 mit einem Modell, das er nicht selbst erfunden zu haben behauptete und als »kostbaren Spiegel der vier Elemente« bezeichnete. Ein Modell dieser Art hatte auch Cardano erwähnt.[13]

Chus »kostbarer Spiegel« ist seither als Pascalsches Dreieck bekannt. »Möge niemand behaupten, daß ich nichts Neues festgestellt habe«, prahlt Pascal in seiner Autobiographie. »Der thematische Aufbau ist neu. Wenn wir Tennis spielen, so spielen wir beide mit dem gleichen Ball, doch einer von uns beiden plaziert ihn besser.«[14]

1
1 1
1 2 1
1 3 3 1
1 4 6 4 1
1 5 10 10 5 1
1 6 15 20 15 6 1

Beim ersten Hinschauen wird das Auge auf alle möglichen Muster in diesem Pascalschen Dreieck aufmerksam; die Grundstruktur ist jedoch einfach genug: Jede Zahl ist die Summe der beiden Zahlen zu ihrer Rechten und Linken in der Reihe darüber.

Am Anfang der Wahrscheinlichkeitsanalyse steht die Erkenntnis der Anzahl der verschiedenen Möglichkeiten, mit der ein besonderes Ereignis eintreten kann – mit Cardanos »Zyklus«. Dieser Erkenntnis dient die Zahlenfolge in jeder der sich stetig ausweitenden Reihen. Die oberste Reihe zeigt die Wahrscheinlichkeit eines Ereignisses an, das überhaupt nicht ausbleiben kann. Hier gibt es nur ein einziges mögliches Resultat, hier gibt es null Unsicherheit; sie ist daher für die Wahrscheinlichkeitsanalyse irrelevant. Die erste Reihe, auf die es ankommt, ist die zweite. Sie indiziert eine Situation von 50:50: Die Wahrscheinlichkeit von Ergebnissen wie der Tatsache, daß es in einer Familie, die nur ein Kind plant, einen Jungen – oder ein Mädchen – geben wird, oder daß bei lediglich einem einzigen Wurf der Kopf einer Münze oben liegt. Addieren Sie quer. Bei einer Gesamtheit von bloß zwei Möglichkeiten ist das Ergebnis das eine oder das andere, ein Junge oder ein Mädchen, Kopf oder Wappen, die Wahrscheinlichkeit, einen Jungen statt ein Mädchen oder Kopf statt Wappen zu bekommen, beträgt fünfzig Prozent.

Fahren wir fort, indem wir uns auf dem Dreieck nach unten bewegen. Die dritte Reihe zeigt die möglichen Kombinationen von Jungen und Mädchen in einer Familie, die zwei Kinder zeugt. Die Quersumme der Zahlenreihe verrät, daß es da vier Möglichkeiten gibt: eine Chance von zwei Jungen, eine Chance von zwei Mädchen und zwei Chancen von je einem Jungen und einem Mädchen – ein Junge, auf das ein Mädchen folgt, oder ein Mädchen, nach dem ein Junge geboren wird. Demgemäß wird in drei von vier Ergebnissen mindestens ein Junge (oder ein Mädchen) geboren, womit sich in einer Familie mit zwei Kindern eine Wahrscheinlichkeit von 75% für wenigstens einen Jungen (oder ein Mädchen) ergibt; die Wahrscheinlichkeit, daß es einen Jungen plus ein Mädchen gibt, beträgt 50%. Der Vorgang hängt offensichtlich auf eine von Cardano erkannte Weise von Zahlenkombinationen ab, die jedoch zu der Zeit, als Pascal das Problem aufgriff, noch nicht publik geworden waren.

Die gleiche analytische Denkweise bietet auch eine Lösung für das Punkte-Problem an. Wenden wir uns einmal von Pacciolis *Balla*-Spiel einem Baseballspiel zu. Wie steht es um die Wahrscheinlichkeit, daß Ihre Mannschaft nach dem Verlust des ersten Spieles die *World Series* gewinnt? Falls wir, wie bei einem Glücksspiel, davon ausgehen, daß beide Mannschaften gleichwertig sind, geht es um das gleiche Punkte-Problem, mit dem sich Fermat und Pascal befaßten.[15]

Da die gegnerische Mannschaft bereits ein Spiel gewonnen hat, wird die *Series* nun durch die besten vier von sechs statt durch vier von sieben Spielen entschieden werden. Wie viele verschiedene Folgen von sechs Spielen sind möglich, und wie viele solcher Siege und Niederlagen würden für unsere Mannschaft zu den vier Siegen führen, die sie zum Gewinn der Trophäe braucht? Die Mannschaft mag das zweite Spiel gewinnen, das dritte verlieren und anschließend die letzten drei gewinnen. Sie könnte auch zwei Spiele nacheinander verlieren und darauf die nächsten vier gewinnen. Oder sie könnte die erforderlichen vier Siege vornweg erzielen und dem Gegner nur ein Spiel zu seinen Gunsten lassen.

Wie viele solcher Kombinationen von Siegen und Niederlagen gibt es bei sechs Spielen? Das Dreieck wird es uns zeigen. Wir müssen nur die richtige Reihe finden. Man erinnere sich: Die zweite Reihe des Dreiecks, die Reihe mit der Chance 50 : 50 bezieht sich auf eine Familie mit einem Kind oder auf einen Wurf einer Münze. Sie läuft insgesamt auf zwei mögliche Ergebnisse hinaus. Die dritte Reihe zeigt die Verteilung der Resultate für eine Familie mit zwei Kindern oder zwei Würfen einer Münze, und indiziert vier Ergebnisse oder 2^2. Die vierte Reihe beläuft sich auf acht Ergebnisse oder 2^3 und gibt die Möglichkeiten an, die bei einer Familie mit drei Kindern eintreten können. Bei sechs verbleibenden Spielen, die über das Endergebnis der *World Series* entscheiden, müßten wir uns also die Reihe anschauen, deren Summe an Möglichkeiten 2^6 ausmacht – oder 2 sechsmal mit sich selbst multipliziert, so daß 64 mögliche Abfolgen von Siegen oder Niederlagen bestehen.* Die Zahlensequenz dieser Reihe lautet:

1 6 15 20 15 6 1

Bedenken Sie, daß Ihre Mannschaft zum Gewinn der Trophäe noch vier Siege benötigt, während das gegnerische Team dazu nur mehr drei Siege bräuchte. Es gibt nur eine Möglichkeit, damit Ihre Mannschaft alle Spiele und der Gegner kein einziges Spiel gewinnt: Diese Möglichkeit wird durch die Ziffer 1 am

* Mathematikern wird sofort klar sein, daß Pascal hier im Grunde die binomische Expansion liefert bzw. die Koeffizienten jeder sukzessiven Multiplikation von $(a+b)$ mit sich selbst. So ist beispielsweise die erste Reihe $(a+b)^0 = 1$, die vierte Reihe dagegen $(a+b)^3 = 1a^3 + 3a^2b + 3ab^2 + 1b^3$.

Anfang der Reihe angegeben. Seitlich weitergelesen, lautet die nächste Zahl 6. Es gibt sechs verschiedene Folgen, in denen Ihre Mannschaft (Y) die Trophäe gewinnt, während Ihr Gegner (O) nur ein weiteres Spiel gewinnt:

OYYYYY YOYYYY YYOYYY YYYOYY YYYYOY YYYYYO

Und es gibt fünfzehn unterschiedliche Sequenzen, wenn Ihre Mannschaft vier Spiele gewinnt, während Ihr Gegner zwei Siege davonträgt.

Die Beispiele zeigen etwas Merkwürdiges. Warum sollte Ihre Mannschaft alle sechs verbleibenden Spiele in Abfolgen spielen, wo sie die Trophäe gewonnen haben würde, bevor sie die sechs Spiele spielte? Oder warum sollte sie alle vier Spiele durchführen, wenn sie in weniger Spielen gewinnen könnte?

Obwohl im wirklichen Leben keine Mannschaft mehr als das zum Erzielen der Meisterschaft erforderliche Minimum an Spielen austragen würde, wäre eine mathematisch vollständige Lösung des Problems ohne *alle* mathematischen Möglichkeiten unmöglich. Wie Pascal in seinem Briefwechsel mit Fermat bemerkte, müssen die mathematischen Gesetze über die Wünsche der Spieler herrschen, die nur Abstraktionen eines allgemeinen Prinzips sind. Er behauptet, es sei »völlig gleichgültig und für beide unerheblich, ob sie das [Spiel] seinen natürlichen Lauf nehmen lassen«.

DIE KORRESPONDENZ zwischen Pascal und Fermat muß für beide eine aufregende Entdeckungsreise in eine neue intellektuelle Welt gewesen sein. Fermat schrieb an Carcavi über Pascal: »Ich halte ihn für fähig, jedes Problem zu lösen, das er anpackt.« Umgekehrt bemerkte Pascal in einem Brief an Fermat: »Ihre numerischen Arrangements ... übersteigen bei weitem meinen Verstand.« An anderer Stelle charakterisierte er Fermat als »einen Mann von solch außergewöhnlichem Geist ... im höchsten Maße vortrefflich ... [daß seine Werke] ihn einzigartig machen unter den Geometern Europas.«

Es ging hier für Pascal, der tief in Religion und Ethik verwurzelt war, wie für den Juristen Fermat um viel mehr als um Mathematik. So wie sie ihre Problemlösung verstehen, betrifft die Aufteilung der Spieleinlagen in Paccciolis nicht zu Ende geführtem *Balla*-Spiel *moralisches Recht*. Die Spieler hätten sich die Einsätze ja auch zu gleichen Teilen aufteilen können; eine solche Lösung wäre allerdings für Pascal wie für Fermat inakzeptabel gewesen, weil sie dem Spieler gegenüber unfair gewesen wäre, der das Glück hatte, bei Spielabbruch vorn zu liegen.[16]

Pascal bringt den moralischen Aspekt offen und mit wohlbedachten Worten zur Sprache. In seinen Bemerkungen zu dieser Arbeit weist er darauf hin: »Als erstes müssen wir verstehen, daß das Geld, welches die Spieler in das Spiel eingebracht haben, nicht mehr ihnen gehört . . ., dafür haben sie aber umgekehrt das Recht erhalten, erwarten zu dürfen, was das Glück ihnen gemäß den Regeln, auf die sie sich eingangs verständigt haben, bringen wird.« Für den Fall, daß sie beschließen, das Spiel vorzeitig zu beenden, treten sie wieder in ihre ursprünglichen Besitzrechte an der Summe ein, die sie eingesetzt haben. An diesem Punkt »wird die Regel, welche bestimmt, was ihnen gehört, dem proportional sein, was sie vom Glück zu erwarten berechtigt waren . . . die gerechte Verteilung ist als Division bekannt.« Die Division ist durch die Prinzipien der Wahrscheinlichkeitstheorie bestimmt, weil sie die gerechte Verteilung der Einsätze definieren.

So betrachtet, ist die Pascal-Fermatsche Lösung eindeutig durch die Vorstellung vom Risikomanagement gefärbt, auch wenn sie selber nicht ausdrücklich in solchen Begriffen gedacht haben. Nur tollkühne Menschen lassen sich bei unklaren Spielregeln auf Risiken ein, ganz gleich, ob es nun *Balla*, den Kauf von IBM-Aktien, das Errichten einer Fabrik oder die Einwilligung zu einer Blinddarm-Operation betrifft.

Abgesehen von der moralischen Frage führten die von Pascal und Fermat vorgeschlagenen Lösungen aber auch zu Verallgemeinerungen und genauen Regeln zum Berechnen von wahrscheinlichen Ergebnissen einschließlich von Fällen mit mehr als zwei Spielern, zwei Mannschaften, zwei Geschlechtern, zwei Würfeln oder von zweiseitigen Münzen. Damit gelang es ihnen, die theoretische Analyse weit über

Cardanos Vorführung hinauszubringen, daß zwei Würfel mit sechs Seiten (oder zwei Würfe mit einem Würfel) 6^2 Kombinationen oder daß drei Würfel 6^3 Zahlenkombinationen liefern würden.

Der letzte Brief ihrer Korrespondenz datiert vom 27. Oktober 1654. Im darauffolgenden Monat hatte Pascal dann ein mystisches Erlebnis, dessen Beschreibung er in seine Jacke einnähte, damit er sie an seinem Herzen tragen könnte, und erklärte: »Widerruf, absolut und süß.« Er gab Mathematik und Physik auf, entsagte dem weltlichen Leben, ließ seine alten Freunde fallen, verkaufte, mit Ausnahme seiner religiösen Bücher, seinen gesamten Besitz und nahm bald darauf im Pariser Kloster Port-Royal seinen Wohnsitz.

Dennoch gab es weiterhin Spuren vom alten Blaise Pascal. Er begründete die erste kommerzielle Omnibuslinie in Paris; die anfallenden Gewinne gingen an das Kloster Port-Royal.

Im Juli 1660 unternahm er eine Reise nach Clermont-Ferrand, das von Fermats Wohnort Toulouse nicht weit entfernt liegt. Fermat schlug eine Zusammenkunft vor, »um Euch zu umarmen und für einige Tage mit Euch zu sprechen«, wofür er einen Ort auf halbem Wege zwischen den beiden Städten vorschlug; er führte schlechte Gesundheit als Grund an, daß er selbst nicht die ganze Strecke zurücklegen wollte. Pascal antwortete im August:

> Ich vermag mich kaum zu erinnern, daß es so etwas wie Geometrie [d. h. Mathematik] gibt. Ich erachte Geometrie für so nutzlos, daß ich wenig Unterschied finden kann zwischen einem Mann, der Geometer ist, und einem tüchtigen Handwerker. Obwohl ich sie als bestes Handwerk der Welt bezeichne, ist sie letzten Endes doch weiter nichts als eben Handwerk … Es ist durchaus möglich, daß ich nie wieder an sie denken werde.[17]

WÄHREND SEINES AUFENTHALTS in Port-Royal hat Pascal seine Gedanken über Leben und Religion zusammengefaßt und unter dem Titel *Pensées* veröffentlicht.[18] Im Laufe seiner Arbeiten an diesem Buch schrieb er zwei Blatt Papier beidseitig voll in einer, wie Ian Hacking schildert, »Handschrift, die in alle Richtungen läuft ..., voller Ausradierungen, Korrekturen und offensichtlicher späterer Gedanken«. Das Fragment ist als Pascals Wette bekanntgeworden, als *le pari de Pascal*, die fragt: »Gott ist, oder Er ist nicht. Wofür werden wir uns entscheiden? Die Vernunft kann hier nichts bestimmen.«

Mit einem deutlichem Bezug auf seine Analyse wahrscheinlicher Ergebnisse im *Balla*-Spiel formuliert Pascal hier die Frage in Begriffen des Glücksspiels. Er denkt im Sinne eines Spiels, das in unendlicher zeitlicher Entfernung endet. Hier und jetzt wird eine Münze geworfen. Wie würden Sie wetten – Kopf (Gott existiert) oder Wappen (Gott existiert nicht)?

Hacking sieht in dem analytischen Vorgehen Pascals auf der Suche nach einer Antwort den Beginn der Entscheidungsfindungstheorie – »der Theorie über die Entscheidung zum Handeln, wenn unsicher ist, was kommen wird«.[19] Solch eine Entscheidung zu treffen ist der entscheidende erste Schritt aller Bemühungen von Risikosteuerung.

Manchmal treffen wir Entscheidungen auf der Basis vergangener Erfahrungen, aufgrund von Experimenten, die wir oder andere im Laufe eines Lebens durchgeführt haben. Wir können jedoch keine Experimente durchführen, die die Existenz Gottes oder das Gegenteil beweisen. Unsere einzige Alternative besteht darin, die künftigen Konsequenzen eines Glaubens an Gott oder seiner Ablehnung zu erforschen. Wir können die Frage auch nicht umgehen; denn wir sind allein durch die Tatsache unseres Lebens gezwungen, dieses Spiel zu spielen.

Laut Pascal ist der Glaube an Gott keine Sache der Entscheidung. Man kann nicht eines schönen Morgens aufwachen und erklären: »Ich denke, heute werde ich entscheiden, ob ich an Gott glaube oder nicht.« Man glaubt oder glaubt nicht. Die Entscheidung liegt vielmehr darin, ob man für eine Lebensweise optiert, die zum Glauben an Gott führt – etwa indem man mit frommen Menschen zusammenlebt und ein Leben »des Weihwassers und der Sakramente« lebt. Die Person, die solche Vorschriften einhält, geht die Wette ein, daß Gott lebt. Die Person, die sich um dergleichen Dinge nicht kümmern mag, geht die Wette ein, daß Gott nicht existiert.

Die einzige Möglichkeit zu wählen zwischen einer Wette, daß es Gott gibt, und einer Wette, daß es am anderen Ende jener unendlichen zeitlichen Entfernung des Pascalschen Münzspiels keinen Gott gibt, ist die Entscheidung, ob ein Ergebnis, daß Gott existiert, befriedigender – in gewissem Sinne wertvoller – ist als ein Ergebnis, daß Gott nicht existiert. Selbst wenn nur eine Wahrscheinlichkeit von 50:50 bestehen mag. Diese Erkenntnis führt Pascal zu einer Entscheidung – zu einer Wahl, in welcher der Wert des Ergebnisses und die Wahrscheinlichkeit, daß es eintreten wird, sich durch die unterschiedlichen *Konsequenzen* der beiden Ergebnisse unterscheiden.*

Wenn Gott nicht existiert, ist es unerheblich, ob man fromm oder als Sünder lebt. Doch angenommen, Gott existiert – dann geht man mit der Weigerung, ein Leben der Frömmigkeit und Sakramente zu führen, die Wette gegen ihn und das Risiko ewiger Verdammnis ein. Für den Gewinner der Wette, daß es Gott gibt, besteht die Möglichkeit der Errettung. Da die Errettung offenkundig der ewigen Verdammnis vorzuziehen ist, liegt die richtige Entscheidung darin, auf der Grundlage zu handeln, daß Gott existiert. »Wofür werden wir uns entscheiden?« Für Pascal war die Antwort klar.

MIT SEINEM BESCHLUSS, die Gewinne aus seiner Omnibuslinie dem Kloster Port-Royal zukommen zu lassen, unterstützte Pascal ein interessantes Nebenprodukt.[20] Im Jahr 1662 veröffentlichte eine Gruppe seiner Partner im Kloster das bedeutsame Werk *La logique, ou l'art de penser*, das zwischen 1662 und 1668 fünf Auflagen erlebte.** Obwohl die Verfasserschaft des Werkes nie offengelegt wurde, gilt als wesentlicher – aber nicht einziger – Autor Antoine Arnaud, den Hacking als »möglicherweise brillantesten Theologen seiner Zeit« apostrophiert.[21] Das Buch wurde unverzüglich in andere europäische Sprachen übersetzt und war noch im 19. Jahrhundert als Lehrbuch gebräuchlich.

* An diesem Punkt antizipiert Pascal Daniel Bernoullis epochalen Durchbruch der Entscheidungsfindung aus dem Jahr 1738, der wir im 6. Kapitel nachgehen.

** Der lateinische Titel des Werkes lautete *Ars Cogitandi*.

Der letzte Teil des Werks enthält vier Kapitel über Wahrscheinlichkeit, die den Prozeß des Aufstellens einer Hypothese aus einer begrenzten Zahl von Fakten behandeln; dieser Prozeß wird heute als statistischer Rückschluß bezeichnet. Die Kapitel enthalten unter anderem eine »Regel zum richtigen Gebrauch der Vernunft, um zu entscheiden, wann menschliche Autorität akzeptiert werden muß«, des weiteren Regeln zur Deutung von Wundern, eine Grundlage zur Interpretation historischer Ereignisse und die Anwendung numerischer Maße auf die Wahrscheinlichkeit.[22]

Das Schlußkapitel beschreibt ein Spiel, bei dem jeder von zehn Spielern, in der Hoffnung, die neun Münzen seiner Mitspieler zu gewinnen, eine Münze riskiert. Der Autor weist darauf hin, daß es »neun Grade Wahrscheinlichkeit gibt, eine Münze zu verlieren, gegen die eine, neun Münzen zu gewinnen«.[23] Der Satz hat, so harmlos er klingen mag, Unsterblichkeit gewonnen. Laut Hacking handelt es sich um die erste veröffentlichte Aussage, »wo Wahrscheinlichkeit, und zwar unter eben diesem Begriff, gemessen wird«.[24]

Unsterblichkeit verdient die Stelle aus mehr als nur diesem Grund. Der Autor räumt ein, daß die von ihm beschriebenen Spiele an sich trivial sind, doch zieht er eine Analogie zu Naturereignissen. So besteht beispielsweise nur geringe Wahrscheinlichkeit, von einem Blitz getroffen zu werden, doch »viele Menschen ... sind übertrieben furchtsam, wenn sie Donner hören«.[25] Dann macht er eine ungeheuer bedeutsame Bemerkung: »Die Furcht vor Schaden sollte nicht der Schwere des Schadens, sondern auch der Wahrscheinlichkeit des Ereignisses proportional sein.«[26] Der Gedanke, daß sowohl der Schweregrad wie die Wahrscheinlichkeit eines Phänomens die Entscheidung beeinflussen sollten, bedeutet einen weiteren gewaltigen neuen Schritt. Wir könnten die Aussage umformulieren und feststellen, daß eine Entscheidung die Intensität unseres Wunsches nach einem bestimmten Ausgang ebenso wie den Grad unseres Glaubens an die Wahrscheinlichkeit eben solchen Ausgangs reflektieren sollte.

Die Intensität des Verlangens nach etwas, das später mit dem Begriff der Nützlichkeit bzw. des Nutzwerts umschrieben wurde, sollte schon bald viel mehr werden als bloße Handlangerin der Wahrscheinlichkeit. Nützlichkeit sollte einen zentralen Platz in allen Theorien der Entscheidungsfindung und der Risikobereitschaft erhalten. Sie wird in den folgenden Kapiteln wiederholt in Erscheinung treten.

HISTORIKER VERWEISEN gern auf Gelegenheiten, wenn etwas enorm Wichtiges beinahe geschehen wäre, aber aus dem einen oder anderen Grunde nicht zustande kam. Die Geschichte des Pascalschen Dreiecks bietet dafür ein eklatantes Beispiel. Wir haben erfahren, wie man die wahrscheinliche Anzahl von Jungen und Mädchen in einer kinderreichen Familie vorhersagen kann. Wir sind weitergegangen, um den wahrscheinlichen Ausgang einer *World Series* (bei gleichwertigen Mannschaften) vorherzusagen, nachdem ein Teil der Meisterschaftskämpfe bereits absolviert ist.

Kurzum, wir haben Vorhersagen gemacht! Pascal und Fermat hatten den Schlüssel zu einer systematischen Methode in der Hand, um die Wahrscheinlichkeit künftiger Ereignisse zu bestimmen. Aber selbst wenn sie diesen Schlüssel nicht ganz herumgedreht haben, so haben sie ihn doch ins Schlüsselloch gesteckt. Die Bedeutung ihrer Pionierarbeit für die Firmenführung, für Risikomanagement und insbesondere für das Versicherungswesen sollte erst von anderen erkannt werden – für die wiederum das Werk *Logik* einen wichtigen ersten Schritt auf diesem Weg leistete. Der Gedanke an das Vorhersagen von Wirtschaftstrends oder die Verwendung der Wahrscheinlichkeitstheorie zur Vorhersage wirtschaftlicher Verluste war zu entlegen, als daß Pascal und Fermat auch nur hätten ahnen können, was sie da versäumten. Es läßt sich erst rückblickend erkennen, wie nahe sie dem gekommen sind.

Die unentrinnbare Unsicherheit der Zukunft wird uns Menschen stets daran hindern, das Schicksal von Hoffnungen und Befürchtungen freizuhalten; doch nach 1654 war für Vorhersagen, auf die man sich bei anstehenden Entscheidungen verlassen mußte, Hokuspokus keine Methode mehr.

5
Die bemerkenswerten Ideen eines bemerkenswerten Kurzwarenhändlers

Wir müssen Entscheidungen auf der Grundlage beschränkter Informationsdaten treffen. Das gilt für jeden von uns. Ein Schlückchen Wein, oder vielleicht gar nur ein Geruch, gibt den Ausschlag, ob die ganze Flasche genießbar ist. Das Werben um den künftigen Lebenspartner ist kürzer als die gemeinsame Lebenszeit. Ein paar Tropfen Blut können DNA-Muster offenbaren, die einen des Mordes Angeklagten überführen oder freisprechen. Bei Meinungsumfragen werden zweitausend Personen interviewt, um die Bewußtseinslage einer ganzen Nation zu ermitteln. Der *Dow Jones Industrial Average* – der Aktienindex der New Yorker Börse – gibt nur den Durchschnittskurs einer Auswahl von 30 Aktien wieder, doch wir nutzen ihn zum Messen von Veränderungen, die Vermögenswerte in Billionenhöhe betreffen, welche sich im Besitz von Millionen von Menschen und von Tausenden großer Kapitalinstitute befinden. Für George Bush reichten einige Bissen Broccoli, um zu wissen, daß dieses Gemüse nichts für ihn war.

Ohne Auswahlverfahren wären die meisten schwierigen Entscheidungen unmöglich. Nach dem Leeren einer Flasche Wein ist es ein wenig spät für die Mitteilung, daß dieser Wein genießbar bzw. ungenießbar sei. Der Arzt kann Ihnen nicht alles Blut abnehmen, bevor er darüber entscheidet, welche Arznei er verschreibt, oder bevor er Ihr DNA überprüft. Der US-Präsident kann nicht jeden Monat die gesamte Bevölkerung befragen lassen, bevor er über den Willen der Wählerschaft befindet – und er kann auch nicht den gesamten Broccoli der Welt essen, bevor er seine Abneigung gegen das Gemüse ausdrückt.

Für Risikoengagements ist das Stichprobenverfahren unentbehrlich. Um Vermutungen über die Zukunft anzustellen, beziehen wir uns ständig auf Beispiele aus Gegenwart und Vergangenheit; das Wort »durchschnittlich« ist uns allen vertraut. Aber wie zuverlässig ist der Durchschnitt, auf den wir zurückgreifen? Wie repräsentativ ist die Auswahl, auf die wir unser Urteil gründen? Was ist eigentlich »normal«? Die Statistiker spötteln über Otto Normalverbraucher, der die Füße im Backofen, den Kopf im Kühlschrank hat und sich »im Durchschnitt« wohl fühlt. Die Fabel vom Blinden und Elefanten ist deshalb berühmt, weil jeder Mann solch eine winzige Probe von dem gesamten Tier genommen hatte.

STATISTISCHE AUSWAHLVERFAHREN haben eine lange Geschichte, und die Methoden des 20. Jahrhunderts sind den primitiven Methoden früherer Zeiten hoch überlegen. Zur interessantesten frühen Anwendung der Stichprobe kam es durch den englischen König bzw. seine Bevollmächtigten beim sogenannten *Trial of the Pyx*; als Edward I. im Jahre 1279 das dafür anzuwendende Prozedere offiziell verkündete, war es im Land weithin akzeptiert.[1]

Die Prüfung sollte sicherstellen, daß die von der Königlichen Münze geprägten Münzen im Gold- und Silbergehalt dem von ihr bekanntgegebenen Standard entsprachen. Das merkwürdige Wort »*pyx*« kommt aus dem Griechischen, heißt »Kasten« und bezieht sich auf das Gefäß, das die Münzprobe aufnehmen sollte. Die Münzen wurden, vermutlich willkürlich, dem Ausstoß des Münzamts entnommen und bei der Prüfung mit einem Teller königlichen Goldes verglichen, das in der sogenannten *Chapel of the Pyx* in Westminster – einer dreifach gesicherten Schatzkammer – aufbewahrt wurde. Da natürlich nicht erwartet werden konnte, daß jede einzelne Münze ganz präzise der Goldeinheit entsprach, an der sie gemessen werden sollte, war eine genau definierte Abweichung vom Standardmaß erlaubt.

Ein ehrgeizigeres und einflußreicheres Unterfangen, das statistische Stichprobenverfahren zu nutzen, wurde 1662 publik, acht Jahre nach Beendigung des Briefwechsels zwischen Pascal und Fermat (und nach Pascals für sich persönlich endgültiger Entscheidung darüber, ob Gott existierte oder nicht existierte). Das fragliche Werk war ein schmaler Band, verlegt in London unter dem Titel *Natural and Political Observations made upon the Bills of Mortality*, und enthielt eine Zusammenstellung der Geburts- und Todesfälle in London zwischen 1604 und 1661 mit einem ausführlichen Kommentar zur Interpretation der Daten. In der Geschichte der statistischen und soziologischen Forschung stellt dies kleine Werk einen sensationellen Durchbruch dar, in der methodischen Anwendung von Stichprobenverfahren und Wahrscheinlichkeitsberechnungen – dem Rohmaterial aller Risikosteuerungsmethoden, wie sie vom Versicherungswesen und Abwägen von Umweltrisiken bis hin zum Entwurf der kompliziertesten derivativen Finanzinstrumente verwendet werden – bedeutet es einen wagemutigen Sprung nach vorn.

Der Verfasser John Graunt war weder Statistiker noch Demograph – die Berufe gab es zu jener Zeit sowieso nicht.[2] Des weiteren war er auch weder Mathematiker, Aktuar, Naturwissenschaftler, Universitätslehrer noch Politiker. Der damals 42jährige John Graunt war bis dato nur als »Kurzwarenhändler« tätig.

Graunt muß ein gewitzter Geschäftsmann gewesen sein, der hinreichend Kapital erwirtschaftete, um nebenher auch weniger ertragreichen Betätigungen nachzugehen, als Schneidereibedarfswaren wie Knöpfe, Schnallen und Nadeln zu liefern. Laut dem zeitgenössischen Biographen John Aubrey war Graunt »eine ungemein findige und fleißige Person ... [Er] stand vor Geschäftsbeginn morgens früh auf, um sich seinen Forschungen zu widmen ... [Sehr] witzig und artikuliert im Gespräch.«[3] Er war eng befreundet mit einigen herausragenden Geistesgrößen seiner Epoche, darunter auch William Petty, der Graunt bei etlichen schwierigen bevölkerungsstatistischen Problemen des Buches half.

Petty war ein bemerkenswerter Mann, ursprünglich Arzt, später unter anderem Leiter des irischen Vermessungsamts und Professor der Anatomie und der Musik. Er hatte in den irischen Kriegen als Profiteur ein beträchtliches Vermögen aufgebaut; dank seines Werkes *Political Arithmetic* gilt er als Begründer der Bevölkerungsstatistik.[4]

Graunts Buch erlebte mindestens fünf Auflagen und fand auch außerhalb Englands eine Anhängerschaft. Die Besprechung durch Petty im Pariser *Journal des Scavans* veranlaßte die Franzosen 1667 zu einer ähnlichen Erhebung. Und Graunts Wirken fand öffentlich hinreichend Beachtung, um Charles II. zu veranlassen, ihn für die Mitgliedschaft der neugegründeten Royal Society vorzuschlagen. Die Fellows der Royal Society reagierten nicht gerade begeistert auf die Aussicht, einen bloßen Händler aufzunehmen; der König gab ihnen daraufhin den Rat, »falls sie weitere solche Kaufleute entdecken sollten, sie allesamt unverzüglich in ihren Reihen aufzunehmen.« Graunt hatte es geschafft.

Die Ursprünge der Royal Society gingen auf einen Mann namens John Wilkins (1617–1672) zurück, der einen auserlesenen Zirkel brillanter Männer gebildet hatte, die in seinen Räumen im Oxforder Wadham College zusammenkamen.[5] Dieser Klub war ein Abbild des Pariser Kreises um den Abbé Mersenne, später formte Wilkins aus solch informellen Zusammenkünften die erste und herausragendste der wissenschaftlichen Akademien, die Ende des 17. Jahrhunderts ins Leben gerufen wurden. Nach dem Vorbild dieser Royal Society wurde schon bald darauf die französische Académie des Sciences gegründet.

Wilkins wurde dann Bischof von Chichester; interessanter ist jedoch die Tatsache, daß er früh als Autor von Science-fiction hervortrat, die mit Bezügen zur Wahrscheinlichkeitstheorie gespickt ist. Ein Werk, das 1640 herauskam, hat den bezaubernden Titel *The Discovery of a World in the Moone or a discourse tending to prove that 'tis probable there may be another habitable world in that planet*. In Vorwegnahme von Jules Vernes arbeitete Wilkins auch an Plänen für ein Unterseeboot, das in den Arktischen Ozean geschickt werden sollte.

WIR WISSEN NICHT, was Graunt auf die Idee brachte, die Geburten und Todesfälle in London zusammenzustellen; er gesteht jedoch, er habe viel Freude daran gefunden, »so viele abstruse und unerwartete Schlußfolgerungen aus diesen armseligen, verachteten Sterblichkeitsurkunden zu ziehen ... Und es macht Freude, etwas Neues zu tun, und sei es noch so unbedeutend.«[6] Er verrät allerdings, daß ihn auch ein ernsthafter Gedanke geleitet habe, nämlich »erfahren zu wollen, wie viele Menschen wohl existieren von jedem Geschlecht, Stand, Alter, Glauben, Gewerbe, Rang oder Grad etc. und wie durch selbiges Wissen Handel und Regierung sicherer und regulierter geführt werden könnten; weil, wenn man die Bevölkerung in erwähnter Zusammensetzung kennt, so könnte man den Verbrauch in Erfahrung bringen, die sie benötigen würde; auf daß Handel nicht dort erhofft würde, wo er unmöglich ist«.[7] Vielleicht hat Graunt damit das Konzept der Marktforschung entdeckt; mit Sicherheit hat er jedoch der Regierung die erste Schätzung der Anzahl von Männern geliefert, die für den Militärdienst verfügbar waren.

Informationen über Geburten und Todesfälle waren in den Kirchengemeinden seit langem vorhanden gewesen; die City of London hatte ab 1603 wöchentliche Zählungen durchgeführt. Zusätzliche Daten lagen in Holland vor, wo die Städte ihren Haushalt durch Leibrenten finanzierten – durch den Verkauf von Policen, die von Bürgern für eine Pauschalsumme erworben wurden und ihnen sowie manchmal auch überlebenden Familienangehörigen ein lebenslängliches Einkommen sicherten. Auch in Frankreich führten die Kirchen Unterlagen über Kindstaufen und Todesfälle.

Hacking berichtet, daß Graunt und Petty nichts von Pascal oder Huygens wußten, doch »ob sie nun durch Gott oder durch das Glücksspiel oder durch den Handel oder durch das Gesetz veranlaßt wurden, jedenfalls entstanden die gleichen Ideen gleichzeitig in vielen Köpfen«.[8] Graunt hatte offensichtlich einen günstigen Moment für seine Bevölkerungsanalyse erwischt.

Er wird sich kaum bewußt gewesen sein, Initiator des Auswahlverfahrens zu sein. Es war ja auch so, daß er eher mit der vollständigen Sammlung als mit einer Auswahl der Sterbelisten arbeitete. Aber auf solch methodische Weise hatte vor ihm noch niemand über Rohdaten nachzudenken versucht. Seine Art einer Datenanalyse hat die Grundlagen der wissenschaftlichen

Statistik gelegt.[9] Der Ausdruck »Statistik« rührt daher, daß quantitative Fakten über einen »Status« analysiert werden. Graunt und Petty dürfen als gemeinsame Väter dieses bedeutenden Forschungsgebiets gelten.

Graunt betrieb seine Arbeiten in einer Zeit, als die primär agrarwirtschaftliche Gesellschaft Englands sich in eine zunehmend vielschichtigere Gesellschaft mit überseeischen Besitzungen und Geschäftsunternehmungen umwandelte. Hacking weist darauf hin, daß niemand ein besonderes Interesse an der Kenntnis der Bevölkerungszahl hat, solange Land und Ernten besteuert werden. So enthielt beispielsweise das sogenannte Domesday Book Wilhelms des Eroberers aus dem Jahre 1085 mit seinen Erhebungen Kataster, also Register über die Eigentümerschaft und den Wert von Landbesitz, ohne jedoch die Anzahl der mit dem Besitz in Verbindung stehenden Personen zu berücksichtigen.

Als dann aber immer mehr Menschen zu Stadtbewohnern wurden, gewann die Einwohnerzahl Relevanz. Petty erwähnt die Bedeutung von Bevölkerungsstatistiken für die Schätzung der Zahl von Männern in wehrfähigem Alter und des Potentials an Steuereinnahmen. Für Graunt, der zuallererst Kaufmann gewesen zu sein scheint, waren solche politischen Überlegungen weniger interessant.

Es kam noch ein weiterer Faktor ins Spiel. Zwei Jahre vor der Publikation von Graunts *Observations* war Charles II. aus dem holländischen Exil als König nach England zurückgeholt worden. In der Restaurationszeit waren die Engländer endlich frei von der geistigen Unterdrückung durch die Puritaner. Mit dem Ende des königlichen Absolutismus und des Republikanismus Cromwellscher Prägung zog ein neues Gefühl von Freiheit und Fortschritt im ganzen Land ein. Außerdem traf dann bald der erste große Reichtum aus den Kolonien jenseits des Atlantik aus Afrika und Asien ein. Der damals 28jährige Isaac Newton führte die Menschen zu neuartigen Vorstellungen über den Planeten, auf dem sie lebten. Und Charles II. war persönlich eine freie Seele, ein fröhlicher Monarch, der es nicht als notwendig empfand, sich für den Genuß der schönen Dinge des Lebens zu rechtfertigen.

Es war an der Zeit, den Kopf zu heben und sich umzuschauen. Genau das tat auch John Graunt. Er begann zu zählen.

OBWOHL GRAUNTS BUCH interessante Details für Soziologen, Mediziner, Politikwissenschaftler und Historiker liefert, besteht das eigentlich Neue in der Anwendung des Auswahlprinzips. Graunt erkannte, daß die ihm verfügbaren Statistiken nur einen Bruchteil aller Geburts- und Todesfälle ausmachten, die sich je in London ereignet hatten; das hielt ihn aber nicht davon ab, aus dem ihm vorliegenden Material umfassende Schlußfolgerungen zu ziehen. Sein analytisches Vorgehen ist heute unter dem Begriff des statistischen Rückschlusses bekannt – man schließt von einer Datenauswahl auf eine Gesamtschätzung. Spätere Statistiker sollten dann herausfinden, wie man die wahrscheinliche Fehlerdifferenz zwischen der Schätzung und den wirklichen Tatsachen berechnet. Doch es war Graunts bahnbrechendes Unterfangen, das aus dem einfachen Prozeß des Informationssammelns ein starkes, komplexes Instrument zur Interpretation der uns umgebenden Welt- und Himmelswirklichkeiten machte.

Das Rohmaterial, das Graunt zusammentrug, war enthalten in den *Bills of Mortality*, die die City of London seit 1603 führte. Daß sie mit dem Todesjahr von Königin Elizabeth I. einsetzten, war reiner Zufall; doch in diesem Jahr litt London auch unter einem besonders schlimmen Ausbruch der Pest. Genaues Wissen über den aktuellen Stand der Volksgesundheit wurde zunehmend wichtig.[10]

Die Londoner *Bills of Mortality* offenbarten Todesursache wie Zahl der Todesfälle, gaben aber auch die wöchentliche Zahl der neugetauften Kinder an. Die nebenstehende Illustration zeigt die Urkunden für zwei Wochen aus dem Jahr 1665.* In der einen Woche vom 12. bis 19. September starben 7 165 Menschen an der Pest; von 130 Pfarrbezirken waren nur vier von dieser Krankheit frei.[11]

Graunt interessierte sich besonders für die Todesursachen,

* Die Information über die für einen Penny erhältliche Brotmenge lieferte den Standard zur Schätzung der Lebenskosten. Heute wird als Standard ein Warenkorb herangezogen.

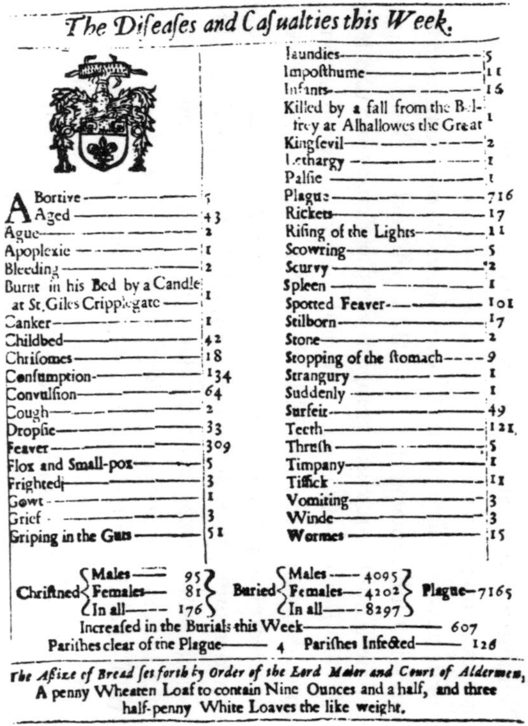

The Diseases and Casualties this Week.

Abortive	5	Iaundies	5
Aged	43	Impofthume	11
Ague	2	Infants	16
Apoplexie	1	Killed by a fall from the Belfrey at Alhallowes the Great	1
Bleeding	2	Kingsevil	2
Burnt in his Bed by a Candle at St. Giles Cripplegate	1	Lethargy	1
Canker	1	Palfie	1
Childbed	42	Plague	7165
Chrifomes	18	Rickets	17
Confumption	134	Rifing of the Lights	11
Convulfion	64	Scowring	5
Cough	2	Scurvy	2
Dropfie	33	Spleen	1
Feaver	309	Spotted Feaver	101
Flox and Small-pox	5	Stilborn	17
Frighted	3	Stone	2
Gowt	1	Stopping of the ftomach	9
Grief	3	Strangury	1
Griping in the Guts	51	Suddenly	1
		Surfeit	49
		Teeth	121
		Thrufh	5
		Timpany	1
		Tiffick	11
		Vomiting	3
		Winde	3
		Wormes	15

Chriftned { Males — 95, Females — 81, In all — 176 } Buried { Males — 4095, Females — 4202, In all — 8297 } Plague — 7165

Increafed in the Burials this Week — 607

Parifhes clear of the Plague — 4 Parifhes Infected — 126

The Afsize of Bread fet forth by Order of the Lord Maior and Court of Aldermen,
A penny Wheaten Loaf to contain Nine Ounces and a half, and three half-penny White Loaves the like weight.

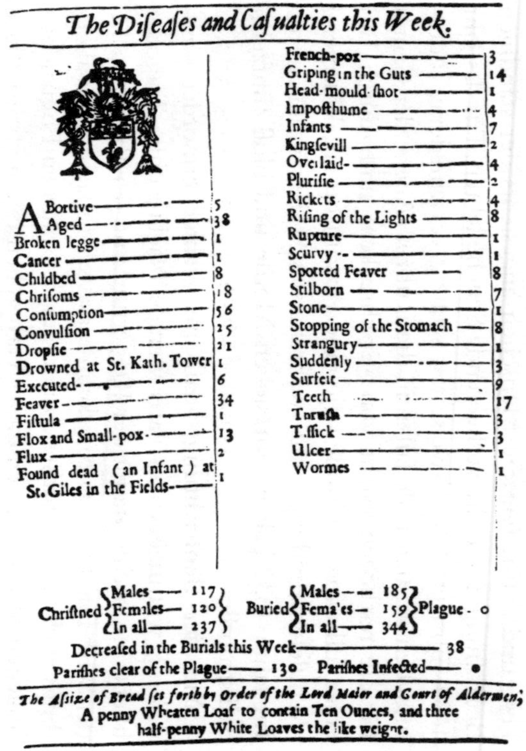

The Diseases and Casualties this Week.

Abortive	5	French-pox	3
Aged	38	Griping in the Guts	14
Broken legge	1	Head-mould-fhot	1
Cancer	1	Impofthume	4
Childbed	8	Infants	7
Chrifoms	18	Kingsevill	2
Confumption	56	Overlaid	4
Convulfion	25	Plurifie	2
Dropfie	21	Rickets	4
Drowned at St. Kath. Tower	1	Rifing of the Lights	8
Executed	6	Rupture	1
Feaver	34	Scurvy	1
Fiftula	1	Spotted Feaver	8
Flox and Small-pox	13	Stilborn	7
Flux	2	Stone	1
Found dead (an Infant) at St. Giles in the Fields	1	Stopping of the Stomach	8
		Strangury	1
		Suddenly	3
		Surfeit	9
		Teeth	17
		Thrufh	3
		Tiffick	3
		Ulcer	1
		Wormes	1

Chriftned { Males — 117, Females — 120, In all — 237 } Buried { Males — 185, Females — 159, In all — 344 } Plague — 0

Decreafed in the Burials this Week — 38

Parifhes clear of the Plague — 130 Parifhes Infected — 0

The Afsize of Bread fet forth by Order of the Lord Maior and Court of Aldermen;
A penny Wheaten Loaf to contain Ten Ounces, and three half-penny White Loaves the like weight.

vor allem für »jene außergewöhnliche, große Kalamität«, die Pest, und dafür, wie die Menschen angesichts der ständigen Bedrohung durch die verheerende Seuche lebten. Für das Jahr 1634 führt er beispielsweise fast sechzig verschiedene Todesursachen an; 628 Fälle fallen in die Rubrik »Alter«; der Grund für die restlichen reicht von »Erschrecken« und »durch Biß eines tollwütigen Hundes« (je eine Person) bis zu »Würmer«, »Mandelentzündung« und »während des Stillens verhungert«. Im Jahre 1632 gab es nur sieben Morde und bloß fünfzehn Selbstmorde.

Mit der Beobachtung, »daß nur wenige ermordet werden ..., wohingegen in Paris wenige Nächte ohne Tragödie blieben«, spricht Graunt der Regierung und der Bürgerwache der Stadt London eine Anerkennung aus. Er macht dafür allerdings auch »den natürlichen und bei den meisten Engländern üblichen Abscheu gegen dieses Verbrechen und jegliches Blutvergießen« verantwortlich und fügt hinzu, daß in englischen Revolutionen sogar »Usurpatoren« nur wenige Landsleute hinrichteten.

Für gewisse Jahre nennt Graunt die Zahl der Pesttoten; besonders schlimm war 1603, als 82% sämtlicher Bestattungen auf diese Epidemie zurückgingen. Für die Zeitspanne von 1604 bis 1624 berechnete er die Todesfälle aufgrund von Krankheiten (allgemein) und von »Unfällen« auf 229 250; davon etwa ein Drittel durch Kinderkrankheiten. In der Annahme, daß von den übrigen krankheitsbedingten Todesfällen die Hälfte Kinder betrifft, zog er die Folgerung, daß »etwa 36 Prozent aller Lebendgeborenen vor dem sechsten Lebensjahr starben.« An »äußeren Leiden wie Krebsgewächsen, Fisteln, Wunden, Geschwüren, Brüchen und Prellungen von Körperorganen, Eiterbeulen, Skrofulose, Aussatz, Kopfgrind, Schweinepocken, Zysten etc.« starben weniger als 4 000 Menschen.

Laut Graunt könnte das Vorherrschen akuter und epidemischer Krankheiten »ein Indiz für Eigenart und Wirkung dieses Klimas und der Luft ... wie auch der hiesigen Ernährung« sein. Er fährt fort, daß nur wenige Personen an Hunger starben, und daß die Bettler, »die in dieser Stadt ein und aus schwärmen ..., in der Mehrzahl gesund und kräftig scheinen«. Er gibt der

Regierung den Rat, sie zu »unterhalten« und sie, »einen jeden gemäß seiner Verfassung und Fähigkeit«, in tätiger Arbeit zu unterweisen.

Nach Kommentierung der Häufigkeit von Unfällen, die ihm zufolge hauptsächlich berufsbedingt sind, weist Graunt hin auf »ein Unglück unserer Sterbelisten, über das zwar viel geredet wird, [doch] ohne großen Nutzen«. Bei dem Unglück handelt es sich um die Franzosenkrankheit – eine Form von Syphilis –, »die zum größten Teil weniger durch maßlosen Genuß von Wildfleisch (der eher Gicht verursacht) als durch ein Übermaß an käuflicher Fleischeslust verbreitet wird«.

Graunt fragt sich, wieso sie in den Urkunden auffallend selten als Todesursache aufscheint, da doch »ein großer Teil der Männer sich zur einen oder anderen Zeit irgendeine Form dieser Krankheit zugezogen hat«. Er kommt zu dem Schluß, daß die meisten auf Geschwüre und Wunden zurückgeführten Todesfälle in Wahrheit durch Geschlechtskrankheiten verursacht und die amtlichen Todesursachen ein Euphemismus waren. Laut Graunt mußte ein Mensch schon sehr heruntergekommen sein, bevor die Behörden den tatsächlichen Grund seines Todes zugaben: »Lediglich verhaßte Personen und solche, deren Nasen zerfressen waren, wurden amtlich ... als Opfer dieser viel zu häufigen Krankheit gemeldet.«

OBWOHL DIE Londoner *Bills of Mortality* Graunt ein reiches Faktenmaterial lieferten, wurden ihm während seiner Studien gleichwohl die Mängel dieser Daten bewußt. Die medizinische Diagnose der Todesursache schien ungewiß: »Denn [selbst] der klügste und erfahrenste Mann eines Pfarrbezirks würde durch bloße Inspektion des Leichnams nur sehr wenige Krankheiten erkennen«, warnte Graunt. Und von den neugeborenen Kindern waren nur die Taufen der anglikanischen Staatskirche aufgelistet; die Kinder von Nonkonformisten und Katholiken waren also von vornherein ausgeklammert.

Graunt hat wirklich hervorragend gearbeitet. Um ihn selber zu zitieren: Nach der Entdeckung, »daß sich aus meinen Reflexionen über diese vernachlässigten Unterlagen etliche Wahrheiten und nicht gemeinhin vertretene Meinungen ergaben, überlegte ich anschließend, welchen Nutzen solche Erkenntnisse der Welt bringen würden«. Zu seinen Analysen zählte unter anderem eine Übersicht der von Jahr zu Jahr wechselnden Häufigkeit verschiedener Krankheiten, Bevölkerungsverschiebungen innerhalb und außerhalb Londons »in Zeiten des Fiebers« und das Zahlenverhältnis von Männern und Frauen.

Besonders ehrgeizig war sein Versuch einer ersten durchdachten Schätzung der Einwohnerzahl Londons und der Hinweis auf die Bedeutung demographischer Daten im Hinblick auf die Frage, ob die Bevölkerung Londons anstieg oder sank und ob sie »groß genug oder zu groß geworden sei«. Er kam übrigens auch zu dem Schluß, daß eine Schätzung der Gesamtbevölkerung dazu beitragen könnte, die Wahrscheinlichkeit deutlich zu machen, mit der die Einzelperson der Pest zum Opfer fallen würde. Um die Zuverlässigkeit seiner Ergebnisse zu überprüfen, experimentierte er außerdem methodisch mit mehreren Schätzverfahren.

Bei einem Verfahren ließ er sich von der Annahme leiten, daß die Zahl der fruchtbaren Frauen doppelt so hoch wäre wie die Geburtenzahl, »weil diese Frauen selten mehr als ein Kind in zwei Jahren gebären«.[12] Es gab durchschnittlich rund 13000 Bestattungen pro Jahr – ungefähr so viel wie die jährlichen Todesfälle aus anderen Ursachen als der Pest. Als Graunt feststellte, daß es Jahr für Jahr gewöhnlich weniger Geburten als Beerdigungen gab, setzte er die durchschnittliche Geburtenzahl auf 12000 an, was dann wiederum bedeutete, daß in London 24000 »gebärfähige Frauen« wohnten. Die Zahl der »Familien«-Mitglieder einschließlich Bediensteter und Untermieter schätzte er auf acht Personen pro Haushalt; und er schätzte die Gesamtzahl der Haushalte ungefähr doppelt so hoch wie die Zahl der Haushalte, denen eine Frau in gebärfähigem Alter angehörte. Das hieß: Bei 48000 Familien ergab sich für London eine Gesamteinwohnerzahl von 384000 Personen. Die Zahl mag vielleicht zu niedrig sein, kommt aber der Wahrheit vermutlich näher als die generelle Annahme, daß zur damaligen Zeit zwei Millionen Menschen in London lebten.

Eine andere Schätzung Graunts begann mit der Untersuchung einer Londoner Stadtkarte von 1658 und der Vermutung, daß auf 200 Quadratmetern 54 Familien wohnten – das heißt 200 Personen auf einem Morgen. Diese Annahme führte zu der Schätzung, daß innerhalb der Londoner Stadtgrenzen 11800 Familien wohnten. Die *Bills of Mortality* ergaben, daß sich 3200 der 13000 jährlichen Todesfälle von Londonern innerhalb der Stadtgrenzen ereigneten – ein Verhältnis von 1:4. Die Multiplikation von 11800 mit 4 ergibt geschätzte 47520 Familien. Ob Graunt da eventuell von den Schätzwerten seines ersten methodischen Verfahrens rückgefolgert hatte? Wir werden es nie erfahren.

DAS WORT »Wahrscheinlichkeit« kommt bei Graunt nirgends vor, doch war er sich des Begriffs offensichtlich sehr wohl bewußt. Zufällig gibt es bei ihm ein Echo zu der Stelle in der *Logik* aus Port-Royal, die über die abnormale Angst vor Gewittern reflektiert. Graunt schreibt:

> Insofern viele Menschen in großer Furcht und Besorgnis vor den gefährlicheren und berüchtigteren Krankheiten leben, werde ich festhalten, wie viele daran gestorben sind; damit diese Menschen anhand der entsprechenden Zahlen im Vergleich zur Gesamtzahl von 229520 [der Todesfälle über zwanzig Jahre] das Risiko, in dem sie sich befinden, richtiger erkennen.

An anderer Stelle bemerkt er: »Im Hinblick darauf, daß man es für eine ausgewogene Chance erachtet, ob ein Mensch zehn Jahre länger leben wird, nahm ich gleiches dafür an, daß einer von zehn Menschen binnen eines Jahres sterben könnte.«[13] Auf diese Weise, als ein Fall für die Wahrscheinlichkeitsrechnung nämlich, war dies Problem bis dahin noch nie formuliert worden. Da er »prägnante Absätze, ohne irgendwelche langen Zeilen von vielgeschwätzigen Deduktionen« versprochen hatte, gibt Graunt für seine Vorgehensweise auch keine ausführlichen Begründungen an. Seine Absicht war jedenfalls aufregend originell. Er machte den Versuch, das durchschnittliche Lebensalter bei Todesfällen zu schätzen – eine Information, die von den Geburten- und Sterblichkeitslisten nicht geliefert wurde.

Auf der Basis seiner Einschätzung, daß »rund 36 Prozent aller lebend Geborenen vor dem sechsten Lebensjahr starben« und der zweiten Annahme, daß die meisten Menschen das 75. Lebensjahr nicht erreichen, erfand Graunt eine Tabelle, die aus einer Gruppe von 100 Personen die Zahl der Überlebenden vom 6. bis 76. Lebensjahr auflistete; zu Vergleichszwecken zeigt die rechte Kolumne der nachfolgenden Tabelle die Daten der gleichen Altersgruppen in den USA für 1993.

Alter	*Graunt*	*1993*
0	100	100
6	64	99
16	40	99
26	25	98
36	16	97
46	10	95
56	6	92
66	3	84
76	1	70

Quellen: Für Graunt: Hacking, 1975, S. 108; für 1993: »This Is Your Life Table«, American Demographics, Februar 1995, S.1.

Man weiß nicht, wie Graunt seine Tabelle zusammengebracht hat, doch seine Schätzwerte gewannen eine weite Verbreitung und waren, wie sich schließlich herausstellte, gut geraten. Sie veranlaßten Petty, die Regierung hartnäckig zur Gründung eines Zentralamts für Statistik zu drängen.

Petty selbst wagte einen Versuch, die menschliche Lebenserwartung bei der Geburt zu schätzen, obwohl er klagte, daß »mir statt der vielen zusätzlichen Hilfsmittel, die solche Arbeit erfordert, nur ein ganz gewöhnliches Messer und eine Zielscheibe zur Verfügung stehen«.[14] Petty verwendet – offenbar ohne daß es notwendig gewesen wäre zu erklären, wovon er da sprach – das englische Wort »*likelihood*«, das, mit der ursprünglichen Bedeutung von »Anschein«, im Volksmund häufig als Synonym für »*probability*« bzw. »Wahrscheinlichkeit« gebraucht wird, und gründete seine Schätzung auf die Angaben über einen einzigen Pfarrbezirk in Irland. Er berichtete der Royal Society 1674, daß die Lebenserwartung bei Geburt 18 Jahre betrug, Graunt hatte sie auf 16 Jahre geschätzt.[15]

Die von Graunt zusammengetragenen Daten veränderten die Wahrnehmung der Menschen über die tatsächlichen Gegebenheiten des Landes, in dem sie lebten. Er umriß damit die Aufgabe, die sozialen Probleme des Landes und die Maßnahmen zu erforschen, die für verbesserte Lebensverhältnisse erforderlich wurden.

Graunts Pionierarbeit lieferte die theoretischen Schlüsselkonzepte, die unter ungewissen Bedingungen zur Entscheidungsfindung notwendig sind. Stichprobenauswahl, Durchschnittswerte und Normalitätsvorstellungen wurden zum Grundgerüst der späteren Wissenschaft analytischer Statistik. Sie wurden es, weil sie Informationsdaten in den Dienst der Entscheidungsfindung stellten und so den Stellenwert des Glaubens beeinflußten, den wir hinsichtlich der Wahrscheinlichkeit des Eintretens zukünftiger Ereignisse hegen.

RUND DREI JAHRZEHNTE nach der Veröffentlichung der *Natural and Political Observations* von Graunt kam ein anderes, vergleichbares Werk heraus, das für die Geschichte des Risikomanagements von noch größerer Bedeutung ist. Sein Verfasser war Edmund Halley, ein hochangesehener Wissenschaftler, der Graunts Arbeit kannte und dessen Analyse weiter voranzutreiben vermochte. Ohne Graunts Vorarbeiten wäre Halley jedoch möglicherweise nie auf die Idee gekommen, solche Untersuchungen durchzuführen.

Halley war Engländer, doch das von ihm verwendete Material kam aus dem schlesischen Breslau, das seit Ende des Zweiten Weltkriegs zu Polen gehört und heute den Namen Wrozlaw trägt. Die jährlichen Geburten und Todesfälle waren seit langem in den Kirchenbüchern sorgfältig festgehalten worden.

1690 untersuchte der ortsansässige Wissenschaftler und Pfarrer Caspar Neumann diese Breslauer Urkunden mit dem Ziel, »gewisse gängige Vorstellungen des Aberglaubens hinsichtlich der Auswirkungen von Mondphasen und den sogenannten klimakterischen Jahren auf die Gesundheit« zu widerlegen. Neumann schickte die Ergebnisse seiner Untersuchungen an Leibniz, der sie seinerseits an die Royal Society in London weiterleitete.[16]

Neumanns Daten sollten bald darauf das Interesse von Halley finden, der, obwohl erst 35 Jahre alt, damals bereits zu den renommiertesten Astronomen in England gehörte. Er war es gewesen, der Isaac Newton 1684 überzeugt hatte, sein Buch *Mathematische Grundlagen der Naturphilosophie* zu publizieren – das Werk, in dem Newton erstmals die Gesetze der Schwerkraft darlegte. Halley übernahm die Publikationskosten, obwohl er selbst nur über bescheidene Mittel verfügte; er besorgte auch das Korrekturlesen und widmete sich erst nach Abschluß dieser Aufgabe wieder seinen eigenen Forschungen. Nach Auffassung des Historikers James Newman wären Newtons *Mathematische Grundlagen der Naturphilosophie* ohne Halleys Bemühungen möglicherweise nie erschienen.

Halley galt weithin als Wunderkind der Astronomie; zur Immatrikulation am Queen's College der Universität Oxford brachte er sein 24-inch Teleskop mit. Er verließ Oxford jedoch ohne Studienabschluß mit dem Ziel, das Firmament der südlichen Erdhälfte zu studieren; die Ergebnisse dieser Forschungen begründeten sein wissenschaftliches Ansehen, obwohl er damals noch keine zwanzig Jahre alt war. Mit 22 war er bereits Mitglied der Royal Society. 1691 verweigerte die Universität Oxford ihm die Ernennung zum Professor, weil er »materialistische Ansichten« hegte, die sich nicht in Übereinstimmung mit der christlichen Orthodoxie Oxfords befanden. Zwölf Jahre später gab der Lehrkörper den Widerstand auf und übertrug ihm die Professur. 1721 wurde er Königlicher Astronom in Greenwich. Mittlerweile war ihm auf direkte Anweisung des Königs auch der akademische Grad zugesprochen worden.

Halley sollte das biblische Alter von 86 Jahren erreichen. Er ist anscheinend ein fröhlicher Mensch von »ganz ungewöhnlich großer Munterkeit und Lebendigkeit« gewesen, der viele enge Freunde gewann, darunter auch Zar Peter den Großen. In seiner bahnbrechenden Arbeit des Jahres 1705 über Kometen identifizierte Halley insgesamt 24 Kometen, die im Zeitraum von 1337 bis 1698 erschienen waren und von denen drei dermaßen ähnlich schienen, daß er den Schluß zog, es handele sich bei den dreien um ein und denselben Kometen, der sich 1531, 1607 und 1687 gezeigt hatte. Dieser Komet war bereits 240 v. Chr. zum erstenmal beobachtet worden. Die Welt war wie elektrisiert, als Halleys Vorhersage eines erneuten Erscheinens des Kometen für 1758 pünktlich in Erfüllung ging. Alle 76 Jahre, wenn der Komet über das Firmament zieht, wird Halleys Name von neuem gefeiert.

Die Breslauer Unterlagen fielen nicht gerade in Halleys Hauptarbeitsgebiet. Er hatte jedoch der Royal Society für deren neugegründete gelehrte Zeitschrift *Transactions* eine Reihe von Artikeln versprochen und war deshalb auf der Suche nach einem ungewöhnlichen Thema. Ihm waren an Graunts Arbeit gewisse Mankos aufgefallen, Mankos, die Graunt selbst eingeräumt hatte, und er beschloß, die Gelegenheit zu nutzen und für *Transactions* einen Bericht über die Breslauer Daten zu schreiben, indem er sich statt mit himmlischer zur Abwechslung einmal mit der gesellschaftlichen Statistik befaßte.

Weil die Einwohnerschaft Londons zahlenmäßig nicht erfaßt war, hatte Graunt sie auf der Grundlage von bruchstückhaften Informationen schätzen müssen. Er verfügte über die Zahlen und Ursachen der Todesfälle, was ihm fehlte, waren vollständige Angaben über das Sterbealter. In Anbetracht des ständigen Kommens und Gehens in London über lange Jahre war die Zuverlässigkeit der Grauntschen Schätzung unklar.

Die von Leibniz der Royal Society übermittelten Daten umfaßten die monatlichen Breslauer Zahlen für den Zeitraum von 1687 bis einschließlich 1691; laut Halley waren sie »dem Anschein nach mit größtmöglicher Genauigkeit und Wahrheitsliebe notiert worden«; und diese Zahlen gaben bei allen Sterbefällen auch das Lebensalter und Geschlecht der betreffenden Person sowie die jährlichen Geburtenziffern an. Zudem lag Breslau, wie Halley hervorhob, weitab vom Meer, so daß der »Zustrom von Fremden nur gering ist«. Die Geburtenzahl lag lediglich geringfügig über den »Bestattungen«; die Einwohnerschaft war viel stabiler als die von London. Nur war die Gesamtbevölkerungszahl nicht bekannt. Halley war überzeugt, daß die Geburten- und Sterbeziffern hinreichend korrekt waren, um eine verläßliche Gesamtschätzung zu ermöglichen.

Er entdeckte über einen Zeitraum von fünf Jahren einen Durchschnitt von jährlich 1238 Geburten und 1 174 Todesfällen, also einen Geburtenüberschuß von 64 – eine Zahl, die, wie er vermutete, »möglicherweise während der Kriege durch die Truppenaushebungen für den kaiserlichen Dienst ausgeglichen werden mag«. Halley richtete seine Aufmerksamkeit auf die 1238 jährlichen Geburten und untersuchte die altersmäßige Verteilung der Verstorbenen; er berechnete, daß »nur 692 der geborenen Personen sechs ganze Jahre überleben« – eine viel geringere Proportion als Graunts Schätzung, der zufolge 64% aller lebend Geborenen über sechs Jahre alt wurden. Andererseits fiel in Breslau rund ein Dutzend Todesfälle in die Altersspanne von 81 bis 100 Jahren. Durch Kombinieren mehrerer Schätzungen über die Prozentzahl der jährlich Sterbenden aller Altersgruppen arbeitete sich Halley von der altersmäßigen Verteilung der jährlich versterbenden Personen rückwärts bis zu einer Gesamtschätzung der Breslauer Einwohnerschaft vor – er berechnete sie auf 34 000 Personen.

In einem nächsten Schritt stellte er eine Tabelle auf, welche die Gesamtbevölkerung nach Altersgruppen aufschlüsselt, »von der Geburt an bis ins extrem hohe Alter«. Solch eine Tabelle, behauptete Halley, biete mancherlei Nutzen und vermittle »eine gerechtere Vorstellung von Zustand und Verfassung der Menschheit als alle bisher vorliegenden Quellen, soweit sie mir bekannt sind.« So lieferte die Tabelle beispielsweise nützliche Angaben über die Zahl der Männer im Wehrdienstalter – 9 000 –, und Halley machte den Vorschlag, daß ihre Schätzung auf einen Anteil von $^{9}/_{34}$ der Bevölkerung »für andere Orte als Regel gelten« könnte.

Halleys analytische Vorgehensweise exemplifiziert den Wahrscheinlichkeitsbegriff und geht schlußendlich zum Risikomanagement über. Er demonstriert, daß seine Tabelle »die Wahrscheinlichkeit zeigt«, daß ein »Anteil« jeder gegebenen Altersgruppe »nicht binnen eines Jahres stirbt«. Zur Veranschaulichung bietet er die Gruppe der 25jährigen an; sie betrug 567

Personen, während die Gruppe der 26jährigen sich auf 560 belief. Aufgrund der Differenz von nur sieben Personen zwischen beiden Gruppen betrug die Wahrscheinlichkeit, daß in irgendeinem beliebigen Jahr ein 25jähriger stürbe, bloß ein $^{7}/_{567}$ – oder anders gesagt: Die Chancen standen 80 : 1, daß ein 25jähriger 26 Jahre alt würde. Mit der gleichen grundsätzlichen Methode des Subtrahierens einer nachfolgenden Altersgruppe von der Personenzahl eines früheren – ganz gleich welchen – Jahrgangs konnte die Tabelle etwa auch die Wahrscheinlichkeit nachweisen, daß ein Mann von 40 Jahren ein Alter von 47 Jahren erreichte; in dem Fall standen die Chancen 5 $^{1}/_{2}$ zu 1.

Halley ging mit der Analyse noch ein Stück weiter: »Falls erforscht werden soll, mit wieviel Jahren eine Person ganz gleich welchen Alters sterben wird, so ist davon auszugehen, daß diese Tabelle leichterdings Antwort gibt.« Beispielsweise gab es da 531 Personen im Alter von 30 Jahren; die Hälfte von dieser Zahl lautet 265. Man konnte daraufhin in der Tabelle nach der Altersgruppe mit der Personenzahl 265 suchen: Sie lag anscheinend zwischen 57 und 58 Jahren. Es wäre deshalb »eine faire Wette, daß ... ein Mensch von dreißig Jahren wohl erwarten darf, noch 27 bis 28 Jahre lang zu leben«.

Der nächste Schritt der Halleyschen Analyse war der allerwichtigste. Die Tabelle konnte nämlich dazu genutzt werden, die Kosten der Lebensversicherung bei unterschiedlichem Alter zu berechnen, »weil es 100 zu 1 steht, daß ein Mann von 20 nicht innerhalb eines Jahres stirbt; aber nur 38 zu 1 für einen Mann im Alter von 50 Jahren«. Auf der Grundlage der Aussichten, binnen eines Jahres zu sterben, lieferte die Tabelle die erforderlichen Daten zur Berechnung des Wertes von Jahresrenten. An der Stelle führt Halley eine detaillierte mathematische Analyse der Bewertung von Jahresrenten ein, die nicht nur die Abdeckung von einem, sondern auch von zwei und drei Leben berücksichtigt. Gleichzeitig bietet er eine Logarithmentafel an, um die »vulgäre Arithmetik« zu reduzieren, die wegen der Menge der erforderlichen Kalkulationen sonst erforderlich wäre.

Es war dies eine seit langem überfällige Arbeit. Die erste überlieferte Erwähnung der Idee von Jahresrenten datiert aus dem Jahre 225 n. Chr., als ein führender römischer Jurist namens Ulpian eine amtliche Reihe von Tabellen über Lebenserwartungen anfertigte. Ulpians Tabellen blieben 1400 Jahre lang das letzte Wort in dieser Sache!

In der Folgezeit lösten Halleys Arbeiten in ganz Europa bedeutsame Anstrengungen zur Berechnung der Lebenserwartung aus; die Regierung seines eigenes Landes aber schenkte seinen Tabellen damals keine Aufmerksamkeit. Etwa zur gleichen Zeit übernahm die englische Regierung die Praxis der Holländer, Staatsausgaben mit Jahresrenten zu finanzieren; um eine Million Pfund Sterling aufzubringen, verkaufte sie Policen, die den Käufern die Kaufsumme über einen Zeitraum von vierzehn Jahren zurückerstatten würde – nur lauteten die Verträge für alle Personen ohne Berücksichtigung ihres Lebensalters genau gleich! Infolgedessen wurde die Sache für die Regierung zu einer äußerst kostspieligen Finanzierungsmaßnahme. Dennoch wurde die Politik, Jahresrenten-Policen zum gleichen Preis für alle zu verkaufen, in England bis 1789 fortgesetzt, und die Annahme, daß die durchschnittliche Lebenserwartung zum Zeitpunkt der Geburt vierzehn Jahre betrug, war immerhin ein Fortschritt gegenüber früheren Annahmen: 1540 hatte der englische Staat Jahresrenten verkauft, die den Kaufpreis – ohne Berücksichtigung des Lebensalters der Käufer – binnen sieben Jahren zurückzahlte.[17]

Nach der Veröffentlichung der Halleyschen Tabellen in den *Transactions* von 1693 sollte ein Jahrhundert verstreichen, bis Regierungen und Versicherungsgesellschaften zur Berechnung von Renten eine Lebenserwartung berücksichtigte, die auf Wahrscheinlichkeit beruhte. Wie der Halleysche Komet, so zeigten auch die Halleyschen Tabellen, daß sie mehr waren als ein Kometenstreif, der sich während eines Menschenlebens einmal am Himmel zeigt. Auf seinen Grundlagen hat die Versicherungswirtschaft die Datenbasis aufgebaut, wie sie heute noch verwendet wird.

AN EINEM SCHÖNEN NACHMITTAG im Jahr 1637 – Graunt war gerade siebzehn Jahre alt, Halley nicht einmal geboren – nahm der kretische Gelehrte Canopius in seinen Räumen im Oxforder Balliol College Platz und kochte sich einen starken Kaffee. Es war angeblich der erste Kaffee, der in England getrunken wurde; als das Getränk dann in der Öffentlichkeit Verbreitung fand, wurde es so beliebt, daß bald darauf in ganz London Hunderte von Kaffeehäusern betrieben wurden.

Was hat der Kaffee des Canopius mit Graunt, Halley oder dem Risikobegriff zu tun? Nur soviel, als ein Kaffeehaus die Geburtsstätte von Lloyd's in London wurde, der über zwei Jahrhunderte lang berühmtesten aller Versicherungsgesellschaften.[18] Das Versicherungsgeschäft ist undenkbar ohne die Stichprobenauswahl, die Durchschnittswerte, das objektive, unabhängige Beobachten und den Begriff von Normalität, die aufgrund Graunts Arbeiten über die Einwohnerschaft Londons und durch die Untersuchungen Halleys zur Bevölkerung Breslaus möglich wurden. Es ist kein Zufall, daß sich die Versicherungsbranche zu eben der Zeit so rasch entwickelte, als Graunt und Halley ihre Forschungsergebnisse publizierten. Sie war ein Phänomen der Epoche, als der Handel und das Finanzwesen durch Innovationen florierten.

Der englische Ausdruck für Börsenmakler – *stock jobber* – kam erstmals um 1688 auf, hundert Jahre bevor man in New York um den Buttonwood-Baum herum an der Wall Street mit Aktien handelte. Damals traten plötzlich alle möglichen Firmen in Erscheinung, viele davon mit seltsamen Namen wie Lute-String Company, Tapestry Company und Diving Company. Es gab sogar eine Royal Academies Company, die versprach, die bedeutendsten Gelehrten der Zeit anzuheuern, um die zweitausend Gewinner einer Riesenlotterie auf einem Gebiet nach eigener Wahl zu unterrichten.

Die zweite Hälfte des 17. Jahrhunderts war auch eine Zeit expandierenden Handels. Die vorherrschende Handelsmacht des Zeitalters waren die Niederlande; deren Hauptkonkurrenten die Engländer. Es trafen aus den Kolonien und von Lieferanten aus aller Welt täglich Schiffe ein, um eine Fülle von Waren zu löschen, die einst rare oder gänzlich unbekannte Luxusartikel gewesen waren – Zucker und Gewürze, Kaffee und Tee, unbehandelte Baumwolle und feines Porzellan. Reichtum mußte nicht mehr unbedingt von vorhergehenden Generationen ererbt werden; man konnte ihn jetzt verdienen, entdecken, akkumulieren, investieren – und gegen Verlust versichern.

Außerdem hatte England gegen Ende des Jahrhunderts die kostspieligen Kriege gegen die Franzosen zu finanzieren, die 1692 mit der fehlgeschlagenen Invasion Ludwigs XIV. begannen und mit dem englischen Sieg bei Blenheim und dem Frieden von Utrecht 1713 zu Ende gingen. Am 15. Dezember 1693 begründete das House of Commons mit der Ausgabe der bereits erwähnten Jahresrenten die Nationalschuld in Höhe von einer Million Pfund. Der große englische Historiker Thomas Babington Macaulay charakterisierte dieses epochale Ereignis mit den klingenden Worten: »Darin lag der Ursprung jener Schuld, die seither die größte Monstrosität geworden ist, welche je die Staatsmänner und Philosophen in ihrer Weisheit ratlos gemacht und in ihrem Stolz getroffen hat.«[19]

Es war dies eine Zeit, in der London sich seiner selbst und seiner Rolle in der Welt vergewissern mußte. Es war auch die Zeit, um Methoden finanzieller Raffinesse anzuwenden, wie sie wegen des Krieges, aufgrund einer rapide wachsenden Schicht von Reichen und durch den sich ausweitenden Überseehandel notwendig wurden. Für die heimische Wirtschaft waren nunmehr Informationen aus entlegenen Regionen der Welt von essentieller Bedeutung. Angesichts des stetig größer werdenden Seehandelsvolumens entstand lebhafte Nachfrage nach aktuellen Informationen, auf deren Grundlage Kurszeiten zwischen Seehäfen, Wetterlagen und den in unvertrauten Gewässern lauernden Gefahren berücksichtigt werden konnten.

Massenmedien wie heute gab es nicht; so entwickelten sich die Kaffeehäuser zur vorrangigen Quelle von Nachrichten und Gerüchten. Als Karl II. – aufgrund des Mißtrauens, das viele Herrscher gegen Stätten hegen, wo es zum öffentlichen Informationsaustausch kommt – die Kaffeehäuser schließen ließ, kam es zu so heftigem Aufbegehren, daß er seinen Erlaß sechzehn Tage später wieder zurücknehmen mußte. Samuel Pepys frequentierte Kaffeehäuser, um Nachrichten über das Eintreffen von Schiffen zu sammeln, die für ihn wichtig waren; er fand die Nachrichten, die er dort hörte, zuverlässiger als alles, was er durch seine Stellung als Beamter der Admiralität erfuhr.

Das Kaffeehaus, das Edward Lloyd 1687 in Themse-Nähe an der Tower Street eröffnete, war ein Lieblingslokal von Seeleuten, deren Schiffe an den Londoner Docks anlegten. Das Haus war »geräumig ..., wohlgebaut und von tüchtigen Händlern besucht«, wie eine zeitgenössische Publikation meldet. Es erfreute sich bald solcher Beliebtheit, daß Lloyd 1691 in ein wesentlich größeres und luxuriöseres Gebäude an der Lombard Street umzog. Nat Ward – ein Gastwirt, den der Dichter Alexander Pope beschuldigte, üble Reime gegen Tabak zu handeln – beschrieb die Tische im neuen Haus als »sehr sauber und glänzend poliert«. Das fünfköpfige Personal servierte außer Kaffee auch Tee und ein eisgekühltes Fruchtsaftgetränk.

Lloyd war in der Regierungszeit Oliver Cromwells aufgewachsen und hatte die Pest, die Londoner Feuersbrunst, den Einfall der Holländer auf der Themse 1667 und die Glorious Revolution von 1688 überlebt. Er war viel mehr als nur ein geschickter Kaffeehauswirt. Als er erkannte, wie wichtig sein Lokal den Kunden als Geschäftsbasis war, reagierte er auf den starken Informationsbedarf, indem er 1696 »Lloyd's News« gründete und die Zeitung mit Nachrichten über Ankunft und Abfahrt von Schiffen wie mit Nachrichten über Zustände im Ausland und über Seeverhältnisse füllte. Die Informationen lieferte ihm ein Korrespondentennetz aus allen wichtigen englischen und kontinentaleuropäischen Häfen. Im Lokal selbst fanden regelmäßig Schiffsauktionen statt, und der zuvorkommende Lloyd lieferte das zur Beurkundung der Transaktionen notwendige Papier und die Tinte. Eine Ecke des Lokals war für Schiffskapitäne reserviert; dort konnten sie ihre Erfahrungen über die Risiken der vielen neuen Seewege austauschen, die damals aufkamen – Routen, die sie ständig weiter gen Osten, Süden und Westen führten. Lloyd hatte fast rund um die Uhr geöffnet; das Kaffeehaus war stets stark besucht.

Damals wie heute begab sich jeder Versicherungssuchende zu einem Makler, der dann das Risiko an einzelne Risikoträger verkaufte, die sich in den Kaffeehäusern oder auf dem Gelände der Royal Exchange versammelten. Wenn ein Geschäft abgeschlossen war, so bestätigte der Risikoträger seine Einwilligung, den Verlust gegen eine genau festgelegte Prämie zu übernehmen, indem er seinen Namen unter die Vertragsbedingungen setzte; solche Ein-Mann-Versicherungsträger wurden bald als *Underwriter* bekannt.

Der Wett- und Spielergeist jener wohlhabenden Epoche förderte rasche Neuerungen im Londoner Versicherungsgewerbe. *Underwriter* waren bereit, Versicherungspolicen gegen praktisch alle Risiken auszustellen, einer Quelle zufolge inklusive Hauseinbrüche, Straßenraub, Tod durch Gin-Konsum, todbringende Pferdeunfälle und »Versicherung weiblicher Keuschheit« – und mit Ausnahme von letzterer ist bis heute alles versicherungsfähig geblieben.[20]

Dem *Underwriter* von Schiffahrtsversicherungen diente Lloyds Kaffeehaus von Anfang an als Hauptstützpunkt, insbesondere wegen der hervorragenden Beziehungen in Handel und Seefahrt. »Lloyd's List« wurde schließlich erweitert, um neben den üblichen Meldungen der An- und Abfahrtszeiten von Schiffen sowie Berichten über Schiffsunfälle und -untergänge auch Aktienpreise, Auslandsmärkte und Flutzeiten an der London Bridge aufzunehmen.* Die Publikation war so gut bekannt, daß die Korrespondenten ihre Nachrichten auf dem Postamt einfach an »Lloyd's« addressierten. Die Regierung nutzte »Lloyd's List« sogar dazu, um die neuesten Nachrichten über Seeschlachten zu veröffentlichen.

Im Jahre 1720 stimmte König Georg I. – angeblich infolge einer Bestechung mit 300 000 Pfund Sterling – der Einrichtung der Royal Exchange Assurance Corporation und der London Assurance Corporation zu, »exklusiv aller sonstigen Korporationen und Gesellschaften«. Es waren die beiden ersten Versicherungsgesellschaften Englands; und obgleich die Verleihung des Monopols die Gründung jedweder anderer Versicherungs*gesellschaft* verhinderte, war es doch »privaten und einzelnen Personen« weiterhin gestattet, als *Underwriter* zu operieren. Im übrigen befanden sich die beiden Gesellschaften dauernd in

* Kurzum, Lloyd's ist der Vorläufer des riesigen Bloomberg-Business-News-Netzes unserer Tage.

Schwierigkeiten, weil sie nicht imstande waren, erfahrene *Underwriter* zu überzeugen, sich ihnen anzuschließen.

Fast einhundert Jahre nach der Eröffnung des Kaffeehauses von Edward Lloyd in der Tower Street taten sich 79 der dort tätigen *Underwriter* mit einem Einsatz von je 100 Pfund Sterling zur Gründung der Society of Lloyd's zusammen; sie bildeten damit eine nicht im Handelsregister eingetragene Gesellschaft ohne eigene Rechtspersönlichkeit – eine Gruppe von Einzelunternehmern, die nach einem Regelkodex arbeiteten, dessen Einhaltung sie durch freiwillige Selbstkontrolle garantierten. Sie waren die ursprünglichen Mitglieder von Lloyd's; später wurden die Mitglieder »Names« genannt. Diese »Namen« setzten als Sicherheit für ihr Versprechen, die Verluste der Klienten zu tragen, ihre gesamte Habe und ihr ganzes Kapital ein. Die Verpflichtung war ein Hauptmoment für das rasche Anwachsen des Geschäftsvolumens, das mit den Jahren bei Lloyd's versichert wurde. So führte die Tasse Kaffee, die Canopius sich in Oxford kochte, zur Gründung des berühmtesten Versicherungsmarktes der Geschichte.

Während der 1770er Jahre hatte sich, obwohl die meisten größeren Policen noch immer in England abgeschlossen wurden, auch in den amerikanischen Kolonien eine Versicherungstätigkeit entwickelt. 1752 hatte Benjamin Franklin mit der First American eine Brandversicherungsgesellschaft gegründet; die erste Lebensversicherung wurde durch den 1759 gegründeten Presbyterian Ministers' Fund ausgestellt. Als die Amerikaner mit dem Ausbruch der Revolutionskämpfe dann von Lloyd's abgeschnitten waren, blieb ihnen gar nichts anderes übrig, als weitere eigene Versicherungsfirmen zu gründen. Die erste Firma in Aktionärsbesitz war die Insurance Company of North America in Philadelphia, die Brand- und Seefahrtsversicherungen anbot und die ersten Risiko-Lebensversicherungspolicen in Amerika abschloß – Policen über sechs Fahrtperioden für Schiffskapitäne.*[21]

* Das von Nathaniel Bowditch nach 1810 gegründete Trust Business in Boston bediente denselben Markt.

ALS VOLL ENTWICKELTE HANDELSBRANCHE kam das Versicherungswesen erst im 18. Jahrhundert zur Geltung, obwohl das Versicherungsgeschäft an sich älter ist. Der Kodex des Hammurabi, der um 1800 v. Chr. niedergeschrieben wurde, enthielt 282 Paragraphen zum Thema »Bodmerei«. Bodmerei war ein Darlehen oder eine Hypothek, die von einem Schiffseigentümer zur Finanzierung einer Seereise aufgenommen wurde. Eine Prämie im uns bekannten Sinne wurde dabei nicht gezahlt. Ging das Schiff verloren, so mußte das Darlehen nicht zurückgezahlt werden.* Diese Frühform der Seeversicherung war auch in römischer Zeit üblich, als erstmals das *Underwriting* aufkam. Kaiser Claudius (10 v. Chr. – 54 n. Chr.), dem an der Förderung des Getreidehandels lag, gründete eine Firma zur beitragsfreien Einzelversicherung, indem er persönlich Verantwortung für unwetterbedingte Verluste römischer Kaufleute übernahm; in vergleichbarer Form leisten heutzutage Regierungen einzelnen Regionen Unterstützung, die von Erdbeben, Hurrikanen oder Überschwemmungen betroffen sind.

In Griechenland wie in Rom formten gewerbliche Gilden Kooperativen, deren Mitglieder Geld in einen Gemeinschaftsfonds einzahlten. Er kam einer Familie zugute, die ihr Oberhaupt durch vorzeitigen Tod verloren hatte. Diese Praxis hielt sich bis in die Zeit von Edward Lloyd. Solch simple Form einer Lebensversicherung wurde damals noch immer von »Versicherungsvereinen auf Gegenseitigkeit« geleistet.**

Während des Mittelalters förderte das Handelswachstum die Entwicklung von Finanz- und Versicherungswesen. Bedeutende Finanzzentren entstanden in Amsterdam, Augsburg, Antwerpen, Frankfurt, Lyons und Venedig; 1310 gründete Brügge eine Versicherungskammer. Es ist keineswegs so, daß alle diese Städte Seehäfen waren; damals wurde immer noch zumeist auf dem Landwege Handel getrieben. Es kamen neue Hilfsmittel in Gebrauch; so etwa der Wechsel zur Erleichte-

* Dieses Prinzip galt auch für Lebensversicherungen. So wurden die Schulden eines im Kampf gefallenen Soldaten nachgelassen und mußten nicht zurückgezahlt werden.

** In den USA hielt sie sich bis ins 20. Jahrhundert. Hier lief sie unter dem Begriff »Industrial insurance« – eine Sterbekasse, die gewöhnlich nur die Bestattungskosten deckte. Mein Schwiegervater besaß ein kleines Heft, in dem er die wöchentlichen Beiträge notierte, welche er für so eine Police einzahlte.

rung des Geldtransfers vom Kunden zum Spediteur, vom Geldverleiher zum Kreditnehmer und vom Borgenden zum Verleiher sowie, riesige Summen betreffend, von entlegenen kirchlichen Besitzungen nach Rom.

Ganz abgesehen von finanziellen Risikomanagementmethoden haben Kaufleute zur Risikostreuung bereits früh zu diversifizieren gelernt. Solcher Praxis befleißigte sich auch Antonio, der Kaufmann von Venedig in Shakespeares gleichnamigem Bühnenstück:

> Mein Vorschuß ist nicht *einem* Schiff vertraut,
> Noch *einem* Ort; noch hängt mein ganz Vermögen
> Am Glücke dieses gegenwärtgen Jahrs;
> Deswegen macht mein Handel mich nicht traurig.
> (Erster Akt, Erste Szene)

Das Instrument der Versicherung war nicht auf Schiffsladungen beschränkt. Bauern sind so vollständig von der Natur abhängig, daß ihr Wohlergehen in ganz besonderer Weise von unvorhersehbaren, aber verheerenden Katastrophen wie Dürre, Überschwemmung oder Pestilenz betroffen werden kann. Da solche Ereignisse im wesentlichen voneinander unabhängig sind und sich dem Einfluß des Bauern entziehen, bieten sie ein ideales Feld für Versicherungen. So haben sich beispielsweise in Italien Bauern in Kooperativen zusammengeschlossen, um sich wechselseitig gegen schlechtes Wetter zu versichern; Bauern in Regionen mit einer guten Wachstumsperiode verpflichten sich zur Kompensation von Bauern, deren Witterung weniger günstig verlief. Der Monte dei Paschi, der sich zu einer der größten italienischen Banken entwickelte, wurde 1473 in Siena zu dem Zweck gegründet, für solche Abmachungen als Bindeglied zu dienen.[22] Ähnliche Vereinbarungen existieren heutzutage in weniger entwickelten Ländern, die stark von Landwirtschaft abhängen.[23]

Obwohl es sich dabei ausnahmslos um Fälle handelt, in denen eine Gruppe sich bereit erklärt, eine andere Gruppe gegen künftigen Schaden sicherzustellen, funktioniert der Versicherungsprozeß insgesamt auf genau dieselbe Weise. Versicherungsgesellschaften verwenden die Beiträge, die von Personen gezahlt werden, die keine Verluste erlitten haben, um Personen mit Verlusten auszuzahlen. Gleiches gilt auch für Spielkasinos, welche die Gewinner aus dem Topf zahlen, der durch die Verlierer laufend neu aufgefüllt wird. Aufgrund der Anonymität, welche die Versicherungsgesellschaft oder das Spielkasino gewährleisten, die als Zwischenglied operieren, ist der tatsächliche Austausch hier nur weniger sichtbar. Dennoch sind auch die kompliziertesten Versicherungs- und Wettmethoden nur Variationen des Themas von Monte dei Paschi.

Die *Underwriter*, die während des 14. Jahrhunderts in Italien tätig waren, haben nicht immer zur Zufriedenheit ihrer Kunden gearbeitet; die Klagen klingen vertraut. Der florentinische Kaufmann Francesco di Marco Datini, der bis nach Barcelona und Southampton Handel trieb, schrieb seiner Frau einen Brief, in dem er sich über seine Versicherer beschwerte. »Es ist ihnen angenehm«, so schrieb er, »das Geld derer zu nehmen, die sie versichern; doch wenn eine Katastrophe eintritt, ist es anders herum, und jeder einzelne zieht sich zurück und bemüht sich, nicht zu zahlen.«[24] Francesco wußte, wovon er sprach; als er starb, befanden sich in seinem Erbe 400 Seeversicherungspolicen.

Um 1600 nahm das Versicherungswesen einen besonders starken Aufschwung. Der Begriff »Police«, der damals bereits allgemein gebräuchlich war, stammt von dem italienischen »*polizza*«, das »Versprechen« oder »Zusage« bedeutet. Francis Bacon brachte 1601 einen Gesetzesantrag zu regulären Versicherungspolicen ein, die »seit undenklichen Zeiten unter Kaufleuten in Gebrauch waren, sowohl in diesem Reiche wie in fremden Nationen«.

DER PROFIT AUS einer Investition in Waren, die über lange Entfernungen transportiert werden müssen, bevor sie ihren Markt erreichen, hängt von mehr als nur der Witterung ab. Er beruht ebenso auf wohlinformierten Urteilen über Konsumbedarf, Preisniveaus und Moden zur Zeit der Warenankunft, gar nicht zu reden von den Finanzierungskosten der Waren bis zu Ablieferung, Verkauf und Bezahlung. Infolgedessen wurden Zukunftsprognosen – die lange bestenfalls als Zeitverschwendung und schlimmstenfalls als Sünde verschrien waren – im Lauf des 17. Jahrhunderts zur absoluten Notwendigkeit für unternehmungslustige Kaufleute, die bereit waren, das Risiko einzugehen, die Zukunft nach ihren eigenen Plänen zu gestalten.

So selbstverständlich Geschäftsprognosen uns heute vorkommen mögen, im späten 17. Jahrhundert stellten sie eine bedeutsame neue Entwicklung dar. Solange Mathematiker die geschäftsmäßige Nutzung ihrer innovativen Theorien ausgeschlossen hatten, konnte es auf dem Weg zum wissenschaftlichen Risikomanagement keine Fortschritte geben, bis jemand neue Fragen stellte. Dies betraf Fragen, die es, wie die Fragestellung von Graunt, notwendig machen, die Nase über die Grenzen von *Balla* und Würfel zu heben. Selbst Halleys kühner Beitrag zur Berechnung der Lebenserwartung bedeutete für ihn persönlich nur eine soziologische Forschungsarbeit oder ein Spiel mit Arithmetik, das er zum Amüsement seiner gelehrten Kollegen unternahm; es ist aufschlußreich, daß er es versäumte, einen Bezug zu der 30 Jahre früheren theoretischen Arbeit Pascals über die Wahrscheinlichkeit herzustellen.

Es gab da noch eine enorme begriffliche Hürde, die bezwungen werden mußte, bevor der Übergang stattfinden konnte von der Definition unerbittlich determinierter mathematischer Chancen bis zu Wahrscheinlichkeitseinschätzungen von unsicheren Ausgängen, um sich von einem Sammeln von Rohdaten der Überlegung zuzuwenden, was mit ihnen geschehen müßte, wenn sie einmal vorlagen. Die geistigen Fortschritte von diesem Punkte an sind in vieler Hinsicht erstaunlicher als die Fortschritte, die wir bisher beobachtet haben.

Einige Neuerer gewannen ihre Anregung durch die Beobachtung der Sternenwelt, andere, indem sie das Wahrscheinlichkeitskonzept auf eine Weise handhabten, wie es Pascal und Fermat nie eingefallen wäre. Doch die nächste uns in diesem Zusammenhang begegnende Person war die eigenständigste von allen: Sie widmete ihre Aufmerksamkeit der Frage des Reichtums. Von ihren Antworten auf diese Frage ziehen wir fast täglich Nutzen.

Von 1700 bis 1900: Grenzenloses Messen und Berechnen

6
In Anbetracht der menschlichen Natur

In einem Zeitraum von wenigen Jahren waren die epochalen mathematischen Leistungen Cardanos und Pascals auf Bereiche angewandt worden, die beiden unvorstellbar gewesen wären. Graunt, Petty und Halley hatten den Wahrscheinlichkeitsbegriff zur Untersuchung von Rohdaten genutzt. Etwa zur gleichen Zeit hatte der Verfasser der *Logik* von Port-Royal objektives Messen und subjektives Meinen zusammengebracht, wenn er schrieb: »Furcht vor Schaden sollte nicht nur der Schwere des Schadens, sondern auch der Wahrscheinlichkeit seines tatsächlichen Eintretens proportional sein.«

Die *Schriften der Kaiserlichen Akademie der Wissenschaften in St. Petersburg* enthielten 1738 einen Beitrag mit folgendem Kernsatz: »Der *Wert* einer Ware muß nicht an ihrem *Preis* bemessen werden, sondern vielmehr an dem *Nutzen*, den sie bringt.«[1] Der Aufsatz war der Akademie zuerst im Jahre 1731 vorgelegt worden unter dem Titel: *Specimen Theoriae Novae de Mensura Sortis* (*Erläuterung einer Neuen Theorie über Risikobemessung*); sein Verfasser schätzte es, Worte durch Kursivschrift hervorzuheben; alle drei Kursivsetzungen im obigen Zitat stammen von ihm selbst.* Das gilt auch für alle folgenden Zitate.

Es ist reine Mutmaßung meinerseits, daß der Autor dieses Artikels die *Logik* von Port-Royal gelesen hat; doch der geistige Zusammenhang beider ist auffallend, und während des 18. Jahrhunderts wurde die *Logik* schließlich im ganzen westlichen Europa stark beachtet.

Beide Autoren bauten ihren Gedankengang auf dem Theo-

* Der Beitrag war, wie üblich, auf Lateinisch verfaßt worden. Der lateinische Titel der Publikation, in der er erschien, lautet *Commentarii Academiae Scientiarum Imperialis Petropolitanae, Tomus V.*

rem auf, daß jegliche mit Risiko verbundene Entscheidung zwei unterschiedliche und doch untrennbar miteinander verknüpfte Elemente umfaßt: die objektiven Fakten und die subjektiv empfundene Wünschbarkeit dessen, was mit der Entscheidung zu gewinnen oder zu verlieren ist. Ausschlaggebend sind sowohl die objektive Berechnung wie ein Modikum an subjektivem Glauben, keines von beiden ist für sich allein ausreichend.

Der Unterschied zwischen beiden liegt in der persönlich bedingten Argumentationsweise. Der Verfasser aus Port-Royal betont, daß nur pathologisch risikoscheue Menschen Entscheidungen mit Blick auf die Folgen treffen, ohne die Wahrscheinlichkeit eines Ereignisses zu berücksichtigen. Dagegen betont der Verfasser der *Neuen Theorie*, daß nur Tollkühne ihre Entscheidungen im Blick auf die Wahrscheinlichkeit eines Ereignisses gründen, ohne auf die Folgen Rücksicht zu nehmen.

DER ST. PETERSBURGER BEITRAG stammt von dem damals 38jährigen Schweizer Mathematiker Daniel Bernoulli.[2] Sein Name ist nicht eben sprichwörtlich bekannt, doch sein Aufsatz gehört zu dem Tiefgründigsten, was zum Thema Risiko und darüber hinaus allgemein über die menschliche Natur je geschrieben wurde. Bernoulli dachte über die komplexen Beziehungen zwischen kalkulierten und instinktiven Reaktionen in praktisch allen Lebensbereichen nach.

Daniel Bernoulli gehörte zu einer bemerkenswerten Familie. Vom Ende des 17. bis Ende des 18. Jahrhunderts brachte sie acht berühmte Mathematiker hervor; die wiederum zeugten, wie Eric Bell bemerkt, »einen Schwarm von Nachfahren ... und die meisten dieser Nachkommen zeichneten sich – manchmal gar in führender Position – in Juristerei, Gelehrsamkeit, Literatur, den freien Berufen, in der Verwaltung und in den Künsten aus. Es gab unter ihnen nicht einen einzigen Versager.«[3]

Der Ahn dieses Clans war Nikolaus Bernoulli aus Basel, ein wohlhabender Kaufmann, dessen protestantische Vorfahren um 1585 aus dem katholisch beherrschten Antwerpen geflohen waren. Nikolaus lebte lange, von 1623 bis 1708, und hatte drei Söhne: Jakob, Nikolaus (genannt Nikolaus I.) und Johann. Jakob werden wir bald wieder begegnen als dem Entdecker des Gesetzes der Großen Zahl, das er in seinem Werk *Ars Conjectandi* (»Die Kunst des Mutmaßens«) darlegte. Jakob war sowohl ein bedeutender Lehrer, der Studenten aus ganz Europa anzog, wie ein hochgeachtetes Genie der Mathematik, der Ingenieurskunst und der Astronomie. Dem viktorianischen Statistiker Francis Galton zufolge war er »gallig und von melancholischem Wesen ..., zuverlässig, aber langsam«.[4] Sein Verhältnis zum Vater war dermaßen schlecht, daß er sich als Lebensmotto den Satz aussuchte: *Invito patre sidera verso* – »Ich zähle trotz meinem Vater zu den Sternen.«[5]

Es war keineswegs so, als ob Galton seine bissigen Bemerkungen auf Jakob beschränkt hätte. Obwohl er persönlich den Bernoullis Beweismaterial verdankte, das seine Theorien zur Eugenik bestätigte, schildert er sie in seinem Buch *Genie und Vererbung* »als vorwiegend streitsüchtig und neidisch«.[6]

Diese Wesenszüge waren anscheinend allen Familienmitgliedern gemeinsam. Jakobs jüngerer Bruder Johann – gleichfalls Mathematiker und Vater des eingangs schon erwähnten Daniel – wird von James Newman als »hitzig, beleidigend ... und, wenn erforderlich, unehrlich«[7] geschildert.* Als Daniel für seine Arbeit über Planetenbahnen einen Preis der französischen Akademie der Wissenschaften erhielt, warf ihn der Vater, der diese Ehrung gern selbst bekommen hätte, hinaus. Johann wurde, wie Newman schreibt, 80 Jahre alt »und hat bis zuletzt seine Geisteskräfte und sein niederträchtiges Wesen bewahrt«.

Darüber hinaus gab es den Sohn des mittleren Bruders namens Nikolaus I.; der Sohn wird als Nikolaus II. geführt. Als 1705 nach langer Krankheit sein Onkel Jakob starb und sein fast abgeschlossenes Werk *Ars Conjectandi* hinterließ, wurde Niko-

* Newman, dessen Buch *The World of Mathematics* eine wichtige Quelle für diese Arbeit war, ist beruflich schwer zu charakterisieren. Nach dem Studium der Philosophie und Mathematik wurde er ein höchst erfolgreicher Jurist und hat der Öffentlichkeit große Dienste geleistet. Er gehörte eine Zeitlang zu den leitenden Redakteuren der Zeitschrift *Scientific American* und war ein eifriger Sammler von historisch bedeutsamen Wissenschaftsdokumenten. Er starb 1966.

laus II. gebeten, das Werk druckreif zu machen, obwohl er erst 18 Jahre alt war – acht Jahre hat er gebraucht, um das Werk zu vollenden! In seiner Einleitung gibt er zu, für die lange Verzögerung verantwortlich und von den Verlegern oft gemahnt worden zu sein; als Entschuldigung nennt er »meine häufige Abwesenheit durch Reisen« und die Tatsache, daß »ich zu jung und unerfahren war, um zu wissen, wie ich die Arbeit vollenden sollte«.[8]

Vielleicht sollte man ihm trotz bestehender Zweifel Glauben schenken: Er hat die acht Jahre damit verbracht, die Stellungnahmen der führenden zeitgenössischen Mathematiker einzuholen, darunter auch die Isaac Newtons. Neben einer umfangreichen Korrespondenz zum Gedankenaustausch unternahm er zusätzliche Reisen nach London und Paris, um auch noch persönlich mit eminenten Mathematikern zu diskutieren. Und er selbst hat etliches zur Mathematik beigetragen, so beispielsweise eine Untersuchung über die Anwendung von Mutmaßung und Wahrscheinlichkeitstheorie auf juristische Probleme.

Um die Dinge noch weiter zu komplizieren: Daniel Bernoulli hatte einen fünf Jahre älteren Bruder, der ebenfalls Nikolaus hieß; dieser Nikolaus wird gewöhnlich als Nikolaus III. erwähnt; sein gleichnamiger Großvater ist unnumeriert, Nikolaus I. ist sein Onkel und Nikolaus II. ein älterer Cousin ersten Grades. Es war eben dieser Nikolaus III. – wiederum ein bedeutender Mathematiker –, der den erst elfjährigen Daniel in die Mathematik einführte. Als ältester Sohn war Nikolaus von seinem Vater ermuntert worden, Mathematiker zu werden. Er sprach bereits im Alter von acht Jahren vier Sprachen; im Alter von 19 wurde er in Basel zum Doktor der Philosophie promoviert; zum Professor für Mathemathik in St. Petersburg wurde er 1725 im Alter von 30 Jahren ernannt. Ein Jahr später ist Nikolaus an einem Fieber gestorben.

Im gleichen Jahr wie Nikolaus erhielt auch Daniel eine Anstellung in St. Petersburg; er blieb dort bis 1733, als er wegen einer Professur für Physik und Philosophie in seine Heimatstadt Basel zurückkehrte. Daniel war einer der ersten von vielen Gelehrten, die Peter der Große in der Hoffnung, seine neue Hauptstadt zu einem Zentrum des Geisteslebens zu machen, nach Rußland holte. Laut Galton war Daniel »Mediziner, Botaniker und Anatom, ein Verfasser von Schriften über Hydrodynamik; sehr frühreif«.[9] Und er war auch ein bedeutender Mathematiker und Statistiker mit ganz besonderem Interesse für die Wahrscheinlichkeitstheorie.

Bernoulli war ein echter Mensch seiner Epoche. Das 18. Jahrhundert verschrieb sich, als Gegenreaktion auf die endlosen heftigen Religionskriege des vorausgegangenen Jahrhunderts, dem Rationalismus. Nach dem Ende der blutigen Auseinandersetzungen wichen gegenreformatorische Inbrunst und Emotionalität des Barocks der Wertschätzung strenger antiker Formen. Die Aufklärung war gekennzeichnet durch einen Sinn für Ausgewogenheit und die Achtung der Vernunft. Es war diese geistige Atmosphäre, in der Bernoulli aus dem Mystizismus der *Logik* von Port-Royal ein logisches Argument entwickelte, das sich an rationale Entscheidungsträger wandte.

DANIEL BERNOULLIS AUFSATZ für die St. Petersburger Akademie skizziert eingangs die These, die er anzugreifen gedenkt:

> Seit Mathematiker erstmals die Bemessung von Risiko untersuchten, besteht allgemeine Zustimmung zu folgendem Theorem: Erwartete Werte werden so berechnet, daß jeder mögliche Gewinn mit der Zahl von Möglichkeiten multipliziert wird, in denen er sich ergeben kann, und anschließend die Summe aus diesen Produkten durch die Gesamtzahl der Fälle dividiert wird.*[10]

Als Beschreibung der Art und Weise, wie Menschen im wirklichen Leben Entscheidungen treffen, findet Bernoulli diese Hypothese deshalb fehlerhaft, weil sie nur die Fakten berücksichtigt, aber die Folgen eines wahrscheinlichen Ausgangs für die Person ignoriert, die angesichts einer ungewissen Zukunft

* Daniels Onkel Jakob Bernoulli, der im folgenden Kapitel eine wichtige Rolle spielt, hat einmal festgestellt, daß »der Wert unserer Erwartung stets etwas Mittleres bedeutet zwischen dem Besten, was wir uns erhoffen können, und dem Schlimmsten, was wir befürchten können«. (Hacking, 1978, S.144)

eine Entscheidung zu treffen hat. Der Preis – und die Wahrscheinlichkeit – sind nicht ausreichend, um den Wert einer Sache zu bestimmen. Die Tatsachen sind für alle gleich, doch ihr »Nutzen ... ist abhängig von den besonderen Umständen der Person, die die Schätzung durchführt ... Es gibt keinen Grund zu der Annahme, daß ... die von jedem [Individuum] erwarteten Risiken dem Wert nach gleich sind.« Jedem das Seine.

Die Vorstellung vom Nutzen ist eine intuitive Erfahrung. Sie vermittelt den Sinn von Nützlichkeit, Wünschbarkeit und Befriedigung. Dagegen ist die Vorstellung, die Bernoullis Ungeduld gegenüber Mathematikern erregt – »Erwartungswert des Gewinns« –, mehr formaler, theoretischer Natur. Wie Bernoulli betont, gleicht der Erwartungswert der Summe der Werte aller Ergebnisse einer Reihe, multipliziert mit der Wahrscheinlichkeit eines jeden Ausgangs in Relation zu allen anderen Möglichkeiten. Von Mathematikern wird heute noch gelegentlich der Begriff »mathematische Erwartung« als Synonym für »Erwartungswert« verwendet.

Eine Münze hat zwei Seiten, »Kopf« und »Wappen«; die Chancen, daß bei einem Wurf die eine oder die andere Seite oben landet, stehen 50 : 50 – eine Münze kann nicht gleichzeitig Kopf und Wappen zeigen. Worin besteht beim Werfen einer Münze der Erwartungswert? Wir multiplizieren 50% mit eins für »Kopf«, dann das gleiche für »Wappen«, nehmen die Summe – 100% – und teilen sie durch 2. Der Erwartungswert einer Wette auf das Werfen einer Münze beträgt 50%. »Kopf« und »Wappen« sind mit gleich hoher Wahrscheinlichkeit zu erwarten.

Was ist der Erfahrungswert eines Würfelns mit zwei Würfeln? Wenn wir die 11 Zahlen addieren, die möglicherweise oben liegen – 2 + 3 + 4 + 5 + 6 + 7 + 8 + 9 + 10 + 11 + 12 – , so ergibt sich eine Summe von 77. Beim Werfen von zwei Würfeln ist der Erwartungsert $^{77}/_{11}$ oder exakt 7.

Es besteht aber für diese 11 Zahlen keine gleich hohe Wahrscheinlichkeit. Wie Cardano nachwies, sind bei 36 möglichen Kombinationen einige Zahlen wahrscheinlicher als andere; zwei davon können nur durch den Wurf einer doppelten Eins erzielt werden; doch vier können sich auf dreierlei Weise ergeben, nämlich durch 3 + 1, durch 1 + 3 und durch 2 + 2. Cardanos nützliche Tabelle (s. Seite 71) listet eine Reihe von Kombinationen auf, in denen jedes der 11 Resultate eintreten können:

Ausgang	*Wahrscheinlichkeit*	*relative Wahrscheinlichkeit*
2	$^{1}/_{36}$	$2 \times {}^{1}/_{36} = 0{,}06$
3	$^{2}/_{36}$	$3 \times {}^{2}/_{36} = 0{,}17$
4	$^{3}/_{36}$	$4 \times {}^{3}/_{36} = 0{,}33$
5	$^{4}/_{36}$	$5 \times {}^{4}/_{36} = 0{,}56$
6	$^{5}/_{36}$	$6 \times {}^{5}/_{36} = 0{,}83$
7	$^{6}/_{36}$	$7 \times {}^{6}/_{36} = 1{,}17$
8	$^{5}/_{36}$	$8 \times {}^{5}/_{36} = 1{,}11$
9	$^{4}/_{36}$	$9 \times {}^{4}/_{36} = 1{,}00$
10	$^{3}/_{36}$	$10 \times {}^{3}/_{36} = 0{,}83$
11	$^{2}/_{36}$	$11 \times {}^{2}/_{36} = 0{,}61$
12	$^{1}/_{36}$	$12 \times {}^{1}/_{36} = 0{,}33$
		Summe 7,00

Der Erwartungswert bzw. die mathematische Erwartung beträgt bei einem Wurf mit zwei Würfeln exakt 7, was unsere Berechnung von $^{77}/_{11}$ bestätigt. Jetzt können wir auch verstehen, warum eine Serie von 7 Spielen beim *Craps*-Spiel eine so große Rolle spielt.

Bernoulli erkennt an, daß solche Berechnungen für Hasardspiele korrekt sind; er betont aber, daß das Alltagsleben etwas völlig anderes ist. Selbst wenn die Wahrscheinlichkeiten bekannt sind – eine grobe Vereinfachung, die von späteren Mathematikern zurückgewiesen wurde –, werden rationale Entscheidungsträger versuchen, nicht den Erwartungswert des Gewinns, sondern den Erwartungswert des subjektiven *Nutzens* dieses Gewinns – seinen Gebrauchs- oder Befriedigungswert – zu maximieren. Die Nutzerwartung wird nach der gleichen Weise kalkuliert wie die Gewinnerwartung, nur daß jetzt als Relativierungsfaktor der subjektive Nutzen eingeführt wird.[11]

Der mutmaßliche Autor der *Logik* von Port-Royal, Antoine

Arnauld, warf beispielweise Personen mit einer Unwetterphobie vor, sie übertrieben die geringe Wahrscheinlichkeit, von einem Blitzschlag getroffen zu werden. Da hat er geirrt, da hat er selbst etwas übersehen. Die Tatsachen sind für alle Menschen die gleichen, und selbst Menschen, die beim ersten Donnerrollen in Panik geraten, sind sich durchaus über die große Unwahrscheinlichkeit im klaren, daß der Blitz ausgerechnet an der Stelle einschlagen wird, wo sie gerade stehen. Bernoulli sah die Sache deutlicher: Menschen, die unter einer Phobie leiden, bewerten die Konsequenzen, die solch ein Ereignis hätte, so schwer, daß sie zittern, obwohl sie wissen, daß die Aussichten, persönlich betroffen zu werden, nur sehr gering sind.

Instinkt dominiert über Berechnung. Fragen Sie doch einmal bei Luftturbulenzen nach, ob alle Flugpassagiere gleichermaßen unter Angst leiden. Die meisten Menschen wissen genau, daß Flugreisen viel sicherer sind als Autofahren; trotzdem werden manche Passagiere der Stewardeß Mühe machen, während andere ohne Rücksicht auf die Wetterverhältnisse ganz unbeschwert ein Nickerchen halten.

Und das ist auch gut so. Wenn jedes Risiko von allen genau gleich bewertet würde, blieben nämlich viele Risikochancen ungenutzt. Unternehmungslustige Personen stufen den Nutzen einer Chance auf hohen Gewinn bei geringer Wahrscheinlichkeit hoch ein und bewerten den Nutzen der größeren Wahrscheinlichkeit zu verlieren gering. Andere Leute messen der Wahrscheinlichkeit von Verlusten geringen Nutzwert bei, weil ihr vorrangiges Ziel im Kapitalerhalt liegt. Wo einer Sonnenschein sieht, sieht der andere Unwetter. Ohne die Unternehmungslustigen würde die Welt sich um einiges langsamer drehen. Man stelle sich einmal vor, daß alle Menschen Angst vor Gewitter, Flugreisen oder Investitionen in Neugründungen hätten. Wir können wirklich nur froh sein, daß ein solch unterschiedliches Risikobedürfnis existiert.

NACHDEM BERNOULLI seine Grundthese aufgestellt hat, daß Menschen das Risiko unterschiedlich bewerten, führt er einen zentralen Gedanken ein: »*Der Nutzen, der sich aus jeder geringen*

Mehrung des Wohlstands ergibt, wird umgekehrt proportional sein zur vorherigen Besitzmenge.« Dann macht er die Bemerkung: »In Anbetracht der menschlichen Natur kommt es mir so vor, daß die genannte Hypothese auf viele Menschen zutreffen könnte, bei denen solch ein Vergleich angebracht werden kann.«

Die Hypothese, daß der Erwartungswert des subjektiven Nutzens zur Quantität der vorherigen Güter umgekehrt proportional ist, stellt einen eminenten Fortschritt in der Ideengeschichte dar. Auf weniger als einer einzigen Druckseite verwandelt Bernoulli die Methode der Wahrscheinlichkeitsberechnung in ein Verfahren zur Einführung von subjektiven Überlegungen bei Entscheidungen mit ungewissem Ausgang.

Die Brillanz der Bernoullischen Formulierung beruht auf folgender Erkenntnis: Während die Relevanz der Fakten darin liegt, eine einzige klare Antwort auf die Frage nach dem Erwartungswert des Gewinns zu liefern (die Fakten sind ja für alle gleich), wird der subjektive Prozeß so viele Antworten liefern, wie Menschen existieren. Bernoulli geht aber noch einen Schritt weiter. Er entwickelt nämlich einen methodischen Ansatz, mit dem bestimmt werden kann, in welchem Ausmaß jeder einzelne einen Zugewinn wünscht: Sein Wunsch nach mehr ist umgekehrt proportional zu der Gütermenge, die er schon besitzt.

Es war das erstemal in der Menschheitsgeschichte, daß für etwas, *das nicht gezählt werden kann*, ein Meßverfahren verwendet wurde. Bernoulli hat die Verbindung von Instinkt und Berechnung möglich gemacht. Cardano, Pascal und Fermat haben eine Methode erfunden, um bei jedem Wurf des Würfels *die Risiken* zu berechnen; Bernoulli aber führt uns zum *Risikonehmer* – zum Spieler, der entscheidet, wieviel oder ob er überhaupt wetten soll. Während die Wahrscheinlichkeitstheorie die Wahlmöglichkeiten definiert, definiert Bernoulli *die Interessen* der Person, die wählt und entscheidet. Das ist ein völlig neues Forschungsgebiet, ein ganz neuer Theorienkomplex. Damit hat Bernoulli nicht nur die geistigen Grundlagen für kommende Wirtschaftsentwicklungen gelegt, sondern auch für spätere Theorien über das menschliche Entscheidungs- und Wahlverhalten in sämtlichen Lebenssituationen.

ZUR VERANSCHAULICHUNG seiner Theorie bietet Bernoulli in seinem Aufsatz eine Reihe von interessanten Anwendungsbeispielen an. Das schwierigste, und auch berühmteste, ist unter dem Namen »Petersburger Spiel« bekanntgeworden; es war ihm ursprünglich präsentiert worden von seinem »höchst ehrenwerten Vetter, dem berühmten Nikolaus Bernoulli« – dem zögerlichen Herausgeber der *Ars Conjectandi*.

Nikolaus hatte vorgeschlagen, daß Peter und Paul ein Spiel machen, bei dem Peter eine Münze wirft, und zwar immer wieder, solange, bis »Wappen« oben liegt. Peter wird Paul einen Dukaten zahlen, wenn beim ersten Wurf »Wappen« aufscheint, zwei Dukaten, wenn beim zweiten Wurf »Wappen« oben liegt, vier Dukaten beim drittenmal und so fort. Mit jedem weiteren Wurf der Münze wird die Zahl der Dukaten, die Peter Paul zu zahlen hat, verdoppelt.* Wieviel sollte jemand an Paul – dem eine beträchtliche Summe Geldes als Gewinn in Aussicht steht – zahlen für das Recht, seine Rolle in diesem Spiel zu übernehmen?

Laut Bernoulli ergibt sich hier ein Problem, und zwar aus folgendem Grund: »Die allgemein akzeptierte Berechnungsmethode [der Erwartungswert des Gewinns] schätzt Pauls Aussichten in der Tat unendlich hoch ein, [aber] keiner wäre bereit, [diese Gewinnchancen] zu einem gemäßigt hohen Preis zu erwerben ... Jeder einigermaßen vernünftige Mensch würde seine Gewinnchancen mit großem Vergnügen für zwanzig Dukaten verkaufen.«**

Bernoulli führt eine längere mathematische Untersuchung des Problems durch. Sie basiert auf seiner Annahme, daß der Wert von Wohlstandszuwächsen in umgekehrtem Verhältnis zum vorher gegebenem Reichtum steht. Gemäß dieser An-

* Mit der Hilfe von Richard Sylla und Leora Klapper habe ich als bestmögliche Information über den Wert von Dukaten zu Beginn des 18. Jahrhunderts herausbekommen, daß ein Dukaten rund $40 nach heutigem Stand wert wäre. Baumol und Baumol liefern im Anhang eine ungefähre Bestätigung für diese Annahme. Vgl. auch McKuster, 1978, sowie Warren und Pearson, 1993.

** Bernoullis Lösung des Problems ist kritisiert worden, weil er keine Spiele berücksichtigt hat, bei denen der Gewinnpreis viel rascher steigen würde, als Nikolaus angegeben hatte. Es ist aber trotzdem so: Außer es gibt einen Grund dafür, daß der Spieler kein Interesse an irgendwelchem zusätzlichen Reichtum hat, wird das Problem schlußendlich auftreten, ganz gleich, wie hoch die Steigerungsquote ist.

nahme würde der Gewinn, den Paul beim zweihundertsten Werfen der Münze vielleicht erzielte, nur eine infinitesimale Menge an zusätzlichem Nutzen gegenüber seinem Gewinn beim einhundertsten Werfen ausmachen; schon beim 51. Wurf der Münze würde die Gesamtsumme der gewonnenen Dukaten 1 000 000 000 000 000 bereits übersteigen. (Die gesamte Staatsverschuldung der USA beträgt lediglich 4 000 000 000 000 Dollar nach heutigem Wert.)

Ob in Dollar oder Dukaten – die Berechnung von Pauls Erwartungen hat seit vielen Jahren die Aufmerksamkeit führender Mathematiker, Philosophen und Wirtschaftswissenschaftler erregt. Das 1865 erschienene Buch über die Geschichte der Mathematik von Isaac Todhunter verwies mehrfach auf das »Petersburger Spiel« und erwähnte einige Lösungen, die in der Zwischenzeit von Mathematikern vorgeschlagen worden waren.[12] Übrigens war Bernoullis Aufsatz damals nur auf Lateinisch zugänglich, eine erste – deutsche – Übersetzung erschien 1896. Weitere, scharfsinnigere, kompliziertere mathematische Untersuchungen des Problems kamen heraus, nachdem John Maynard Keynes es in seinem *Treatise on Probability* aus dem Jahre 1921 kurz erwähnt hatte. Eine Übersetzung ins Englische erschien allerdings erst 1954, d.h. genau 216 Jahre nach der Erstpublikation.

Das »Petersburger Spiel« ist mehr als nur eine akademische Fingerübung über die Exponenten und Wurzeln des Münzwerfens. Man stelle sich doch einmal eine große, rasch wachsende Firma mit solch glänzenden Zukunftsaussichten vor, die anscheinend ins Unendliche weitergehen. Selbst unter der absurden Annahme – wir haben ja bereits Glück, wenn wir eine akkurate Voraussage über die Gewinne des nächsten Vierteljahres machen können –, daß wir die Firmengewinne tatsächlich bis in unendliche Zeiten korrekt vorhersagen könnten: Was ist eine Aktie dieses Unternehmens wert? Eine unendlich hohe Summe?*

Es hat Augenblicke gegeben, daß leibhaftige, erfahrene Investmentberater solch wilde Traumvorstellungen im Tages-

* Eine theoretische Untersuchung dieser Frage findet sich in Durand, 1959, der die in den unmittelbar folgenden Absätzen geschilderten Ereignisse vorwegnahm.

geschäft hegten – Augenblicke, in denen die Gesetze der Wahrscheinlichkeit in Vergessenheit gerieten. In den späten 1960ern und frühen 70ern waren führende Manager institutioneller Portfolios in die Wachstumsidee ganz allgemein und in die sogenannten »Nifty-Fifty«-Wachstumsaktien im besonderen so verliebt, daß sie für Aktien von Firmen wie Xerox, Coca-Cola, IBM und Polaroid absolut jeden Preis zu zahlen bereit gewesen wären. Solche Investmentmanager sahen bei diesen »Nifty-Fifties« nicht das Risiko, einen überhöhten Aktienpreis zu zahlen, sondern das Risiko, sie nicht zu besitzen: Die Wachstumsaussichten waren anscheinend so sicher, daß das zukünftige Niveau von Aktiengewinnen und Dividenden mit der Zeit stets den gezahlten Preis rechtfertigen würden. Sie fanden das Risiko, dafür zu viel zu zahlen, minimal im Vergleich zu dem Risiko, Aktien – selbst zu niedrigen Preisen – von Unternehmen wie Union Carbide oder General Motors zu kaufen, deren Geschäftsaussichten aufgrund ihrer Abhängigkeit von branchenbedingten Zyklen und Wettbewerbsdruck ungewiß waren.

Diese Einstellung erreichte solche Ausmaße, daß Investoren zu guter Letzt kleine Unternehmen wie beispielsweise International Flavors and Fragrancies mit einem Jahresumsatz von nur $ 139 Millionen auf den gleichen totalen Marktwert schätzten als weniger glamouröse Unternehmen wie U. S. Steel mit einem Jahresumsatz von $ 5 Milliarden. Im Dezember 1972 wurden Polaroid-Aktien zum 96fachen Wert ihrer Erträge von 1972 gehandelt, Aktien von McDonald's für das 80fache und IFF-Aktien für das 73fache. Der Standard & Poor-Index von 500 Aktien verkaufte sich im Durchschnitt für das 19fache. Die durchschnittlichen Dividenden-Erträge der »Nifty-Fifty«-Aktien beliefen sich auf weniger als die Hälfte des Durchschnittsertrags der 500 Aktien im S & P-Index.

Nur die Wirklichkeit konnte noch zeigen, ob solche Erwartungen gerechtfertigt waren, und die Wirklichkeit erwies sich als eine bittere Erfahrung. Die betörende Aussicht von Erträgen, die bis zu den Sternen wachsen würden, war am Ende eine Menge weniger als eine unendlich hohe Summe wert. Bis 1976 war der Preis der IFF-Aktien um 40 % gefallen, doch U. S. Steel-Aktien hatten ihren Wert mehr als verdoppelt. Unter

Berücksichtigung von Dividenden und Aktienpreisentwicklung hatten die 500 Aktien des S & P-Index ihre vorherige Rekordmarke noch übertroffen; die »Nifty-Fifty«-Aktien dagegen kamen bis zum Juli 1980 nicht über ihre Höchstwerte aus dem Jahr 1972 hinaus. Schlimmer noch: Ein zu gleichen Teilen bestücktes Portfolio an »Nifty-Fifty«-Aktien blieb von 1976 bis 1990 hinter den 500 S & P-Aktien zurück.

Doch wo gibt es in der Welt des Investments Unendlichkeit? Professor Jeremy Siegel von der Wharton School of Business in Pennsylvania hat das Abschneiden der »Nifty-Fifty«-Aktien von Ende 1970 bis Ende 1993 detailliert berechnet. Das zu gleichen Teilen mit den fünfzig Aktien bestückte Portfolio hätte, selbst wenn sie zum Höchstkurs vom Dezember 1972 gekauft worden wären, bis Ende 1993 einen Gesamtertrag erbracht, der fast ein Prozent unter dem Ertrag des S & P-Index lag. Wenn die gleichen Aktien zwei Jahre vorher, nämlich im Dezember 1970 gekauft worden wären, hätte das Portfolio den S & P-Index um jährlich einen Prozentpunkt ausgestochen. Dann wäre die negative Differenz zwischen den Kosten und dem Marktwert zum Tiefstkurs des Debakels von 1974 ebenfalls geringer ausgefallen.

Für wahrhaft geduldige Personen, die sich am wohlsten fühlen, wenn sie Aktien bekannter Unternehmen mit hoher Produktqualität besitzen, deren Erzeugnissen sie meist beim täglichen Einkauf begegnen, hätte eine Investition in »Nifty-Fifty«-Aktien reichlichen Nutzen gehabt. Einen erheblich geringeren Nutzen hätte das Portfolio für einen weniger geduldigen Investor besessen, der kein Portfolio von 50 Aktien wollte, von denen fünf Aktien über einen Zeitraum von 21 Jahren tatsächlich Geld verloren und von denen 20 Aktien weniger verdienten, als man hätte verdienen können, wenn man Schatzwechsel mit dreimonatiger Laufzeit laufend verlängert hätte, und von denen lediglich 11 Aktien den S & P-Index übertrumpften. Doch wie Bernoulli es auf etwas weniger umständliche Weise hätte ausdrücken können: Man trifft seine Wahl und zahlt.

BERNOULLI FÜHRTE noch eine weitere neue Vorstellung ein, die von Ökonomen heute als eine treibende Kraft des Wirtschaftswachstums betrachtet wird – das Humankapital. Die Vorstellung ergab sich aus seiner Definition von Wohlstand: Wohlstand sei »all das, was zu einer angemessenen Befriedigung jeden möglichen Bedürfnisses beizutragen vermag … Es gibt daher niemand, von dem behauptet werden könnte, daß er in diesem Sinne gar nichts besitzt, sofern er nicht zu Tode verhungert.«

Wie sieht der Wohlstand der meisten Menschen aus? Bernoulli hält materielle Vermögenswerte und Finanzanlagen für weniger wertvoll als Produktionsfähigkeit einschließlich des Talents zum Betteln. Er meint, daß ein Mann, der jährlich 10 Dukaten mit Betteln verdient, ein Angebot, für 50 Dukaten das Betteln aufzugeben, wahrscheinlich ablehnen würde; denn nach dem Verbrauch dieser 50 Dukaten wäre er ja ohne Möglichkeit, für seinen Lebensunterhalt aufzukommen. Es muß jedoch irgendeine Summe geben, die er als Gegenwert für ein Versprechen, nie wieder zu betteln, annehmen würde. Falls dieser Betrag beispielweise 100 Dukaten betrüge, dann »könnten wir behaupten, [der Bettler] besitze einen Reichtum im Werte von einhundert« Dukaten.

Heutzutage betrachten wir den Begriff des Humankapitals – die Summe aus Erziehung, natürlicher Begabung, beruflicher Ausbildung und Erfahrung, die die Grundlage des zukünftigen Einkommensflusses bilden – als von fundamentaler Bedeutung für das Verständnis von größeren globalen Wirtschaftsveränderungen. Für den Arbeitnehmer hat das Humankapital die Rolle, die für den Arbeitgeber Produktionsanlagen und Ausrüstung haben. Trotz der enormen Anhäufungen von materiellen Vermögenswerten seit 1738 ist für den größten Teil der Menschheit immer noch das Humankapital der bei weitem bedeutendste Aktivposten zur Schaffung von Einkommen. Warum würden sonst wohl so viele Ernährer ihr schwerverdientes Geld für Lebensversicherungsprämien ausgeben?

Für Bernoulli waren Glücksspiele und abstrakte Fragestellungen lediglich das Werkzeug, um seine hauptsächlichen Forschungen über das menschliche Verlangen nach Wohlstand und günstigen Gelegenheiten zu verdeutlichen. Er legte den Akzent mehr auf die Entscheidungsfindung als auf die mathematischen Kniffligkeiten der Wahrscheinlichkeitstheorie. Er erklärt gleich zu Beginn, sein Ziel sei es, Regeln zu finden, »die aufgestellt würden, damit jedermann bei jeglicher riskanten Unternehmung seine Aussichten im Lichte seiner besonderen finanziellen Umstände abschätzen könnte«. Diese Worte sind Wasser auf die Mühlen aller heutigen Finanzwirtschaftler, Manager und Investoren. Nun ist Risiko nicht mehr etwas, dem man passiv ausgesetzt ist; Risiko bedeutet vielmehr: eine Perspektive, eine Chance, für die man sich frei entscheiden kann.

Bernoullis Begriff des subjektiven Nutzens – und sein Vorschlag, daß die Befriedigung über eine einzeln aufgeführte Mehrung des Wohlstands in umgekehrtem Verhältnis steht zu der Menge der zuvor besessenen Güter – war widerstandsfähig genug, um von anhaltendem Einfluß auf die Arbeiten der nachfolgenden Denker zu sein. Der Begriff lieferte den Unterbau für das Gesetz von Angebot und Nachfrage – ein bedeutsames neues Konzept der Ökonomen des 19. Jahrhunderts. Das bot wiederum einen Ansatz für das Verständnis, wie Märkte sich verhalten und wie Verkäufer und Käufer sich über Preise einigen. Die Vorstellung vom subjektiven Nutzen war ein derart überzeugendes Konzept, daß es zweihundert Jahre lang die Basis des herrschenden Paradigmas bildete zur Erklärung des menschlichen Entscheidungsverhaltens und von Auswahltheorien auch in Bereichen jenseits von Finanzangelegenheiten. Die Spieltheorie – der neue Zugang des 20. Jahrhunderts zur Erklärung der Entscheidungsfindung in Krieg, Politik und Wirtschaftsmanagement – macht den subjektiven Nutzwert zu einem wesentlichen Bestandteil des Gesamtsystems.

Der Nutzwertbegriff hat einen ebenso starken Einfluß auf Psychologie und Philosophie gehabt, denn Bernoulli hat damit einen Maßstab zur Definition menschlicher Rationalität eingeführt. So werden beispielsweise Personen, für die bei wachsendem Reichtum der subjektive Nutzwert von Reichtum *steigt*, von den meisten Psychologen – und Moralisten – als neurotisch betrachtet; Habgier war kein Bestandteil der Bernoullischen

Idee von menschlichem Verhalten und ist auch in den meisten modernen Definitionen von Rationalität nicht inbegriffen.

Die Theorie des subjektiven Nutzens stipuliert, daß eine rationale Person imstande sein müsse, Nützlichkeit unter allen Umständen zu messen und dementsprechend zu wählen und zu entscheiden – eine hehre Forderung angesichts all der Ungewißheiten, mit denen wir es im Laufe eines Lebens zu tun haben. Selbst unter den Bernoullischen Voraussetzungen, daß die Fakten für alle gleich sind, ist solch eine Aufgabe schwierig genug. In vielen Situationen sind die Tatsachen eben nicht für alle Menschen gleich. Andere Menschen haben auch andere Informationen, und jeder von uns färbt die uns verfügbaren Informationen auf seine eigene Art. Selbst die rationalsten von uns werden sich häufig über die Interpretation der Tatsachen streiten.

So modern Bernoulli uns auch vorkommt, war er doch ganz ein Mensch seiner Zeit. Seine Vorstellung von der Rationalität des Menschen entsprach dem intellektuellen Klima der Aufklärung. In jener Epoche schlossen sich Schriftsteller, Künstler, Komponisten und politische Denker den Vorstellungen von Ordnung und Form der Antike an; sie waren überzeugt, daß die Menschheit mit stetig wachsendem Wissen in die Geheimnisse des Lebens eindringen könne. Als 1738 Bernoullis Aufsatz veröffentlicht wurde, stand Alexander Pope auf dem Höhepunkt seines Schaffens; er spickte seine Gedichte mit Anspielungen auf die Antike, warnte, daß »ein wenig Wissen ein gefährlich Ding« sei, und verkündete: »Das rechte Studium des Menschen ist der Mensch.« Bald schon sollte Denis Diderot die Arbeit an seiner 26bändigen Enzyklopädie aufnehmen, sollte Samuel Johnson das erste Wörterbuch der englischen Sprache zusammenstellen. Voltaires ganz und gar unromantische Ansichten über die Gesellschaft standen im Mittelpunkt des intellektuellen Diskurses. Und um 1750 hatte Haydn die klassische Form von Symphonie und Sonate gefunden.

Die optimistische Grundeinstellung der Aufklärung hinsichtlich der Fähigkeiten des Menschen sollte sich in der amerikanischen Unabhängigkeitserklärung dokumentieren und die Verfassung der neugegründeten Vereinigten Staaten von Amerika prägen. In ihrer extremsten Ausformung trieb die Aufklärung die Bürger Frankreichs dazu, Ludwig XVI. den Kopf abzuhacken und auf dem Altar von Notre-Dame die Göttin der Vernunft zu installieren.

BERNOULLIS KÜHNSTER neuer Gedanke war die Idee, daß jeder – auch der rationalste von uns – ein individuelles Wertesystem hat und sich dementsprechend verhält. Seine Genialität bestand jedoch in der Erkenntnis, daß er noch einen Schritt weitergehen müßte. Wenn er seine These auf die Formel bringt, daß der subjektive Nutzen umgekehrt proportional ist zur Quantität des vorherigen Besitzes, so ermöglicht er einen faszinierenden Einblick in das menschliche Verhalten und in die Eigenart unseres Entscheidens und Wählens im Angesicht des Risikos.

Bernoulli zufolge entstehen unsere Entscheidungen auf eine vorhersehbare und methodische Weise. In einer rationalen Welt würden wir alle miteinander lieber reich als arm sein, doch die Intensität unseres Strebens nach mehr Reichtum wird entsprechend des jeweils bereits vorhandenen Reichtums abgemildert. Vor vielen Jahren hat ein Anlageklient mir während unseres erstens Arbeitsgesprächs mit dem Finger gedroht und zu bedenken gegeben: »Sie dürfen eins nie vergessen, junger Mann. Sie sollen mich nicht reich machen. Ich bin schon reich!«

Die Bernoullische Erkenntnis führt uns in logischer Konsequenz zu einer neuen, bedeutenden Einsicht in Hinblick auf die Risikobereitschaft. Wenn die Befriedigung über jede weitere Mehrung des Reichtums kleiner ist als die Befriedigung, die aus der vorausgegangenen Besitzsteigerung resultierte, so wird der subjektive Schaden, der durch einen Verlust an Reichtum verursacht wird, stets größer sein als der Nutzen, der durch einen gleichgroßen Gewinn entstehen würde. Genau das hatte mein Klient mir klarmachen wollen.

Stellen Sie sich Ihren Wohlstand vor als einen Haufen Ziegelsteine, mit großen Steinen als Fundament und immer kleineren Steinen, je höher es geht. Jeder Stein, den Sie von der obersten Stelle des Haufens entfernen, wird größer sein als der nächste Stein, den Sie hinzufügen könnten. Der Schmerz, der durch den Verlust eines Steins verursacht wird, ist größer als die Freude über den Gewinn eines zusätzlichen Steins.

Bernoulli selbst liefert folgendes Beispiel: Zwei Männer mit je 100 Dukaten wollen ein faires Spiel machen, etwa Münzenwerfen, bei dem eine Gewinn- und Verlustchance von 50 : 50 besteht, ohne daß die Spieleinlagen durch eine Veranstaltergebühr oder sonstige Abzüge verringert werden. Jeder wettet 50 Dukaten auf den Münzwurf, d. h., jeder hat eine gleichgroße Chance, am Ende mit 150 Dukaten oder mit nur 50 Dukaten abzuschließen.

Würde ein rationaler Mensch sich auf solch ein Spiel einlassen? Bei dieser Chance von 50 : 50 für beide Alternativen beträgt die mathematische Erwartung des Reichtums für beide Männer am Ende des Spiels exakt 100 Dukaten (150 Dukaten plus 50 Dukaten, geteilt durch zwei), d. h. genau die Summe, mit der beide anfingen. Der Erwartungswert ist für beide der gleiche, als ob sie sich gar nicht erst zu diesem Spiel entschlossen hätten.

Bernoullis Theorie vom Erwartungswert des subjektiven Nutzens offenbart eine Asymmetrie, die verständlich macht, warum solch ein Spiel uninteressant ist. Die 50 Dukaten, die der Verlierer abgeben müßte, haben für ihn einen höheren subjektiven Nutzwert als die 50 Dukaten, die der Gewinner in die Tasche stecken würde. So wie bei dem Haufen Ziegelsteine schmerzt auch der Verlust von 50 Dukaten den Verlierer mehr, als der Gewinn von 50 Dukaten den Sieger freuen würde.*

In einem mathematischen Sinn ist ein Nullsummen-Spiel ein Verliererspiel, wenn es im Sinne des Erwartungswerts von subjektivem Nutzen betrachtet wird. Es wäre für beide Seiten die beste Entscheidung, sich dem Spiel zu verweigern.

Bernoulli will mit dem Beispiel Glücksspieler warnen, daß sie selbst bei einem fairen Spiel einen Nutzwert-Verlust erleiden werden. Das deprimierende Ergebnis, so betont er, ist

* Das ist eine grobe Simplifikation. Der Erwartungswert eines jeden absoluten Verlusts ist natürlich vom Reichtum des Verlierers abhängig. Bei diesem Beispiel wird implizit vorausgesetzt, daß die beiden Spieler gleich reich sind.

> die Mahnung der Natur, das Glücksspiel gänzlich zu unterlassen ... Jeder, der bei einem mathematisch fairen Hasardspiel einen Teil seines Besitzes, und sei er noch so klein, als Wette einsetzt, handelt irrational ... Die Unvernunft eines Glücksspielers wird um so größer sein, je größer der Teil seines Vermögens ist, den er einem Hasardspiel aussetzt.

Die meisten von uns würden Bernoulli zustimmen, daß ein faires Spiel ein Verliererspiel ist. Wir sind, wie die Psychologen es nennen würden, »risikoscheu« oder »Risiko-Meider«. Der Ausdruck hat eine sehr präzise Bedeutung mit weitreichenden Implikationen.

Stellen Sie sich einmal vor, was ich zu Beginn vorgeschlagen habe: Sie haben die Wahl, ein Geschenk von sicheren $25 anzunehmen oder die Gelegenheit zu nutzen, an einem Spiel teilzunehmen, in dem Sie eine 50-Prozent-Chance haben, $50 oder gar nichts zu gewinnen. Das Wagnis hat eine mathematische Erwartung von $25 – genausoviel wie das Geschenk; nur ist diese Erwartung unsicher. Risikoscheue Menschen würden das Geschenk dem Spiel vorziehen. Es sind aber nicht alle Menschen auf die gleiche Art und Weise risikoscheu.

Sie können Ihren persönlichen Grad von Risikoabneigung durch die Bestimmung Ihres »Gewißheitsäquivalents« testen. Wie hoch würde die mathematische Erwartung des Spiels steigen müssen, bis Sie das Wagnis dem Geschenk vorziehen würden? Dreißig Dollar bei einer 50prozentigen Chance, 60 Dollar zu gewinnen und einer 50prozentigen Chance, nichts zu gewinnen? Dann würde die Erwartung von $30 aus dem Wagnis des Hasardspiels dem sicheren Geschenk von $25 gegenüberstehen. Vielleicht würden Sie das Risiko aber auch für eine mathematische Erwartung von bloß $26 eingehen. Sie könnten möglicherweise sogar feststellen, daß Sie im Grunde ein *Risiko-Sucher* sind; daß Sie das Spielrisiko sogar eingehen würden, wenn die mathematische Erwartung des Gewinns weniger ausmacht als die sichere Einnahme von $25. Das wäre etwa bei einem Spiel der Fall, wenn der Gewinn von 50 : 50 so differiert, daß sie $40 gewinnen würden, wenn Sie »Kopf« werfen, und nichts, wenn Sie »Wappen« werfen; der Erwartungswert des Gewinns betrüge dann lediglich $20. Die meisten von uns würden aber ein Spiel vorziehen, bei dem der Erwartungswert des Gewinns die $50 des erwähnten Beispiels übersteigt. Die Beliebtheit von Lotteriespielen bildet da eine interessante Ausnahme, weil die Abschöpfung des Staates vom Gesamttopf so groß ist, daß die meisten Lotterien den Spielern gegenüber höchst unfair sind.

Hier zeigt sich ein bedeutsames Prinzip. Nehmen wir einmal an, daß Ihr Börsenmakler Ihnen einen Investmentfonds empfiehlt, der einen Querschnitt der kleinsten an der Börse notierten Aktiengesellschaften investiert. Die kleinsten zwanzig Prozent der Börse haben über die vergangenen 69 Jahre aus Kapitalgewinn plus Dividende einen Ertrag von durchschnittlich 18 % pro Jahr erbracht. Das stellte eine großzügige Rendite dar. In diesem Sektor herrschte nun allerdings auch eine hohe Unbeständigkeit: Zwei Drittel der Renditen haben zwischen –23% und +59% geschwankt; negative Erträge von 12-Monate-Perioden sind fast jedes dritte Jahr vorgekommen und haben durchschnittlich 20% betragen. Somit ist die Perspektive für jedes besondere Jahr trotz der langfristig hohen Durchschnittsrentabilität extrem ungewiß gewesen.

Nun stellen Sie sich die Alternative vor, daß ein anderer Börsenmakler Ihnen zu einem Fonds rät, der die 500 Aktien des Standard & Poor Composite Index hält. Der durchschnittliche Jahresertrag dieser Aktien hat über die letzten 69 Jahre rund 13% betragen; zwei Drittel der Jahresrenditen haben jedoch die relativ geringe Schwankungsbreite zwischen –11% und +35% erlebt; negative Renditen gab es bei 13% der Aktien. Angenommen, die Zukunft wird annähernd so aussehen wie die Vergangenheit, angenommen aber auch, daß Ihnen keine 70 Jahre bleiben, um herauszufinden, wie gut Sie abgeschnitten haben – ist der höhere durchschnittliche Erwartungswert des Gewinns beim Fonds mit den kleinen Firmen ausreichend, um die erheblich größere Ertragsunbeständigkeit zu rechtfertigen? Bei welchem Investmentfonds würden Sie einsteigen?

DANIEL BERNOULLI hat die Bühne verändert, auf der das Drama des Risikoengagements gespielt wird. Seine Darstellung, wie Menschen bei anstehenden Entscheidungen mit ungewissem Ausgang sowohl Kalkül wie Instinkt berücksichtigen, ist eindrucksvoll. Wie er selbst in seinem Aufsatz prahlt: »Da all unsere Vorschläge vollkommen mit der Erfahrung übereinstimmen, wäre es ein Fehler, sie als Abstraktionen zu mißachten, die auf unsicheren Hypothesen beruhen.«

Zweihundert Jahre später stellte sich bei einem heftigen Angriff auf Bernoullis Thesen schlußendlich heraus, daß sie doch nicht gänzlich mit der Erfahrung übereinstimmten, und zwar hauptsächlich deshalb nicht, weil seine Hypothesen über die menschliche Rationalität fragwürdiger waren, als ein Mensch der Aufklärung hätte wahrhaben wollen. Bis zu diesem Angriff dominierte jedoch in der philosophischen Diskussion über die Rationalität des Menschen, die nach der Publikation von Bernoullis Aufsatz fast zweihundert Jahre andauerte, die Vorstellung vom Erwartungswert des Nutzens. Bernoulli konnte sich kaum ausgemalt haben, wie lang sein Konzept bestehen würde – hauptsächlich dank späterer Autoren, die, ohne Kenntnis seiner bahnbrechenden Arbeiten, von allein darauf gekommen sind.

7
Die Suche nach moralischer Gewißheit

Bei einem der zahlreichen deutschen Luftangriffe im Zweiten Weltkrieg auf Moskau, tauchte ein berühmter sowjetischer Professor für Statistik im Bezirksluftschutzkeller auf. Er war bislang nie dort erschienen. »Moskau hat sieben Millionen Einwohner«, hatte er vorher häufig bemerkt. »Warum sollte ich damit rechnen, daß es mich trifft?« Um so erstaunter waren seine Freunde, ihn nun zu sehen; sie wollten wissen, was ihn bewogen habe, seine Meinung zu ändern. »Schauen Sie«, gab er zur Antwort, »in Moskau leben sieben Millionen Menschen und ein Elefant. Letzte Nacht hat es den Elefanten erwischt.«

Diese Anekdote ist eine moderne Variante zu den Gewitterphobien, die in der *Logik* von Port-Royal untersucht werden; in einem wichtigen Punkt unterscheidet sie sich allerdings von der Schlußfolgerung, die dort gezogen wird. Hier war die Person sich der mathematischen Unwahrscheinlichkeit, von einer Bombe getroffen zu werden, sehr wohl bewußt; die Erfahrung des Professors illustriert das duale Moment, das in allem spürbar ist, was mit Wahrscheinlichkeit zu tun hat: Wenn riskante Entscheidungen anstehen, kann es vorkommen, daß Häufigkeitsbeobachtungen der Vergangenheit mit einem subjektiven Überzeugungselement in Konflikt geraten.

Die Anekdote enthält noch Tiefgründigeres. Es hallt in ihr die besorgte Frage von Graunt, Petty und Halley nach: Wenn vollständiges Wissen über die Zukunft – oder die Vergangenheit – unmöglich ist, wie repräsentativ ist dann die uns verfügbare Information? Was hat mehr Gewicht: die sieben Millionen Menschen oder der Elefant? Wie sind neue Informationen zu bewerten und in unsere Überzeugungen einzubeziehen, die aus vorhergehenden Informationen entwickelt wurden? Ist die

Wahrscheinlichkeitstheorie ein mathematisches Spielzeug oder ein ernstzunehmendes Hilfsmittel für Zukunftsprognosen?

Die Wahrscheinlichkeitstheorie ist wirklich eine ernstzunehmende Hilfe für das Prognostizieren; aber, wie es so schön heißt, der Teufel steckt im Detail – in der Qualität der Informationen, die die Grundlage der Wahrscheinlichkeitsschätzungen bilden. In diesem Kapitel wird eine Folge von Riesenschritten dargestellt, die im 18. Jahrhundert den Gebrauch von Informationen und die Art und Weise revolutionierten, wie die Wahrscheinlichkeitstheorie in der modernen Welt bei Entscheidungen und Optionen genutzt werden kann.

DER ERSTE, der die Zusammenhänge zwischen Wahrscheinlichkeit und Informationsqualität in Betracht zog, war ein anderer, ein älterer Bernoulli, nämlich Daniels Onkel Jakob, der von 1654 bis 1705 lebte.[1] Jakob war im Kindesalter, als Pascal und Fermat ihre mathematischen Großtaten vollbrachten; als er starb, war sein Neffe Daniel erst fünf Jahre alt. Wie alle Bernoullis war auch er hochbegabt; er war ein Zeitgenosse Isaac Newtons und immerhin so stark mit den typisch Bernoullischen Eigenschaften von Überreiztheit und Hybris gesegnet, daß er sich für einen ebenbürtigen Rivalen des großen englischen Wissenschaftlers hielt.

Allein die Fragen zu stellen, die Jakob stellte, war ein geistiger Kraftakt; ganz zu schweigen von den Antworten, die Jakob auf diese Fragen gab. Nach eigenen Angaben widmete er sich der Aufgabe nach zwanzigjährigem Nachdenken; und er beendete das Werk erst kurz vor seinem 80. Geburtstag, unmittelbar vor seinem Tod im Jahre 1705.

Obwohl Jakob doch in der lebenslustigen und sinnesfrohen Zeit nach der Restauration von Charles II. im Jahre 1660 lebte, war er vor allem zum Ende des Lebens hin ein ungewöhnlich mürrischer und strenger Bernoulli.* Zu seinen besonders her-

* Er besaß genügend poetische Vorstellungskraft, um zu verlangen, daß die schöne Spirale Fibonacis auf seinen Grabstein eingraviert werde, denn ihre besondere Fähigkeit, ohne Formveränderung wachsen zu können, sei, wie er erklärte, »ein Symbol von Stärke und Beständigkeit in Zeiten der Not oder sogar für die Wiederauferstehung unseres Fleisches.« Außerdem wünschte er sich die Grabinschrift »*Eadem mutata resurgo*« [Trotz allen Veränderungen ist sie immer dieselbe.] Vgl. David, 1962, S. 139.

ausragenden Zeitgenossen zählte John Arbuthnot, der Leibarzt von Queen Anne, ein Mitglied der Royal Society und Amateurmathematiker mit speziellem Interesse an Wahrscheinlichkeitsrechnung, die er, zur Hervorhebung seiner Aussagen, um einen reichhaltigen Bestand an schlüpfrigen Fallbeispielen mehrte. So fragte er in einem Aufsatz nach der Höhe der Chancen, daß »eine Frau mit zwanzig Jahren im Besitz ihrer Jungfernschaft ist« oder daß »ein Großstadtfan gleichen Alters sich nicht den Tripper geholt hat«.[2]

Das Problem, wie sich aus Stichproben Wahrscheinlichkeitsaussagen ableiten lassen, hatte sich Jakob Bernoulli erstmals 1703 gestellt. Wie er in einem Brief an seinen Freund Leibniz äußerte, fand er es merkwürdig, daß wir bei einem Glücksspiel mit zwei Würfeln unsere Chancen kennen, sieben statt acht Augen zu würfeln, uns hingegen der Grad der Wahrscheinlichkeit unbekannt sei, daß ein zwanzigjähriger einen sechzigjährigen Mann überleben wird. Wäre es nicht möglich, so überlegt er, dies Problem zu lösen, indem wir es an einer großen Zahl von Männern beider Altersgruppen paarweise untersuchen?

Das Antwortschreiben von Leibniz war einigermaßen desillusionierend. »Die Natur hat Muster eingerichtet, die in der Wiederkehr von Ereignissen begründet liegen«, so schrieb er, »aber nur zum größten Teil. Es strömen neue Krankheiten über die Menschheit herein, so daß, ganz gleich, wie viele Experimente Ihr an Leichen durchgeführt haben mögt, Ihr damit dem Wesen der Phänomene doch keine Einschränkung auferlegt habt, damit sie in Zukunft nicht variieren könnten.«[3] Obwohl Leibniz den Brief lateinisch verfaßte, setzte er die Wendung »aber nur für den größten Teil« ins Griechische: ὡς ἐπὶ τὸ πολύ. Möglicherweise wollte er damit seine These hervorheben, daß eine begrenzte Zahl von Experimenten der Art, wie Jakob sie vorgeschlagen hatte, unweigerlich eine zu kleine Stichprobenauswahl für ein so genaues Berechnen der Absichten der Natur sein würde.*

* Zu einem späteren Zeitpunkt seines Briefwechsels mit Jakob bemerkte Leibniz: »Es ist gewiß, daß jemand, der zeitgenössische Beobachtungen aus London und Paris dazu nutzen wollte, Sterblichkeitsraten der Urväter vor der Sintflut zu beurteilen, enorm von der Wahrheit abweichen würde.« (Hacking, 1975, S. 164.)

Jakob ließ sich durch Leibniz' Reaktion von seinem Plan zwar nicht abbringen, er korrigierte jedoch die Methode der Ausführung. Die griechische Warnung von Leibniz blieb nicht unbeachtet.

Jakobs Bemühungen, aus Stichproben Wahrscheinlichkeitsaussagen zu gewinnen, haben sich in seiner *Ars Conjectandi* niedergeschlagen, dem Werk, das sein Neffe Nikolaus zu guter Letzt 1713, acht Jahre nach Jakobs Tod, herausgeben würde.[4] Es ging ihm darum aufzuzeigen, wo die Kunst des Denkens – das objektive Analysieren – endet und die Kunst des Vermutens beginnt. Das Vermuten ist gewissermaßen der Prozeß, aus den Teilen das Ganze zu schätzen.

Jakobs Untersuchung hebt an mit der Bemerkung, daß die Wahrscheinlichkeitstheorie den Punkt erreicht hat, wo es, um eine Hypothese über die Wahrscheinlichkeit eines Ereignisses zu erzielen, »notwendig ist, nicht nur die Zahl der möglichen Fälle exakt zu berechnen und dann zu bestimmen, wieviel wahrscheinlicher es ist, daß an Stelle des einen ein anderer Fall eintritt.« Die Schwierigkeit ist vielmehr die, wie Jakob weiter ausführt, daß die Verwendung der Wahrscheinlichkeitsrechnung bis dahin beinahe ausschließlich auf Hasardspiele beschränkt war. Pascals bedeutende neue Erkenntnis wurde meist als eine intellektuelle Kuriosität betrachtet.

Wie eine Stelle des Werks erkennen läßt, in der die oben erwähnte Sorge von Leibniz durchklingt, empfand Jakob diese Beschränkung als außerordentlich problematisch:

> Doch welcher Sterbliche ... könnte die Anzahl der Krankheiten eruieren und all die möglichen Fälle zählen, welche den menschlichen Leib heimsuchen ... und um wieviel wahrscheinlicher ist es, daß eine Krankheit tödlich verläuft als eine andere ... die Pest als die Wassersucht ... oder die Wassersucht als das Fieber – und auf dieser Grundlage eine Vorhersage über das Verhältnis von Leben und Tod in künftigen Generationen aufstellen?
>
> ... Wer darf sich anmaßen, so tief in das Wesen des menschlichen Geistes oder den wunderbaren Bau des Leibes eingedrungen zu sein, daß er in Spielen, welche ... von der geistigen Wendigkeit oder der körperlichen Behendigkeit der Spieler

abhängen, die Vorhersage wagen würde, wann dieser oder jener Spieler gewinnen oder verlieren würde?

Im Sinne einer praktischen Anwendung der Wahrscheinlichkeitsrechnung sieht Jakob hier einen entscheidenden Unterschied zwischen Realität und Abstraktion. So hat etwa Paccciolis abgebrochenes *Balla*-Spiel und die nicht zu Ende geführte hypothetische *World Series*, wie wir es im Rahmen der Ausführungen zum Pascalschen Dreieck analysiert haben, keinerlei Ähnlichkeit mit Situationen der wirklichen Welt. In der realen Welt haben die Gegner in einem *Balla*-Spiel oder in einer *World Series* eine unterschiedliche »geistige Wendigkeit oder körperliche Behendigkeit«, Eigenschaften, die ich in den simplifizierten Beispielen angewandter Wahrscheinlichkeitstheorie für die Prognose von Ereignissen außer acht gelassen habe. Das Pascalsche Dreieck kann nur Andeutungen liefern, wie sich dergleichen Spiele im echten Leben entwickeln würden.

In einem Kasino oder bei der Lotterie kann die Wahrscheinlichkeitstheorie die wahrscheinlichen Spielergebnisse feststellen; es ist nicht notwendig, tatsächlich das Rouletterad zu drehen oder die Lotteriescheine zu zählen, um das Ergebnis zu schätzen. Im wirklichen Leben sind dazu jedoch einschlägige Informationen erforderlich, und das Ärgerliche ist, daß wir nie alle gewünschten Informationen besitzen. Die Natur hat Muster eingerichtet, aber nur für den größten Teil. Die Theorie, die von der Natur abstrahiert, ist da willfähriger: Entweder wir haben die benötigte Information, oder wir brauchen keine Information. Wie in meinem Zitat von Fischer Black zu Beginn der Einleitung erwähnt: Vom Campus des M.I.T. am Ufer des Flusses Charles sieht die Welt geregelter aus als im Tohuwabohu der Wall Street am Hudson.

Für unsere Analyse von Paccciolis hypothetischem *Balla*-Spiel und der hypothetischen *World Series* waren die langfristigen Spielergebnisse, die körperlichen Fähigkeiten und der I.Q. der Spieler irrelevant. Selbst die Besonderheiten des Spiels waren irrelevant. Die Theorie bildete einen in sich kompletten Informationsersatz.

Im wirklichen Leben sammeln Baseballfans genauso wie

Börsenenthusiasten endlose Riemen von Statistiken, weil sie nämlich genau diese Informationen benötigen, um die Qualitäten der Spieler und Mannschaften im Vergleich beurteilen zu können – oder zum Einschätzen des Ertragspotentials von Unternehmen, deren Aktien an der Börse gehandelt werden. Und sogar im Sport und in der Finanzwelt mit ihrer Fülle an Fakten zeigt sich anhand der Ergebnisse, daß die Fachleute mit ihren Einschätzungen der wahrscheinlichen Resultate anzweifelbar und keineswegs sicher sind.

Das Pascalsche Dreieck gab, wie alle frühen Arbeiten zur Wahrscheinlichkeitsrechnung, lediglich auf eine einzige Frage Antwort: Wie hoch ist die Wahrscheinlichkeit von dem-und-dem Endergebnis? Aber die Beantwortung dieser Frage ist in den meisten Fällen von begrenztem Wert, weil sie uns nichts Allgemeingültiges vermittelt. Was bringt uns denn die Schätzung, daß der Spieler A eine 60%ige Gewinnchance in einem bestimmten *Balla*-Spiel hat, an wirklichem Wissen? Kann diese Wahrscheinlichkeitsaussage uns etwas darüber mitteilen, ob er tüchtig genug ist, um in 60% der Spiele gegen den Spieler B zu gewinnen? Ein Sieg in einem Spielsatz reicht nicht aus, um uns zu solcher Erwartung zu berechtigen. Wie oft müssen die Herren A und B gegeneinander spielen, bevor wir überzeugt sein können, daß A der bessere Spieler ist? Was besagt das Ergebnis der diesjährigen *World Series* über die Wahrscheinlichkeit, daß die Siegermannschaft nicht nur in dieser Matchfolge die beste Mannschaft aller Zeiten ist? Was sagt der hohe Prozentsatz von Lungenkrebs mit tödlichem Ausgang darüber aus, ob das Rauchen uns persönlich vorzeitig umbringt? Welche Auskunft gibt der Tod eines Elefanten auf die Frage, ob es sinnvoll ist, in einem Luftschutzkeller Zuflucht zu suchen?

Und doch erfordern reale Situationen es häufig, daß wir Wahrscheinlichkeit auf eben diese Weise messen und von einer Stichprobe auf den Kosmos schließen. In den seltensten Fällen nur kopiert das Leben das Glücksspiel, bei dem wir die Wahrscheinlichkeit eines Resultats bestimmen können, bevor überhaupt ein Spiel stattfindet – *a priori*, wie Jakob Bernoulli es nennt. In den meisten Lebenssituationen müssen wir die Wahrscheinlichkeit von Ereignissen abschätzen, die sich nach dem

Faktum ereigneten – *a posteriori*. Schon die Vorstellung eines *a posteriori* schließt Experimentieren und wechselnde Niveaus subjektiver Überzeugung ein. In Moskau haben sieben Millionen Menschen gelebt, doch der Professor fand es erst an der Zeit, einen Luftschutzkeller aufzusuchen, nachdem ein einziger Elefant durch eine Nazibombe umgekommen war.

JAKOB BERNOULLI hat einen doppelten Beitrag zur Lösung des Problems geleistet, wie sich aus begrenzten Mengen von Real-Informationen Wahrscheinlichkeiten entwickeln lassen. Zunächst einmal hat er das Problem in dieser Form definiert, ehe irgendwer sonst überhaupt die Notwendigkeit einer solchen Definition erkannte. Und zweitens bot er eine Lösung an, die nur eine einzige Voraussetzung stellt. Wir müssen annehmen, daß »unter ähnlichen Bedingungen das Eintreten (oder Nicht-Eintreten) eines Phänomens in Zukunft dem gleichen Muster folgt, wie es in der Vergangenheit beobachtet wurde«.[5]

Das ist eine enorme Annahme. Jakob mag beklagt haben, daß es im wirklichen Leben zu wenige Fälle gibt, in denen die Informationen so vollständig sind, daß wir die einfachen Regeln der Wahrscheinlichkeit anwenden können, um den Ausgang vorherzusagen. Er räumt jedoch ein, daß eine Schätzung von Wahrscheinlichkeiten *post factum* ebenfalls unmöglich ist, es sei denn, wir könnten davon ausgehen, daß die Vergangenheit ein zuverlässiger Wegweiser in die Zukunft ist. Wie problematisch eben diese Voraussetzung ist, bedarf wohl keiner Erläuterung.

Das Vergangene – oder irgendeine andere Datenmenge, die wir analysieren wollen – ist nur ein Bruchstück der Realität. Dieser fragmentarische Aspekt muß gründlich bedacht werden, wenn man von den Daten zu einer Verallgemeinerung übergeht. Die Information, die wir brauchen würden (oder deren Erwerb wir uns leisten könnten), um die gleichermaßen zweifelsfreie Zuversicht zu erlangen, mit der wir wissen, daß ein Würfel sechs Seiten hat, von denen jede eine andere Zahl trägt, oder daß ein europäisches Rouletterad 36 Felder hat (in den USA sind es 37), die je eine eigene Nummer haben – diese

Information besitzen wir nie. Die Realität besteht aus einer Reihe von zusammenhängenden, untereinander abhängigen Vorgängen – sie ist etwas ganz anderes als Hasardspiele, bei denen das Resultat eines Wurfs keinerlei Einfluß auf das Resultat des nächsten besitzt. Bei Hasardspielen reduziert sich alles auf eine eindeutige, feste Zahl; im wirklichen Leben verwenden wir jedoch Maßangaben wie beispielsweise »ein bißchen«, »eine Menge« oder »aber bitte nicht zuviel« wesentlich häufiger als eine präzise quantitative Meßeinheit.

Jakob Bernoulli hat unwissentlich den ganzen Problemkreis der weiteren Kapitel umrissen. Von hier an läuft die Erörterung des Risikomanagements auf den Umgang mit drei notwendigen Annahmen zu – volle Information, unabhängige Proben und Relevanz quantitativer Bewertungen. Die Stichhaltigkeit dieser drei Annahmen ist von entscheidender Bedeutung, um bestimmen zu können, wie erfolgreich wir Messung und Information für Zukunftsprognosen einzusetzen vermögen. Ja, die von Jakob Bernoulli angegebenen Bedingungen prägen sogar unsere Betrachtungsweise von Vergangenheit. Können wir, *post factum*, das Geschehene erklären oder müssen wir den Vorgang einfach dem Zufall bzw. dem Glück zuschreiben? (Wobei letzteres nur eine andere Ausdrucksweise dafür wäre, daß wir das Geschehen nicht zu erklären vermögen.)

TROTZ ALLER SCHWIERIGKEITEN müssen wir aus praktischen Gründen jedoch annehmen, manchmal explizit, doch häufiger stillschweigend, daß die von Jakob genannten notwendigen Voraussetzungen erfüllt werden, selbst wenn wir genau wissen, daß die Wirklichkeit dem Ideal nicht ganz entspricht. Unsere Antworten mögen dann zwar schludrig ausfallen. Aber die in diesem Kapitel skizzierte, von Jakob Bernoulli und anderen Mathematikern entwickelte Methodologie gibt uns ein starkes Instrument an die Hand, auf der Grundlage begrenzter Daten aus der Vergangenheit die Wahrscheinlichkeit zukünftiger Resultate zu definieren.

Jakob Bernoullis Theorie zur Berechnung von Wahrscheinlichkeiten *a posteriori* ist heute als Gesetz der Großen Zahl bekannt. Im Widerspruch zur populären Meinung liefert dieses Gesetz keine Methode, um beobachtete Fakten, die nur ein unvollständiges Bild der ganzen Wahrheit darstellen, für gültig zu befinden. Es besagt auch keineswegs, daß mit einer wachsenden Zahl von Beobachtungen die Wahrscheinlichkeit zunimmt, daß das, was man jetzt beobachtet, auch das sein wird, was man bekommen wird. Das Gesetz ist kein Mittel zur Verbesserung der Qualität von empirischen Tests. Jakob hat die Warnung von Leibniz beherzigt und seine ursprüngliche Idee, daß er durch empirische Tests zuverlässige Antworten erhalten könnte, verworfen.

Jakob ging es um eine andere Art von Wahrscheinlichkeit. Nehmen wir einmal an, Sie werfen eine Münze, immer wieder. Das Gesetz der Großen Zahl besagt nun nicht, daß sich bei Ihren Würfen mit steigender Wurfzahl das mittlere Verhältnis von »Kopf« und »Wappen« immer mehr dem 50:50 annähern wird; das könnten Sie auch durch einfaches Rechnen feststellen und sich ein langes, mühsames Werfen der Münze ersparen. Das Gesetz besagt vielmehr folgendes: Mit wachsender Wurfzahl steigt entsprechend die Wahrscheinlichkeit, daß der Quotient von »Kopf« zur Gesamtzahl der Würfe um weniger als eine angegebene Menge – und sei es nur minimal – von 50% abweicht. Auf die *Abweichung* kommt es an. Gesucht wird nicht nach dem wahren Mittelwert 50%, sondern die Wahrscheinlichkeit, daß die Differenz zwischen dem beobachteten Mittelwert und dem wahren Mittel weniger als, sagen wir mal, 2% betragen wird. Anders gesagt: Mit zunehmender Wurfzahl steigt die Wahrscheinlichkeit, daß der observierte Durchschnitt sich innerhalb von 2% Abweichung vom wahren Mittel bewegt.

Das bedeutet nicht, daß es nach einer unendlichen Zahl von Würfen keine Abweichung mehr gibt; diesen Fall schließt Jakob explizit aus. Es bedeutet auch nicht, daß die Abweichungen zwangsläufig so gering werden, daß sie eine zu vernachlässigende Größe sind. *Das Gesetz sagt uns lediglich folgendes: Bei einer großen Anzahl von Würfen gibt es eine größere Wahrscheinlichkeit als bei einer kleinen Zahl von Würfen, daß die durchschnittliche Abweichung um weniger als eine angegebene Menge von wahren Mit-*

tel abweicht. Und es wird immer eine Möglichkeit bestehen, daß das beobachtete Ergebnis um einen größeren Betrag als den spezifizierten Grenzwert von wahren Mittel variiert. Dem sowjetischen Statistikprofessor in Moskau waren da anscheinend nicht einmal sieben Millionen Einwohner Sicherheit genug.

Das Gesetz der Großen Zahl ist nicht dasselbe wie der Satz vom arithmetischen Mittel. Die Mathematik lehrt uns, daß bei jedem Werfen der Münze eine Wahrscheinlichkeit von 50% besteht, daß »Kopf« oben liegt – aber das Ergebnis eines jeden Wurfs ist von allen andern Ergebnissen unabhängig. Es ist weder durch vorausgegangene beeinflußt, noch beeinflußt es selbst nachfolgende Würfe. Infolgedessen kann das Gesetz der Großen Zahl nicht als Versprechen genommen werden, daß die Wahrscheinlichkeit von »Kopf« für irgendeinen konkreten Wurf auf über 50% ansteigen wird, wenn die ersten hundert oder die erste Million von Würfen nur zu 40% mit »Kopf« ausgehen würde. Das Gesetz der Großen Zahl impliziert keinerlei Hoffnung oder Zusage, die Ihnen aus der Patsche hilft, falls Sie in einer Verluststrähne hängen.

Zur Veranschaulichung seines Gesetzes der Großen Zahl dachte sich Jakob Bernoulli einen Krug mit 3000 weißen und 2000 schwarzen Kieseln aus; dieses Paradebeispiel ist unter Wahrscheinlichkeitstheoretikern und Erfindern von schwierigen mathematischen Denksportaufgaben sehr populär. Jakob setzt voraus, daß wir nicht wissen, wie viele Steine jeder Farbe der Krug enthält. Wir greifen einen Stein nach dem anderen aus dem Krug und vermerken jedesmal sorgsam die Farbe, bevor wir ihn in den Krug zurücklegen. Wenn die Zahl der Entnahmen uns schließlich die »moralische Gewißheit« geben kann – d. h. Gewißheit im praktischen Sinne statt absoluter Gewißheit –, daß das Verhältnis 3:2 ist, so folgert Jakob, daß »wir die Zahl der Beispiele *a posteriori* mit fast so großer Genauigkeit bestimmen können, als ob sie uns *a priori* bekannt wären«.[6] Laut seinen Berechnungen würden 25550 Entnahmen aus dem Krug reichen für den Nachweis, daß – mit einer Chance, die über 1000/1001 liegt – das Resultat mit einer Abweichung bis maximal 2% dem wahren Verhältnis von 3:2 entspricht. Das nennt man moralische Gewißheit!

Jakob gebraucht den Begriff »moralische Gewißheit« nicht leichtfertig. Er leitet ihn ab aus seiner Definition von Wahrscheinlichkeit, die auf vorausgegangene Arbeiten von Leibniz aufbaut. »Wahrscheinlichkeit«, so erklärt er, »ist graduelle Gewißheit und unterscheidet sich von absoluter Gewißheit so, wie sich das Teil vom Ganzen unterscheidet.«[7]

Doch beim Nachdenken darüber, was eigentlich mit »Gewißheit« gemeint ist, geht Jakob Bernoulli über Leibniz hinaus. Er beschäftigt sich mit unserer individuellen Auffassung von Gewißheit; ein Zustand moralischer Gewißheit besteht dann, wenn wir uns einer Sache *beinahe* völlig sicher sind. Als Leibniz den Begriff der Gewißheit einführte, hatte er ihn als »unendlich probabel« definiert. Jakob Bernoulli befindet den Quotienten 1000/1001 für ausreichend, ist da aber flexibel. »Es wäre nützlich, wenn die Behörden fixe Grenzwerte für moralische Gewißheit aufstellen würden.«[8]

JAKOB TRIUMPHIERT. Jetzt, so verkündet er, läßt sich über jede ungewisse Quantität eine Voraussage machen, die genauso wissenschaftlich exakt ist wie die Prognosen bei Glücksspielen. Er hat es geschafft, die Wahrscheinlichkeit aus dem Bereich der Theorie in die reale Welt zu holen:

> Wenn wir, an Stelle des Kruges, beispielsweise die Atmosphäre oder den menschlichen Körper nehmen, die, so wie der Krug die Kieselsteine enthält, in sich eine Vielzahl verschiedenster Prozesse respektive Krankheiten verbergen, dann werden wir auch in der Lage sein, anhand von Beobachtungen zu bestimmen, wieviel häufiger ein Vorkommnis sein wird als ein anderes.[9]

Der Krug mit Kieseln hat Jakob Bernoulli jedoch anscheinend Probleme bereitet. Die errechnete Zahl von 25 550 Proben, die notwendig sein würden, um moralische Gewißheit zu erlangen, muß ihm als unvertretbar hoch aufgestoßen sein. Schließlich zählte seine Heimatstadt Basel damals weniger als 25 550 Einwohner. Wir dürfen vermuten, daß er sich den nächsten

Schritt nicht mehr vorstellen konnte, denn sein Buch endet an genau diesem Punkt. Es folgt lediglich noch ein melancholischer Hinweis auf die Schwierigkeiten, realiter Beispiele zu finden, bei denen alle Beobachtungen der Bedingung genügen, daß sie untereinander unabhängig sind:

> Wenn somit alle Vorkommnisse in alle Ewigkeit wiederholt werden könnten, würde man entdecken, daß alle Dinge in der Welt aus endlichen Ursachen und nach endlichen Regeln zustande kommen, und daß wir selbst unter den scheinbar zufälligsten Dingen eine gewisse Notwendigkeit oder, sozusagen, SCHICKSAL anzunehmen gezwungen wären.[10]

Trotzdem hat Jakobs Krug mit den Kieselsteinen den unsterblichen Ruhm verdient, den er genießt. Die Kiesel waren das Mittel für den ersten Versuch, die Ungewißheit zu messen, ja, sie überhaupt zu definieren, und die Wahrscheinlichkeit zu berechnen, daß eine empirisch eruierte Zahl an den wahren Wert herankommt, *selbst wenn der wahre Wert unbekannt ist.*

JAKOB BERNOULLI starb 1705. Sein Neffe Nikolaus – der notorisch langsame Nikolaus – setzte Onkel Jakobs Bemühungen fort, aus bekannten Beobachtungswerten zukünftige Wahrscheinlichkeiten abzuleiten, während er langsam mit der Komplettierung der *Ars Conjectandi* vorankam, und als Jakobs Werk endlich erschien, trat im gleichen Jahr auch Nikolaus mit seinen eigenen Forschungsergebnissen an die Öffentlichkeit.

Jakob war von der Wahrscheinlichkeit ausgegangen, daß die Fehlerdifferenz zwischen einem beobachteten und dem wahren Wert in einer bestimmten Grenzwertzone läge; dann hatte er die notwendige Zahl an Beobachtungen berechnet, um die Wahrscheinlichkeit auf diesen Grenzwert zu steigern. Nikolaus unternahm den Versuch, den Ansatz seines Onkels auf den Kopf zu stellen. Er setzte die Zahl der Beobachtungen als feste Größe voraus, um daraufhin die Wahrscheinlichkeit zu berechnen, daß sie innerhalb der bestimmten Grenzwertzone liegen würde. Er verwendete ein Beispiel, das die Geburtszahlen von männlichen und weiblichen Babys im Verhältnis 18 : 17 teilte. Bei der hypothetischen Gesamtzahl von 14 000 Geburten läge die Zahl der Jungen bei 7200. Daraufhin errechnete er eine Chance von mindestens 43,58 zu 1, daß die tatsächliche Zahl der neugeborenen Jungen zwischen 7 200 + 163 und 7 200 – 163 bzw. zwischen 7 363 und 7 037 betragen müßte.

Im Jahre 1718 machte Nikolaus dem französischen Mathematiker Abraham de Moivre den Vorschlag, bei seinen Forschungen mitzuarbeiten, doch de Moivre lehnte ab: »Ich würde mich freuen, in der Lage zu sein ..., die Lehre von den Chancen auf *ökonomische* und *politische* Nutzanwendungen zu applizieren, [aber] ich übertrage meinen Teil an dieser Aufgabe gern in bessere Hände.«[11] Immerhin verrät uns de Moivres Antwortschreiben an Nikolaus, daß es in der angewandten Wahrscheinlichkeitstheorie und Prognostik binnen weniger Jahre große Fortschritte gegeben hatte.

De Moivre war 1667 – dreizehn Jahre nach Jakob Bernoulli – als Sohn protestantischer Eltern in einem Frankreich geboren worden, das Nichtkatholiken zunehmend feindlich gesinnt war. Als de Moivre achtzehn Jahre alt war, hob Ludwig XIV. das Edikt von Nantes auf, das 1598 vom protestantisch geborenen Heinrich IV. erlassen worden war, um die Hugenotten in ihren politischen Rechten mit den Katholiken gleichzustellen. Mit der Aufhebung des Edikts war es verboten, den reformierten Glauben zu praktizieren; Kinder von hugenottischen Eltern mußten katholisch erzogen werden, die Emigration war untersagt. De Moivre verbrachte wegen seines Glaubens zwei Jahre hinter Gittern. In seinem Haß auf Frankreich und alles, was mit Frankreich zu tun hatte, gelang ihm 1688 die Flucht nach London, wo soeben die Glorious Revolution die letzten Reste eines staatlich sanktionierten Katholizismus weggefegt hatte. Er ist nie wieder in das Land seiner Geburt zurückgekehrt.

In England führte de Moivre ein schweres Leben voller Enttäuschungen. Trotz vieler Anstrengungen gelang es ihm nicht, eine reguläre Position an einer Universität zu finden. Er verdiente sich den Lebensunterhalt mit privatem Mathematikunterricht und der Anleitung von Glücksspielern und Versicherungsmaklern unter Verwendung der Wahrscheinlichkeitsrechnung. Für derartige Zwecke unterhielt er in Slaughter's Coffee House an der St. Martin's Lane so etwas wie ein informelles Büro; dorthin zog er sich an den meisten Nachmittagen nach seinen Lehrstunden zurück. Obwohl Newton sein Freund war und er schon als Dreißigjähriger zum Mitglied der Royal Society gewählt wurde, blieb er verbittert – ein in sich gekehrter, ungeselliger Mensch. Er starb, erblindet und verarmt, 1754 im Alter von 87 Jahren.

De Moivre hatte 1725 ein Werk mit dem Titel *Annuities upon Lives* verfaßt, das auch eine Untersuchung der Halleyschen Tabellen über Geburten und Todesfälle in Breslau enthielt. Obwohl es in erster Linie ein Buch über Mathematik war, machte es auf wichtige Aspekte der Probleme aufmerksam, deren Lösung sich die Bernoullis widmeten und die de Moivre später gründlich und ausführlich persönlich untersuchen sollte.

Stephen Stigler, der sich auf die Geschichte der Statistikwissenschaft spezialisiert hat, weist auf ein interessantes Beispiel für die Möglichkeiten hin, die sich mit de Moivres Werk über Leibrenten eröffnen. Nach Halleys Aufstellungen erreichten von 346 Breslauer Männern im Alter von 50 Jahren nur 142 bzw. 41 Prozent das siebzigste Lebensjahr. Das war eine Erkenntnis, die lediglich auf eine kleine Stichprobe zutraf – wie ließen sich aber aus diesen Ergebnissen Verallgemeinerungen über die Lebenserwartung von fünfzigjährigen Männern gewinnen? De Moivre war nicht imstande, aufgrund dieser Zahlen die Wahrscheinlichkeitsregel aufzustellen, daß ein 50jähriger Mann eine Chance von weniger als 50 % hatte, erst mit 70 zu sterben; er war aber immerhin in der Lage, folgende Frage zu beantworten: »Falls die wahre Chance $^1/_2$ wäre, wie groß ist dann die Wahrscheinlichkeit, daß ein so niedriger oder noch niedrigerer Quotient wie $^{142}/_{346}$ vorkommen würde?«

De Moivres erster Schritt auf dem Gebiet der Wahrscheinlichkeitstheorie war die Schrift *De Mensura Sortis* (»Über das Berechnen von Losen«). Sie erschien 1711 in einer Nummer der *Philosophical Transactions*, dem Organ der Royal Society. Eine stark erweiterte, englische Ausgabe des Werks brachte de Moivre 1718 unter dem Titel *The Doctrine of Chances* heraus; er widmete sie seinem guten Freund Isaac Newton. Das Buch wurde ein großer Erfolg und ging 1738 und 1756 in zwei weitere Auflagen. Newton war immerhin so beeindruckt, daß er seinen Studenten angelegentlich riet: »Gehen Sie zu Mr. de Moivre, er kennt sich in diesen Dingen besser aus als ich.« *De Mensura Sortis* ist vermutlich das erste Werk überhaupt, das Risiko als Verlustchance definiert: »Das Risiko, eine Summe zu verlieren, ist die Kehrseite der Erwartung, und ihr wahres Maß ist das Produkt der gewagten Summe, multipliziert mit der Wahrscheinlichkeit des Verlustes.«

Im Jahre 1730 befaßte de Moivre sich endlich mit der Idee von Nikolaus Bernoulli, nämlich herauszufinden, wie gut eine Auswahl von Fakten das echte Universum repräsentierte, dem sie als Probe entnommen war. Er publizierte die komplette Lösung des Problems im Jahre 1733 und inkorporierte sie dann der zweiten und dritten Auflage seiner *Doctrine of Chances*. Zu Beginn spricht er Jakob und Nikolaus Bernoulli seine Anerkennung aus; sie haben »sehr große Tüchtigkeit bewiesen ... Doch es bedurfte weiterer Anstrengungen.« Ihm erschien insbesondere die von den Bernoullis gewählte Methode »so mühsam und beschwerlich, daß nur wenige Menschen sich danach des Problems angenommen haben.«

Es lag auf der Hand: Daß 25 550 Proben notwendig waren, war eine Hürde. Selbst wenn, wie James Newman einmal überlegte, Jakob Bernoulli sich mit der »unmoralischen Gewißheit« der ausgeglichenen Chance – der Wahrscheinlichkeit von 50 : 100 – zufriedengegeben hätte, daß das Resultat innerhalb des Rahmens einer 2%igen Abweichung vom wahren Verhältnis von 3 : 2 läge, wären noch immer 8 400 Probeentnahmen notwendig gewesen. Nach heutigen Gesichtspunkten ist Jakobs Forderung einer Wahrscheinlichkeit von 1000 : 1001 schon für sich genommen kurios; heute akzeptieren die meisten Statistiker eine Aussicht von 1 von 20 bereits als hinreichendes Indiz, daß ein Ergebnis signifikant und nicht zufällig ist. (»Signifikant« ist das heutige Jargon-Wort für die »moralische Gewißheit« von damals.)

De Moivres Beitrag zur Lösung dieser Probleme zählt zu den bedeutendsten mathematischen Erkenntnissen. Er verwendete dazu sowohl die Ausgleichsrechnung wie die Grundstruktur des Pascalschen Dreiecks, die heute unter dem Namen »binomischer Lehrsatz« bekannt ist. Damit zeigte er, wie sich – entsprechend dem Krug-Experiment Bernoullis – eine Menge von willkürlichen Ziehungen um ihren mittleren Wert verteilen würden. Man stelle sich beispielsweise vor, daß man nacheinander hundert Kiesel aus Jakobs Krug zieht, den herausgegriffenen Stein jedesmal gleich wieder in den Krug zurücklegt und die Proportion von weiß zu schwarz notiert. Dann stelle man sich vor, daß man eine Reihe von Zeichnungen von je hundert Kugeln anfertigt. De Moivre wäre in der Lage gewesen, uns im vorhinein annähernd anzugeben, wie viele dieser Quotienten dem Durchschnittsquotienten von allen Ziehungen nahekommt und wie diese Einzelquotienten sich um den Gesamtdurchschnitt verteilen würden.

De Moivres Verteilung ist heute als Normalverteilungskurve oder, wegen ihrer glockenähnlichen Form, auch als Gaußsche Glockenkurve bekannt. Wenn diese Verteilung in Form einer Kurve dargestellt wird, zeigt sich die größte Gruppe der Beobachtungen im Zentrum, nahe dem Durchschnitt oder dem Mittelwert der Gesamtzahl der Beobachtungen. Die Kurve senkt sich dann symmetrisch nach unten, mit einer gleich großen Zahl von Beobachtungen zu beiden Seiten des Mittelwerts; sie fällt zunächst steil ab, um dann an beiden Enden abzuflachen. Mit anderen Worten: Beobachtungen weitab des Mittelwerts sind weniger häufig als Beobachtungen, die dem Mittel näherkommen.

Dank der Form dieser Kurve konnte de Moivre ein statistisches Maß für ihre Streuung um den Mittelwert berechnen. Diese Maßeinheit – heute Standardabweichung genannt – ist von entscheidender Bedeutung bei der Beurteilung, ob eine Beobachtungsmenge ein ausreichend repräsentatives Probemuster des Universums enthält, von dem es nur einen Teil ausmacht. Bei einer Normalverteilung ist es so, daß annähernd 68 % der Beobachtungen im Rahmen einer Standardabweichung vom Mittelwert sämtlicher Beobachtungen und 95 % im Radius von zwei Standardabweichungen bleiben.

Die Standardabweichung gibt uns zu erkennen, ob wir es mit einem Kopf-im-Herd-Füße-im-Kühlschrank-Fall zu tun haben, wo der Durchschnittszustand dieses armen Kerls nicht das geringste darüber aussagt, was er empfindet; die meisten Interpretationen würden an dem durchschnittlichen Empfinden vorbeigehen, das er in seiner Mitte spürt. Die Standardabweichung gibt auch zu erkennen, daß Jakob Bernoullis 25 550 Entnahmen aus dem Krug eine ungemein genaue Schätzung der Verteilung von schwarzen und weißen Steinen im Krug liefern würden, weil relativ wenig Beobachtungen weit vom Mittelwert abweichen würden.

De Moivre war tief beeindruckt von der Regelmäßigkeit, die bei einer wachsenden Zahl von willkürlichen, zusammenhanglosen Beobachtungen zutage kam; er schrieb diese Regelmäßigkeit dem Plan des Allmächtigen zu. Sie vermittelt die Verheißung, daß sich unter den rechten Bedingungen durch die Berechnung tatsächlich Ungewißheit ausräumen und Risiko bezwingen läßt. De Moivre ließ die Zusammenfassung seiner Erkenntnisse kursiv setzen, um ihre Bedeutung hervorzuheben: »*Obwohl der Zufall Unregelmäßigkeiten erzeugt, sind dennoch die Chancen unendlich groß, daß diese Unregelmäßigkeiten im Laufe der Zeit in keinem Verhältnis stehen zur Wiederholung jener Ordnung, die naturgemäß aus dem* URSPRUNGSPLAN *folgt.*«[13]

DE MOIVRES mathematischer Beitrag machte es möglich, die Wahrscheinlichkeit zu berechnen, daß eine gegebene Zahl von Beobachtungen sich innerhalb angegebener Grenzwerte um eine wahre Quote bewegt. Er hat damit ein Hilfsinstrument geliefert, das sich mannigfach nutzen läßt.

So treibt beispielsweise alle Hersteller die Sorge, daß schadhafte Produkte auf dem Fließband durchrutschen und in Kundenhände gelangen könnten. Hundertprozentige Perfektion ist fast immer ein Ding der Unmöglichkeit – die Welt, wie wir sie erleben, scheint die unheilbare Angewohnheit zu haben, Perfektion zu verweigern.

Stellen Sie sich den Direktor einer Nadelfabrik vor, der den Anteil von fehlerhaften Nadeln auf höchstens zehn von 100 000 Produkten bzw. auf 0,01 % der Gesamtproduktion halten will.[14] Zur Überprüfung entnimmt er aus 100 000 Nadeln, so wie sie vom Fließband kommen, eine willkürliche Probe und entdeckt 12 Nadeln ohne Kopf – zwei mehr als die erhofften durchschnittlichen 10 Nadeln. Wie relevant ist der Unterschied? Wie hoch ist die Wahrscheinlichkeit, daß er zwölf schadhafte Nadeln in einer Stichprobe von 100 000 Nadeln findet, wenn das Unternehmen bei jedem Ausstoß von 100 000 durchschnittlich zehn schadhafte Stücke produzieren würde? De Moivres Normalverteilungskurve und Standardabweichung geben die Antwort auf diese Frage.

Es ist allerdings nicht die Art von Frage, wie man sie in der Regel stellt, denn meistens weiß man zunächst einmal gar nicht, wie viele fehlerhafte Stücke die Fabrik *im Schnitt* produziert. Trotz bester Absichten könnte sich am Ende herausstellen, daß die tatsächliche Fehlerquote höher als bei 10 von 100 000 Stück liegt. Was sagt uns diese Stichprobe aus 100 000 Stück nun über die Wahrscheinlichkeit, daß die durchschnittliche Fehlerquote 0,01 % der Gesamtproduktion übersteigt? Und wieviel mehr würden wir bei einer Stichprobe aus 200 000 erfahren? Was wird die Stichprobe aus 100 000 Stück über die Wahrscheinlichkeit aussagen, daß die Durchschnittsquote an Fehlprodukten zwischen 0,09 % und 0,011% liegen wird? Oder zwischen 0,07 % und 0,13 %? Wie hoch ist die Wahrscheinlichkeit, daß eine x-beliebige Nadel, die ich herausgreife, schadhaft sein wird?

In diesem Szenario sind die Daten vorgegeben – zehn, zwölf, eine Nadel –, und die Wahrscheinlichkeit ist die Unbekannte. Fragen, die auf folgende Weise gestellt werden, gehören in das Gebiet der Formel für die Aposteriori-Wahrscheinlichkeit, zum sogenannten Bayesschen Satz: Wie hoch ist bei 12 Fehlstücken unter 100 000 Nadeln die Wahrscheinlichkeit, daß in der Gesamtproduktion die tatsächliche Durchschnittsquote an Fehlstücken 0,01 % beträgt?

THOMAS BAYES, der 1701 geboren wurde und in der englischen Grafschaft Kent zu Hause war, hat eine besonders effektive Methode zur Lösung solcher Probleme vorgeschlagen.[15] Bayes war ein nonkonformistischer Geistlicher, er lehnte die meisten liturgischen Riten ab, die die englische Staatskirche nach der Trennung von Rom unter Heinrich VIII. beibehalten hatte.

Über die Person von Bayes ist nicht viel bekannt, obwohl er der Royal Society als Fellow angehörte. Ein im übrigen trockenes, gänzlich unpersönliches Lehrbuch hat ihn gar als »enigmatischen« Charakter bezeichnet.[16] Er hat zu Lebzeiten nichts Mathematisches publiziert, und in seinem Nachlaß fanden sich auch nur zwei Schriften. Sie wurden nach ihrem postumen Erscheinen wenig beachtet.

Dabei war eine dieser beiden Schriften, nämlich der *Essay Concerning Solving A Problem In The Doctrine Of Chances* eine herausragend eigenständige Arbeit, die Bayes unter Statistikern, Ökonomen und Gesellschaftswissenschaftlern unsterblichen Ruhm verschafft hat. Die Arbeit hat nämlich die moderne Methode der statistischen Schlußweise begründet und damit eine Problemstellung gelöst, die als erster Jakob Bernoulli formuliert hatte.

Als Bayes 1761 starb, vermachte er in seinem Testament, das er ein Jahr zuvor aufgesetzt hatte, den Entwurf eben dieses Essays plus einhundert Pfund Sterling »Richard Price, meines Wissens zur Zeit ein Prediger in Newington Green«.[17] Daß Bayes hinsichtlich des Wohnorts von Richard Price so unsicher war, erscheint merkwürdig; denn Price war wirklich viel mehr als nur ein Prediger in einer kentischen Kleinstadt.

Richard Price war ein Mann mit hohen moralischen Maßstäben und ein leidenschaftlicher Verfechter der Freiheit des Menschen im allgemeinen und ganz besonders in religiösen Dingen. Er war überzeugt, daß die Freiheit göttlichen Ursprungs und von daher für ein gesittetes, moralisches Verhalten Voraussetzung war. So behauptete er denn auch, es sei besser, frei zu sein und zu sündigen als irgendeines anderen Menschen Sklave zu sein. In den 1780er Jahren schrieb er ein Buch mit dem endlosen Titel *Observations on the Importance of the American Revolution and the Means of Making it a Benefit to the World* über den amerikanischen Unabhängigkeitskrieg; darin verlieh er seiner Überzeugung Ausdruck, daß diese Revolution gottgewollt sei. Er kümmerte sich, nicht ohne persönliches Risiko, um amerikanische Kriegsgefangene, die in Lager nach England überstellt worden waren. Benjamin Franklin war ein enger Freund, Adam Smith ein Bekannter. Price und Franklin hatten einige Kapitel des Entwurfs gelesen und kritisiert, als Smith sein Hauptwerk *Untersuchung über die Natur und die Ursachen des Nationalreichtums* schrieb.

Doch gab es da eine ganz bestimmte Freiheit, die Price ärgerlich fand: die Freiheit, sich Geld zu borgen. Er war zutiefst beunruhigt über die Staatsverschuldung, die wegen der Kriege gegen Frankreich und den Krieg gegen die amerikanischen Kolonien rapide angeschwollen war. Er klagte, daß die Verschuldung eine »Finanzierung auf Ewigkeit« sei und bezeichnete sie als das »Große Nationale Übel«.[18]

Price war jedoch nicht bloß Geistlicher und ein passionierter Anwalt menschlicher Freiheit, sondern auch ein Mathematiker, dessen Arbeiten auf dem Gebiet der Wahrscheinlichkeitsrechnung ihm immerhin die Mitgliedschaft der Royal Society eintrug.

1765 baten drei Herren von der Versicherungsgesellschaft Equitable Society Price um seine Mithilfe beim Aufstellen von Sterblichkeitstabellen, auf die sie ihre Prämien für Lebensversicherungen und Leibrenten basieren könnten. Nachdem Price unter anderem die Schriften von Halley und de Moivre studiert hatte, veröffentlichte er zwei Berichte zu diesem Thema in den *Philosophical Transactions*; beim Verfassen des zweiten Aufsatzes hat Price, wie sein Biograph Carl Cone berichtet, während einer Nacht durch die intensive Konzentration graue Haare bekommen.

Price untersuchte zunächst Unterlagen aus London; die Lebenserwartung gemäß dieser Aufstellungen lag jedoch, wie sich dann herausstellte, weit unter den aktuellen Sterblichkeitsraten.[19] Daraufhin nahm Price sich die Grafschaft Northamptonshire vor, wo die Urkunden sorgfältiger geführt wurden als in London. Das Ergebnis seiner Studien veröffentlichte er 1771 in einem Buch mit dem Titel *Observations on Reversionary Payments*, das bis weit ins 19. Jahrhundert hinein die einschlägige Bibel geblieben ist. Es hat ihm den Ehrennamen eines Vaters der Versicherungsmathematik eingetragen – jener komplexe mathematische Sektor der Wahrscheinlichkeitstheorie, die heute allen Versicherungsgesellschaften als Grundlage für die Beitragskalkulation dient.

Und doch enthielt das Werk von Price gravierende, kostspielige Fehler, teils wegen der unzureichenden Datenbasis – es gab ja damals in England einen hohen Prozentsatz von Geburten, die nicht beurkundet wurden. Außerdem überschätzte Price die Sterblichkeitsrate bei jüngeren Altersgruppen, wohingegen er die Sterblichkeitsrate älterer Jahrgänge unterschätzte; und im übrigen waren seine Schätzwerte für Zu- und Abwanderungen in Northamptonshire fehlerhaft. Was jedoch ganz besonders zu Buche schlug: Er hat ganz offensichtlich die Lebenserwartung unterschätzt, mit dem Resultat, daß die Lebensversicherungsprämien unnötig hoch gerieten. Die Equitable Society wuchs und gedieh ob solchen Irrtums, die britische Regierung, welche die gleichen Aufstellungen als Basis zur Rentenberechnung für ihre Pensionäre verwendete, mußte dagegen schwer draufzahlen.[20]

ZWEI JAHRE später – Bayes hatte längst das Zeitliche gesegnet – schickte Price ein Exemplar des »sehr genialen« Bayesschen Essays an einen gewissen John Canton, der ebenfalls ein Fellow der Royal Society war. Der Begleitbrief teilt uns eine Menge darüber mit, welche Absichten Bayes mit dem Verfassen dieses wissenschaftlichen Aufsatzes verband. 1764 veröffentlichte die Royal Society Bayes' Text in ihren *Philosophical Transactions*; aber selbst danach blieb die Arbeit für weitere zwanzig Jahre unbeachtet.

Die Aufgabe, die Bayes lösen wollte, hat er selbst folgendermaßen formuliert:

> AUFGABE
>
> *Gegeben* die Zahl der Male, in denen ein unbekanntes Ereignis eintrat und ausblieb: *Gesucht* die Höhe der Chancen, daß die Wahrscheinlichkeit seines Eintretens in einem einzigen Experiment irgendwo zwischen zwei Wahrscheinlichkeitsgraden liegt, die angegeben werden können.[21]

Das so formulierte Problem ist die genaue Umkehrung der Aufgabe, wie sie sich Jakob Bernoulli rund sechzig Jahre zuvor gestellt hatte (s. Seite 150). Bayes fragt, wie sich die Wahrscheinlichkeit eines Ereignisses unter Umständen bestimmen läßt, in denen wir nichts über das Ereignis wissen, außer daß es eine gewisse Anzahl von Malen eingetreten ist und eine gewisse Anzahl von Malen nicht aufgetreten ist. Anders gesagt: Eine Nadel könnte defekt sein, oder sie könnte funktionsfähig sein. Wenn wir bei einer Stichprobe von hundert Nadeln zehn fehlerhafte Nadeln finden, wie hoch ist dann die Wahrscheinlichkeit, daß der gesamte Ausstoß an Nadeln – nicht nur eine Stichprobe von einhundert – zwischen 9% und 11% Fehlstücke enthält?

Prices Begleitbrief an Canton dokumentiert, wie weit es während eines Zeitraums von hundert Jahren mit der Untersuchung von Wahrscheinlichkeitsfragen im Bereich realer Entscheidungen vorangegangen ist. »Jede urteilsfähige Person«, so schreibt Price, »wird sich dessen bewußt sein, daß die hier erwähnte Aufgabe keinesfalls eine neugierige Spekulation bezüglich der Wahrscheinlichkeitslehre darstellt, sondern einer Lösung bedarf, um eine gesicherte Grundlage zu [liefern] für all unsere Überlegungen betreffend vergangener Tatsachen und was hiernach wahrscheinlich folgt.«[22] Er fährt fort, daß weder Jakob Bernoulli noch de Moivre die Frage in ebendieser Form gestellt hatten, obwohl de Moivre die Schwierigkeit, die ihm das Ausarbeiten der eigenen Lösung bereitet hatte, als »die schwerste« bezeichnet hatte, »die sich zum Thema des Zufalls vorstellen läßt«.

Um seine These zu beweisen, benutzte Bayes ein Beispiel, das vor allem für einen nonkonformistischen Geistlichen verwundert: einen Billardtisch. Eine Kugel wird über den Tisch gerollt, sie hat die Freiheit innezuhalten, wo es ihr beliebt, und danach liegenzubleiben. Dann wird eine zweite Kugel wiederholt in gleicher Weise über den Tisch gerollt, und man zählt, wie oft sie auf der rechten Seite von der ersten Kugel liegenbleibt. Diese Zahl ist »die Zahl der Male, in denen ein unbekanntes Ereignis eintritt«. Das Ereignis bleibt aus – die Zahl der Male, wenn es eben nicht eintritt –, wenn die Kugel links von der ersten Kugel landet. Die Wahrscheinlichkeit der Position der ersten Kugel – ein einziges Experiment – sollte aus den »Erfolgen« und »Niederlagen« der zweiten Kugel deduziert werden.[23]

Die Bayessche Methode läßt sich primär bei der Nutzung neuer Informationen anwenden, um Wahrscheinlichkeiten zu revidieren, die auf alter Information basieren oder, um in der Sprache der Statistiker zu reden, um die A-posteriori-Wahrscheinlichkeit mit der A-priori-Wahrscheinlichkeit zu vergleichen. Im Fall der Billardkugeln repräsentiert die erste Kugel die A-priori-Wahrscheinlichkeit, und die laufende Revision der Schätzungen ihrer Lage aufgrund des wiederholten Rollens der zweiten Kugel repräsentiert die A-posteriori-Wahrscheinlichkeit.

Diese Methode des Revidierens von Schlüssen über alte Information bei Eintreffen von neuer Information entspringt einer philosophischen Anschauung, die Bayes' Beitrag auffallend modern wirken läßt. In einer dynamischen Welt gibt es unter Bedingungen der Ungewißheit nicht nur eine definitive Antwort. Der Mathematiker A. F. M. Smith hat es bündig zusammengefaßt: »Jede Art von Einstellung zum wissenschaftlichen Schlußfolgern, die als Antwort auf eine komplexe Ungewißheit *eine* Lösung zu legitimieren sucht, ist für mich eine totalitäre Parodie eines möglichen rationalen Lernprozesses.«[24]

Obwohl Bayes' Methode der statistischen Schlußweise zu komplex ist, als daß wir sie in diesem Rahmen ausführlich würdigen könnten, möchten wir doch im Anhang zu diesem Kapitel ein charakteristisches Anwendungsbeispiel bringen.

ALLE IN DIESEM KAPITEL erwähnten Fortschritte haben einen ganz besonders erregenden Aspekt gemeinsam: Sie sind getragen von der kühnen Idee, daß Ungewißheit meßbar, berechenbar ist. Ungewißheit wird gleichgesetzt mit unbekannten Wahrscheinlichkeiten; um Hackings Definition von Gewißheit umzukehren, könnte man sagen: Etwas ist ungewiß, wenn unsere Information korrekt ist und ein Vorkommnis nicht eintritt oder wenn unsere Information inkorrekt ist und ein Vorkommnis eintritt.

Jakob Bernoulli, Abraham de Moivre und Thomas Bayes haben gezeigt, wie sich aus empirischen Tatsachen der wirklichen Welt zuvor unbekannte Wahrscheinlichkeiten folgern lassen.

Ihre Leistungen sind allein wegen der dazu notwendigen geistigen Agilität und wegen des Mutes beeindruckend, den solch ein kühner Angriff gegen die Ungewißheit verlangt. Als Moivre den URSPRUNGSPLAN beschwor, machte er doch kein Geheimnis aus seinem Staunen über das eigene Können. Im übrigen liebte er derartige Formulierungen; an anderer Stelle schreibt er: »Wenn wir uns nicht mit metaphysischem Staub blenden, werden wir auf einem kurzen und offenbaren Weg zur Erkenntnis des großen SCHÖPFERS und HERRSCHERS über allem geführt.«[25]

Wir befinden uns mittlerweile im weit fortgeschrittenen 18. Jahrhundert, als die Aufklärung das Suchen nach Wissen zur höchsten Form menschlichen Tuns erklärte. Es war eine Epoche, in der die Wissenschaftler sich den metaphysischen Staub aus den Augen wischten. Da gab es keine Hemmungen mehr, das Unbekannte zu erforschen und Neues zu schaffen. Die großen Fortschritte in den Anstrengungen der Zeit vor 1800 zur Bezähmung des Risikos sollten zusätzlichen Elan bekommen, als das neue Jahrhundert näher rückte, und das Viktorianische Zeitalter sollte ganz neue Impulse bringen.

ANHANG: EIN BEISPIEL DAFÜR, WIE DIE BAYESSCHE METHODE DER STATISTISCHEN SCHLUSSWEISE ANWENDUNG FINDET

Wir kehren noch einmal zu dem Unternehmen der Nadelproduktion zurück. Es besitzt zwei Fabriken, von denen die ältere 40% des Gesamtausstoßes leistet. Das heißt: Eine willkürlich herausgegriffene Nadel hat eine 40%ige Wahrscheinlichkeit, aus der alten Fabrik zu kommen, ganz gleich, ob sie nun fehlerhaft oder perfekt ist; das ist die A-priori-Wahrscheinlichkeit. Bei welcher der beiden Fabriken sollte der Direktor intervenieren, falls ein Kunde sich wegen einer schadhaften Nadel beschwert?

Die A-priori-Wahrscheinlichkeit würde nahelegen, daß die defekte Nadel höchstwahrscheinlich aus der neuen Fabrik stammt, die 60% des Gesamtausstoßes produziert. Diese Fabrik erzeugt jedoch andererseits nur ein Drittel der Fehlstücke des Gesamtunternehmens. Wenn wir im Lichte dieser neuen Information die A-priori-Wahrscheinlichkeit revidieren, ergibt sich eine nur 42,8%ige Wahrscheinlichkeit, daß die neue Fabrik die fehlerhafte Nadel hergestellt hat; es besteht eine 57,2%ige Wahrscheinlichkeit, daß die ältere Fabrik verantwortlich ist. Diese neue Schätzung wird die A-posteriori-Wahrscheinlichkeit.

8
Das oberste Gesetz der Unvernunft

Während der letzten 27 Jahre seines Lebens, das 1855 mit 78 Jahren endete, hat Carl Friedrich Gauß nur ein einziges Mal außerhalb seiner Wohnung in Göttingen geschlafen.[1] Wegen seiner Abneigung gegen Reisen hat er sogar Professuren und Ehrungen der angesehensten europäischen Universitäten abgelehnt.

Wie so viele Mathematiker vor und nach ihm war auch Gauß ein Wunderkind – eine Tatsache, die seinem Vater ebensosehr mißfiel, wie sie seiner Mutter Freude bereitete. Sein Vater war ein grobschlächtiger Arbeiter, der die geistige Frühreife des Sohnes verachtete und ihm das Leben so schwer wie nur möglich machte. Seine Mutter suchte ihn zu schützen und zu fördern; Gauß blieb ihr bis zu ihrem Tode treu verbunden.

Die Biographen liefern all die üblichen Geschichten von mathematischen Wunderdingen in einem Alter, in dem die meisten Menschen kaum 24 durch 12 zu dividieren vermögen. Er hatte ein solch fantastisches Zahlengedächtnis, daß er die Logarithmentafeln auswendig kannte; er konnte sie sich spontan in Erinnerung rufen. Im Alter von 17 Jahren machte er eine Entdeckung zur Geometrie des regelmäßigen 17-Ecks; so etwas hatte es in der Mathematik seit den Tagen der großen griechischen Mathematiker zweitausend Jahre zuvor nicht mehr gegeben. Seine Dissertation mit dem Thema »Neuer Beweis des Satzes, daß jede ganze algebraische Funktion einer Variablen in reellen Faktoren ersten oder zweiten Grades zerlegt werden kann« begründete nach Meinung der Fachleute das grundlegende Algebra-Theorem. Das Theorem selbst war nicht neu, wohl aber der Beweis.

Gauß wurde ein weltberühmter Mathematiker. Als die französische Armee 1807 Göttingen näher rückte, wies Napoleon seine Truppen an, die Stadt zu schonen, »weil dort der größte

Mathematiker aller Zeiten wohnt«.[2] Das war gnädig; Ruhm ist jedoch eine zweischneidige Sache. Als die siegestrunkenen Franzosen den Deutschen harte Kriegskontributionen auferlegten, forderten sie von Gauß zweitausend Francs ein – für einen Universitätsprofessor wirklich eine beträchtliche Summe.* Ein wohlhabender Freund erbot sich, ihm auszuhelfen, doch Gauß lehnte ab. Bevor Gauß ein zweitesmal nein sagen konnte, war die Strafe für ihn von einem führenden französischen Mathematiker gezahlt worden – dem Marquis Pierre Simon de Laplace (1749–1827). Als Begründung für seine gute Tat gab Laplace an, daß er den 29 Jahre jüngeren Gauß »als den bedeutendsten Mathematiker der Welt«[3] betrachte – womit er Gauß ein paar Stufen niedriger einstufte als Napoleon. Später hat ein anonymer deutscher Bewunderer Gauß 1000 Francs übersandt, damit er Laplace einen Teil der Summe zurückerstatten konnte.

Laplace war eine farbige Persönlichkeit, die die kurze Abschweifung an dieser Stelle wert ist; wir werden ihm im 12. Kapitel wiederbegegnen.

Gauß hatte sich mit einigen Aspekten der Wahrscheinlichkeitstheorie befaßt, die Laplace viele Jahre lang beschäftigt hatten. Wie Gauß war auch Laplace ein mathematisches Wunderkind gewesen und ebenfalls von der Astronomie fasziniert. Damit hörten, wie wir noch sehen werden, die Gemeinsamkeiten aber auch schon auf. Das aktive Leben von Laplace umspannte die Französische Revolution, die Napoleonische Zeit und die Restauration der Monarchie. Es war eine Epoche, die einem ehrgeizigen Menschen, der es weit bringen wollte, ungewöhnlich viel Beinarbeit abverlangte. Und ehrgeizig war Laplace, flink und anpassungsfähig desgleichen; er kam in der Tat hoch hinaus.[4]

1784 ernannte König Ludwig XVI. Laplace zum Prüfer der Königlichen Artillerie, es war ein wohldotierter Posten. In der Republik verlor Laplace indes keine Zeit, um seinen »unauslöschlichen Haß auf das Königtum« zu verkünden.[5] Napoleon war kaum an die Macht gekommen, als Laplace auch schon seiner Begeisterung für den neuen Führer Ausdruck gab, der ihn

* 2000 Francs entsprachen $ 400 Dollar mit der Kaufkraft von 1807, die das Zwölffache von heute wert war.

mit dem Innenministerium betraute und in den Grafenstand erhob; die Mitarbeit des renommiertesten französischen Wissenschaftlers mehrte das Ansehen der grünschnabeligen Regierung Napoleons, der Laplace allerdings schon nach sechs Wochen wieder hinauswarf, um seinen Bruder mit dem Amt zu betrauen. Napoleon kommentierte: »Er war nicht einmal ein mittelmäßiger Verwalter, suchte überall nach dem Haar in der Suppe und brachte eine schreckliche Kleingeisterei in die Regierungsgeschichte.«[6] Das haben Akademiker davon, wenn sie den Sphären politischer Macht zu nahe kommen!

Laplace sollte später Gelegenheit finden, sich zu rächen. Er hatte sein Hauptwerk *Théorie analytique des probabilités* in der Ausgabe von 1812 »Napoleon dem Großen« dediziert; diese Widmung entfernte er dann in der Neuausgabe von 1814 und stellte einen Zusammenhang seines Themas mit dem neuen Wind in der politischen Landschaft her. »Der Niedergang von Reichen, die nach der Weltherrschaft greifen«, so formulierte er, »war von einem in der Wahrscheinlichkeitstheorie Versierten mit einer sehr hohen Wahrscheinlichkeit vorauszusagen.«[7] Ludwig XVIII. nahm nach seiner Thronbesteigung gebührende Kenntnis davon und verlieh Laplace die Würde eines Marquis.

IM UNTERSCHIED zu Laplace war Gauß fast ein Einsiedler und extrem verschlossen. Er hielt eine enorme Menge bedeutender mathematischer Forschungen von der Publikation zurück, in solchem Ausmaß, daß andere Mathematiker Dinge neu entdecken mußten, die er bereits komplett erarbeitet hatte. Außerdem legte er in den Arbeiten, die er veröffentlichte, das Schwergewicht auf Ergebnisse und nicht auf Methodologisches, so daß Kollegen oft gezwungen waren, nach dem Weg zu suchen, auf dem er zu seinen Schlußfolgerungen gelangt war. Sein Biograph Eric Temple Bell ist überzeugt, daß die Mathematik fünfzig Jahre weiter gewesen sein könnte, wenn Gauß mitteilsamer gewesen wäre: »Dinge, die jahre- bzw. jahrzehntelang in [seinen] Tagebüchern verschüttet blieben, hätten ein ganzes Dutzend bedeutender Reputationen begründet, wenn sie sofort publiziert worden wären.«[8]

Ruhm und Geheimniskrämerei machten Gauß zum unverbesserlichen intellektuellen Snob. Obwohl seine Hauptarbeit die Zahlentheorie betraf, also den gleichen Bereich, der Fermat fasziniert hatte, empfand er für Fermats Pionierarbeit wenig Respekt. Die Fermatsche Vermutung, welche über hundert Jahre lang die Mathematiker herausgefordert hatte, tat Gauß ab als »ein isoliertes Theorem, das für mich von sehr geringem Interesse ist, weil ich leicht eine Vielzahl derartiger Theoreme aufstellen könnte, die sich weder beweisen noch widerlegen ließen«.[9]

Das war kein leeres Prahlen. Als 24jähriger hatte Gauß 1801 in elegantem Latein die *Disquisitiones Arithmeticae* veröffentlicht, eine bahnbrechende, epochale Arbeit zur Zahlentheorie. Für Nicht-Mathematiker ist dieses Buch weitgehend unverständlich; ihm selbst war sie eine wunderschöne Musik.[10] Er fand »einen magischen Zauber« in der Zahlentheorie; er genoß es, die Allgemeingültigkeit von Zusammenhängen wie der folgenden zu beweisen:

$$1 = 1^2$$
$$1 + 3 = 2^2$$
$$1 + 3 + 5 = 3^2$$
$$1 + 3 + 5 + 7 = 4^2$$

Oder, allgemein gesagt, daß die Summe der ersten n aufeinanderfolgenden ungeraden Zahlen gleich n^2 ist. Demgemäß würde die Summe der ersten 100 ungeraden Zahlen gleich 100^2 sein; die Summe der Zahlen von eins bis 999 würde 250 000 ausmachen.

Gauß ließ sich herab zu beweisen, daß seine theoretischen Arbeiten praktische Bedeutung hatten. Im Jahre 1800 entdeckte ein italienischer Astronom einen kleinen neuen Planeten – in der Fachsprache: einen Asteroiden –, dem er den Namen Ceres gab. Ein Jahr danach machte Gauß sich daran, dessen Umlaufbahn zu berechnen; er hatte zuvor bereits Mondtabellen berechnet, die es ermöglichten, das Osterdatum jeden beliebigen Jahres zu kalkulieren. Zu solchen Arbeiten wurde

Gauß weitgehend von einem Wunsch nach öffentlicher Anerkennung motiviert. Mit der Erforschung der Himmelsmechanik wollte er es aber auch seinen berühmten mathematischen Vorläufern von Ptolemäus bis zu Galileo und Newton gleichtun; ganz abgesehen davon, daß er die astronomischen Bravourleistungen seines Zeitgenossen und Wohltäters Laplace übertrumpfen wollte. Diese eine spezielle Aufgabe war überdies in sich verlockend wegen der Armut an relevanten Fakten und angesichts der Geschwindigkeit, mit der Ceres um die Sonne lief.

Nach einer Periode fieberhaften Rechnens erarbeitete er eine haargenau richtige Lösung, so daß er die präzise Stellung von Ceres in jedem beliebigen Moment vorhersagen konnte. Und mit dieser Arbeit hatte er ausreichende Fertigkeiten in der Himmelsmechanik erworben, um die Umlaufbahn eines Kometen binnen ein bis zwei Stunden berechnen zu können – eine Aufgabe, für die andere Wissenschaftler drei oder vier Tage benötigten.

Auf seine Arbeiten zur Astronomie war Gauß ganz besonders stolz, weil er sich hier in den Fußstapfen seines Idols Newton sah. Er bewunderte diesen so sehr, daß er jedesmal in Rage geriet, wenn auch nur auf die Geschichte angespielt wurde, daß Newton die Entdeckung der Schwerkraft angeblich dem Apfel verdankte, der ihm vom Baum auf den Kopf gefallen war. Zu dieser Fabel bemerkte Gauß:

> Albern! Ein dummer, wichtigtuerischer Mensch hat Newton gefragt, wie er wohl das Gesetz der Schwerkraft entdeckt hätte, und weil Newton erkannte, daß er es da mit einem kindlichen Gemüt zu tun hatte und sich des Langweilers entledigen wollte, so hat er geantwortet, daß ein Apfel vom Baum und ihm auf die Nase gefallen sei. Der Mensch ist hochzufrieden und völlig erleuchtet fortgegangen.[11]

Von der Menschheit im allgemeinen hatte Gauß eine bescheidene Meinung; er bedauerte die wachsende Beliebtheit von nationalistischen Empfindungen und Kriegsruhm und hielt die Eroberung fremder Länder für einen »unbegreiflichen Wahnsinn«. Seine menschenverachtende Einstellung mag auch der

Grund gewesen sein, warum er den größten Teil seines Lebens seine Heimat kaum verlassen hat.[12]

FÜR DAS RISIKOMANAGEMENT als solches hatte Gauß kein besonderes Interesse. Er fühlte sich aber von den theoretischen Fragen angezogen, die durch die Forschungen über die Wahrscheinlichkeit, das Gesetz der Großen Zahl und die Stichprobennahme aufkamen, welche Jakob Bernoulli begründet und de Moivre und Bayes fortgeführt hatten. Doch obwohl er nicht am Risikomanagement interessiert war, sind seine diesbezüglichen Beiträge für die modernen Methoden zur Risikokontrolle von zentraler Bedeutung.

Seine Beschäftigung mit der Wahrscheinlichkeitstheorie kündigt sich in einem Buch mit dem Titel *Theoria Motus* (»Bewegungstheorie«) an, das 1809 herauskam und von der Bewegung der Himmelskörper handelte. Darin erklärte Gauß, wie sich anhand des Weges, der über viele voneinander unabhängige Beobachtungen am häufigsten aufscheint, eine Umlaufbahn schätzen läßt. Als Laplace 1810 die *Theoria Motus* entdeckte, machte er sich mit leidenschaftlichem Eifer daran, viele methodische Dunkelstellen aufzuklären, die Gauß zu erhellen versäumt hatte.

Gauß' wertvollster Beitrag zur Wahrscheinlichkeitsrechnung sollte infolge einer Arbeit über geodätische Messungen zustande kommen; es war ein Gebiet, das eigentlich gar nichts mit der Wahrscheinlichkeitstheorie zu tun hatte; es ging um die Fragestellung, wie sich unter Berücksichtigung der Erdkrümmung genauere geographische Messungen erreichen ließen. Weil die Erde rund ist, divergiert ja die Entfernung zwischen zwei Punkten auf der Erdoberfläche von der Distanz zwischen diesen beiden Punkten in der Vogelfluglinie. Bei Entfernungen von wenigen Kilometern ist dieser Unterschied unerheblich; er wird jedoch bei Distanzen von mehr als fünfzehn Kilometern relevant.

Gauß wurde 1816 gebeten, eine geodätische Vermessung Bayerns durchzuführen und sie mit bereits vorliegenden anderen wissenschaftlichen Vermessungen von Dänemark und

Deutschland zu korrelieren. Einem rein akademischen Menschen wie Gauß wird es vermutlich wenig Spaß gemacht haben, auf rauhem Gelände im Freien zu arbeiten und mit Beamten und sonstigen Zeitgenossen – darunter auch Kollegen – kommunizieren zu müssen, auf die er intellektuell von oben herabblickt. Die Arbeit zog sich am Ende bis 1848 hin, die Publikation der Ergebnisse füllt sechzehn Bände.

Da es unmöglich ist, jeden einzelnen Quadratzentimeter der Erdoberfläche zu vermessen, nimmt die Geodäsie auf der Grundlage von Probemessungen innerhalb des Untersuchungsgebiets Schätzungen vor. Als Gauß die Verteilung dieser Schätzungen untersuchte, fiel ihm auf, daß sie stark variierten, sich mit zunehmender Zahl jedoch anscheinend um einen zentralen Punkt gruppierten. Dieser zentrale Punkt war der Mittelwert – so lautet der Fachbegriff für Durchschnitt unter Statistikern – aller Beobachtungen; außerdem verteilten die Beobachtungen sich in symmetrischer Anordnung zu beiden Seiten des Mittelwerts. Je mehr Messungen Gauß durchführte, desto klarer wurde das Bild und desto mehr näherte es sich der Normalverteilungskurve an, die de Moivre 83 Jahre zuvor entdeckt hatte.

Es besteht ein viel engerer Zusammenhang zwischen Risiko und dem Vermessen der Erdkrümmung, als man vielleicht meint. Tag für Tag nahm Gauß in den bayerischen Bergen eine geodätische Vermessung nach der anderen vor, um die Erdkrümmung zu schätzen, bis er am Ende eine wirklich große Anzahl von Meßergebnissen beisammen hatte. Und so wie wir vergangene Erfahrungen Revue passieren lassen, um ein Urteil über die Wahrscheinlichkeit zu fällen, daß die Dinge sich für die Zukunft mehr in die eine als in die andere Richtung auflösen, so mußte Gauß die Muster untersuchen, die sich aus seinen Beobachtungen formten, und sich ein Urteil darüber bilden, in welcher Weise die Erdkrümmung die Distanz zwischen verschiedenen Punkten in Bayern beeinflußt. Wie genau seine Beobachtungen waren, vermochte er an ihrer Verteilung um den Durchschnittswert ihrer Gesamtzahl zu erkennen.

Die Fragen, auf die er eine Antwort suchte, waren nur eine andere Form der Fragen, die uns bewegen, wenn wir riskante

Entscheidungen zu fällen haben. Mit wie vielen Regenschauern muß man in New York im April durchschnittlich rechnen? Wie sind die durchschnittlichen Aussichten, daß wir unseren Regenmantel getrost daheim lassen können, wenn wir für eine Woche nach New York in Ferien fahren? Wie hoch ist bei einer Überlandfahrt das Risiko eines Autounfalls während einer 5000-Kilometer-Strecke? Worin besteht das Risiko, daß der Aktienmarkt im nächsten Jahr mehr als 10 % absackt?

DIE STRUKTUR, die Gauß für die Lösung solcher Probleme entwickelte, ist mittlerweile so bekannt, daß wir selten stehenbleiben, um zu fragen, woher sie eigentlich stammt. Ohne diese Struktur stünden wir aber ohne eine systematische Methode da, um zu klären, ob wir ein bestimmtes Risiko eingehen sollten, oder um ein Risiko, das sich uns stellt, abschätzen zu können. Wir wären außerstande, die Genauigkeit der uns vorliegenden Informationen zu überprüfen. Wir hätten kein Instrument an der Hand, um die Wahrscheinlichkeit eines Ereignisses zu eruieren – Regenfälle, der Tod eines 85jährigen Menschen, ein 20 %iger Rückgang der Börsenwerte, ein russischer Sieg beim Davis-Pokal, ein Parteitag der Demokraten, das Versagen von Sicherheitsgurten oder die Entdeckung einer Ölquelle durch eine Schwindelfirma.

Der Prozeß der Vergewisserung beginnt mit der Normalkurve oder Glockenkurve, deren Hauptzweck nicht etwa im Bestimmen der Genauigkeit von Beobachtungen, sondern darin besteht, den Fehlerquotienten zu definieren. Falls all unsere Schätzungen absolut präzise Messungen des Meßobjekts wären, so gäbe es gar kein Problem. Wenn jeder einzelne Mensch, Elefant und Alkvogel mit seinem rasierklingenscharfem Schnabel, wenn jede Orchidee ganz exakt wie alle anderen Exemplare der Spezies wäre, sähe das Leben auf unserer Erde völlig anders aus. Die Welt besteht aber nicht aus Ansammlungen von gleich und gleich, es gibt immer nur Ähnlichkeiten; keine einzige Beobachtung ist ein perfektes Exemplum des Allgemeinen. Indem die Glockenkurve die Normalverteilung demonstriert, bringt sie Ordnung in diesen Dschungel. Francis

Galton, den wir im folgenden Kapitel kennenlernen werden, hat diese Normalverteilung hymnisch gefeiert:

> Das ›Gesetz der Fehlerhäufigkeit‹ ... herrscht mit Gelassenheit und völliger Selbstbescheidung inmitten wildester Unordnung. Je riesiger der Mob ..., desto vollkommener ist seine Herrschaft. Es ist das oberste Gesetz der Unvernunft. Wann immer eine große Auswahl chaotischer Elemente getroffen wird ..., stellt sich heraus, daß eine ungeahnte, wunderschöne Form von Regelmäßigkeit von Anbeginn an latent vorhanden war.[13]

Die meisten von uns werden zuerst in der Schule mit der Glockenkurve Bekanntschaft gemacht haben. Der Lehrer pflegte die Leistungen nicht in absoluten Werten, sondern »auf der Kurve« zu benoten – dies ist ein Einser-Aufsatz, das ist eine 3+. Durchschnittliche Schüler bekamen meistens Durchschnittsnoten wie 2– oder 3+ oder 80%. Schlechtere oder bessere Schüler erhielten Bewertungen, die symmetrisch um den mittleren Wert verteilt waren. Selbst wenn alle Arbeiten erstklassig oder allesamt schrecklich ausfielen, würde der allerbeste Aufsatz eine Eins und der schlechteste eine Sechs bekommen und die meisten irgendwo in der Mitte liegen.

Viele Naturphänomene wie beispielsweise die Körpergröße einer Menschengruppe oder die Länge ihres Mittelfingers bilden eine solche Normalkurve. Wie Galton erklärte, sind zwei Bedingungen erforderlich, damit Beobachtungen normal oder symmetrisch um ihren Durchschnittswert verteilt sind. Erstens muß eine möglichst große Anzahl von Beobachtungen gegeben sein. Zweitens müssen die Beobachtungen voneinander unabhängig sein, wie die Würfe eines Würfels. *Es ist unmöglich, Ordnung zu finden, wenn es nicht zuerst Unordnung gibt.*

Man kann gravierende Fehler machen, wenn man Stichproben nimmt, die nicht voneinander unabhängig sind. Im Jahre 1936 führte die inzwischen eingestellte Zeitschrift *Literary Digest* eine Testabstimmung durch, um das Resultat der bevorstehenden Präsidentschaftswahlen zwischen Franklin Roosevelt und Alfred Landon vorherzusagen. Die Zeitschrift schickte zehn Millionen Stimmzettel in Form von Rückantwortkarten an Namen die aus Telefonbüchern und Autoregistrationsverzeichnissen ausgewählt waren. Die Rücksendequote war hoch. 59% der Antwortenden favorisierten Landon, 41% Roosevelt. Doch am Wahltag gewann Landon 39% und Roosevelt 61% der Stimmen. Mitte der 30er Jahre stellten Menschen, die ein Telefon und Automobil besaßen, eben kaum eine willkürliche Stichprobe der amerikanischen Wählerschaft dar; ihre Wahltendenzen waren gemeinschaftlich konditioniert durch eine Umwelt, die für die Masse der Bevölkerung zu jener Zeit unerschwinglich blieb.

BEOBACHTUNGEN, die wirklich unabhängig voneinander sind, liefern eine Menge an nützlichen Informationen über Wahrscheinlichkeiten. Man nehme nur das Würfeln als Beispiel.

Alle Seiten eines Würfels haben eine gleich große Chance, oben zu liegen. Wenn wir eine Grafik zeichnen würden, um die Wahrscheinlichkeit darzustellen, mit der jede Zahl vorkommt, so erhielten wir eine horizontale Linie mit einer Ein-Sechstel-Unterteilung für jede der sechs Zahlen. Die Grafik würde keinerlei Ähnlichkeit mit einer Normalverteilungskurve aufweisen; und eine Probe von einem Wurf würde uns auch sonst nichts über den Würfel verraten, außer daß oben eine bestimmte Zahl aufgedruckt ist. Wir wären in genau der gleichen Lage wie einer von den Blinden, die mit der Hand einen Elefanten fühlen.

Nun wollen wir aber sechsmal hintereinander würfeln und verfolgen, was sich da tut. (Ich habe den Befehl meinem Computer eingegeben, um zu gewährleisten, daß die oben liegenden Zahlen auch wirklich zufällig sind.) Der erste Probelauf von sechs Würfen ergab viermal die 5, eine 6 und eine 4, d. h. einen Mittelwert von exakt 5,0. Der zweite Probelauf brachte ein erneutes Mischmasch, nämlich dreimal die 6, zweimal die 4 und eine 2, d. h. einen Durchschnittswert von 4,7. Nicht gerade ein großer Informationsgehalt.

Nach zehn Proben von je sechs Würfen begannen die Mittelwerte aus den sechs Würfen sich um etwa 3,5 zu kumulieren 3,5 ist nun aber der Durchschnitt von 1 + 2 + 3 + 4 + 5 + 6 bzw.

aus den sechs Seiten des Würfels und exakt die Hälfte des mathematischen Erwartungswerts bei zweimaligem Würfeln. Von meinen zehn Durchschnittswerten lagen sechs unter und vier über 3,5. Ein zweiter Lauf mit zehn Proben ergab eine bunte Mischung: dreimal fiel der Durchschnitt unter 3,0, viermal über 4,0 und je einmal über 4,5 und unter 2,5.

Im nächsten Schritt des Experiments galt es, die Durchschnittswerte der ersten zehn Proben mit je sechsmaligem Würfeln zu errechnen. Obwohl alle zehn Proben eine ungewöhnliche Verteilung zeigten, ergab der Durchschnitt ihrer Durchschnittswerte 3,48! Dieser Durchschnitt war beruhigend; doch die Standardabweichung war mit 0,82 größer, als mir lieb war.* Anders ausgedrückt: Von den zehn Proben lagen sieben zwischen 3,48 + 0,82 und 3,48 – 0,82 bzw. zwischen 4,30 und 2,66, der Rest entfernte sich noch weiter vom Mittelwert.

Anschließend gab ich dem Computer den Befehl, 256 Proben mit je sechs Würfen zu simulieren. Sie erbrachten einen Durchschnitt, fast auf den Punkt, von 3,49; und da die Standardabweichung jetzt auf 0,69 heruntergedrückt war, lagen zwei Drittel der Proben zwischen 4,18 und 2,80. Bloße 10% kamen auf Durchschnittswerte unter 2,5 oder über 4,5, während über die Hälfte zwischen 3,0 und 4,0 landete.

Bei weiter wirbelndem Computer wurden die 256 Proben zehnmal wiederholt, und als nun der Durchschnitt aus diesen zehn Läufen von je 256 Proben errechnet wurde, ergab sich ein Gesamtdurchschnitt von 3,499. (Ich schreibe das Ergebnis bis auf drei Dezimalstellen aus, um zu zeigen, wie dicht ich an genau 3,5 herangekommen war.) Doch die wirklich beeindruckende Veränderung betraf die Verringerung der Standardabweichung auf nurmehr 0,0444. Das heißt, von den zehn Läufen à 256 Proben bewegten sich sieben innerhalb der schmalen Reichweite von 3,455 und 3,543. Je fünf lagen unter bzw. über 3,5. Beinahe perfekt!

* Die Standardabweichung war de Moivres Entdeckung, um die Streuung der Beobachtungen um ihren Mittelwert zu messen. Annähernd zwei Drittel der Beobachtungen (68,26%) werden innerhalb der Spanne von plus oder minus einer Standardabweichung um den Mittelwert liegen, 95,46% werden innerhalb der Spanne von zwei Standardabweichungen erscheinen.

Die Quantität spielt eine Rolle, wie Jakob Bernoulli entdeckt hatte. Diese spezifische Ausformung seiner Erkenntnis – der Erkenntnis, daß Durchschnitte von Durchschnittswerten die Streuung um den Gesamtmittelwert reduzieren – ist als Zentraler Grenzwertsatz geläufig. Er wurde erstmals 1809 von Laplace vorgetragen, in einer Schrift, die er abgeschlossen und veröffentlicht hatte, bevor er 1810 auf die *Theoria Motus* von Gauß stieß.

Die Durchschnittswerte von Durchschnitten offenbaren noch etwas viel Interessanteres. Wir haben das oben geschilderte Experiment mit einem Würfel begonnen, der die üblichen sechs Seiten hatte, von denen jede eine gleich große Chance hatte, beim Würfeln oben zu liegen. Die Verteilung der Chancen war ausgeglichen und verriet überhaupt keine Ähnlichkeit mit der Gaußschen Glockenkurve. Als der Computer dann immer und immer wieder von neuem würfelte und so eine wachsende Zahl von Proben akkumulierte, sammelten wir immer mehr Informationen über die Eigenarten des Würfels.

Es gab nur sehr wenige Durchschnittswerte aus sechs Würfen, die der 1 oder der 6 nahe kamen; viele lagen zwischen 4 und 5. Genau diese Struktur hatte 250 Jahre zuvor schon Cardano für die Glücksspieler unter seinen Freunden erarbeitet, als er sich an die Gesetze des Zufalls herantastete. Viele Würfe mit nur einem Würfel werden sich auf einen Mittelwert von 3,5 einspielen. Daher werden viele Würfe mit zwei Würfeln einen Mittelwert um das Doppelte von 3,5 bzw. 7,0 bringen. Wie Cardano nachwies, werden die Werte zu beiden Seiten von 7 mit gleichermaßen abnehmender Häufigkeit eintreten, während wir uns von 7 weg zu den Grenzen von 2 und 12 bewegen.

DIE NORMALVERTEILUNG ist das Kernstück der meisten Methoden von Risikomanagement. Um die Normalverteilung dreht sich das gesamte Versicherungsgeschäft, weil ein Brand in Chicago nicht durch einen Brand in Atlanta verursacht wird und der Tod eines Menschen zu einem konkreten Zeitpunkt an einem konkreten Ort in keinerlei Zusammenhang steht zum Tod einer anderen Person zu einem anderen Zeitpunkt an einem anderen Ort. Wenn die Versicherungsgesellschaften die Erfahrungen von Millionen Menschen unterschiedlichen Alters beiderlei Geschlechts stichprobenweise erfassen, dann beginnen die Lebenserwartungen, sich in einer Gaußschen Glockenkurve zu ordnen. Infolgedessen können Lebensversicherungsgesellschaften für jede Gruppe einen zuverlässigen Schätzwert der Lebenserwartung errechnen. Sie vermögen dabei nicht nur die durchschnittliche Lebenserwartung zu schätzen, sondern auch die Spannbreiten, innerhalb derer die tatsächlichen Zahlen von Jahr zu Jahr wahrscheinlich variieren werden. Durch eine Korrelation dieser Schätzwerte mit zusätzlichen Informationsdaten betreffend Krankheitsgeschichte, Rauchgewohnheiten, Wohnsitz und berufliche Tätigkeit läßt sich die Lebenserwartung noch präzisieren.

Manchmal liefert die Gaußsche Glockenkurve außerdem noch bedeutsamere Informationen als nur das Ausmaß der Zuverlässigkeit von Auswahlproben. Eine Normalverteilung ist unwahrscheinlich, wenngleich nicht unmöglich, wenn die Beobachtungen voneinander abhängig sind – d. h. wenn die Wahrscheinlichkeit eines Ereignisses durch ein vorausgehendes Ereignis beeinflußt wird. So wird etwa die Verteilung nicht normal verlaufen, wenn zwei Steigerungen nacheinander mit hoher Wahrscheinlichkeit drei weitere sukzessive Steigerungen hervorrufen, oder wenn ein Bogenschütze Sehprobleme hat und tendenziell mehr links neben ein Bullenauge schießt, als seine Fehlschüsse gleichmäßiger nach beiden Seiten zu verteilen. Und wir dürfen wohl kaum eine Normalverteilung erwarten, wenn die Würfel präpariert sind, so daß eine Zahl laufend häufiger erscheint als die übrigen fünf. Unter solchen Umständen werden die Beobachtungen sich nicht symmetrisch um den Mittelwert verteilen.

Daraus läßt sich umgekehrt folgern: Wenn es eine notwendige Bedingung für die Normalverteilung ist, daß zwischen den Ereignissen kein Zusammenhang besteht, dann dürfen wir annehmen, daß Beweismaterial, das sich zu einer Gaußschen Glockenkurve formt, aufgrund von Beobachtungen entsteht, die voneinander unabhängig sind. Das wiederum gibt Anlaß zu ein paar interessanten Fragen.

Wie stark entsprechen Aktienpreisschwankungen einer Normalverteilung? Es gibt Kenner des Marktes, die nachdrücklich behaupten, daß Aktienpreise sich im Sinne der Random-Walk-Theorie verhalten – daß ihre Bewegungen dem ziel- und planlosen Torkeln eines betrunkenen Seemanns gleichen, der sich an einem Laternenpfahl festzuhalten sucht. Diese Kenner meinen, daß Aktienpreise genausowenig ein Gedächtnis haben wie ein Rouletterad oder ein Würfel und daß jede Beobachtung von der vorausgehenden Beobachtung unabhängig ist. Die Preisschwankung von heute wird kommen, wie sie eben kommt, ohne Bezug auf das, was vor einer Minute, gestern, vorgestern oder vorvorgestern geschah.

Ob die Veränderungen von Aktienpreisen tatsächlich voneinander unabhängig sind, läßt sich daran erkennen, ob sie sich in einer Normalverteilung formieren. Es gibt eindrucksvolle Belege für die These, daß Aktienpreisveränderungen normalverteilt sind, und das sollte eigentlich niemand verwundern. Auf Kapitalmärkten, die so stark in Bewegung und konkurrenzträchtig sind wie die unsrigen, wo jeder Anleger alle andern dauernd auszustechen versucht, werden neue Informationen sich rasch in den Aktienpreisen widerspiegeln. Wenn General Motors enttäuschende Gewinne meldet oder wenn Merck ein wichtiges neues Medikament ankündigt, dann stehen die Aktienpreise nicht still, während Investoren über die Nachricht sinnieren. Kein Investor kann es sich leisten zu warten, bis andere ihm zuvorkommen. Aus diesem Grund handeln sie meist wie eine Meute und bringen den Preis für Aktien von General Motors oder Merck sofort auf ein Niveau, das diese neue Information reflektiert. *Aber neue Informationen treffen willkürlich ein.* Konsequenterweise bewegen sich die Aktienpreise in unvorhersehbarer Weise.

Aufschlußreiches Material, das diese Ansicht fördert, wurde in den 1950ern von Professor Harry Roberts von der University of Chicago mitgeteilt.[14] Roberts zog mit dem Computer willkürliche Zahlen aus einer Reihe, welche den gleichen Durchschnitt und die gleiche Standardabweichung hatte wie

840 Monate; Jan. 1926 – Dez. 1995

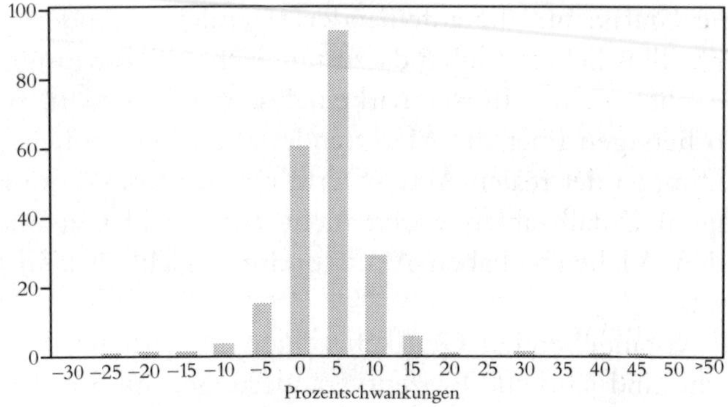

280 Vierteljahrseinheiten, Jan. 1926 – Dez. 1995

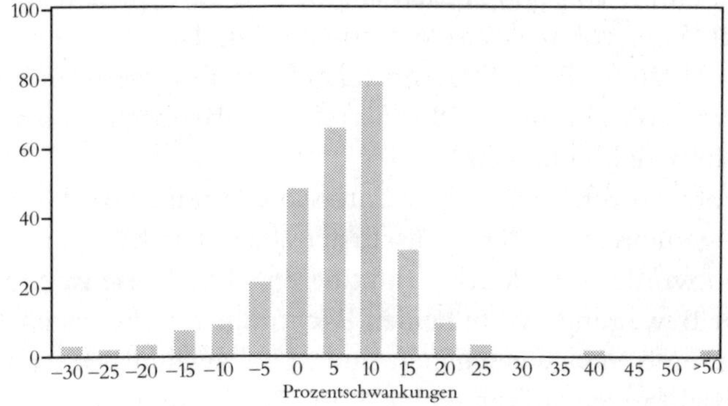

70 Jahre, 1926 – 1995

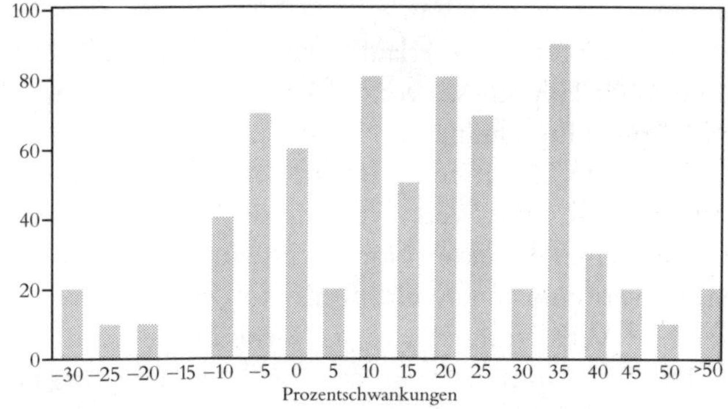

Darstellungen der monatlichen, vierteljährlichen und jährlichen Preisschwankungen des Standard & Poor Index von 500 Aktien von Januar 1926 bis Ende Dezember 1955 (in Prozentzahlen).

Preisveränderungen auf dem Aktienmarkt. Danach zeichnete er eine Grafik, um die aufeinanderfolgenden Veränderungen dieser willkürlichen Zahlen darzustellen. Es ergab Muster, die denen glichen, die Börsenmarktanalysten verwenden, wenn sie Vorhersagen über die Markttendenz machen wollen. Die Bewegungen der realen Aktienwerte und die vom Computer erzeugten Zufallszahlen waren nicht voneinander zu unterscheiden. Vielleicht haben Aktienpreise tatsächlich kein Gedächtnis.

Die vorangehenden Grafiken zeigen monatliche, vierteljährliche und jährliche Prozentveränderungen im Standard & Poor's 500 Stocks Index, dem Aktienindex, der einen Kursdurchschnitt von 500 Aktien angibt und an dem sich Investmentberater vorzugsweise orientieren. Die Daten reichen von Januar 1926 bis Ende Dezember 1993 und umfassen damit 840 Monatsbeobachtungen, 280 Vierteljahres-Beobachtungen und 70 Jahresentwicklungen.*

Trotz der offensichtlichen Unterschiede zeigen die Grafiken zwei gemeinsame Merkmale. Erstens, wie J. P. Morgan gesagt haben würde: »Die Märkte fluktuieren.« Die Börse ist ein Ort voller Bewegung, wo in beiden Richtungen, aufwärts wie abwärts, eine Menge geschehen kann. Und zweitens fallen mehr Beobachtungen auf die rechte Seite als auf die linke Seite von der Null. Der Aktienmarkt ist im Schnitt mehr gestiegen als gefallen.

Die Normalverteilung erlaubt einen rigoroseren Test der Random-Walk-Hypothese vom Aktienmarkt; allerdings mit einer wichtigen Einschränkung. Selbst wenn die Random-Walk-Hypothese eine zutreffende Beschreibung der Börsenwirklichkeit liefert – selbst wenn Veränderungen der Aktienpreise sich in Form einer perfekten Normalverteilung abspielen –, wird der Mittelwert eine andere Größe als Null sein. Die nach oben tendierende Verzerrung dürfte im Grunde niemand überraschen. Der Reichtum der Stammaktionäre ist langfristig gestie-

* Leser, die mit dem Auswerten von Statistiken vertraut sind, werden den Einwand erheben, daß ich für die folgenden Ausführungen die Analyse der logarithmischen Normalverteilung durchführen hätte sollen. Doch für die weniger erfahrenen Leser ist die hier verwendete Methode viel leichter verständlich, und der Verlust an Genauigkeit schien mir zu gering, um eine weitere Komplizierung rechtfertigen zu können.

gen, weil die Wirtschaft sowie die Umsätze und die Gewinne der Unternehmen gewachsen sind. Da es bei den Aktienpreisen insgesamt mehr Aufwärts- als Abwärtsbewegungen gegeben hat, sollte ihr Durchschnitt notwendigerweise über Null liegen.

Ein Blick auf die Jahresdaten zeigt, daß es keinen typischen Durchschnitt von jährlichen Aktienpreisbewegungen gibt. Die Resultate erstrecken sich in ganz zügelloser Weise rund um den Mittelwert von 7,7 %.* Die Standardabweichung beträgt 19,3 %. Das heißt: Für zwei Drittel der Zeit bewegen sich die Aktien jedes beliebigen Jahres wahrscheinlich innerhalb einer Spanne von + 27,0 % und –12,1 %. Obwohl demnach nur für 2,5 % der Jahre – d. h. nur einmal in vierzig Jahren – größere Preisausschläge als + 46,4 % wahrscheinlich sind, ist es andererseits ein wenig tröstend zu entdecken, daß auch nur 2,5 % der Jahre Börsenbaissen über –31,6 % zeitigen.

In dieser Stichprobe stiegen die Aktienpreise in 47 von 70, also in zwei von drei Jahren. Demgemäß fielen die Preise in 22 von 70 Jahren, und in diesen 22 Jahren stürzten sie in 10 Jahren, also fast der Hälfte, um mehr als eine Standardabweichung – nämlich um über 12,1 %. Ja, der mittlere Verlust dieser 22 Jahre betrug – 15,2 %.

Liefern 70 Beobachtungen uns eine ausreichende Basis zur Beurteilung, ob die Börsen sich im Sinne der Random-Walk-Theorie verhält? Wahrscheinlich nicht. Wir wissen ja, daß beim Würfeln von Mal zu Mal keinerlei Zusammenhang besteht, und doch ergaben sich bei unseren Stichproben mit bloß sechs Würfelvorgängen typische Ergebnisse, die wenig Ähnlichkeit mit einer Normalverteilung aufwiesen. Erst als wir die Zahl der Würfelvorgänge und Proben erhöhten, kam es allmählich zu einer Annäherung von Theorie und Praxis.

Die 280 Vierteljahresbeobachtungen ähneln einer Gaußschen Normalverteilungskurve wesentlich stärker als die Beobachtungen von Jahr zu Jahr. Trotzdem fällt die Streuung, mit einer kleinen Zahl von sehr großen Veränderungen, noch

* Die hier angeführten Daten beziehen sich nur auf Aktienpreise, ohne Dividendenerträge zu berücksichtigen. Unter Zugrundelegung der Gesamterträge ergibt der Mittelwert 12,3 % und die Standardabweichung 20,5 %.

immer breit und keineswegs symmetrisch aus. Die mittlere Vierteljahresschwankung beträgt +2,0%. Die Standardabweichung von 12% verrät uns jedoch, daß diese +2,0% für das, was wir von Vierteljahr zu Vierteljahr an Änderungen erwarten können, keineswegs typisch sind. 45% der 280 Vierteljahresperioden lagen unter dem Durchschnitt von 2,0%, 55% darüber.

Ein Anleger, der vor 70 Jahren ein Aktienportfolio erworben und durchgehend behalten hätte, wäre fein herausgewesen. Ein Anleger, der darauf gebaut hätte, von Vierteljahr zu Vierteljahr stetig einen 2%igen Gewinn zu machen, wäre ein Narr gewesen. (Man beachte, daß ich hier in der Vergangenheitsform schreibe; es besteht nämlich keine Gewißheit, daß das Börsenverhalten der Vergangenheit etwas über die Zukunft aussagt.)

Die 840 Monatsschwankungen waren sehr viel dichter gehäuft als die Vierteljahres- und Jahresschwankungen, und sie scheinen auch stärker geordnet zu sein. Die mittlere Monatsschwankung betrug lediglich + 0,6%. Wenn wir diese Prozentzahl von jeder Einzelbeobachtung abziehen, um die allgemeine Plusverzerrung des Aktienmarkts über den gesamten Zeitraum zu berücksichtigen, so errechnet sich ein mittlerer Schwankungswert von +0,000 000 000 000 000 002%, wobei 50,6% der Monate ein Plus und 49,4% der Monate ein Minus aufweisen. Das erste Quartal lag 204 Punkte unter dem Mittelwert bei −2,78%; das dritte Quartal lag 204 Punkte über dem Mittelwert bei +2,91. Die Symmetrie ist nahezu vollkommen.

Der Zufallscharakter der 840 Monatsschwankungen wird auch durch die geringe Zahl von Iterationen bestätigt – d.h. von Fällen, wo der Aktienmarkt in einem Monat die gleiche Tendenz zeigt wie im Vormonat. Eine Bewegung, die über zwei aufeinanderfolgende Monate in der gleichen Richtung verlief, kam nur in der Hälfte der Zeitspanne vor, über fünf sukzessive Monate nur während zehn Prozent der Zeitspanne.

Der Aktienmarkt entspricht somit tatsächlich in gewissem Maße der Random-Walk-Theorie, zumindest auf der Basis dieser 840 Monatsschwankungen, denn die Daten würden sich nicht in dieser Form um den Mittelwert verteilen, wenn die

Aktienwertschwankungen nicht, wie Würfelspiele, voneinander unabhängig wären. Unter Berücksichtigung der Verzerrung aufgrund der generellen Aufwärtsbewegung sind positive wie negative Schwankungen gleichermaßen wahrscheinlich; Schwankungsfolgen über mehr als einen Monat waren selten; die langzeitigen Unbeständigkeitsraten kamen den Werten, die laut Theorie eintreten sollten, erstaunlich nahe.

Sofern wir Jakob Bernoullis Beschränkung akzeptieren, der zufolge die Zukunft der Vergangenheit folgt, läßt sich diese Information zum Kalkulieren des Risikos verwenden, daß die Aktienpreise sich in jedem x-beliebigen Monat nach einer definierten Menge bewegen werden. Die mittlere Monatsschwankung der Aktien des S & P-Index betrug 0,6%; die Standardabweichung 5,8%. Falls die Preisschwankungen zufällig verteilt sind, besteht eine 68%ige Chance, daß die Preise in jedem beliebigen Monat um weniger als −5,2% und nicht mehr als +6,4% variieren. Nehmen wir einmal an, wir wollen die Wahrscheinlichkeit eruieren, daß die Aktienpreise in irgendeinem beliebigen Monat sinken. Die Antwort lautet: Das gilt für 45% der Monate – etwas weniger als die Hälfte. Ein Absinken der Preise um über 10% hat jedoch für irgendeinen beliebigen Monat eine Wahrscheinlichkeit von lediglich 3,5%, d.h. eine Wahrscheinlichkeit, daß es innerhalb von dreißig Monaten nur einmal vorkommt; Schwankungen über 10% in beiden Richtungen kommen in fünfzehn Monaten nur einmal vor.

Wie sich nun zeigt, wichen von den 840 monatlichen Werten 33 bzw. 4% um mehr als zwei Standardabweichungen vom Monatsschnitt von +0,6% ab; d.h., sie fielen unter −11% und lagen über +12,2%. Obwohl 33 extreme Ausschwingungen weniger ausmachen, als wir vielleicht bei einer Sequenz völlig zufälliger Beobachtungen erwarten würden, waren davon 21 abfallend; laut Chancenberechnung dürften es aber eigentlich nicht mehr als 16 oder 17 gewesen sein. Und ein Markt mit einem eingebauten Langzeittrend nach oben sollte über einen Zeitraum von 816 Monaten im Grunde sogar weniger als 16 oder 17 Katastrophen aufweisen.

Der Markt entspricht in seinen Extremen nicht der Random-

Walk-Theorie. Was die Ausschläge betrifft besteht eine größere Wahrscheinlichlichkeit, daß der Markt Vermögen vernichtet, als daß er Vermögen schafft. Die Börse ist eine riskante Sache.

BIS ZU DIESEM PUNKT hat unsere Geschichte hauptsächlich von Zahlen gehandelt. Es waren Mathematiker, die im Brennpunkt standen, als wir die Erfindungen der alten Hindus, Araber und Griechen verfolgten, bis wir schließlich bei Gauß und Laplace im 19. Jahrhundert ankamen. Das zentrale Thema ist eher die Wahrscheinlichkeit gewesen als die Ungewißheit.

Nun beginnt sich die Szene zu ändern. Im Unterschied zu Pacciolis *Balla*-Spiel besteht das wirkliche Leben nicht aus einer Folge von zusammenhanglosen Ereignissen. Der Aktienmarkt mag ja in vielerlei Hinsicht an einen unkontrolliert dahertorkelnden Betrunkenen erinnern; doch ist dieser Eindruck nicht ganz zutreffend. Durchschnittswerte sind manchmal als Richtwerte brauchbar, oft genug aber auch irreführend. In wiederum anderen Situationen sind Zahlen überhaupt nicht hilfreich, so daß wir gezwungen sind, uns allein mit Vermutungen an die Zukunft heranzuschleichen.

Das soll nun nicht heißen, daß im wirklichen Leben Zahlen unnütz wären. Es kommt nur darauf an, ein Gespür dafür zu entwickeln, wann sie relevant sind und wann nicht. Und deshalb müssen wir jetzt nach Antworten auf einen ganz neuen Fragenkomplex suchen.

Zum Beispiel: Wodurch wird das Risiko, von einer Bombe getroffen zu werden, eigentlich definiert – durch sieben Millionen Menschen oder durch einen einzigen Elefanten? Welche der folgenden Durchschnittswerte sollten wir verwenden, um die Normalentwicklung des Aktienmarkts zu bestimmen: den durchschnittlichen Monatsanstieg der Aktienpreise von 1926 bis 1993, der 0,6 % betrug, den mickrigen Mittelwert von 1930 bis 1940, der nur 0,1 % ausmachte, oder den anreizenden Durchschnitt von 1954 bis 1964 von +1,0 % monatlich ?

Anders gesagt: Was verstehen wir unter »normal«? Wie zutreffend erfaßt eine konkrete Durchschnittszahl die Normalität? Wie stabil, wie aussagekräftig ist ein Durchschnitt als

Indikator des Börsenverhaltens? Wie groß ist die Wahrscheinlichkeit, wenn neue Beobachtungen sich vom Durchschnittswert der Vergangenheit entfernen, daß sie in Zukunft wieder zu jenem Durchschnitt zurückkehren? Und falls diese Tendenz sich tatsächlich wieder umkehren sollte – macht die Kehrtwende dann beim alten Durchschnittswert halt, oder geht sie dann darüber hinaus?

Wie soll man sich in jenen seltenen Fällen verhalten, wenn der Aktienmarkt über fünf Monate lang ununterbrochen steigt? Ist es wahr, daß auf einen Anstieg ein Absturz folgen muß? Kommt Hochmut vor dem Fall? Wie groß ist die Wahrscheinlichkeit, daß ein Unternehmen, das in Schwierigkeiten geraten ist, seine Angelegenheiten in Ordnung bringt? Wird eine manische Persönlichkeit in unmittelbarer Zukunft einer Depression verfallen bzw. sich aus ihrer Depression lösen? Wann geht die Dürre zu Ende? Liegt der Wohlstand für alle just um die Ecke?

Die Antwort auf all solche Fragen hängt davon ab, daß man zwischen normal und anormal zu unterscheiden weiß. Viele Risikomöglichkeiten resultieren aus Chancen, die sich aus Abweichungen vom Normalen ergeben. Wenn uns Marktanalytiker mitteilen, daß ihre Lieblingsaktie »unterbewertet« ist, so behaupten sie damit, daß ein Anleger Gewinne machen kann, wenn er die Aktien jetzt kauft und abwartet, daß ihr Wert wieder zum Normalstand zurückkehrt. Andererseits dauern geistige Depressionen oder manische Zustände häufig ein ganzes Leben lang an. Und die Wirtschaft des Jahres 1932 wollte einfach nicht in Gang kommen, obwohl Mr. Hoover und seine Berater davon überzeugt waren, daß Eingriffe seitens der Regierung nur verhinderten, daß sie sich wieder von selbst berappelte.

Den Begriff des »Normalen« hat genaugenommen niemand erfunden, so wie eigentlich auch niemand wirklich den Begriff vom »Durchschnitt« erfunden hat. Aber es war Francis Galton, ein englischer Amateurwissenschaftler des 19. Jahrhunderts, der auf den Fundamenten aufbaute, die Gauß und seine Vorgänger errichtet hatten. Er entwickelte die Idee vom Durchschnitt – die Normalverteilung – und errichtete damit ein neues

Gerüst, damit die Menschen zwischen meßbarem Risiko und jener Form von Ungewißheit unterscheiden lernen, die sie zum bloßen Raten über den Weg der Zukunft bringt.

Galton war kein Wissenschaftler, der nach ewigen Wahrheiten forschte. Er war ein praktischer Mensch; er war von der Wissenschaft begeistert, blieb aber dennoch bloß Amateur. Trotzdem haben seine Erfindungen und Arbeiten einen nachhaltigen Einfluß sowohl auf die Mathematik wie auf das konkrete Entscheidungsverhalten des Menschen in der Alltagswelt ausgeübt.

9
Der Mann mit dem verstauchten Gehirn

Francis Galton (1822–1911) war ein Snob, der – ausgenommen eine kurze Periode, in seinen Zwanzigern, als er im Krankenhaus tätig war – nie für Geld gearbeitet hat; er hatte es nicht nötig, sich den Lebensunterhalt zu verdienen.[1] Doch unter den vielen Personen, die in diesem Buch erwähnt werden, gehört er zu den charmantesten und liebenswertesten. Er war ein Vetter ersten Grades von Charles Darwin, ein Erfinder und ein passionierter Erforscher von Gegenden Afrikas, wo vor ihm noch nie ein Weißer gesichtet worden war. Er leistete einen zukunftsweisenden Beitrag zur Theorie des Risikomanagements. Auf diese Erkenntnisse stieß er allerdings in starrsinniger Verfolgung einer schlimmen Idee.

Galtons Hobbies, vielmehr seine Passion, waren Messen und Kalkulieren. »Man muß zählen, wo immer man kann«, pflegte er zu sagen.[2] Er nahm die Maße von Köpfen, Nasen, Armen, Beinen, notierte Körpergrößen und -gewichte, Augenfarbe, registrierte die Unfruchtbarkeit bei Erbinnen großer Vermögen, zählte bei einem Vortrag die Häufigkeit von Unruhebezeigungen unter den Zuhörern und maß in Derby die Heftigkeit, mit der Zuschauer während des Pferderennens die Gesichtsfarbe wechselten. Er klassifizierte die Mädchen, denen er auf der Straße begegnete, nach Schönheit, indem er in eine Karte in seiner linken Tasche ein Loch knipste, wenn ein Mädchen hübsch war, und ein Loch in die Karte in der rechten Jackentasche, wenn es eine unscheinbare junge Frau war. Auf seiner »Schönheitslandkarte« von Großbritannien rangierten die Londoner Frauen ganz oben und die Frauen von Aberdeen ganz unten. Er untersuchte 10 000 Gerichtsurteile und stellte fest, daß die meisten Haftstrafen in regelmäßigen Abständen von 3, 6, 9, 12, 15, 18 und 24 Jahren erfolgten, wohingegen keine einzige 17 Jahre betrug und nur sehr wenige 11 oder 13 Jahre Gefängnis festsetzten. Auf einer Rinderausstellung registrierte er die Vermutungen von 800 Besuchern über das Gewicht eines Ochsen, um zu dem Schluß zu kommen, »daß die durchschnittliche *vox populi* innerhalb eines Prozents vom wahren Wert korrekt schätzte«.[3]

Galtons 1884 gegründetes Anthropomorphisches Laboratorium maß und registrierte alle nur erdenklichen menschlichen Körpermaße, sogar die von Fingerabdrücken. Fingerabdrücke faszinierten Galton deshalb, weil sich hier, im Unterschied zu allen sonstigen Körperteilen, mit dem Älterwerden einer Person die Struktur nie verändert. Zu diesem Thema veröffentlichte er 1893 ein Buch, mit dem Erfolg, daß sich bald darauf die Polizei der Fingerabdrücke zur Personenidentifizierung bediente.

Galtons zwanghafter Hang zum Messen trat 1849 sogar im Rahmen einer Großwildjagd im heutigen Namibia in Erscheinung. Als er in einem Hottentottendorf eintraf, fiel sein Auge auf »Formen, welche die Frauen in unserer Heimat in Verzweiflung getrieben hätten, Gestalten, die wirklich keine Reifröcke nötig hatten«.[4] Eine Frau weckte seine besondere Aufmerksamkeit.[5] Als ein wissenschaftlich orientierter Mensch, so berichtete er, war er »außerordentlich erpicht, exakte Messungen ihrer Formen vorzunehmen«. Obwohl er der Hottentottensprache nicht mächtig war und keinen Weg fand, um seine dringlichen Forschungen direkt am Objekt durchzuführen, kam er doch ans Ziel:

> Ganz plötzlich fiel mein Blick auf meinen Sextanten; mir schoß eine brillante Idee durch den Kopf, und ich unternahm eine Reihe von Beobachtungen ihrer Figur aus allen Richtungen … Anschließend zog ich kühn mein Metermaß aus der Tasche und nahm die Entfernung von meinem Standort bis zu ihrem Standort, und nachdem ich auf diese Weise sowohl Ausgangspunkt wie Winkel eruiert hatte, erarbeitete ich mir das Resultat mit Trigonometrie und Logarithmen.

Galton war die Verkörperung des viktorianischen Gentlemans, der den Erdball durchschritt, als ob er seine Privatdomäne wäre. Auf dieser afrikanischen Safari machte er sich an anderer Stelle einmal Sorgen, daß sein Lager vom dortigen Häuptling attackiert werden könnte, und so bestieg er – in seiner roten Jagdjacke, mit Reiterkappe und Stulpen – einen Ochsen, trieb ihn auf die größte Dorfhütte zu und drückte den Kopf des Ochsen durch den Hütteneingang. Sein Lager wurde natürlich nicht angegriffen.

In einem anderen Dorf beging er einen Fauxpas, weil er sich weigerte, an einem Ritual teilzunehmen, bei dem der Gastgeber gurgelt und das Gurgelwasser anschließend dem Gast ins Gesicht speit. Und als König Nangoro ihm die Prinzessin Chapange für eine Freudennacht zum Geschenk machte, war Galton entgeistert, als sie dann, »mit Ocker und Butter überzogen«, in seiner Hütte erschien. »Ich trug meinen einzigen noch wohlerhaltenen weißen Leinenanzug und ließ sie deshalb ohne große Förmlichkeit hinauswerfen.«

König Nangoro hatte Mühe zu glauben, daß es Erdteile geben sollte, wo nur Menschen mit weißer Hautfarbe lebten. In seinen Augen waren Galton und seine Freunde seltene Wandertiere oder irgend etwas Anomales. Zum Nachweis, daß er am ganzen Körper weiß war, mußte sich einer von Galtons Begleitern wiederholt vor den Augen des Königs entkleiden.

Galton war von einer unstillbaren Neugierde beseelt. Als während seiner Studienzeit ein Wanderzirkus in Cambridge gastierte, marschierte er direkt in den Löwenkäfig hinein – so etwas war in der Zirkusgeschichte bis dahin erst dreimal vorgekommen. Während seiner bevorzugten Lernzeit von zehn Uhr abends bis zwei Uhr morgens hielt Galton sich mit seinem »Grips-Wiederbelebungs-Gerät« wach, einer Erfindung, die ihm laufend kaltes Wasser auf den Kopf tropfen ließ. In späteren Jahren erfand er ein Gerät, das ihm das Lesen unter Wasser erlaubte, und er wäre dann einmal beinahe ertrunken, als er zur Lektüre eines schönen Buches in der Badewanne untertauchte.

WIE WIR GLEICH sehen werden, hatte Galtons Begeisterung für Messungen und seine Erfindungsgabe gräßliche Konsequenzen. Aber man muß ihm einen bemerkenswerten Beitrag zur Statistik und zum Risikomanagement zugute halten. Wie bei Cardano, so zeitigte die Hartnäckigkeit, mit der er seine Ideen experimentell durchtestete, auch bei ihm neue theoretische Erkenntnisse in der Statistik, obwohl er primär gar nicht nach neuen Theorien suchte.

Galton führt uns in die Alltagswelt, wo Menschen atmen, schwitzen, kopulieren und konkret über die Zukunft grübeln. Hier sind wir weit entfernt von Spieltischen und Sternenhimmeln, derer sich frühere Mathematiker zur Beweisführung bedienten. Galton nahm die Theorien, wie er sie vorfand; er wollte herausfinden, wie sie funktionieren.

Obwohl Galton nie auf Jakob Bernoulli verwies, spiegeln seine Studien doch Bernoullis Überzeugung, daß die Wahrscheinlichkeitstheorie ein wichtiges Instrument zur Erforschung von Krankheiten, Geistesschärfe und körperlicher Beweglichkeit darstellt. Und er folgt den Fußstapfen von Graunt und Price, deren Hauptaugenmerk eher der Organisation der menschlichen Gesellschaft als den Naturwissenschaften galt. Was Galton und diese anderen Forscher dabei in Erfahrung brachten, schuf schlußendlich das heutige, komplexe Instrumentarium zur Kontrolle und Berechnung des Risikos in Wirtschaft und Finanzen.

GALTON WUCHS in einem Ambiente von Wohlstand und regem Geistesleben auf. Sein Großvater Erasmus Darwin zählte zu den berühmtesten Ärzten seiner Zeit und verfolgte außerhalb der Medizin noch viele andere Interessen. Er erfand eine Fähre, die, statt wie bisher von Tieren gezogen zu werden, maschinell betrieben war sowie ein Spülklosett; er experimentierte mit Windmühlen und Dampfmaschinen; außerdem schrieb er das Buch *The Loves of the Plants*, ein Gedicht, das in 2000 Versen mit wissenschaftlichem Detail die Reproduktionsprozesse zahlreicher Pflanzen beschrieb. Im Alter von 65 Jahren veröffentlichte Erasmus Darwin 1796 das zweibändige Werk *Zoonomia, or the*

Theory of Generations, das zwar drei Auflagen erlebte, jedoch in wissenschaftlichen Kreisen wenig Eindruck machte, weil es zwar reich an Theorie, doch arm an Fakten war. Dennoch ist eine auffällige Ähnlichkeit mit der *Entstehung der Arten* zu konstatieren, dem Werk, das Erasmus' noch berühmterer Enkel Charles Darwin 63 Jahre später publizierte.

Als Vierjähriger behauptete Galton, jedes Buch in englischer Sprache lesen zu können. Er gab an, »außer 52 Versen von lateinischen Gedichten sämtliche lateinischen Substantive und Adjektive und aktiven Verben« aufsagen und Multiplikationen mit 2, 3, 4, 5, 6, 7 und 10 ausführen zu können.[6]

Mit 16 Jahren nahm er in Birmingham das Medizinstudium auf, kommentierte die Visiten in den Krankensälen und die Autopsien allerdings mit den Worten: »Horror–Horror–Horror!«[7] Als Charles Darwin ihm den Rat gab, sich »wie ein brennendes Haus ans Mathematikstudium zu machen«, reiste Galton nach Cambridge, um Mathe und Altphilologie zu studieren.[8]

Galton war 22 Jahre alt, als sein Vater starb und allen sieben überlebenden Kindern eine substantielle Erbschaft hinterließ. Galton befand, daß er nun ganz und gar nach seinen eigenen Vorstellungen und Wünschen leben könne und gab das Universitätsstudium bald danach auf. Angeregt durch Darwins Reise zu den Galapagos-Inseln, unternahm er seine erste Expedition nach Afrika, indem er per Schiff nilaufwärts fuhr und dann auf dem Kamelrücken nach Khartum weiterritt – eine Entfernung von insgesamt rund 1700 Kilometern. Sein Afrikabuch von 1853 trug ihm die Mitgliedschaft der Royal Geographic Society ein, die ihn außerdem mit ihrer Goldmedaille auszeichnete; damit war er bei der wissenschaftlichen Kommunität akzeptiert. 1856 ernannte ihn die Royal Society zum Fellow.

Von der zweiten Afrikareise im Alter von 27 Jahren kehrte Galton »mit ziemlich verbrauchter Gesundheit« zurück; Grund war eine Kombination von physischer Erschöpfung und Depressionsschüben, die ihn während des ganzen restlichen Lebens häufig, wenngleich immer nur kurz heimsuchten. Er bezeichnete sich gelegentlich als Menschen mit einem »verstauchten Gehirn«.[9]

GALTON WAR ein Amateurwissenschaftler mit besonderem Interesse an der Erbforschung; Industrie und Wirtschaft waren ihm dagegen völlig gleichgültig. Seine Untersuchungen zum »durchschnittlichen Idealtyp des Sohns«, zum »Elterntyp« und »durchschnittlichen Ahnentyp« brachten ihn jedoch auf eine statistische Entdeckung, die für Prognosen und Risikomanagement von größter Bedeutung sind.

Die Erbanlagenforschung befaßt sich mit der Übertragung von Schlüsselmerkmalen wie Intelligenz, Augenfarbe, Körpergröße und Verhalten von Generation zu Generation. Sie nimmt Außenseiter wahr – Personen, deren Charakteristika nicht der Norm entsprechen –, achtet jedoch mehr auf die Neigung aller Mitglieder einer Spezies, einander ziemlich gleich zu sehen. Und in dieser Tendenz zur Homogenität – der Tendenz, daß der Durchschnitt dominiert – liegt ein statistisches Hilfsmittel verborgen, das für viele Aspekte des Risikomanagements relevant ist.

Es war das primäre Ziel Galtons zu erfahren, wie in bestimmten Familien – einschließlich der Darwins und keineswegs zufällig auch der Bernoullis – sich von Generation zu Generation eine hohe Begabung hält. Galton hatte die persönliche Hoffnung, solche Talentfortdauer in den eigenen Nachkommen zu erleben; es kam aber so, daß seine eigene wie die Ehen all seiner Brüder und einer Schwester kinderlos blieben. Er wollte unter den Angehörigen der Familien, die er als höchst talentiert einstufte, insbesondere »herausragend edle Naturen« identifizieren.

Diesem Forschungsbereich gab er 1883 den Namen »Eugenik«, ein Begriff, dessen altgriechische Wurzel »gut« oder »wohl« bedeutet. Die Bedeutung, welche ein halbes Jahrhundert später die Nazis diesem Begriff gaben, war mit der Vernichtung von Millionen Menschen verbunden, die sie als bar jeder Begabung oder bar jeglichen Wertes abklassifizierten.

Ob Galton für diesen bösen Ausgang verantwortlich gemacht werden sollte, ist Gegenstand einer lebhaften Debatte gewesen. Bei ihm persönlich läßt sich nichts erkennen, was darauf schließen ließe, daß er derart barbarische Maßnahmen gebilligt hätte. Für ihn war eine Gesellschaft gut, die sich verpflichtet sah, »hochbegabte« Individuen unabhängig von Wohlstand, sozialer Klasse oder rassischer Herkunft zu fördern. Er machte den Vorschlag, »Emigranten und Flüchtlinge aus anderen Ländern« nach Großbritannien einzuladen und ihre Nachkommen zu ermutigen, die britische Staatsbürgerschaft anzunehmen. Er scheint aber gleichzeitig nach Möglichkeiten geforscht zu haben, die Fortpflanzung von weniger begabten oder von kranken Menschen einzuschränken; er wies darauf hin, daß die gute Gesellschaft auch eine Gesellschaft sein würde, »wo die Schwachen in zölibatären Klöstern oder Konventen Willkomm und Zuflucht finden würden.«[10]

Ganz abgesehen von dem Gebrauch, den andere von Galtons eugenischen Forschungen gemacht haben, reicht ihre Bedeutung weit über den engen Fragenkomplex hinaus, der ihn persönlich beschäftigte. In einem Wort: Sie verlieh dem Gemeinplatz neue Glaubwürdigkeit, daß Vielfalt die Würze des Lebens ist. Als Enobarbus Cleopatra würdigte, hat er bemerkt: »Das Altern kann sie nicht verwelken, noch kann ihre unendliche Mannigfaltigkeit durch Gewöhnung schal werden.« Obwohl stets dieselbe Frau, war sie abwechselnd Geliebte, Freundin, heiß, kalt, Verführerin, Feindin, unterwürfig und fordernd. Eine Person kann vieles sein.

Wir können jeden einzelnen der heute 5,5 Milliarden lebenden Menschen als Einzelperson identifizieren. In den Wäldern des US-Staates Vermont stehen unzählige Eichen, doch man könnte keine einzige von ihnen für eine Birke oder eine Schierlingstanne halten. General Electric und Biogen sind beide an der New Yorker Börse geführte Aktien, aber jede ist von gänzlich anderen Risikoarten betroffen.

Welche von den vielen Erscheinungen der Cleopatra, von den Milliarden heute lebender Menschen, von den Eichen, Birken und Schierlingstannen in Vermont, von den Aktien an der New Yorker Börse ist das prototypische Exemplar der Art? Wie stark weichen die Angehörigen jeder Art voneinander ab? Wie stark unterscheidet sich ein Kind in Uganda von einem alten Mann in Stockholm? Sind die Variationen systematischer Natur oder bloß Ergebnis von Zufallseinflüssen? Und noch einmal: Was verstehen wir überhaupt unter »normal«?

Bei seiner Suche nach der Antwort auf solche Fragen erwähnt Galton die frühen Mathematiker kaum, und er ignoriert auch Statistiker wie Graunt und Simpson. Dagegen zitiert er eingehend empirische Untersuchungen, die in den 1820er und 1830er Jahren von dem belgischen Statistiker Lambert Adolphe Jacques Quetelet durchgeführt wurden. Quetelet, ein hartnäkkiger Erforscher von gesellschaftlichen Verhältnissen, war zwanzig Jahre älter als Galton und genauso vom Messen besessen wie Galton auch.[11]

ALS QUETELET den ersten naturwissenschaftlichen Doktortitel erhielt, den die neugegründete Universität Gent verlieh, war er erst 23 Jahre alt und hatte doch bereits ein Kunststudium hinter sich, Lyrik verfaßt und an einer Oper mitgearbeitet.

Stephen Stigler, der die Geschichte der Statistikwissenschaft erforscht hat, bemerkt, daß Quetelet »nicht nur Wissenschaftler, sondern auch ein Wissenschaftsunternehmer« gewesen ist.[12] Er war an der Gründung mehrerer statistischer Gesellschaften einschließlich der Royal Statistical Society in London und des Internationalen Statistiker-Kongresses beteiligt und über viele Jahre als Regionalkorrespondent des Statistischen Amtes der belgischen Regierung tätig. Und obwohl er nur über bescheidene Kenntnisse in der Astronomie verfügte, übernahm er um 1820 die Leitung einer Bewegung zur Gründung eines neuen Observatoriums in Belgien. Nachdem es gegründet worden war, überzeugte er die Regierung, ihm einen dreimonatigen Aufenthalt in Paris zu ermöglichen, damit er Astronomie und Meteorologie studieren und lernen könnte, wie man ein Observatorium führt.

Während seines Pariser Aufenthalts begegnete er vielen führenden französischen Astronomen und Mathematikern, von denen er auch einiges über Wahrscheinlichkeitsrechnung lernte. Möglicherweise ist er sogar dem damals 74jährigen Laplace begegnet, der gerade den letzten Band seines Hauptwerks *Mécanique céleste* abschloß. Die Wahrscheinlichkeit war ein Thema, das Quetelet faszinierte. Er hat später drei einschlägige Bücher geschrieben, das letzte im Jahre 1853. Im übrigen machte er vom in Paris Gelernten guten – und nutzbringenden – Gebrauch.

Obwohl Quetelet nach der Rückkehr aus Paris am Brüsseler Observatorium arbeitete, befaßte er sich auch mit Forschungen zur französischen Bevölkerungsstatistik; er begann die Volkszählung des Jahres 1829 vorzubereiten. Zwei Jahre zuvor veröffentlichte er eine Monographie über »Forschungen zu Fragen in Hinblick auf Bevölkerung, Geburten, Todesfälle, Gefängnisse, Armenhäuser etc. im Königreich der Niederlande«, in der er die gängigen Methoden des Sammelns und Analysierens von Fakten zur Sozialstatistik kritisierte. Quetelet wollte eine Methode anwenden, die Laplace bereits in den 1780er Jahren für eine Schätzung der französischen Bevölkerung entwickelt hatte. Diese Methode erforderte eine willkürliche Stichprobe aus einer sehr verschiedenartigen Gruppe von dreißig Départements; die Stichprobe sollte dann als Grundlage zur Schätzung der Gesamtbevölkerung verwendet werden.

Von dieser Idee wurde Quetelet dann jedoch von einem Kollegen rasch abgebracht. Es gab da nämlich die Schwierigkeit, daß die für die Volkszählung verantwortlichen französischen Beamten unmöglich wissen konnten, wie repräsentativ ihre Stichprobe wäre. Jede Region hatte ihre besonderen Bräuche und Konventionen, die die Geburtenziffer beeinflußten. Wie bereits Halley und Price entdeckt hatten, konnte der Repräsentativwert einer Erhebung selbst in einem kleinen Gebiet durch Bevölkerungsbewegungen verändert werden. Quetelet fand in der französischen Gesellschaftsstruktur eine zu große Vielfalt, als daß irgendwer auf der Basis einer begrenzten Stichprobe Verallgemeinerungen schlußfolgern konnte. Man entschied sich daher für einen vollständigen Zensus.

Aufgrund dieser Erfahrung nahm Quetelet soziale Messungen vor. Er wollte solche Unterschiede zwischen Menschen und Regionen erklären – woher rührt die Vielfalt, die die Würze bringt? Falls die Unterschiede zufälliger Natur wären, müßten die Daten bei allen Stichproben in etwa gleich ausfallen, falls es sich um systemische Unterschiede handelte, müßte jede Stichprobe anders ausschauen.

Dieser Gedanke veranlaßte Quetelet zu einer wahren Orgie des Messens, die Stigler folgendermaßen schildert:

> Er untersuchte Geburts- und Sterberaten nach Monaten und Städten, nach Temperatur und Tageszeit ... Er erforschte die Sterblichkeit nach Alter, nach Beruf, nach Wohnort, nach Jahreszeit, in Gefängnissen und in Krankenhäusern. Er berücksichtigte ... Körpergröße, Gewicht, Wachstumsrate und Stärke ... [und begann] Statistiken über Trunkenheit, Wahnsinn, Selbstmorde und Verbrechen aufzustellen.[13]

Das Resultat war eine Abhandlung über den Menschen und die Entwicklung seiner Fähigkeiten, das zuerst 1835 auf Französisch und später in englischer Übersetzung erschien. Der französische Ausdruck, den Quetelet für »Anlagen« wählte, lautete »*physique social*«. Das Buch begründete seinen wissenschaftlichen Ruf. Der Verfasser einer dreiteiligen Rezension in einer führenden Gelehrtenzeitschrift bemerkte: »Wir erachten das Erscheinen dieser Bände als ein epochebildendes Ereignis der literarischen Kulturgeschichte.«[14]

Das Buch enthielt mehr als bloß trockene Statistiken mit schwerlastigen Kommentierungen. Quetelet versorgte es mit einem Helden, der bis zum heutigen Tage weiterlebt: *L'homme moyen*, der Durchschnittsmensch – eine Erfindung, die die Fantasie der Öffentlichkeit beschäftigte und Quetelets ohnehin wachsenden Ruhm mehrte.

Quetelets Plan ging dahin, die Merkmale des *durchschnittlichen* Mannes (bzw., in manchen Aspekten, der Durchschnittsfrau) zu definieren, der dann das Modell der spezifischen Gruppe bildete, aus der er abgeleitet war, seien es nun Verbrecher, Trinker, Soldaten oder Tote. Quetelet mutmaßte sogar: »Falls ein Individuum irgendeiner Periode der Gesellschaft sämtliche Eigenschaften des Durchschnittsmenschen besäße, so würde er alles verkörpern, was großartig, gut oder schön ist.«[15]

Diese Meinung fand keineswegs nur Beifall. Einer der schärfsten Kritiker Quetelets war Antoine-Augustin Cournot, ein berühmter Mathematiker und Ökonom, eine Autorität auf dem Gebiet der Wahrscheinlichkeitstheorie. Sofern wir uns nicht an die Wahrscheinlichkeitsregeln halten, gab Cournot zu bedenken, »können wir keine klare Vorstellungen von der Genauigkeit von Messungen bekommen, die in den Beobachtungswissenschaften gemacht werden ... oder von den Verhältnissen, die zum Erfolg geschäftlicher Unternehmungen führen«.[16] Cournot spottete über den Begriff vom Durchschnittsmenschen. Er argumentierte: Ein Durchschnitt von allen Seiten einer Gruppe rechtwinkliger Dreiecke würde kein rechtwinkliges Dreieck sein, und ein völlig durchschnittlicher Mensch würde kein Mensch sein, sondern eine Monstrosität.

Quetelet ließ sich nicht beirren. Er war überzeugt, daß er den Durchschnittsmenschen aller Epochen, Berufe, Gebiete oder ethnischen Gruppen bestimmen könnte. Er behauptete zudem, eine Methode für die Vorausbestimmung finden zu können, warum ein gegebenes Individuum zu der einen statt zu einer anderen Gruppe gehörte. Das war ein neuer Schritt, bis dahin hatte es noch niemand gewagt, Ursache und Wirkung mit Hilfe von Mathematik und Statistik zu unterscheiden. »Wirkungen sind den Ursachen proportional«, schrieb er, um die folgenden Worte kursiv zu setzen: »*Je größer die Anzahl der beobachteten Personen, um so mehr werden Besonderheiten, seien sie physischer oder sittlicher Natur, ausgelöscht, so daß die allgemeinen Faktoren dominieren, dank derer die Gesellschaft besteht und sich erhält.*«[17]

Quetelets Untersuchung von Ursachen und Wirkungen bietet eine faszinierende Lektüre. So hat er beispielsweise eine umfangreiche Analyse von Faktoren durchgeführt, die die Rate der Überführungen bei Angeklagten beeinflussen. Von der Gesamtheit der Angeklagten wurde ein Durchschnitt von 61,4% für schuldig befunden; doch lag die Wahrscheinlichkeit eines Schuldspruchs bei kriminellen Handlungen gegen Personen unter 50%, während die Wahrscheinlichkeit bei Eigentumsdelikten über 60% lag. Wenn die Anklage einer Frau über 30 galt, die lesen und schreiben konnte und eine gute Bildung hatte und sich freiwillig stellte, statt davonzulaufen, lag die Wahrscheinlichkeit eines Schuldbeweises unter 61,4%. Quetelet versuchte auch herauszufinden, ob Abweichungen vom 61,45%igen Durchschnitt signifikant oder zufällig waren. Er suchte in den Prozessen gegen die Unmoralischen nach moralischer Gewißheit.

Quetelet erblickte die Gaußschen Glockenkurven, überall wo er hinschaute, und es war fast immer so, daß sich die »Fehler« bzw. Abweichungen vom Mittelwert gehorsamst gemäß der Vorhersagen von Laplace und Gauß verteilten und sich ganz normal symmetrisch auf beiden Seiten des Mittelwerts ordneten. Diese so hübsch ausgewogenen Formationen mit dem Mittelwert oben überzeugte Quetelet, daß sein so heißgeliebter Durchschnittsmensch tatsächlich nachgewiesen war. Diese Annahme lag allen Schlußfolgerungen zugrunde, die er aus seinen statistischen Untersuchungen entwickelte.

So nahm Quetelet beispielsweise bei 5 739 schottischen Soldaten die Brustkörpermaße. Er dachte sich für die Gruppe eine Normalverteilung aus und verglich sodann das tatsächliche mit dem theoretischen Ergebnis. Dabei ergab sich eine nahezu perfekte Übereinstimmung.[18]

Daß die Gaußsche Glockenkurve in der ganzen Natur präsent ist, war bereits nachgewiesen worden; nun schien sie auch in den Gesellschaftsstrukturen und menschlichen Körpereigenschaften verankert zu sein. Quetelet schloß daher messerscharf, daß die nahezu vollkommene Erfüllung der Glockenkurve bei den schottischen Soldaten signalisierte, daß die Abweichungen vom Durchschnitt eher zufällig als Resultat von irgendwelchen systematischen Unterschieden innerhalb der Gruppe waren. Mit anderen Worten: Die Gruppe war wesentlich homogen, und der durchschnittliche schottische Soldat war absolut repräsentativ für alle schottischen Soldaten. Cleopatra war vor allem eine Frau.

Es gab da allerdings eine Untersuchung Quetelets, die eine keineswegs perfekte Übereinstimmung mit der Glockenkurve erbrachte. Bei seiner Studie der Körpergröße von 100 000 französischen Wehrpflichtigen zeigte sich, daß zu viele von ihnen in die kleinste Gruppe fielen, um die Verteilung normal erscheinen zu lassen. Da eine zu geringe Körpergröße ein Grund für die Freistellung vom Militärdienst war, behauptete Quetelet daraufhin, daß die Messungen durch Betrug entstellt worden sein mußten, um Drückebergern zu helfen.

Cournots Bemerkung, daß der Durchschnittsmensch so etwas wie eine Monstrosität wäre, ist Ausdruck seiner Bedenken, die Wahrscheinlichkeitstheorie auch auf gesellschaftliche Phänomene anzuwenden. Er wies darauf hin, daß Menschen sich in eine verwirrende Zahl von Klassifikationen gliedern lassen. Quetelet glaubte, daß ein normalverteiltes Muster von menschlichen Messungen bloß zufällige Divergenzen in der Stichprobe der untersuchten Personen offenbarte. Cournot dagegen hegte den Verdacht, daß diese Abweichungen mitnichten zufälliger Natur seien. Man bedenke beispielsweise, wie sich die Zahl der Geburten männlicher Kinder irgendeines beliebigen Jahres gliedern ließe: nach dem Alter der Eltern, nach geographischen Gesichtspunkten, nach Wochentagen, nach ethnischer Herkunft, Gewicht, Schwangerschaftsdauer, Augenfarbe oder Länge der Mittelfinger, um nur einige wenige Möglichkeiten zu erwähnen. Wie sollte man mit Zuversicht feststellen können, welches Baby das *Durchschnitts*baby ist? Laut Cournot läßt sich unmöglich bestimmen, welche Daten signifikant und welche bloße Zufallsergebnisse sind. »Die gleichen Divergenzen in der Größe könnten zu vielen unterschiedlichen Beurteilungen Anlaß geben.«[19] Was Cournot nicht erwähnte, heutigen Statistikern aber sehr wohl bekannt ist, ist beispielsweise das Faktum, daß die meisten menschlichen Körpermaße auf unterschiedliche Ernährung zurückgehen – und das bedeutet wiederum, daß sie auch Unterschiede im sozialen Status widerspiegeln.

Die Praxis, die Cournots Mißtrauen erregte, wird von heutigen Statistikern als Frisieren von Daten bezeichnet. Wenn man die Daten nur lang genug foltert, so sagen diese Wissenschaftler, werden die Zahlen am Ende den gewünschten Beweis belegen. Nach Cournots Auffassung bewegte Quetelet sich auf gefährlichem Terrain, als er aus einer begrenzten Menge von Beobachtungen so umfassende Verallgemeinerungen zog; denn eine zweite Folge von Beobachtungen über eine gleich große, andere Gruppe würde mit der gleichen Wahrscheinlichkeit ein anderes Muster ergeben.

Es ist zweifellos so, daß Quetelet sich aufgrund seines besessenen Glaubens an die Normalverteilung zu ungerechtfertigt großspurigen Thesen verleiten ließ. Trotzdem hatten seine Forschungen damals immensen Einfluß. Der berühmte Mathematiker und Ökonom Francis Ysidro Edgeworth hat in späterer Zeit den Begriff »Quetelismus« geprägt, um den immer populäreren Hang anzudeuten, Normalverteilungskurven in Bereichen zu entdecken, wo sie entweder überhaupt nicht existieren oder aber nicht den Bedingungen entsprechen, die die echten Normalverteilungen definieren.[20]

ALS GALTON 1863 mit Quetelets Arbeiten bekannt wurde, war er tief beeindruckt. »Ein Durchschnitt ist nur ein Einzelfaktum«, so schrieb er. »Wenn hingegen auch nur ein einziges weiteres Faktum hinzukommt, das dem bereits beobachteten annähernd entspricht, so entsteht potentiell ein komplettes Normalschema. Manche Leute hassen schon den Begriff ›Statistik‹, für mich ist er voller Schönheit und Faszination.«[21]

Galton war entzückt von Quetelets Entdeckung, daß »das äußerst merkwürdige theoretische Gesetz von der Abweichung vom Durchschnitt« – die Normalverteilung – überall und insbesondere bei Körpergrößen- und Brustkörpermessungen zutage trat.[22] Galton selbst hatte die Gaußsche Glockenkurve in den 7634 Abschlußnoten von Mathematikstudenten in Cambridge festgestellt, die vom höchsten Wert bis »zu kaum mehr aussprechbaren Tiefen«[23] reichten. Ähnliche statistische Muster fand er in den Prüfungsnoten von Bewerbern für das Studium an der Königlichen Militärakademie in Sandhurst.

Was Galton an der Gaußschen Glockenkurve am meisten beeindruckte, war der damit gegebene Hinweis, daß bestimmte Daten zusammengehörten und insofern als relativ homogene Einheit untersucht werden konnten. Demzufolge wäre aber auch das Gegenteil wahr: Das Ausbleiben einer Normalverteilung würde auf »unähnliche Systeme« hindeuten. Galton betonte nachdrücklich: »Diese Annahme hat sich noch nie als falsch erwiesen.«[24]

Doch Galtons Interesse galt den Unterschieden und nicht der Homogenität – Cleopatra und nicht der Frau an sich. In der Entwicklung seines neuen Forschungsgebiets, der Eugenik, suchte er sogar innerhalb von Gruppen, deren meßbare Charakteristika allem Anschein nach in eine Normalverteilung fielen, nach Unterschieden. Er verfolgte das Ziel, Menschen nach »natürlichen Fähigkeiten« zu klassifizieren, und damit meinte er

> ... jene Eigenschaften des Geistes und der Veranlagung, welche einen Menschen zu Taten drängen und geeignet sind, Ansehen zu begründen ... Ich meine eine Natur, die, sich selbst überlassen, durch einen ihr innewohnenden Anreiz getrieben wird, den Pfad zu erklimmen, der zu Bedeutendem führt, und die Kraft besitzt, den Gipfel zu erklimmen .... Menschen, die eine herausragende Position erreichen, sind weitgehend identisch mit denen, die von Natur aus befähigt sind.[25]

Galton begann mit Fakten. Von 1866 bis Ende 1869 sammelte er Unmengen von Fakten, um nachzuweisen, daß Talent und herausragende Leistung erblich bedingt seien. Anschließend faßte er seine Funde in seinem bedeutendsten Buch zusammen: *Genie und Vererbung.* (Es enthält auch einen Anhang zu Quetelets Arbeiten und außerdem Galtons bissige Definition vom typischen, stachligen Charakter der Bernoulli-Familie). Das Werk bietet zunächst eine Schätzung des Anteils der Gesamtbevölkerung, der nach Galtons Auffassung das Attribut »bedeutend« verdiente. Auf der Grundlage der Nekrologe in der Londoner Times und der Beiträge eines biographischen Handbuches errechnete er, daß unter Engländern oberhalb mittleren Alters herausragende Bedeutung in einer Proportion von 1 zu 4000 auftrat; dementsprechend hätten in England damals 5000 bedeutende Menschen gelebt.

Wenngleich Galton offen zu verstehen gab, daß ihm persönlich an einer Beschäftigung mit unterdurchschnittlich begabten Menschen nicht gelegen sei, hat er die Anzahl der »Idioten und Schwachsinnigen« unter den zwanzig Millionen Briten doch auf 50000 geschätzt, d.h. auf 1:400 – womit er ihre Gruppe für zehnmal größer hielt als die Elite der bedeutenden Bürger.[26] Und im Grunde interessierte er sich ja für sie. »Ich bin gewiß«, so schloß er, daß niemand »die Existenz von großartigen menschlichen Tieren anzweifeln kann, von vornehmlich edlen Naturen, von Individuen, die dazu geboren sind, Menschenkönige zu sein.«[27] Es war keineswegs so, daß Galton »sehr starke Frauen« ignoriert hätte, doch kam er zu der Überzeugung, daß »solch begabte Frauen, möglicherweise zum Trost des anderen Geschlechtes, selten sind«.[28]

Galton war überzeugt: Wenn Körpergröße und Brustumfang Quetelets Hypothesen entsprachen, so mußte sich Gleiches für Kopfgröße, Hirngewicht und Nervenfasern bewahrheiten – ebenso wie für Geistesgaben. Er demonstrierte, wie schön Quetelets Resultate sich mit seinen eigenen Einschätzungen der Spannweite von Bedeutung und Rang an dem einen und Schwachsinn am anderen Ende der britischen Bevölkerung deckte. Er gelangte zu dem »unbestreitbaren, wenngleich unerwarteten Schluß, daß die herausragend begabten Männer in gleicher Weise über das Mittelmaß hinaus erhoben sind wie Schwachsinnige darunter gedrückt sind«.[29]

Doch über das alles hinaus wollte Galton beweisen, daß nicht »die Kinderstube, die Schule, die Universität [oder] Berufskarrieren«[30], sondern *einzig und allein* das Erbgut der Quell besonderer Talente war. Und das Erbgut war anscheinend wirklich wichtig; jedenfalls innerhalb der von Galton abgesteckten Parameter. So fand er beispielsweise heraus, daß in der näheren Verwandtschaft von 286 Richtern Vater, Sohn oder Bruder im Verhältnis von eins zu neun ebenfalls Richter war – eine weitaus höhere Quote, als in der Gesamtbevölkerung anzutreffen war. Ferner entdeckte er, daß – noch besser – viele Familienangehörige von Richtern zudem Admiräle, Generäle, Romanschriftsteller, Dichter und Ärzte waren.* (Geistliche wurden von Galton ausdrücklich nicht in die Kategorie der bedeutenden Persönlichkeiten aufgenommen.) Er mußte zu seiner großen Enttäuschung feststellen, daß seine »Finger-

* Cardano wäre von Galton mit Sicherheit als bedeutender Mann eingestuft worden; aber was hätte er bloß von Cardanos katastrophalem Nachwuchs gehalten? Da punktete Gauß, auch ein bedeutender Mann, wesentlich besser. Er zeugte fünf Kinder, die überlebten, darunter einen Sohn, der ein renommierter Ingenieur wurde, zwei Söhne, die in die Vereinigten Staaten auswanderten (teils um dem Einfluß des dominierenden Vaters zu entkommen) und erfolgreiche Unternehmer wurden, und einen Sohn, der eine große Sprachbegabung, ein Glücksspieler und ein tüchtiger Mathematiker war.

zeichen« keine Unterschiede zwischen bedeutenden Persönlichkeiten und »erblichen Schwachköpfen« zu erkennen gaben.[31]

Galton mußte aber auch entdecken, daß bedeutende Eigenschaften nicht von langer Dauer sind. Er stellte fest, daß von den Söhnen bedeutender Männer nur 36% auch selber bedeutend waren, und noch schlimmer: Von den Enkeln schafften es gerade noch 9%. Er versuchte, das Aussterben von Größe in den Familien mit dem Hinweis auf die Neigung der Söhne zu erklären, reiche Erbinnen zu heiraten. Warum sollte man ihnen das vorhalten? Weil reiche Erbinnen aus unfruchtbaren Familien stammen müssen, so behauptete er, denn falls sie aus kinderreichen Familien gekommen wären und den Reichtum der Familie mit vielen Geschwistern hätten teilen müssen, wäre ihre Erbschaft nicht groß genug gewesen, um sie als große Erbinnen einzustufen. Das war nun allerdings ein wundersames Argument angesichts der reichen Verhältnisse, in denen Galton lebte, obwohl er das Erbe seines Vaters mit sechs Geschwistern hatte teilen müssen.

NACH DER LEKTÜRE des Buches *Genie und Vererbung* teilte Charles Darwin Galton mit: »Ich glaube, daß ich in meinem ganzen Leben nichts Interessanteres und Eigenständigeres gelesen habe ... ein denkwürdiges Werk.«[32] Darwin ermunterte ihn, seine statistischen Untersuchungen von Erbeigenschaften fortzusetzen; doch dazu bedurfte es für Galton keiner großen Ermutigung. Er war längst damit beschäftigt, die Eugenik als wissenschaftliche Disziplin aufzubauen, und darauf erpicht, die Spitze der Menschheit zu entdecken und für deren Erhaltung zu sorgen. Er wollte, daß die Besten mehr Nachkommen zeugten und daß die Minderbegabten sich in Zurückhaltung übten.

Doch stand ihm dabei das Gesetz der Abweichung vom Mittelwert widerspenstig im Weg. Er mußte irgendwie eine Möglichkeit finden, um Unterschiede *innerhalb* der Normalverteilung zu erklären. Und er kam zu der Erkenntnis, daß ihm das nur dann möglich wäre, wenn er herausbekäme, warum die

Daten überhaupt eine Normalverteilungskurve bilden. Diese Aufgabe führte ihn wiederum zu einer außerordentlichen Entdeckung, die uns bis heute in den meisten, kleinen wie großen Entscheidungen beeinflußt.

Über seinen ersten Schritt in dieser Richtung berichete Galton 1875 in einem Artikel, der die allgegenwärtige symmetrische Verteilung um den Mittelwert als eventuelles Ergebnis von Einflüssen erklärte, die selber gemäß einer Normalverteilung geordnet sind; als Ergebnis von Einflüssen, die zunächst äußerst selten sind, sich zu großer Frequenz entwickeln und dann gegenläufig wieder seltener werden. Und innerhalb jedes einzelnen Einflusses, so argumentierte Galton, gäbe es eine ähnliche Entwicklung von minimalen bis extrem starken und danach wieder abflachenden Einflüssen. Im Kern lief seine Überlegung darauf hinaus, daß »moderate« Einflüsse viel häufiger auftreten als extreme – gute wie schlechte.

Diese Idee führte Galton der Royal Society um 1874 mit Hilfe eines Apparats vor, den er als Quincunx (Fünferding) bezeichnete.[33] Dieses Quincunx erinnerte stark an einen auf den Kopf gestellten Flipper. Es hatte einen engen Hals, wie bei einer Sanduhr, und in diesem Bereich steckten etwa zwanzig Nadeln. Am unteren Ende, wo das Quincunx am breitesten war, befand sich eine Reihe von kleinen Fächern. Wenn man Kügelchen durch den Hals plumpsen ließ, trafen sie ganz willkürlich die Nadeln und verteilten sich auf klassisch Gaußsche Manier auf die Fächer – die meisten häuften sich in der Mitte, kleinere Mengen rechts und links davon, und zu den Grenzen hin wurden es zunehmend weniger.

Im Rahmen einer wichtigen Vorlesung zum Thema »Typische Gesetze der Vererbung« führte Galton ein neues Modell seines Quincunx vor. (Ob er auch persönlich eins gebaut hat, ist uns nicht bekannt.) Dieses Modell enthielt eine Fächerreihe auf etwa halber Höhe. Als die Kügelchen durch den Hals des Quincunx schossen, gruppierten sie sich dort auf die gleiche Weise wie beim ersten Modell ganz unten. Wenn dann ein x-beliebiges Fach dieser Reihe auf halber Höhe geöffnet wurde, fielen die Kügelchen, die sich in ihm gesammelt hatten, auf die untere Fächerreihe hinunter, wo sie sich – Sie haben ganz richtig vermutet – im Sinne der üblichen Normalverteilung streuten.

Das war eine Entdeckung von allergrößter Bedeutung. Jede Gruppe – mag sie auch noch so klein, noch so abgetrennt und unterschiedlich sein von einer anderen Gruppe – hat die Tendenz, sich im Sinne der Normalverteilung zu ordnen, so daß die meisten Beobachtungen im Zentrum oder, um den gebräuchlichen Ausdruck zu verwenden, auf dem Durchschnitt landen. Wenn all diese Gruppen zu einer verschmolzen sind, arrangieren sich die Kügelchen, wie Quincunx I demonstrierte, ebenfalls zu einer Normalverteilung. Die Gesamtnormalverteilung ist deshalb ein Durchschnitt der Durchschnitte der kleineren Untergruppen.

Quincunx II demonstrierte auf maschinelle Weise einen Gedanken, den Galton im Verlauf eines Experiments entdeckt hatte, das auf eine Anregung Darwins zurückging. Dieses Experiment erfolgte ohne Zuhilfenahme von Würfeln, Sternen und Menschen. Es wurden Ackerwicken-Erbsen verwendet. Ackerwicken sind widerstandsfähige Pflanzen, die sich stark vermehren und nur eine geringe Neigung zeigen, sich kreuzweise zu befruchten. Die Wickenerbsen jeder Schote sind im Grunde gleich groß. Nachdem Galton Tausende von Wickenerbsen gewogen und gemessen hatte, schickte er je zehn Exemplare aus sieben verschiedenen Gewichtskategorien an neun Freunde, darunter auch Darwin, die über die Britischen Inseln verstreut wohnten, mit der Anweisung, sie unter genau angegebenen Bedingungen zu pflanzen.

Nach Analyse der Ergebnisse berichtete Galton, daß die Nachkommenschaft der sieben unterschiedlichen Gruppen sich nach Gewicht auf exakt die Art und Weise gereiht hatten, wie es der Quincunx vorhergesagt hätte. Die Nachkommenschaft jeder Detailmenge von Exemplaren war normalverteilt, und die Nachkommenschaft von allen sieben Hauptkategorien war ebenfalls normalverteilt. Dieses aussagestarke Resultat war, wie er erklärte, nicht die Folge von »*geringfügigen* Einflüssen in verschiedenen Kombinationen«. (Die Kursivsetzung stammt von Galton.) Es sei vielmehr so: »Die Vererbungsprozesse ... [waren] keine geringfügigen, sondern sehr wichtige Einflüsse.«[34] Da innerhalb einer Gruppe von Menschen nur wenige Personen bedeutend sind, werden von ihren Nachkommen nur wenige bedeutend sein; und da die meisten Menschen durchschnittlich sind, wird ihre Nachkommenschaft durchschnittlich sein. Das Mittelmaß ist immer zahlreicher als hohe Begabung. Die Abfolge von klein-groß-kleinen Verteilungen bei den Ackerwicken gemäß der Normalverteilung war für Galton eine Bestätigung der Dominanz der Herkunft im Charakter der Nachkommen.

Das Experiment zeigte auch noch etwas anderes, wie die folgende Tabelle der Durchmesser von Muttererbsen und ihrer Nachkommenschaft demonstriert.

Durchmesser von Muttererbsen und ihren Früchten[35] (in Hundertstel von Inches)

Mutter	15	16	17	18	19	20	21
Mittlerer Durchmesser von Filialgeneration	15,4	15,7	16,0	16,3	16,6	17,0	17,3

Man beachte, daß die Spannbreite der Durchmesser bei den Muttererbsen größer war als die Skala unter den Nachkommen. Der mittlere Durchmesser der Muttererbsen betrug 0,18 Inches, innerhalb eines Rahmens von 0,15 bis 2,1 Inches oder 0,003 zu beiden Seiten des Mittelwerts. Der Durchmesser der Nachkommenschaft betrug im Schnitt 0,163 Inches innerhalb eines Rahmens von 0,154 bis 0,173 Inches oder nur etwa 0,01 Inches zu beiden Seiten des mittleren Werts. Die Nachkommenschaft hatte insgesamt eine schmalere Verteilung als die Muttererbsen.

Auf der Basis dieses Experiments formulierte Galton ein allgemeines Prinzip, das als Regression oder Reversion zum Durchschnittswert bekanntgeworden ist. »Reversion«, so schrieb er, »ist die Neigung des idealen durchschnittlichen Nachkommentyps, vom Elterntyp abzuweichen, in einer

Rückkehr zu dem, was grob, doch vielleicht fair als der durchschnittliche Muttertyp bezeichnet werden könnte.«[36] Wenn dieser einengende Prozeß nicht am Werke wäre – falls große Erbsen immer größere Erbsen und kleine Erbsen immer kleinere Erbsen zeugen würden –, so würde die Welt nur aus Riesen und Zwergen bestehen. Dann würde die Natur von Generation zu Generation immer verrückter werden, bis sie total aus dem Ruder wäre bzw. sich in Richtung unvorstellbarer Extreme entwickelte.

Galton hat die Resultate in einem Absatz zusammengefaßt, der zu seinen besonders eloquenten Texten gehört:

> Das Kind erbt teils von seinen Eltern, teils von seinen Ahnen ... Je weiter seine Genealogie zurückreicht, desto zahlreicher und vielfältiger wird seine Vorfahrenschaft werden, bis sie schließlich überhaupt nicht mehr von einer gleich zahlreichen Stichprobe differiert, die eine rein zufällige Auswahl von der Rasse insgesamt darstellt ... Dieses Gesetz spricht stark gegen die volle erbliche Übertragung jeglicher Gabe ... Das Gesetz ist ausgewogen; es erhebt die gleiche Erbfolgesteuer auf die Übertragung von Schlechtem ebenso wie von Gutem. Wenn es die übertriebenen Erwartungen hochbegabter Eltern entmutigt, daß ihre Kinder alle ihre positiven Eigenschaften erwerben, so entkräftet es nicht minder übertriebene Befürchtungen, daß sie all ihre Schwächen und Krankheiten erben.[37]

So elegant Galton auch phrasierte – für ihn waren es schlechte Neuigkeiten, die ihn allerdings trotzdem zu weiteren Anstrengungen auf dem Gebiet der Eugenik anspornten. Die Lösung des Problems bestand ganz offensichtlich darin, den Einfluß des »mittleren Ahnentyps« zu maximieren, indem die Produktion von Nachkommenschaft am unteren Ende der Skala eingeschränkt wurde; auf diese Weise würde der linksseitige Teil der Normalverteilungskurve reduziert.

Galton fand weitere Bestätigung für seine Regressionstheorie in einem Experiment, über das er 1885 berichtete – anläßlich seiner Wahl zum Vorsitzenden der British Association for the Advancement of Science. Für dieses Experiment hatte er eine enorme Menge von menschlichen Daten gesammelt; bekommen hatte er sie mittels einer öffentlichen Aufforderung zur Teilnahme, die durch das Angebot einer Belohnung in bar überzeugend wirkte. Sie brachte ihm Beobachtungen über 928 erwachsene Kinder von 205 Elternpaaren ein.

Was dieses Experiment betraf, hatte sich Galton auf Körpergröße bzw. – um den damals üblichen Ausdruck zu verwenden – auf die »Statur« spezifiziert. Er verfolgte eine ähnliche Absicht wie bei seinem Experiment mit den Ackerwicken; er wollte sehen, wie eine spezifische Eigenschaft von Eltern auf Kinder vererbt wurde. Für die Untersuchungszwecke mußte er allerdings die Größendifferenz zwischen Männern und Frauen ausgleichen; dazu multiplizierte er die Größe jeder Frau mit 1,08 und summierte dann die Körpergrößen beider Eltern, um die Summe durch zwei zu dividieren; die daraus resultierende Einheit betitelte er mit »Mitte-Eltern«. Er mußte sich außerdem vorab vergewissern, daß es keine systematische Ehetendenz von hochgewachsenen Männern zu hochgewachsenen Frauen und von kleinen Männern zu kleinen Frauen gab. Seine diesbezüglichen Kalkulationen erschienen ihm »hinreichend genau« für die Annahme, daß solche Tendenzen nicht existierten.[38]

Wie die nebenstehende Tabelle zeigt, zeitigten seine Erhebungen geradezu umwerfende Resultate. Die Diagonalstruktur der Zahlen von links unten nach rechts oben verrät sofort, daß größere Eltern größere Kinder hatten und umgekehrt – das Erbe zählt. Die Häufung der Zahlen zur Mitte hin zeigt, daß unter den Kindern jede Körpergrößen-Gruppe normalverteilt war und daß auch jedes Muster von Kindern jeder elterlichen Körpergrößenkategorie normalverteilt war. Man vergleiche schließlich die letzte rechte Kolumne mit der letzten linken Kolumne. (»Medianwert« bedeutet: Die Hälfte der Gruppe war größer und die Hälfte der Gruppe war kleiner als die gezeigte Zahl.) Die Mitte-Eltern mit der Größe von 68,5 Inches und darüber hinaus hatten allesamt Kinder, deren Medianwert unter der Größe der Mitte-Eltern lag; die Mitteleltern, die kleiner als 68,5 Inches waren, hatten allesamt Kinder, die größer als sie waren. Genau wie bei den Wicken.

Die Beständigkeit der Normalverteilung und das Eintreten

Quer-Tabelle über 928 erwachsene Kinder von 205 Mitte-Eltern, geordnet nach ihrer und der Mitte-Eltern Größe

Größe der Mitte-Eltern (in Inches)	*Größe des erwachsenen Kindes*														*Zahl der erwachsenen Kinder Gesamt*	*Zahl der Mitte-Eltern Gesamt*	*Mittelwerte*
	<61,7	62,2	63,2	64,2	65,2	66,2	67,2	68,2	69,2	70,2	71,2	72,2	73,2	>75,7			
>73,0	–	–	–	–	–	–	–	–	–	–	–	1	3	–	4	5	–
72,5	–	–	–	–	–	–	–	1	2	1	2	7	2	4	19	6	72,2
71,5	–	–	–	–	1	3	4	3	5	10	4	9	2	2	43	11	69,9
70,5	1	–	1	–	1	1	3	12	18	14	7	4	3	3	68	22	69,5
69,5	–	–	1	16	4	17	27	20	33	25	20	11	4	5	183	41	68,9
68,5	1	–	7	11	16	25	31	34	48	21	18	4	3	–	219	49	68,2
67,5	–	3	5	14	15	36	38	28	38	19	11	4	–	–	211	33	67,6
66,5	–	3	3	5	2	17	17	14	13	4	–	–	–	–	78	20	67,2
65,5	1	–	9	5	7	11	11	7	7	5	2	1	–	–	66	12	66,7
64,5	1	1	4	4	1	5	5	–	2	–	–	–	–	–	23	5	65,8
<64,0	1	–	2	4	1	2	2	1	1	–	–	–	–	–	14	1	–
Summen	5	7	21	59	48	117	138	120	167	99	64	41	17	14	928	205	–
Mittelwerte	–	–	66,3	67,8	67,9	67,7	67,9	68,3	68,5	69,0	70,0	–	–	–	–	–	–

(*Aus: Francis Galton, 1886, »Regression Toward Mediocrity in Herditary Stature«*, Journal of the Anthropological Institute Vol. 15, S. 264ff.)

der Regression zum Mittelwert machten es Galton möglich, die Entwicklung mathematisch zu erfassen – etwa den Quotienten, mit dem die größten Eltern tendenziell Kinder zeugten, die im Vergleich zu ihresgleichen größer, doch im Vergleich zu ihren Eltern kleiner waren. Als ein Mathematiker die Ergebnisse bestätigte, schrieb Galton: »Ich habe noch nie solch eine glühende Loyalität und Achtung für die Herrlichkeit und die großartige Gültigkeit mathematischer Analysen empfunden.«[39]

Galtons analytisches Vorgehen führte schlußendlich zu dem Begriff der Korrelation, d. h. zu der Berechnung, wie stark beliebige zwei Reihen im Verhältnis zueinander variieren – ganz unabhängig davon, ob es sich um die Größe von Eltern und Kind, Niederschläge und Ernte, Inflation und Zinsfüße oder die Aktienpreise von General Motors und Biogen handelt.

GALTONS MASSGEBLICHER BIOGRAPH Karl Pearson, der selbst ein hervorragender Mathematiker ist, hat bemerkt, Galton habe »in unserem wissenschaftlichen Denken eine Revolution verursacht, [die] unsere Vorstellung von der Wissenschaft und vom Leben selbst verändert.«[40] Damit hat Pearson keineswegs übertrieben; der Satz von der Regression zum mittleren Wert ist Dynamit. Galton hat die Wahrscheinlichkeit von einem statischen Begriff, der auf dem Zufall und dem Gesetz der Großen Zahlen basierte, in einen dynamischen Prozeß umgewandelt, in dem den Nachfolgern der Außenseiter vorausbestimmt ist, sich der Menge in der Mitte zuzugesellen. Es herrscht eine stete, unentrinnbare, vorhersehbare Veränderung, eine Bewegung von den äußeren Rändern zum Zentrum. In Anbetracht der Imperative dieses Prozesses ist kein anderes Ergebnis als die Normalverteilung denkbar. Die treibende Kraft tendiert stets zum Durchschnitt, zur Wiederherstellung der Normalität, zu Quetelets *homme moyen*.

Das Gesetz von der Rückkehr zum Mittelwert motiviert fast jede Art von Risikoengagement und Prognostik. Es bildet das Fundament sprichwörtlicher Mahnungen wie »Hochmut kommt vor dem Fall« oder »Bäume wachsen nicht in den Himmel«. Solch eine prädestinierte Abfolge hatte Joseph im Sinn, als er dem Pharao vorhersagte, daß auf die sieben fetten Jahre sieben magere Jahre folgen würden. Und genau daran dachte J. P. Morgan, als er erklärte: »Die Märkte werden immer fluktuieren.« Es ist das Kredo der antizyklisch investierenden Anleger. Wenn sie behaupten, eine Aktie sei »überbewertet« oder »unterbewertet«, so wollen sie damit sagen, daß Habgier oder Angst die Meute dazu verleitet hat, den Aktienpreis von einem angemessenen, »natürlichen« Wert wegzutreiben, zu dem er wieder zurückfinden wird. Es ist diese Vorstellung, die den Traum des Glücksspielers nährt, daß eine Serie von Verlusten notwendigerweise in eine lange Gewinnserie umschlagen wird. Sie steht hinter der Aussage meines Arztes, wenn er mich tröstet, daß die Zeit die Wunden heilt. 1931 war Herbert Hoover der Meinung, daß genau das eintreten würde, als er versprach, daß Wohlstand gleich um die nächste Ecke läge – zum Unglück für ihn und alle anderen lag aber der Mittelwert nicht dort, wo er ihn vermutet hatte.

Francis Galton war allerdings ein stolzer Mann, der nie zu Fall kam. Seine zahlreichen Leistungen fanden breite Anerkennung. Sein langes, erfülltes Leben beendete er als Witwer, der in Gesellschaft einer wesentlich jüngeren Verwandten reiste und Bücher schrieb. Ihn hat die Faszination für Zahlen und Fakten nie blindgemacht für die Wunder der Natur, und er freute sich an der Vielfaltigkeit der Welt:

> Es ist schwer zu begreifen, wieso die Statistiker ihre Forschungen gemeinhin auf Durchschnitte beschränken und nicht an umfassenderen Betrachtungsweisen Freude finden. Ihre Seelen sind anscheinend so taub für den Zauber der Mannigfaltigkeit wie jener Bewohner einer unserer flachen Britischen Inseln, dessen Rückblick auf die Schweiz sich im Kern auf den Eindruck beschränkte, daß zwei Ärgernisse auf einen Schlag beseitigt wären, wenn die Schweizer Berge in die Schweizer Seen versenkt werden könnten.[41]

10
Erbsenschoten und Gefahren

Das Gesetz von der Regression zum Durchschnitt bildet das gedankliche Fundament vieler Systeme der Entscheidungsfindung. Und das aus gutem Grund. Eine Wahrscheinlichkeit, daß die Großen unendlich groß oder die Kleinen unendlich klein werden, besteht nämlich in der Realität äußerst selten. Bäume wachsen nicht in den Himmel. Wann immer wir versucht sind – was nur allzuoft vorkommt –, Trends der Vergangenheit in die Zukunft zu extrapolieren, sollten wir an Galtons Erbsenschoten denken.

Wenn aber die Regression zum Mittelwert ein derartig konstantes Muster darstellt, warum werden wir dann so oft von Prognosen enttäuscht? Wieso können wir dann nicht so vorausschauend sein wie Joseph in seinem Umgang mit dem Pharao? Die einfachste Antwort lautet: Weil eben in der Natur andere Kräfte tätig sind als in der menschlichen Psyche. Der Genauigkeitsgrad der meisten Prognosen hängt von Entscheidungen ab, für die eher Menschen verantwortlich sind als Mutter Natur, und Mutter Natur ist trotz aller Launen unvergleichlich zuverlässiger als ein Haufen Menschen, die über etwas ins klare zu kommen versuchen.

Es gibt drei Gründe, warum es zu Frustrationen kommen kann, wenn man das Gesetz von der Rückkehr zum Durchschnitt als Leitlinie für die Entscheidungsfindung nimmt. Erstens vollzieht sich dieser ausgleichende Trend oft dermaßen langsam, daß zwischendurch Schocks eintreten und ihn stören können. Zweitens kann eine so heftige Regression eintreten, daß die Dinge nicht gleich ins Lot kommen, wenn sie den mittleren Wert erreichen, sondern statt dessen in wiederholten irregulären Oszillationen schwanken. Und schließlich kann der Mittelwert selber instabil sein, so daß die Normalität von gestern heute durch eine neue Normalität, von der wir nichts wußten, abgelöst werden mag. Es ist extrem heikel anzunehmen, daß der Wohlstand unmittelbar bevorsteht, weil er schon immer unmittelbar bevorgestanden hat.

DIE REGEL VON der Regression zum Mittelwert wird nirgends so sklavisch befolgt wie auf dem Börsenmarkt. An der Wall Street schwirrt es nur so von Binsenweisheiten wie »Niedrig kaufen, hoch verkaufen«, »Durch einen Profit ist noch keiner arm geworden« und »Die Hausse-Spekulanten gewinnen etwas, und die Baisse-Spekulanten gewinnen etwas, aber die Nimmersatten gehen leer aus«. Solche Redensarten sind Variationen ein und desselben Themas: Man wird schneller reich und geht ein geringeres Risiko ein, wenn man darauf baut, daß die momentane Normalität nicht ewig dauert, als wenn man mit der Meute rennt. Dennoch wird gerade diese Maxime Tag für Tag von vielen Investoren verletzt, weil sie aus emotionalen Gründen einfach nicht in der Lage sind, billig zu kaufen und teuer zu verkaufen. Sie halten sich aus Habgier und Angst an den Massentrend, statt selbst zu denken.

Es ist gar nicht so leicht, immer an die Erbsenschoten zu denken. Da wir nie genau wissen, was morgen geschehen wird, finden wir es leichter anzunehmen, daß die Zukunft so ähnlich aussehen wird wie die Gegenwart, anstatt uns einzugestehen, daß sie ungeahnte Veränderungen mit sich bringen kann. Eine Aktie, die bereits eine Weile steigt, scheint vielversprechender als eine Aktie, die seit geraumer Zeit in den Keller geht. Wir nehmen an, daß der Anstieg eines Aktienpreises ein blühendes Unternehmen und daß ein fallender Aktienkurs Firmenprobleme signalisiert. Warum sollte man seinen Hals riskieren?

Profis sind der Versuchung, auf Nummer Sicher zu gehen, genauso ausgesetzt wie Amateure. So hat beispielsweise die Maklerfirma Sanford C. Bernstein & Co in einer Untersuchung vom Dezember 1944 nachgewiesen, daß Börsenspekulanten, die eine überdurchschnittliche Wachstumsrate von einem Unternehmen erwarten, die laufenden Resultate gemeinhin überbewerten, während Pessimisten sie regulär unterbewerten.* »Im Schnitt«, so berichten die Analysten, »werden die Erwartungen nicht erfüllt.«[1]

Die Konsequenzen liegen auf der Hand: Aktien mit rosigen Prognosen klettern auf irreale Höhen, während Aktien, deren Zukunft als düster prognostiziert wird, auf völlig unrealistische Tiefstwerte abstürzen. Anschließend übernimmt dann das Gesetz von der Regression zum Mittelwert das Steuer. Die realistischeren, nervenstarken Anleger kaufen, wenn andere die Aktien gar nicht schnell genug verkaufen können, und sie verkaufen ihre Aktien, wenn andere sich zum Kauf drängen. Das zahlt sich aus, wenn die tatsächlichen Unternehmensgewinne dann die Trend-Meute überraschen.

Wie man aus der Geschichte weiß, haben viele legendäre Investoren ein Vermögen gemacht, weil sie sich an das Gesetz von der Rückkehr zum Mittelwert hielten und Aktien billig kauften und teure Aktien verkauften. Zu ihnen zählen Bernard Baruch, Benjamin Graham und Warren Buffett. Diese Erfolge gegen den Trend sind durch eine Fülle akademischer Studien belegt.

Es ist allerdings so, daß die Aufmerksamkeit nur den wenigen gilt, die durch ihre Taktik gegen die Massentrends groß wurden. Man hört dagegen kaum etwas von den Anlegern, die mit der gleichen Methode Schiffbruch erlitten, weil sie entweder vorschnell oder überhaupt nicht handelten, oder weil der Mittelwert, zu dem ihrer Meinung nach die Aktienpreise zurücktendierten, eben nicht der Mittelwert war, zu dem sie sich dann tatsächlich zurückentwickelten.

Man denke nur einmal an jene Anleger, die es riskierten, Anfang 1930, also unmittelbar nach dem Großen Börsenkrach, als die Preise 50% ihrer vorherigen Spitze verloren hatten, Aktien zu kaufen. Die Preise stürzten um weitere 80%, bevor sie im Herbst 1932 endlich die Talsohle erreichten. Oder man denke an die vorsichtigen Anleger, die Anfang 1955 abstießen, als der Dow Jones Industrials Index schließlich wieder die Spitzenwerte des Jahres 1929 erreicht hatte, nachdem sie ihren Kurs in den vorausgegangenen sechs Jahren verdreifacht hatten. Nur

* Ich bin übrigens nicht mit Sanford Bernstein verwandt.

neun Jahre danach hatten sie ihre Rekordwerte von 1929 und 1955 verdoppelt. In beiden Fällen trat die erwartete Rückkehr zum »Normalen« nicht ein: Die Normalität hatte sich auf eine neue Position verändert.

WENN WIR FRAGEN, ob das Gesetz der Regression zum Mittelwert das Verhalten des Aktienmarkts bestimmt, so wollen wir damit im Grunde wissen, ob Aktienpreise vorhersehbar sind und, wenn ja, unter welchen Bedingungen sie es sind. Ohne eine Beantwortung dieser Frage kann kein Anleger entscheiden, welche Risiken er eingehen will.

Es gibt Hinweise, daß die Preise bestimmter Aktien »zu hoch« steigen und »zu niedrig« fallen. Im Jahr 1985 hielten die Wirtschaftswissenschaftler Richard Thaler und Werner DeBondt auf der Jahresversammlung der American Finance Association einen Vortrag zu dem Thema: »Überreagiert der Aktienmarkt?«[2] Um zu testen, ob extreme Aktienpreisbewegungen in einer Richtung eine Regression zur Mitte mit anschließendem extremem Ausschlag in die Gegenrichtung provozieren, untersuchten sie die Dreijahreserträge von mehr als tausend Aktien von Januar 1926 bis Dezember 1982. Diejenigen Aktien, welche in jeder Dreijahres-Periode über Marktdurchschnitt angestiegen oder unterdurchschnittlich gefallen waren, klassifizierten sie als »Gewinner« und die Aktien, die weniger gestiegen oder stärker abgefallen waren als der Marktdurchschnitt, als »Verlierer«. Danach berechneten sie die durchschnittliche Leistung jeder Gruppe über die folgenden drei Jahre.

Die Resultate waren eindeutig: »Über das vergangene halbe Jahrhundert haben Portfolios aus Verlierer-Aktien den Markt für 36 Monate nach Anlage der Portfolios um durchschnittlich 19,6% übertroffen. Andererseits haben Gewinner-Portfolios rund 5% weniger verdient [Ertrag gebracht] als der Markt.«[3]

Obwohl die Methoden von DeBondt und Thaler von einigen Seiten kritisiert wurden, sind die Ergebnisse von anderen Forschern, die mit anderen methodischen Ansätzen arbeiteten, bestätigt worden. Wenn Anleger auf neue Informationen überreagieren und langfristige Trends ignorieren, wird aufgrund der Rückkehr zum Mittelwert der Durchschnittsgewinner zum Verlierer und der Durchschnittsverlierer zum Gewinner. Diese Umkehr entwickelt sich gewöhnlich mit einiger Verzögerung, und der Verzögerungseffekt schafft die Profitgelegenheit. Man könnte es auch so ausdrücken: Zunächst erfolgt eine Überreaktion des Marktes auf Kurzzeitnachrichten und während des anschließenden Wartens auf Kurzzeitnachrichten anderer Art eine Unterreaktion.[4]

Das hat einen ganz einfachen Grund. Im allgemeinen folgen Aktienpreise Veränderungen im Unternehmenserfolg. Anleger, die in übertriebener Weise kurzfristige Ergebnisse beachten, ignorieren einen Haufen von Hinweisen, daß die meisten Ertragssteigerungen auf Dauer nicht zu halten sind. Andererseits lassen Unternehmen, die mit Schwierigkeiten konfrontiert sind, die Dinge nicht endlos aus dem Ruder laufen. Die Manager werden sich an die Arbeit machen und die nötigen harten Entscheidungen treffen, um das Unternehmen wieder auf Kurs zu bringen – oder ihre Stellung verlieren und durch engagiertere Manager ersetzt werden.

Das Gesetz der Rückkehr zum Mittelwert bestimmt, daß es anders nicht sein kann. Falls die Gewinner weiterhin gewönnen und die Verlierer andauernd verlören, würde unsere Wirtschaft aus einer stetig schrumpfenden Zahl von gigantischen Monopolisten bestehen, Kleinunternehmen würde es praktisch gar nicht mehr geben. In Japan und Korea durchlaufen die einst so bewunderten Monopolgesellschaften zur Zeit den gegenläufigen Prozeß, derweil eine Rückkehr zum Durchschnitt aufgrund unvermeidlicher Importwellen ihre Wirtschaftsmacht allmählich schwächt.

Die Erfolgsbilanzen der Anlageberater unterliegen gleichfalls dem Gesetz der Rückkehr zur Mitte. Es besteht eine starke Wahrscheinlichkeit, daß der heiße Typ von heute der lahme Manager von morgen oder jedenfalls übermorgen sein wird, und umgekehrt. Das heißt keineswegs, daß erfolgreiche Manager notwendigerweise ihr sicheres Händchen verlieren oder daß Manager mit einer schwachen Leistungskurve am Ende das Licht erkennen – obwohl das häufig vorkommt. Oft verlieren

Investmentmanager einfach nur deshalb an Boden, weil es keinen einzigen Managementstil gibt, der für immer in Mode bleibt.

In den früheren Ausführungen über die Petersburger Frage ist uns die Schwierigkeit der Manager aufgefallen, Aktien mit anscheinend endlos andauernden Erträgen zu bewerten (S. 137). Es war unausweichlich, daß ein schrankenloser Optimismus unter Investoren die Preise jener Wachstumsaktien letztendlich in unrealistische Höhen treiben würde. Als die Rückkehr zum Mittelwert die Aktien auf Sturzflug schickte, blieb es auch den tüchtigsten Managern von Wachstumsaktien nicht erspart, dumm dazustehen. Zu einem ähnlichen Spleen kam es beim Investieren in Kleinaktien während der späten 70er Jahre, als Universitätsforschungen nachwiesen, daß Kleinaktien trotz des größeren Risikos die erfolgreichsten Langzeitinvestitionen gewesen waren. 1983 hatte dann wieder einmal die Regel der Rückkehr zum Durchschnittswert eingesetzt, und danach wurden Kleinaktien jahrelang unter Wert gehandelt. Dieses Mal blieb es selbst dem erfolgreichsten Manager von Investitionen in Mittel- und Kleinunternehmen nicht erspart, einen dummen Eindruck zu machen.

Das führende Periodikum über die Entwicklung von Investmentfonds, die Zeitschrift *Morningstar*, veröffentlichte 1994 nachstehende Tabelle; sie zeigt, wie unterschiedliche Arten von Fonds über die Fünfjahresperioden bis Ende März 1989 und bis Ende 1994 abgeschnitten hatten.[5]

Ziel	*Fünf-Jahres-Raum bis März 1989*	*Fünf-Jahres-Raum bis März 1994*
Internationale Aktien	20,6 %	9,4 %
Ertrag	14,3 %	11,2 %
Wachstum und Ertrag	14,2 %	11,9 %
Wachstum	13,3 %	13,9 %
Kleine Unternehmen	10,3 %	15,9 %
Aggressives Wachstum	8,9 %	16,1 %
Durchschnitt	13,6 %	13,1 %

Die Tabelle liefert einen spektakulären Beleg für die Wirksamkeit der Regel von der Rückkehr zum Mittelwert. Die Durchschnittsleistung war in beiden Perioden nahezu gleich, doch gab es zwischen beiden Zeiträumen enorme Schwankungen bei den Ergebnissen. Die drei Gruppen, die in der ersten Periode überdurchschnittlich gut dastanden, schnitten in der zweiten Periode schlechter ab als der Durchschnitt; die drei Gruppen, die in der ersten Periode unter dem Schnitt lagen, erbrachten in der zweiten Periode bessere Werte als der Durchschnitt.

Dieser eindrucksvolle Beweis für die Regel der Rückkehr zum Mittelwert müßte Anlegern, die ständig ihre Berater bzw. Manager wechseln, eigentlich eine wertvolle Einsicht vermitteln. Er demonstriert nämlich die Weisheit der Strategie, dem Manager mit den jüngsten Bestleistungen den Laufpaß zu geben und die eigenen Vermögenswerte dem Manager anzuvertrauen, der zuletzt am schlechtesten abgeschnitten hat. Solche Strategie ist nicht minder gut als der Verkauf von Aktien, die am höchsten gestiegen sind, und der Kauf von Aktien, die am tiefsten gefallen sind. Falls die Befolgung dieser gegenläufigen Strategie schwerfallen sollte, so läßt sich das gleiche Ziel auch mit einer anderen Methode erzielen. Machen Sie nur weiter wie bisher, folgen Sie Ihrem natürlichen Instinkt. Feuern Sie den nachhinkenden Manager und mehren Sie den Bestand des gewinnträchtigen Managers – aber *warten Sie zwei Jahre ab, bis Sie es tun.*

UND WAS IST mit dem Aktienmarkt insgesamt? Sind die bekannten Durchschnittswerte des Dow Jones Industrials Index und des Standard & Poor Composite von 500 Aktien vorhersehbar?

Die Grafik in Kapitel 9 (S. 217) zeigt, daß das Marktverhalten über Zeiträume von einem Jahr oder mehr nicht sehr nach einer Normalverteilung aussieht, wohl aber von Monat zu Monat oder in Vierteljahresabständen, wenngleich nicht exakt. Quetelet würde diese Beobachtung als Beleg dafür gewertet haben, daß kurzfristige Bewegungen der Aktienpreise voneinander unabhängig sind – daß die Veränderungen von heute uns gar nichts über den Preisstand von morgen mitteilen. Der Börsenmarkt ist unvorhersehbar. Die Random-Walk-Theorie wurde beschworen, um zu erklären, warum das so ist.

Doch wie sieht es über längere Sicht aus? Schließlich bleiben die meisten Anlieger, selbst die Ungeduldigen, länger als einen Monat, ein Vierteljahr oder ein Jahr im Markt. Selbst wenn der Inhalt ihrer Portfolios im Laufe der Zeit wechselt, halten seriöse Anleger ihr Geld in der Regel viele Jahre, sogar Jahrzehnte lang im Aktienmarkt. Unterscheidet sich der Börsenmarkt langfristig vom Kurzzeitverhalten?

Falls die Random-Walk-Theorie stimmt, inkorporieren die momentanen Aktienpreise alle relevanten Informationen. Zu Veränderungen würde nur die Verfügbarkeit neuer Informationen Anlaß geben. Da wir den Inhalt solcher neuen Informationen aber nicht kennen, gibt es keinen Mittelwert, zu dem die Aktien sich wieder zurückbewegen könnten. Mit anderen Worten: So etwas wie ein *temporärer* Aktienpreis – d. h. ein Preis, der in einer Zwischenphase schwebt, bevor er sich auf einen anderen Punkt zubewegt – existiert gar nicht. Genau deshalb sind aber auch die Preise unvorhersehbar.

Es gibt jedoch noch zwei andere Möglichkeiten. Falls die Überreaktionshypothese von DeBondt und Thaler auf den gesamten Markt und nicht bloß auf einzelne Aktien zuträfe, dann müßte im Verhalten der großen Marktdurchschnittswerte die Rückkehr zum Mittelwert ersichtlich sein, wenn die langfristigeren Realitäten spürbar werden. Falls andererseits die Anleger in manchen wirtschaftlichen Umfeldern furchtsamer sind als in anderen – sagen wir mal, 1932 oder 1974 verglichen mit 1968 oder 1986 –, dann würden Aktienpreise fallen, solange Investoren Angst hätten, und wieder ansteigen, wenn die Umstände sich ändern und eine hoffnungsvollere Zukunftsperspektive rechtfertigen würden.

Beide Möglichkeiten plädieren dafür, kurzfristige Instabilitäten zu ignorieren und langfristig am Ball zu bleiben. Ganz gleich, wie der Markt sich entwickelt, die Erträge der Anlieger sollten sich um irgendeinen langfristigen Normalwert herum ausgleichen. Falls dem so ist, mag der Aktienmarkt für Monate oder auch für einige Jahre eine riskante Sache sein, doch sollte das Risiko eines erheblichen Verlusts über einen Zeitraum von fünf Jahren oder mehr gering sein.

Dieser Standpunkt fand eindrucksvolle Unterstützung durch eine Monographie, die 1995 von der Association for Investment Management & Research herausgegeben wurde; es ist dies der Berufsverband, dem die meisten Managementberater angehören. Die Autoren sind die Professoren William Reichenstein und Dovalee Dorsett von der Baylor University.[6] Auf der Grundlage umfangreicher Forschungen kamen Reichenstein und Dorsett zu dem Schluß, daß den auf dem Börsenmarkt schlechten Phasen, und zwar *vorhersehbar*, gute Perioden folgen, und umgekehrt. Dies Ergebnis steht in direktem Widerspruch zur Random-Walk-Hypothese, die ausschließt, daß bei den Aktienpreisen Veränderungen vorhersehbar sind. Doch die Aktien gleichen Wickenerbsen: Sie zeigen keine Neigung, sich uneingeschränkt in die eine oder die andere Richtung zu entwickeln.

Nach den Regeln der Mathematik müßte bei einer Reihe von zufälligen Zahlen die Varianz – ein Indikator für die Bewegungen der Beobachtungen um ihr mittleres Niveau – mit zunehmender Dauer der Serie entsprechend zunehmen. Beobachtungen über Dreijahresperioden sollten die dreifache Varianz der Beobachtungen über ein Jahr zeigen, und Beobachtungen über ein Jahrzehnt das Zehnfache der Varianz von einjährigen Beobachtungen. Falls jedoch andererseits die Zahlen nicht zufällig sind, weil das Gesetz der Rückkehr zum Mittelwert greift, dann ergibt sich die Rechnung, daß der Quotient der Varianz im Verhältnis zur zeitlichen Periode unterhalb von Eins liegt.*

Reichenstein und Dorsett untersuchten die 500 S&P-Aktien von 1926 bis 1993 und stellten fest, daß die Varianz von Drei-

* Gegenläufige Trends sind historisch bei den Zinsraten erkennbar, die eine »Aversion« gegen den Mittelwert verraten. Wenn ein Trend erst einmal läuft, so besteht größere Wahrscheinlichkeit, daß er andauert, als daß er umkehrt. Über Zweijahresperioden beträgt die Varianz des Ertrags für US-Schatzwechsel mit zweijähriger Laufzeit das Doppelte als bei einjährigen Schatzwechseln, bei achtjährigen Perioden steigt die Varianz fast auf das 32fache der einjährlichen Raten. Für noch langfristigere Zinsraten ist das Muster ähnlich, allerdings in abgeschwächter Form.

jahreserträgen nur das 2,7fache betrug als die Varianz von Einjahreserträgen; die Varianz der Erträge über acht Jahre war dagegen nur 5,6 mal so groß wie bei den jährlichen Erträgen. Als Reichenstein und Dorsett realistische Portfolios mit einer Mischung aus Aktien und festverzinslichen Wertpapieren zusammenstellten, waren die Quoten der Varianz im Verhältnis zur Zeitperiode noch niedriger als bei reinen Aktienportfolios.

Die Langzeitschwankungen sind auf dem Aktienmarkt eindeutig geringer, als sie ausfallen würden, wenn die Extreme sich durchsetzen könnten. *Am Ende folgen die Anleger, nachdem sie ihren Launen stattgegeben haben, lieber Galton, als daß sie hinter den Rattenfängern herlaufen.*

Diese Erkenntnis hat für langfristig investierende Anleger tiefgreifende Folgen; denn sie bedeutet, daß die Unsicherheit hinsichtlich der Ertragsraten auf lange Sicht viel kleiner ist als für kurze Perioden. Reichenstein und Dorsett liefern eine Fülle von historischen Daten und von Projektionen künftiger Möglichkeiten, die wesentlichen Erkenntnisse (auf der Basis von inflationsbereinigten Ergebnissen) sind jedoch im folgenden Absatz umrissen:[7]

> Wenn Aktien über den Zeitraum eines Jahres gehalten werden, so besteht eine fünfprozentige Chance, daß Anleger auf dem Aktienmarkt mindestens 25% ihres Kapitals verlieren, und eine fünfprozentige Chance, daß sie mehr als 40% gewinnen. Über einen Zeitraum von dreißig Jahren besteht dagegen lediglich eine fünfprozentige Chance, daß ein reines Aktienportfolio weniger als 20% zulegt, und eine fünfprozentige Chance, daß die Eigentümer dieses Portfolios zu guter Letzt fünfzigmal reicher sind als am Anfang.
>
> Mit der Zeit wächst die Differenz zwischen den Erträgen aus riskanten Wertpapieren und aus konservativen Investitionen dramatisch. Über einen Zeitraum von zwanzig Jahren besteht eine nur fünfprozentige Chance, daß ein bloß aus langfristigen Industrieobligationen bestehendes Portfolio seinen Wert mehr als vervierfacht, während eine fünfzigprozentige Chance existiert, daß ein reines Stammaktienportfolio um mindestens das Achtfache wächst.

Trotzdem gibt uns diese mühevolle Forschungsarbeit keine einfache Richtlinie zum Reichwerden an die Hand. Es fällt uns allen schwer, durch dick und dünn dabeizubleiben. *Und Reichenstein und Dorsett berichten uns außerdem lediglich, was zwischen 1926 und 1993 geschah.* So verlockend langfristige Investitionen im Lichte ihrer Berechnungen auch erscheinen, ihre Analyse ist ein reiner Fall von Wissen post festum. Mehr noch: Selbst geringe Schwankungen der jährlichen Erträge bewirken am Ende der Langzeitperiode große Unterschiede im Reichtum des Anlegers.

DAS ÜBERREAGIEREN auf neue Informationen, das DeBondt und Thaler am Aktienpreisverhalten nachwiesen, war eine Folge der menschlichen Neigung, neueren Erscheinungen zuviel Gewicht beizumessen und die langfristige Entwicklung aus dem Auge zu verlieren. Es ist ja auch eine Tatsache, daß wir viel mehr über das aktuelle Geschehen wissen, als wir je über Ereignisse in unbestimmter Zukunft zu erfahren vermögen.

Dennoch: Die Überbetonung der Gegenwart kann die Realität verzerren und unkluge Entscheidungen und irrige Lagebeurteilungen verursachen. So ist beispielsweise seitens mancher Beobachter ein lautes Wehklagen über ein verlangsamtes Produktivitätswachstum in den USA während des letzten Vierteljahrhunderts zu hören gewesen. In Wirklichkeit ist die Bilanz für diesen Zeitraum aber viel positiver, als diese Leute uns glauben machen wollen. Ein Bewußtsein des Gesetzes von der Rückkehr zum Mittelwert würde die fälschliche Sicht solcher Pessimisten korrigieren.

Der Wirtschaftswissenschaftler William Baumol aus Princeton hat 1986 eine aufschlußreiche Untersuchung über Langzeitproduktivitätstrends veröffentlicht; sie basiert auf Fakten aus 72 Ländern, die bis ins Jahr 1870 zurückgehen.[8] Die Untersuchung konzentrierte sich, um Baumols eigenen Ausdruck zu gebrauchen, auf den Konvergenzprozeß. Seiner Konvergenzhypothese zufolge haben die Länder, die 1870 die niedrigsten Produktivitätsraten aufwiesen, über die Jahre die höchsten Verbesserungswerte gehabt, während die produktivsten Staaten von 1870 die langsamsten Steigerungsraten zeigen – mit anderen Worten: Da geht es wieder einmal so zu wie bei den Erbsenschoten. Die unterschiedlichen Wachstumsraten haben die Produktivitätslücke zwischen den rückschrittlichsten und den fortgeschrittensten Nationen langsam, aber sicher verringert, weil beide Gruppen sich wieder auf den Mittelwert zubewegt haben.

Über den von Baumol untersuchten Zeitraum verringerte sich der Unterschied zwischen der produktivsten und der am wenigsten produktiven Nation von der Rate 8 : 1 auf eine Rate von nurmehr 2 : 1. Baumol betont: » . . . auffallend ist die offensichtliche Implikation, daß *nur eine einzige Variable*, nämlich das 1870er Bruttoinlandsprodukt pro Arbeitsstunde des Landes . . . eine maßgebliche Rolle spielt.«[9] Jene Faktoren, die gewöhnlich von Ökonomen als positive Elemente des Produktivitätswachstums definiert werden – freie Märkte, eine starke Neigung zum Sparen und Investieren und eine »vernünftige« Wirtschaftspolitik – sind allem Anschein nach weitgehend bedeutungslos. »Wie immer dem sein mag«, so folgert Baumol, sei es jedem Volk »bestimmt, ziemlich dicht bei seiner prädestinierten Position zu landen.«[10] Damit ist ein globales Phänomen gefunden, das Galtons kleinformatige Experimente genauestens bestätigt.

Aus dieser Perspektive betrachtet, kommt es zu einer radikalen Neubewertung der Leistung der USA. Als Nation mit dem höchsten Bruttoinlandsprodukt pro Arbeitsstunde unter den Industriestaaten seit der Jahrhundertwende darf die relativ langsame Wachstumsrate der jüngsten Jahre in den USA eigentlich nicht überraschen; jedes weitere technologische Wunder zählt weniger, wenn die Bemessungsgrundlage breiter wird. Und Baumols Daten zeigen, daß die amerikanische Wachstumsrate in Wahrheit für den größeren Teil des Jahrhunderts und nicht nur während der letzten zwei Jahrzehnte »bloß mittelmäßig« war. Sie war bereits von 1899 bis 1913 langsamer als die Wachstumsraten von Schweden, Frankreich, Deutschland, Italien und Japan.

Japan hatte, obwohl es (unter Abzug der Jahre des Zweiten Weltkriegs) die höchste Langzeitwachstumsrate aller Industrieländer aufwies, laut Baumol 1870 das niedrigste Leistungsniveau pro Arbeiter und liegt immer noch hinter den USA zurück. Doch der Konvergenzprozeß geht unaufhaltsam weiter, während die Technologie Fortschritte macht, die Bildung breiter wird und Wachstum ökonomisch Größenvorteile verschafft.

Nach Baumols Auffassung ist die Unzufriedenheit über die Entwicklung der USA seit den späten 1960er Jahren das Ergebnis einer Kurzsichtigkeit auf seiten der Kommentatoren, die jeweils neueste Trends überbetonen und Langzeittrends vernachlässigen. Er weist darauf hin, daß die enorme Steigerung der amerikanischen Produktivitätsraten von etwa 1950 bis 1970 keineswegs prädestiniert war, nicht einmal bei einer so technologisch orientierten Nation wie den USA. In längerer Perspektive war dieser Sprung nur eine Abweichung, die, grob gesprochen, das starke Absinken der historischen Wachstumsraten während der 1930er Jahre und des Zweiten Weltkriegs ausglich.

Obwohl es um ein anderes Thema geht, schlägt Baumol mit seinen wesentlichen Folgerungen in die gleiche Kerbe wie DeBondt und Thaler:

> Wir können Gegenwartsphänomene nicht begreifen ... ohne eine systematische Untersuchung früherer Ereignisse, welche die Gegenwart beeinflussen und morgen weiterhin tiefgreifende Wirkungen zeitigen werden ... Die Langzeitperspektive ist bedeutsam, weil es nicht vernünftig ist, wenn Ökonomen und Regierungen langfristige Trends und ihre Konsequenzen aus dem Fluß kurzfristiger Entwicklungen zu erkennen versuchen, welche von bloß zeitweiligen Umständen dominiert sein könnten.[11]

Manchmal setzt eine Langzeitentwicklung zu spät ein, um uns aus unserer Notlage zu befreien, selbst wenn das Gesetz der Rückkehr zum mittleren Wert am Werk ist. Der bedeutende britische Wirtschaftswissenschaftler John Maynard Keynes hat einmal in einer berühmten Passage bemerkt:

> Langfristig sind wir alle tot. Die Ökonomen stellen sich eine allzu leichte und unnütze Aufgabe, wenn sie uns in den stürmischen Zeiten nur zu sagen wissen, daß der Ozean ruhig sein wird, wenn der Sturm lange vorbei ist.[12]

Wir können gar nicht anders, wir haben an heute und morgen zu denken, um zu leben. Wir müssen uns darum kümmern, über Wasser zu bleiben, wir können es gar nicht wagen abzuwarten, bis die Meeresoberfläche ruhig und glatt ist. Und selbst wenn sie es ist, bedeutet es eventuell nur eine Phase von unbekannter Dauer zwischen den Stürmen.

Sich bei Zukunftsprognosen fest darauf zu verlassen, daß eine Rückkehr zum Mittelwert kommen wird, kann gefährlich sein, wenn der Mittelwert selbst fluktuiert. Die Projektionen von Reichenstein und Dorsett setzen voraus, daß die Zukunft der Vergangenheit ähnelt; so etwas ist aber durch kein Naturgesetz garantiert. Falls uns wirklich eine globale Erwärmung bevorsteht, wird auf eine lange Reihe heißer Jahre nicht unbedingt eine lange Reihe kalter Jahre folgen. Falls jemand nicht bloß neurotisch ist, sondern an einer schweren psychischen Störung leidet, kann es sein, daß seine Depression keine zeitweilige Erscheinung, sondern chronisch ist. Wenn die Menschheit am Ende die Umwelt zerstört, werden auf Dürreperioden möglicherweise keine Überschwemmungsphasen mehr folgen.

Wenn die Natur, was gelegentlich vorkommt, nicht zum Durchschnitt zurückkehrt, wird menschliches Tun, im Unterschied zu Erbsenschoten, sicherlich von Diskontinuitäten betroffen. Dann lassen sich auch mit Risikomanagementsystemen keine großen Erfolge erzielen. Galton hat solche Möglichkeit erkannt und gewarnt: »Ein Durchschnitt ist nur ein einzelnes Faktum; wenn aber ein weiteres einzelnes Faktum hinzukommt, entsteht potentiell ein ganzes Normalschema, das dem beobachteten Muster beinahe entspricht.«[13]

Wir haben an früherer Stelle dieses Buches auf die Stabilität verwiesen, die die meisten Menschen Jahrhundert für Jahrhundert im täglichen Leben erfahren haben. Doch seit dem Beginn des industriellen Zeitalters vor fast zweihundert Jahren sind so viele »weitere einzelne Fakten« dem »Durchschnitt« hinzugefügt worden, daß es zunehmend schwerfällt, das »Normalschema« zu definieren. Wenn die Gefahr von Diskontinuitäten aufkommt, ist es heikel, Entscheidungen auf feststehenden Wahrheiten aufzubauen, die bisher immer sinnvoll gewesen zu sein schienen, es aber auf einmal nicht mehr sind.

Zwei Beispiele mögen illustrieren, wie Menschen durch ein übermäßiges Vertrauen auf das Gesetz der Rückkehr zum Mittelwert getäuscht werden können.

Als Präsident Hoover 1930 erklärte, daß der Wohlstand nur um die Ecke läge, hat er der Öffentlichkeit keineswegs mit leerem Gerede oder einem Dreh etwas vormachen wollen. Er hat wirklich geglaubt, was er sagte. Es hatte ja auch vorher schon Wirtschaftskrisen gegeben, sie waren noch immer wieder verschwunden.* Mit Ausnahme der Zeit des Ersten Weltkriegs war die Wirtschaftstätigkeit während des Zeitraums von 1869 bis 1929 lediglich in sieben Jahren rückläufig gewesen. Es war nur ein einziges Mal vorgekommen, daß sie über zwei Jahre zurückfiel, von 1907 bis 1908, und diese Regression setzte auf äußerst hohem Niveau ein. Am Bruttoinlandsprodukt gemessen, belief sich der Jahresdurchschnitt des Rückgangs auf bescheidene 1,6%, und darin war der 5,5%ige Verfall des einen Jahres berücksichtigt.

Doch 1930 sank die Produktion um 9,3% und 1931 um 8,6%. In der Talsohle, im Juni 1932, lag das Bruttoinlandsprodukt 55% unter dem Höchststand von 1929, d.h. sogar noch niedriger als beim Tiefstwert der kurzen Wirtschaftskrise von 1920. Sechzig Jahre Geschichte waren auf einmal unerheblich geworden. Zum Teil war das Problem durch das Abflachen des jugendlichen Elans in der langen Phase industrieller Entwicklung entstanden, selbst während des Booms der 1920er Jahre lag das Wirtschaftswachstum unter dem Langzeittrend zwischen 1870 und 1918. Die Abschwächung des vorwärtstreibenden Elans plus eine Serie von wirtschaftspolitischen Fehlentscheidungen hier und da und der Schock des Börsenkrachs von 1929 vertrieben den Wohlstand, so daß er nicht mehr gleich um die Ecke lag, hinter der er angeblich warten sollte.

Das zweite Beispiel: Genau dreißig Jahre nach dem Großen Börsenkrach kam es 1959 zu einem Ereignis, daß im Lichte der

* Damals sprach man bei Wirtschaftskrisen und -depressionen von »Panik«. »Depression« war ein Euphemismus, der für den Augenblick geprägt wurde. Später wurde der Begriff »Rezession« zum allgemein akzeptierten Euphemismus. Man kann nur mutmaßen, wie arg heute eine Rezession sein müßte, bis die Experten sich dazu durchringen würden, sie als »Depression« zu bezeichnen.

historischen Entwicklung überhaupt keinen Sinn ergab. Bis in die späten 50er Jahre hatten Anleger aus Aktienbesitz höhere Gewinne bezogen als aus dem Besitz von festverzinslichen Wertpapieren. Wann immer sich eine Angleichung der Erträge abzeichnete, kletterte die Dividende gewöhnlicher Aktien wieder höher, um den Abstand zu den Ertragsraten der Bonds zu sichern. Die Aktienpreise fielen, so daß ein Dollar, der in Aktien investiert wurde, wieder mehr Einkünfte erbrachte als vorher.

Und das schien auch ganz richtig so; denn schließlich sind Aktien ja risikoreicher als festverzinsliche Papiere. Bonds stellen *Verträge* dar, sie geben genau den Termin an, wann der Kreditnehmer dem Kapitalgeber die Schuld zurückzuzahlen hat, und legen den Zeitplan der Zinszahlungen fest. Wenn Kreditnehmer einen solchen Wertpapier-Vertrag nicht einhalten, landen sie im Bankrott: Ihr Kredit ist vernichtet und ihre Vermögenswerte fallen unter die Kontrolle der Gläubiger.

Bei Aktien haben die Aktionäre dagegen keinen Anspruch auf die Vermögenswerte des Unternehmens, solange nicht alle Gläubiger zufriedengestellt sind. Aktien sind zeitlich nicht begrenzt. Für sie gilt kein Enddatum, an dem Vermögenswerte des betreffenden Unternehmens unter den Eigentümern verteilt werden müssen. Außerdem werden Aktiendividenden ganz nach dem Belieben der Firmenleitung gezahlt, das Unternehmen ist keineswegs verpflichtet, seinen Aktionären Dividende zu zahlen. Von 1871 bis 1929 gab es neunzehn Fälle, daß Aktiengesellschaften die Dividendensumme kürzten, von 1929 bis 1933 wurden sie um über 50% und 1938 um rund 40% zusammengestrichen.

Es ist daher gar kein Wunder, daß Anleger Aktien immer nur dann kauften, wenn sie höhere Erträge als festverzinsliche Papiere brachten. Und es ist auch kein Wunder, daß die Aktienpreise jedesmal fielen, wenn die Aktienerträge sich den Erträgen aus festverzinslichen Papieren annäherten.

Das heißt, so war es bis 1959. In dem Jahr schossen die Aktienpreise in die Höhe und die Preise der festverzinslichen Papiere stürzten ab. Das führte dazu, daß der Quotient von Bondzinsen zu Bondpreisen kletterte und der Quotient von

Aktiendividenden zu Aktienpreisen sich verschlechterte. Die alte Relation von festverzinslichen Papieren und Aktien war dahin. Es kam zwischen ihnen zu einem solch enormen Gefälle, daß die Bonds am Ende ertragreicher waren als Aktien – mit einer noch größeren Differenz, als vorher umgekehrt zwischen Aktienerträgen und Wertpapieren geherrscht hatte.

Solch eine Wende konnte nicht aus geringfügigen Ursachen entstanden sein. Es gab einen Hauptfaktor, der die gegenwärtige Situation von der Vergangenheit unterschied: die Inflation. Von 1800 bis 1940 waren die Lebenshaltungskosten im Jahresdurchschnitt um bloße 0,2% gestiegen; während dieses Zeitraums waren sie in 69 einzelnen Jahren sogar gesunken. 1940 lag der Index der Lebenshaltungskosten nur um 28% höher als vor 140 Jahren. Unter solchen Umständen war es eine Wonne, Kapitalanlagen zum festgelegten Dollarwert zu besitzen; dagegen waren unter eben diesen Umständen Vermögenswerte ohne festgesetzten Dollarwert äußerst risikoreich.

Dieser Situation machte der Zweite Weltkrieg nebst Folgewirkungen ein Ende. Von 1941 bis 1959 betrug die Inflationsrate durchschnittlich 4%, der Preisindex für die Lebenshaltung stieg, mit nur einer einzigen Ausnahme, Jahr für Jahr. Wegen des erbarmungslos kletternden Preisniveaus wurde das anscheinend bombensichere Finanzierungsinstrument der festverzinslichen Papiere eine äußerst heikle Sache. Der Preis der mit 2 $^1/_2$ % verzinsten Anleihepapiere, die das amerikanische Schatzamt 1945 ausgegeben hatte, war bis 1959 von $ 1000 auf $ 820 gefallen – und diese $ 820 hatten obendrein nur noch den halben Kaufwert von 1949!

Mittlerweile schossen die Aktiendividenden rapide in die Höhe, sie verdreifachten sich von 1945 bis 1959; in diesem Zeitraum fielen sie in nur einem einzigen Jahr – und auch dann nur um lediglich 2%. Die Anlieger betrachteten Aktien nicht mehr als eine riskante Kapitalanlage, deren Preis und Erträge unvorhersehbaren Schwankungen unterworfen waren. Der Preis, den man für die aktuelle Dividende zahlte, schien zunehmend irrelevant. Das Entscheidende war der wachsende Dividendenfluß, den die Zukunft bringen würde. Es stand zu erwarten, daß diese Dividenden mit der Zeit die Zinserträge aus festverzinslichen Papieren überholen und daß sich der Kapitalwert der Aktien entsprechend erhöhen würde. Es war also wegen der damit gegebenen Wachstumschancen und Inflationsvorsorge ratsam und gut, günstige Aktien zu erwerben und Obligationen, Pfandbriefe etc. links liegenzulassen.

Obwohl diese neue Situation in den Umrissen lange vor 1959 erkennbar war, konnten sich auf den Kapitalmärkten die alten Verhältnisse halten, solange die maßgeblichen Investoren Menschen waren, die noch in der Erinnerung an die alten Zeiten lebten. So haben etwa meine Partner, die den Großen Börsenkrach miterlebt hatten, mir unentwegt versichert, daß es sich da nur scheinbar um einen Trend handelte, in Wirklichkeit bedeute das alles nicht mehr als eine temporäre Abweichung. Sie versicherten mir, daß die Dinge binnen weniger Monate wieder zum Normalzustand zurückkehren würden, daß die Aktienpreise fallen und die Bondpreise sich wieder fangen würden.

So ist es bis auf den heutigen Tag nicht gekommen. Und die Erfahrung, daß etwas gänzlich Unvorstellbares eintreten konnte, hat meine Einstellung zum Leben allgemein und zum Investieren im besonderen nachhaltig geprägt. Sie bestimmt meine Haltung gegenüber der Zukunft noch immer, sie hat mich daran zweifeln lassen, ob es klug ist, von der Vergangenheit auf die Zukunft zu schließen.

WIE STARK KÖNNEN wir uns also bei der Einschätzung künftiger Entwicklungen auf das Gesetz von der Rückkehr zum Mittelwert verlassen? Was sollen wir von einem Konzept halten, das sich unter bestimmten Umständen als höchst wirksam erweist, unter anderen Bedingungen aber zur Katastrophe führt?

Keynes räumte ein, daß »wir als lebende, sich bewegende Wesen gezwungen sind zu handeln ... [selbst wenn] unser existentes Wissen keine ausreichende Basis für eine kalkulierte mathematische Erwartung bietet«.[14] Es gelingt uns, mit Hilfe von Faustregeln, Erfahrung, Instinkt und Gewohnheit – mit anderen Worten: »aus dem Bauch heraus« – aus der Gegenwart in die Zukunft hineinzustolpern. John Kenneth Galbraith hat den Begriff von der »herkömmlichen Weisheit« geprägt; er hat oft einen negativen Beigeschmack, als ob das, was die meisten von uns glauben, notwendigerweise falsch wäre. Ohne herkömmliche Weisheiten könnten wir jedoch überhaupt keine langfristigen Entscheidungen treffen; wir hätten sogar Mühe, unseren Weg von einem Tag zum nächsten zu finden.

Das Kunststück besteht darin, flexibel genug zu sein, um zu erkennen, daß die Regel von der Rückkehr zum Mittelwert nur ein Hilfsmittel darstellt; sie ist kein religiöser Lehrsatz, der ewige Gültigkeit beansprucht. Wenn sie, wie von Präsident Hoover oder meinen älteren Partnern, automatisch zum Ableiten von Zukunftsprognosen aus der Vergangenheit benutzt wird, ist die Regel von der Rückkehr zum Mittelwert kaum mehr als Hokuspokus. Man sollte sich nie darauf verlassen, daß sie sich bewahrheitet, sollte unentwegt die Relevanz der Voraussetzungen in Frage stellen, die der Regel zugrunde liegen. Francis Galton hat uns den weisen Rat gegeben, uns »an umfassenderen Perspektiven« als dem Durchschnitt zu erfreuen.

11
Der Stoff der Glückseligkeit

Bis hierher hat unsere Geschichte sich auf Theorien und geniale Erfindungen der Berechnung von Wahrscheinlichkeit konzentriert: auf das Pascalsche Dreieck, auf Jakob Bernoullis Suche nach moralischer Gewißheit im Krug voller schwarzer und weißer Kugeln, auf den Billardtisch von Bayes, die Gaußsche Glockenkurve und Galtons Quincunx. Selbst Daniel Bernoulli, der sich vielleicht zum erstenmal in die psychologischen Aspekte der Chancenauswahl vertiefte, war von der Zuversicht getragen, daß Nützlichkeit sich messen ließe.

Nun aber wenden wir uns einer anderen Forschungsperspektive zu: Welche Risiken können wir eingehen? Welche Risiken sollten wir meiden? Welche Informationen sind relevant? Wie vertrauenswürdig sind unsere Zukunftsvorstellungen? Kurzum: Wie lassen sich Risiken mittels Management bewältigen?

Bei ungewissen Bedingungen sind sowohl Rationalität wie Berechnung für die Entscheidungsfindung wesentlich. Rationale Menschen verarbeiten Informationen auf objektive Weise, die Fehler, die sie bei Zukunftsprognosen machen, sind eher zufälliger Art als Ergebnis eines sturen Optimismus oder Pessimismus. Auf neue Informationen reagieren sie auf der Grundlage von klar definierten, abgewogenen Präferenzen. Sie wissen, was sie wollen, und nutzen die Informationen im Sinne ihrer Präferenzen.

Eine Präferenz zu haben bedeutet: daß einem eine Sache besser gefällt als eine andere. Der Begriff setzt voraus, daß Dinge abgewogen und aufeinander abgestimmt werden. Das ist ein brauchbares Konzept; es wäre allerdings noch besser, wenn sich eine Methode fände, um Präferenzen messen zu können.

Genau das hatte Daniel Bernoulli im Sinn, als er 1738 seinen bemerkenswerten Aufsatz verfaßte, in dem er prahlte: »Es wäre falsch, [seine eigenen Ideen] als Abstraktionen zu mißachten, die auf unsicheren Hypothesen beruhen.« Um die Präferenzen zu messen, führte Bernoulli den Nutzen als Größe ein – um zu kalkulieren, wie sehr wir eine Sache mehr als eine andere wertschätzen. Die Welt ist voller begehrenswerter Sachen, sagte er, aber die Summe, die Menschen für sie zu zahlen bereit sind, ist von Person zu Person verschieden. Und je mehr wir von einer Sache haben, desto weniger sind wir bereit zu zahlen, um mehr davon zu bekommen.[1]

Bernoullis Vorstellung vom Nutzen bedeutete einen beachtlichen Fortschritt; er hat sie allerdings nur eindimensional umgesetzt. Heute ist klar, daß der Wunsch, es andern gleichzutun, in uns den Wunsch nach immer mehr wecken kann, obwohl wir, nach objektiven Maßstäben, bereits genug hätten. Außerdem baute Bernoulli sein Argument auf ein Spiel auf, bei dem Paul zum erstenmal gewinnt, wenn Peters Münze mit dem »Kopf« oben liegt, aber *Paul verliert nichts, wenn Peters Münze mit »Wappen« oben landet.* Der Begriff des Verlusts kommt in Bernoullis Aufsatz überhaupt nicht vor, so wie er auch während der nächsten zweihundert Jahre in Arbeiten zur Nutzwerttheorie nirgends aufscheint. Nachdem er dann aber erst einmal eingeführt war, wurde die Nutzwerttheorie das bevorzugte Paradigma, um zu bestimmen, wie große Risiken Menschen eingehen, wenn sie einen gewünschten, doch ungewissen Gewinn zu erlangen hoffen.

Die Potenz des Bernoullischen Nutzbegriffs ist jedoch noch heute am Nachwirken seiner Einsichten zur »Natur des Menschen« erkennbar. Alle Fortschritte im Bereich der Entscheidungsfindungs- und Risikobewertungstheorien sind auf dem Boden seiner Bemühungen entstanden, Definitionen, Quantifizierungen und Leitlinien für rationales Entscheiden zu entwickeln.

Man dürfte daher eigentlich erwarten, daß die Geschichte der Theoriebildung von Nutzwert und Entscheidungsfindung von Bernoulli-Schülern dominiert wird, vor allem auch deshalb, weil Daniel Bernoulli ein solch überaus berühmter Wissenschaftler ist. Dem ist aber nicht so, bei den meisten späteren Entwicklungen der Nutzwerttheorie handelt es sich nicht um eine Fortführung der ursprünglichen Formeln Bernoullis, sondern um eigenständige, neue Entdeckungen.

Ob es damit zu tun hat, daß Bernoulli auf Lateinisch geschrieben hat? Kenneth Arrow hat geltend gemacht, daß Bernoullis Aufsatz zur Theorie der Risikomessung erst 1896 ins Deutsche übersetzt worden ist und daß die erste englische Übersetzung nicht vor 1954 in einer amerikanischen Fachzeitschrift erschien. Man darf jedoch nicht vergessen, daß das Lateinische bis weit ins 19. Jahrhundert unter Mathematikern allgemein gebräuchlich war; und im Falle von Gauß hat die Tatsache, daß er seine Werke Lateinisch schrieb, der Verbreitung und Vorherrschaft seiner Gedanken keineswegs Abbruch getan. Auf der anderen Seite mag das Lateinische deshalb erklären helfen, warum Bernoullis Leistungen bei Mathematikern mehr Beachtung fanden als bei Ökonomen und Verhaltensforschern.

Arrow weist auf einen entscheidenderen Faktor hin. Bernoulli beschäftigte sich in Zahlenbegriffen mit dem Nutzwert, wohingegen spätere Forscher den Nutzwert eher als Präferenzmotiv betrachteten. Ihrer Auffassung nach war die Aussage »Mir gefällt dies besser als das« nicht das gleiche wie die Feststellung: »Dies ist für mich x-Nutzeinheiten wert.«

GEGEN ENDE des 18. Jahrhunderts ist die Theorie vom Nutzen von Jeremy Bentham neu entdeckt worden. Dieser populäre englische Philosoph lebte von 1748 bis 1832. Bei besonderen Anlässen kann man ihn heute noch im University College in London zu Gesicht bekommen, wo gemäß seiner testamentarischen Bestimmungen seine mumifizierte Leiche in einem Glaskasten sitzt; sein Kopf ist durch einen Wachsabguß ersetzt worden, sein Hut liegt zwischen den Füßen.

Sein 1789 erschienenes Hauptwerk *The Principles of Morals and Legislation* war ganz vom Geist der Aufklärung durchdrungen:

> Die Natur hat die Menschheit unter die Herrschaft von zwei souveränen Meistern gesetzt, von *Schmerz* und *Lust*. Es obliegt einzig ihnen, uns zu zeigen, was wir tun sollten, wie auch zu

> bestimmen, was wir tun werden ... Das *Nützlichkeitsprinzip* akzeptiert diese Unterwerfung und sieht in ihr das Fundament dieses Systems, deren Ziel darin besteht, den Stoff der Glückseligkeit durch die Hand von Vernunft und Gesetz hochzuziehen.[2]

Anschließend erklärt Bentham, was er unter Nützlichkeit versteht, nämlich »jene Eigenschaft jeglichen Objekts, wodurch es Wohltat, Vorteil, Lust, Gutes oder Glück zu erzeugen neigt ..., sofern die ihm eigene Neigung, das Glück der Gemeinschaft zu mehren, größer ist als irgendwelche andere, sie zu mindern«.

Bentham spricht hier vom Leben im allgemeinen. Die Ökonomen des 19. Jahrhunderts verwandten den Nützlichkeitsbegriff jedoch als ein Hilfsmittel, um herauszufinden, wie aus interaktiven Entscheidungen von Käufern und Verkäufern die Preise zustande kommen; dieser gedankliche Seitensprung hat direkt zur Entdeckung des Gesetzes von Angebot und Nachfrage geführt.

Nach Meinung der führenden Ökonomen des 19. Jahrhunderts steht die Zukunft still, während Käufer und Verkäufer die Gelegenheiten bedenken, die sich ihnen bieten. Ihr Augenmerk galt der Frage, ob eine Chance einer anderen überlegen ist; die Möglichkeit eines Verlusts stand da nicht zur Debatte. Es war insofern nur logisch, daß Störfaktoren wie Ungewißheit und Konjunkturzyklen im Programmheft überhaupt nicht aufschienen. Diese Ökonomen befaßten sich statt dessen mit den psychologischen, subjektiven Faktoren, die Menschen veranlassen, soundsoviel für einen Laib Brot oder für eine Flasche Portwein – oder eben nur das Zehntel der Flasche – auszugeben. Der Gedanke, daß jemand vielleicht gar nicht das Geld hatte, um sich eine Flasche Port zu kaufen, war schier unvorstellbar. Alfred Marshall, der eminenteste Wirtschaftswissenschaftler des Viktorianismus, hat einmal bemerkt: »Es sollte niemand einer Beschäftigung nachgehen, die ihm nicht die Würde eines Gentlemans ermöglicht.«[3]

Zu den Hauptvertretern solchen Ideenguts zählte der überzeugte Benthamianer William Stanley Jevons, der ein Faible für

Mathematik hatte. Er wurde 1837 in Liverpool geboren und wollte eigentlich Naturwissenschaftler werden, sah sich jedoch aufgrund finanzieller Schwierigkeiten genötigt, eine Stellung als Edelmetallprüfer in der Königlichen Münzanstalt im australischen Sydney anzunehmen, dessen Einwohnerzahl wegen des Goldrausches rapide auf 100 000 zuging. Zehn Jahre später kehrte Jevons nach London zurück, wo er Wirtschaftswissenschaften studierte und dann die längste Zeit seines Lebens als Professor für Volkswirtschaft am University College lehrte; er war übrigens seit William Petty der erste Ökonom, der in die Royal Society aufgenommen wurde. Jevons setzte sich trotz der entsprechenden Fachbezeichnung seines Lehrstuhls als einer der ersten dafür ein, die Disziplin »Political Economy« – auf deutsch »Volkswirtschaftslehre« bzw. »Nationalökonomie« – schlicht in »Ökonomie« umzubenennen. Er offenbarte damit das Abstraktionsniveau, dem dieses Fach sich allmählich näherte.

Sein 1871 publiziertes Hauptwerk hatte dennoch den Titel *The Theory of Political Economy*.[4] Jevons beginnt mit der Erklärung: »Wert beruht einzig und allein auf Nützlichkeit«, und er fährt fort: »Um eine zufriedenstellende Tauschtheorie zu erreichen, müssen wir nur sorgfältig den Naturgesetzen der Veränderung von Nutzen nachspüren, der von der Menge eines Gutes in unserem Eigentum abhängt.«

Damit haben wir eine Neuformulierung der bahnbrechenden These Bernoullis vor uns, daß der Nutzwert sich mit der Quantität eines Gutes in unserem Besitz verändert. An einer späteren Stelle des Buches modifiziert Jevons diese allgemeine These mit einer Aussage, wie sie für einen anständigen Gentleman des Viktorianischen Zeitalters charakteristisch ist: »Je mehr unsere Bedürfnisse sich verfeinern und vergeistigen, desto weniger werden sie sich befriedigen lassen.«

Jevons war überzeugt, das Wertproblem gelöst zu haben, als er erklärte, mit der Fähigkeit, alles in quantitativen Begriffen zu fassen, seien die bis dahin in der Wirtschaftswissenschaft üblichen Allgemeinheiten bedeutungslos geworden. Das Problem der Ungewißheit wischte er mit der Behauptung vom Tisch, daß wir nur die Wahrscheinlichkeiten anzuwenden hätten, die wir dank der Erfahrungen und Beobachtungen in der Vergangenheit erkannt hatten: »Der Test der richtigen Einschätzung von Wahrscheinlichkeiten liegt darin, ob die Berechnungen mit dem Durchschnittswert übereinstimmen ... Wir stellen derartige Berechnungen mehr oder weniger korrekt in allen gewöhnlichen Lebensbereichen an.«

In aller Ausführlichkeit geht Jevons auf vorausgegangene Bemühungen ein, die Mathematik in der Ökonomie einzuführen, aber Bernoulli wird von ihm nicht erwähnt. An der Bedeutung der eigenen Erkenntnisse läßt er allerdings keine Zweifel aufkommen:

> Wer würde vor der Zeit Pascals überhaupt daran gedacht haben, Zweifel und Glauben zu messen? Wer wäre auf den Gedanken gekommen, daß die Erforschung von belanglosen Hasardspielen zu der Schaffung des vielleicht sublimsten Zweiges der Mathematik führen würde – der Wahrscheinlichkeitstheorie?
> Es kann heute kein Zweifel mehr bestehen, daß Lust, Schmerz, Nutzen, Wert, Reichtum, Geld, Kapital etc. ausnahmslos quantitativ erfaßbare Vorstellungen sind; nein, die Gesamtheit unserer Anstrengungen in Industrie und Handel hängt mit Bestimmtheit davon ab, Vorteil und Nachteil nach Quantitäten zu vergleichen.

DER STOLZ, der Jevons über die eigenen Arbeiten erfüllte, reflektiert den Enthusiasmus, den das Viktorianische Zeitalter der Vorstellung von Meßbarkeit zollte. Die plötzliche Flut wissenschaftlicher Forschungen im Dienste der Industriellen Revolution förderte diese Begeisterung noch.

Die erste methodische Volkszählung war in Großbritannien bereits im Jahre 1801 durchgeführt worden; im Lauf des Jahrhunderts waren die Methoden angewandter Statistik vom Versicherungswesen zunehmend verfeinert worden. Von soziologischen statistischen Erhebungen erhofften sich viele rechtschaffene Männer und Frauen Anstöße für die Linderung der üblen Folgen der Industrialisierung. Sie machten sich daran, das Leben der Menschen in den Slums zu verbessern und

Kriminalität, Analphabetismus und Trunksucht in der neu entstandenen Bevölkerungsschicht der Armen zu bekämpfen.

Manche Vorschläge zur Messung gesellschaftlichen Nutzens waren allerdings alles andere als praktikabel. So unterbreitete etwa ein Zeitgenosse von Jevons, der fortschrittliche mathematische Ökonom Francis Edgeworth, den Vorschlag, ein »Hedonimeter« zu entwickeln. Und in Cambridge suchte der brillante Mathematiker Frank Ramsay noch Mitte der 1920er Jahre nach Möglichkeiten, ein »Psychogalvanometer« zu bauen.

Es gab Viktorianer, die gegen den starken Drang zum Messen protestierten, weil er nach Materialismus rieche. Als Florence Nightingale 1860 nach Gesprächen mit Galton und anderen das Angebot zur Finanzierung einer Professur für Angewandte Statistik in Oxford machte, stieß sie prompt auf Ablehnung. Der bedeutende Statistiker Maurice Kendall, der sich auch mit der Geschichte der Statistikwissenschaft befaßte, hat bemerkt, daß »man in unseren führenden alten Universitäten anscheinend noch immer die letzten Zaubersprüche des Mittelalters von den Türmen flüsterte ... Nach dreißig Jahren gab Florence ihre Bemühungen auf.«[5]

Der Drang, in den Sozialwissenschaften den gleichen Grad von Quantifizierung zu erreichen wie in den Naturwissenschaften, wurde mit der Zeit stärker und stärker. Die naturwissenschaftliche Terminologie begann, auf die Sozialwissenschaften überzugreifen. So sprach beispielsweise Jevons von der »Mechanik« von Nutzen und Eigeninteresse. Man übernahm Begriffe wie Gleichgewicht, Impuls, Druck und Funktion. In der Finanzwelt spricht man heute von »Finanztechnik«, von »Nervenzentren« und »genetischen Algorithmen«.

Es gibt im Werk von Jevons aber noch einen anderen erwähnenswerten Aspekt. Es konnte bei einem naturwissenschaftlich gebildeten Menschen, wie er einer war, gar nicht ausbleiben, daß er merkte, was sich da unmittelbar vor seiner Nase tat – daß sich in der Wirtschaft Fluktuationen einstellten. 1873, bloß zwei Jahre vor der Veröffentlichung seiner *Theory of Political Economy*, ging in Europa und in den Vereinigten Staaten ein großer wirtschaftlicher Aufschwung zu Ende, der über zwei Dezennien angedauert hatte. Die Konjunktur sackte über drei aufeinanderfolgende Jahre kontinuierlich ab, eine Erholung ließ auf sich warten. 1878 lag die Industrieproduktion in den USA nur um 6% höher als 1871. Während der folgenden 23 Jahre sanken die Preise für amerikanische Waren und Dienstleistungen praktisch ununterbrochen um insgesamt rund 40%, was in Europa und Nordamerika große Notstände verursachte.

Hat nun aber diese verheerende Erfahrung Jevons zum Nachdenken darüber bewegt, ob das herrschende Wirtschaftssystem bei optimalem Ausstoß- und Beschäftigungsniveau in sich tatsächlich so stabil war, wie Ricardo und seine Schüler es verheißen hatten? Mitnichten. Jevons produzierte statt dessen eine eigene Konjunkturtheorie, die sich auf den Einfluß von Sonnenflecken auf die Witterung, von der Witterung auf die Ernten und von den Ernten auf Preise, Löhne und Beschäftigungsgrad berief. Für Jevons lag der ganze Ärger mit der Wirtschaft in Himmel und Erde begründet, nicht aber in der Wirtschaftsphilosophie.

Die Theoriebildung zu den Fragen, wie Menschen Entscheidungen treffen und Optionen wahrnehmen, hatte sich anscheinend völlig vom alltäglichen Leben in der wirklichen Welt entfernt. Trotzdem hielten diese Theorien sich über fast einhundert Jahre. Bis in die Zeit der Großen Wirtschaftskrise war die Vorstellung allgemein akzeptiert, daß es sich bei Wirtschaftsschwankungen um bedauerliche Zufallserscheinungen handelte und nicht etwa um Phänomene, die einem auf Risiko ausgerichteten Wirtschaftssystem immanent waren. Hoovers Versprechen aus dem Jahre 1930, wirtschaftliches Wohlergehen läge bloß um die Ecke, spiegelte seine Überzeugung, daß der Große Börsenkrach durch eine temporäre Abweichung verursacht worden war, die Möglichkeit eines Strukturfehlers kam ihn nie in den Sinn. Selbst Keynes verriet noch immer die optimistische Grundhaltung seiner viktorianischen Erziehung, als er 1931 seiner »tiefsten Überzeugung« Ausdruck verlieh, »daß das Wirtschaftsproblem ... lediglich auf ein schreckliches Durcheinander zurückgeht, auf ein vorübergehendes, ein *unnötiges* Durcheinander«.[6] Die Hervorhebung stammt von ihm selbst.

Von 1900 bis 1960: Im Bann der Unbestimmtheiten und die Sucht nach Sicherheit

12
Das Ausmaß unseres Nichtwissens

Unser Glaube an die Berechenbarkeit gerät oft ins Schwanken, so daß wir aufgeben. »Letzte Nacht hat es den Elefanten erwischt.« Solche Vorfälle erklären wir am liebsten dadurch, daß wir sie dem Zufall zuschreiben, dem Glück oder Pech, je nachdem.

Falls alles Glückssache ist, wäre Risikomanagement ein sinnloses Unterfangen. Alles zur Glückssache zu erklären, verdunkelt die Wahrheit, weil es die Phänomene von den Ursachen trennt.

Wenn wir sagen, daß jemand Pech gehabt hat, dann sprechen wir diesen Menschen von aller Verantwortung für das Geschehene frei. Wenn wir sagen, daß ein Mensch Glück gehabt hat, so verweigern wir ihm die Anerkennung für jede Form persönlichen Bemühens, das den positiven Ausgang bewirkt haben könnte. Doch wie sicher können wir uns da sein? War es nun das Schicksal oder eine persönliche Entscheidung, die das Phänomen herbeigeführt hat?

Solange wir nicht zwischen einem Geschehen, das wahrhaft zufällig ist, und einem Geschehen unterscheiden können, das nach dem Gesetz von Ursache und Wirkung zustande kommt, werden wir weder erfahren, ob wir das bekommen, was wir sehen, noch wie uns das widerfuhr, was uns widerfuhr. Wenn wir ein Risiko eingehen, bauen wir auf ein Resultat, das aus einer Entscheidung hervorgeht, die wir bewußt treffen, selbst wenn wir nicht mit Sicherheit wissen, wie das Resultat aussehen wird. *Es ist für das Risikomanagement entscheidend, daß wir die Bereiche maximieren, in denen wir einigen Einfluß auf das Ergebnis haben, und gleichzeitig die Bereiche minimieren, wo wir ohne jeden Einfluß auf das Ergebnis sind und der Zusammenhang zwischen Wirkung und Ursache verborgen ist.*

WAS MEINEN WIR eigentlich genau mit Glück? Laplace war überzeugt, daß es so etwas wie Glück – oder Hasard, wie er es nannte – überhaupt nicht gibt. In seinem *Essai philosophique sur les probabilités* hat er betont:

> Gegenwärtige Ereignisse sind mit vorhergehenden durch ein Band verknüpft, welches auf dem offensichtlichen Prinzip beruht, daß eine Sache nicht ohne eine Ursache entstehen kann, die es hervorruft ... Alle Vorkommnisse, selbst solche, die wegen ihrer Belanglosigkeit scheinbar nicht den großen Naturgesetzen folgen, resultieren notwendig genauso aus ihnen wie die Umdrehungen der Sonne.[1]

Die Aussage erinnert an eine Beobachtung Jakob Bernoullis: Falls alle Geschehnisse auf ewig wiederholt werden könnten, so würden wir erkennen, daß alle als Reaktion auf »endliche Ursachen« entstünden und daß selbst die allem Anschein nach zufälligsten Geschehnisse das Resultat »irgendwelcher Notwendigkeit oder sozusagen SCHICKSAL« wären. Sie erinnert uns auch an de Moivre, der alles der Macht eines URSPRUNGSPLANS unterstellt. Laplace, der eine »riesige Intelligenz« voraussetzte, die alle Ursachen und Wirkungen zu begreifen vermag, negierte sogar die Idee der Ungewißheit. Er sagte, ganz im Geist der Zeit, voraus, daß die Menschen einmal den gleichen Intelligenzgrad erreichen würden, und zum Beweis führte er die bereits in der Astronomie, Mechanik, Geometrie und den Gesetzen der Schwerkraft erreichten Fortschritte an. Diese Fortschritte waren seiner Auffassung zufolge zu verdanken »der Neigung, die der menschlichen Rasse eigentümlich ist und sie den Tieren überlegen macht; und ihr Fortschritt in diesem Sinne ist je nach Völkern und Epochen ein besonderer und begründet ihren wahren Ruhm«.[2]

Laplace räumte ein, daß es manchmal schwierig ist, eine Ursache zu entdecken, wo keine zu bestehen scheint. Er warnt aber auch vor der Neigung, ein Phänomen einer speziellen Ursache zuzuschreiben, wenn in Wahrheit nur die Gesetze der Wahrscheinlichkeit am Werke sind. Er bietet folgendes Beispiel: »Auf einem Tisch sehen wir Buchstaben in folgender

Anordnung, KONSTANTINOPEL, und wir folgern, daß diese Reihung kein Zufallsergebnis ist. Wenn aber dieses Wort in keiner Sprache Verwendung fände, dann würden wir nicht mutmaßen, daß die Reihung sich einer spezifischen Ursache verdankte.«[3] Falls die Buchstaben zufällig BZUXRQVICPRGAB lauteten, so würden wir der Buchstabenfolge keine Beachtung schenken, obwohl die Chancen, daß BZUXRQVICPRGAB in einer rein zufallsbedingten Zeichnung zustande kommt, genauso hoch sind wie die Chancen, daß dabei KONSTANTINOPEL herauskommt. Wir würden uns wundern, wenn wir aus einer Flasche mit 1000 Zahlen die Zahl 1000 ziehen würden; die Chance, daß wir die 457 ziehen, beträgt aber auch nur 1 zu 1000. »Je außergewöhnlicher das Ereignis«, so folgert Laplace, »desto größer unser Bedürfnis, daß es dafür solide Gründe gibt.«[4]

Im Oktober 1987 fiel der Aktienmarkt über 20%. Es kam seit 1926 erst zum viertenmal vor, daß der Markt binnen eines Monats um 20% absackte. Doch der Börsensturz des Jahres 1987 kam wie aus dem Nichts. Was die Ursachen betrifft, so gibt es zwar einen Haufen Theorien, doch ein Konsens ist bis heute nicht erreicht worden. Er konnte nicht ohne eine Ursache eingetreten sein, doch diese Ursache liegt im Verborgenen. Trotz seiner Außergewöhnlichkeit hat bisher niemand vermocht, ihn mit »soliden Gründen« zu erklären.

EIN ANDERER FRANZÖSISCHER Mathematiker, der etwa ein Jahrhundert nach Laplace zur Welt kam, hat den Zusammenhang von Ursache und Wirkung und die Bedeutung von Informationen für die Entscheidungsfindung weiter unterstrichen. Jules-Henri Poincaré (1854 – 1912) war nach James Newman

> ... ein französischer Gelehrter, der auf geradezu beunruhigende Weise ganz wie ein französischer Gelehrter aussah. Er war klein und dick, mit einem enormen Kopf, der durch einen dichten, eckigen Bart sowie einen splendiden Schnurrbart markiert war, kurzsichtig und gebeugt; er hatte eine zerstreute Art zu reden, war geistesabwesend und trug einen Kneifer, der an einem schwarzen Seidenband hing.[5]

Poincaré war ein weiterer Mathematiker in der langen Reihe von Wunderkindern, wie sie uns immer wieder über den Weg gelaufen sind. Er wurde zum führenden Mathematiker seiner Zeit.

Nichtsdestotrotz beging Poincaré den schweren Fehler, die Leistungen eines Studenten namens Louis Bachelier zu unterschätzen, der 1900 sein Studium an der Sorbonne mit einer Dissertation unter dem Titel »Die Theorie der Spekulation«[6] abschloß. In seiner Beurteilung der Doktorarbeit bemerkte Poincaré, daß »M. Bachelier einen selbständigen und präzisen Verstand bewiesen hat, das Thema ist [aber] ein wenig zu entlegen von denen, mit welchen unsere übrigen Kandidaten sich gewöhnlich befassen«. Die Arbeit wurde mit einem *»mention honorable«* statt mit der Höchstnote *»mention très honorable«* ausgezeichnet, die jedoch erforderlich war, um einen respektablen akademischen Posten zu finden. Bachelier blieb solche Stellung auf immer versagt.

Seine Dissertation kam erst fünfzig Jahre später durch einen puren Zufall wieder ans Licht. So jung er auch gewesen sein mag, als er sie verfaßte, nahm doch die Mathematik, die er zur Erklärung der Preisgestaltung für Anleihepapiere der französischen Regierung entwickelte, Einsteins Entdeckung der Bewegung der Elektronen um fünf Jahre vorweg – welche ihrerseits die Grundlage für die Random-Walk-Theorie des Finanzwesens lieferte. Außerdem antizipierte seine Darstellung des Spekulationsprozesses viele Theorien, die heute auf den Finanzmärkten beobachtet werden. *»Mention honorable!«*

Bacheliers Dissertation enthielt folgende Kernidee: »Die mathematische Erwartung des Spekulanten ist null.« Heute ist überall ersichtlich, was sich aus dieser spektakulären These gedanklich alles ableitet, von Geschäftsstrategien und dem Handel mit Derivaten angefangen bis hin zu den ausgefuchstesten Methoden des Portfolio-Managements. Und Bachelier wußte genau – trotz der Gleichgültigkeit, die seiner Arbeit entgegengebracht wurde –, daß er einer großen Sache auf der Spur war. »Es ist offenkundig«, so schrieb er, »daß die vorliegende Theorie die meisten Schwierigkeiten, die bei der Analyse der Spekulation auftreten, mit der Wahrscheinlichkeitsrechnung löst.«

Wir müssen uns jedoch wieder Bacheliers Nemesis zuwenden – M. Poincaré. Er war fest davon überzeugt, daß es für alles eine Ursache gab, wenngleich Sterbliche nicht in der Lage sind, alle Ursachen für sämtliche Geschehnisse zu erkennen. »Ein unendlich mächtiger Geist, der über die Naturgesetze unendlich gut informiert ist, könnte [alle Ereignisse] seit Anbeginn vorausgesehen haben. Falls ein solcher Geist existierte, dürften wir uns mit ihm auf kein Glücksspiel einlassen, weil wir verlieren würden.«[7]

Um die Bedeutung des Verhältnisses von Ursache und Wirkung zu unterstreichen, weist Poincaré darauf hin, wie ohne sie die Welt aussehen würde. Er zitiert eine Fiktion, die der zeitgenössische französische Astronom Camille Flammarion entwickelt hatte. Ein Beobachter reist mit mehr als Lichtgeschwindigkeit ins All:

> Für ihn würde die Zeit die Richtung [von positiv zu negativ] verändert haben. Die Geschichte würde auf den Kopf gestellt und Waterloo vor Austerlitz stattfinden ... Es würde alles den Anschein haben, als ob es aus einer Art von Chaos hervortreten und in einem labilen Gleichgewicht sein würde. Die gesamte Natur würde ihm wie dem Zufall ausgeliefert erscheinen.[8]

In einer Welt mit Ursache und Wirkung können wir dagegen die Wirkungen vorhersehen, wenn wir die Ursachen kennen. Daher »ist das, was für den Unwissenden Zufall ist, für den Wissenschaftler keineswegs Zufall. Der Zufall ist nur das Maß unserer Unwissenheit.«[9]

Poincaré stellt dann allerdings auch die Frage, ob diese Zufallsdefinition völlig ausreichend ist. Schließlich können wir die Gesetze der Wahrscheinlichkeit zitieren, um Vorhersagen zu machen. Wir wissen nie, welche Mannschaft die *World Series* gewinnen wird, doch zeigt uns das Pascalsche Dreieck, daß eine Mannschaft, die das erste Match verliert, eine Wahrscheinlichkeit von 22:64 hat, vier Spiele zu gewinnen, bevor der Gegner in drei weiteren gesiegt hat. Es besteht eine Chance von 1:6, daß beim Würfeln am Ende eine 3 oben liegt. Der Wetterfrosch sagt heute voraus, daß für morgen eine

30%ige Wahrscheinlichkeit von Regen besteht. Bachelier gibt zu erkennen, daß für die nächste Handelsrunde die Chancen eines Aktienpreisanstiegs 50% ausmachen. Poincaré weist darauf hin, daß dem Direktor einer Lebensversicherungsgesellschaft das Sterbedatum aller individuellen Policeninhaber nicht bekannt ist, aber »er verläßt sich auf die Wahrscheinlichkeitsrechnung und auf das Gesetz der Großen Zahl, und darin geht er nicht fehl, weil er seinen Aktionären ja eine Dividende auszahlt«.[10]

Poincaré macht auch darauf aufmerksam, daß manche scheinbar zufälligen Phänomene keineswegs zufällig sind; es ist nur so, daß ihre Ursachen aus winzigen Störungen resultieren. Ein Kegel, der perfekt auf seiner Spitze steht, wird umkippen, sofern es in der Symmetrie auch nur den kleinsten Fehler gibt; und selbst wenn es keinen Fehler gibt, wird der Kegel in der Reaktion auf »ein ganz leichtes Erzittern, den Hauch eines Luftzugs« umfallen. Und das ist Poincaré zufolge auch der Grund dafür, warum die Wettervorhersagen der Meteorologen nur so beschränkt eintreffen:

> Viele Menschen empfinden es als völlig natürlich, um Regen oder Sonnenschein zu beten, während sie es lächerlich fänden, für eine Sonnenfinsternis zu beten ... Ein Zehntel Grad, wo auch immer, und der Zyklon platzt hier und nicht dort und breitet seine Verwüstungen über Länder, die er sonst verschont haben würde. Das hätten wir voraussehen können, falls wir dies Zehntel Grad gewußt hätten, doch ... es scheint, als ob für alles das Wirken des Zufalls verantwortlich ist.[11]

BEI EINEM NOCH so geringfügigen Unterschied der Kraft, die sie in Bewegung setzt, wird selbst das Rouletterad sich anders drehen und der Würfel anders fallen. Aufgrund unserer Unfähigkeit, solche winzigen Unterschiede zu erkennen, nehmen wir an, daß die Ergebnisse zufällig, daß sie unvorhersehbar sind. Wie Poincaré zum Roulette bemerkt: »Daher schlägt ja mein Herz wie wild und erhoffe ich mir alles vom Glück.«[12]

Die Chaostheorie unserer Zeit geht von ähnlichen Voraussetzungen aus. Nach dieser Theorie ist vieles, was uns wie Chaos vorkommt, in Wahrheit das Ergebnis einer tieferen Ordnung, in der an sich unbedeutende Störungen oft Ursache von Börsenkrächen und langlebigen Haussen sind. Die *New York Times* berichtete am 10. Juli 1994 von einer ziemlich spinnerten Anwendung der Chaostheorie durch den Computerwissenschaftler James Crutchfield in Berkeley, der »schätzte, daß der Schwergewichtssog eines Elektrons, das zufällig seine Position am Rande der Milchstraße verändert, das Ergebnis eines Billardspiels auf der Erde beeinflussen kann«.

LAPLACE UND POINCARÉ begriffen, daß wir manchmal zu wenig Informationen besitzen, um die Gesetze der Wahrscheinlichkeit anwenden zu können. Auf einer Konferenz von Anlageberatern reichte ein Freund mir folgende Notiz:

Die Information, die du hast, ist nicht die Information, die du gern hättest.
Die Information, die du gern hättest, ist nicht die Information, die du brauchst.
Die Information, die du brauchst, ist nicht die Information, die du dir beschaffen kannst.
Die Information, die du dir beschaffen kannst, kostet mehr, als du zahlen willst.

Wir sind imstande, große Informationsteile und kleine Bruchstücke von Information zu sammeln; eins ist uns aber nicht möglich: sämtliche Teile zusammenzubringen. Wir wissen nie mit Sicherheit, wie aussagekräftig unsere Stichprobe ist. Diese Ungewißheit macht das Urteilen so schwer und das Handeln aufgrund des Urteilens so heikel. Wir können nicht einmal hundertprozentig sicher sein, daß die Sonne morgen früh aufgehen wird. Die Menschen der Antike, die das als feststehendes Ereignis vorhersagten, haben auch nur mit einer begrenzten Stichprobe aus der Geschichte des Universums gearbeitet.

Bei fehlender Information müssen wir wieder auf induktives Denken zurückgreifen und die Chancen raten. In einer Abhandlung zur Wahrscheinlichkeitsproblematik hat John Maynard Keynes geschlossen: »Zwischen der Evidenz und dem beobachteten Phänomen selbst besteht eine Relation, die allerdings nicht unbedingt meßbar sein muß.«[13]

Wenn wir versuchen, mit den Ungewißheiten, die sich uns stellen, und den Risiken, die wir eingehen, zu Rande zu kommen, führt ein induktives Argumentieren uns zu einigen merkwürdigen Folgerungen. Besonders aufschlußreich sind hier Forschungen des Nobelpreisträgers Kenneth Arrow. Arrow wurde gegen Ende des Ersten Weltkriegs geboren und wuchs in New York City auf, als die Stadt Schauplatz lebhafter geistiger Debatten und Auseinandersetzungen war. Er besuchte eine staatliche Schule, studierte am City College und lehrte danach in Harvard und Stanford. Heute hat er zwei Emeritus-Professuren in Stanford inne, die eine in Unternehmensforschung und die andere in Wirtschaftswissenschaften.

Arrow kam schon früh im Leben zu der Überzeugung, daß die meisten Menschen die ihnen zur Verfügung stehenden Informationen überschätzen. Das Unvermögen der Ökonomen, die Ursachen der Wirtschaftskrise der 30er Jahre rechtzeitig zu erkennen, war für ihn Beweis, daß sie nur ein »sehr begrenztes« Wirtschaftsverständnis hatten. Die Erfahrungen, die er während des Zweiten Weltkriegs als Wetterfrosch der US Air Force machte, »brachten die zusätzliche Erkenntnis, daß auch die Natur unvorhersehbar ist«.[14] Die Passage, aus der ich bereits in der Einleitung zitierte, lautet komplett:

> Nach meiner Auffassung entsteht unser Wissen davon, wie die Dinge, sei es in der Gesellschaft oder in der Natur, im Dunstkreis der Verschwommenheit. Die Folgen von Glaubensgewißheit sind enorme Übelstände gewesen – ganz gleich, ob sie historische Notwendigkeiten, diplomatische Großkonzeptionen oder extreme Ansichten zur Wirtschaftspolitik betreffen. Wenn man eine Strategie entwickelt, die für den einzelnen oder für die Gesellschaft breite Auswirkungen haben wird, dann ist Vorsicht geboten, weil wir die Konsequenzen nie voraussehen können.[15]

Während seiner Militärzeit beim Wetterdienst der Air Force hatte Arrow ein Erlebnis, das sowohl die Ungewißheit des Menschen veranschaulicht wie seine mangelnde Bereitschaft, Ungewißheit zu akzeptieren. Eine Gruppe von Offizieren erhielt den Auftrag, das Wetter für einen Monat im voraus vorherzusagen; Arrow und seine Statistiker fanden jedoch heraus, daß man statt dessen genausogut Zahlen aus einem Hut ziehen könnte. Die Offiziere gaben ihm recht und ersuchten die Vorgesetzten, sie von der Aufgabe zu entbinden. Sie bekamen die Antwort: »Der Kommandierende General ist sich bewußt, daß die Vorhersagen nichts taugen. Er benötigt sie aber für Planungszwecke.«[16]

In einem wissenschaftlichen Aufsatz zum Thema Risiko stellt Arrow die Frage, warum die meisten von uns sich gelegentlich an Glücksspielen beteiligen und warum wir regulär Versicherungsprämien zahlen. Nach den mathematischen Wahrscheinlichkeiten werden wir in beiden Fällen Geld verlieren. Beim Glücksspiel ist statistisch nicht mehr als ein Break-Even zu erwarten (obwohl de facto mehr erzielt werden kann), weil der Hausvorteil des Kasinos die Chancen zu unseren Ungunsten verschiebt. Im Fall der Versicherungen übersteigen unsere Prämienzahlungen die statistischen Chancen, daß unser Haus niederbrennt oder daß uns die Juwelen gestohlen werden.

Warum lassen wir uns auf solche Verlustgeschäfte ein? Wir machen beim Glücksspiel mit, weil wir bereit sind, die große Wahrscheinlichkeit eines kleinen Verlusts in der Hoffnung auf die geringe Wahrscheinlichkeit eines großen Gewinns zu akzeptieren; im übrigen bedeutet das Glücksspiel den meisten von uns eher Unterhaltung als Risiko. Wir schließen Versicherungen ab, weil wir uns das Risiko, unser Eigenheim durch einen Brand oder vorzeitig unser Leben zu verlieren, nicht leisten können. Das heißt: Ein Hasard mit der 100%igen Aussicht auf einen kleinen Verlust (die Beitragsprämien) und einer geringen Aussicht auf hohen Gewinn (im Fall einer Katastrophe) ist uns lieber als das Risiko eines sicheren geringen Gewinns (das Sparen der Beitragsprämien) mit ungewissen, aber potentiell ruinösen Folgen für uns oder unsere Familie.

Arrow bekam den Nobelpreis zum Teil für seine theoretischen Betrachtungen über ein fiktives Versicherungsunternehmen bzw. eine sonstige risikoteilende Institution, die in einem »lückenlosen Markt« gegen Verlust jeder Art und Größenordnung versichern würde. Er kam zu dem Schluß, daß die Welt ein besserer Lebensraum wäre, wenn wir uns gegen jede Zukunftsmöglichkeit versichern könnten. Die Menschen stünden Risikoengagements, ohne die ein wirtschaftlicher Fortschritt unmöglich ist, positiver gegenüber.

Wir sind oft außerstande, genügend Tests durchzuführen oder genügend Stichproben zu nehmen, um bei der Entscheidungsfindung die Gesetze der Wahrscheinlichkeit zu nutzen. Wir entscheiden auf der Basis eines zehnmaligen Hochwerfens einer Münze, statt sie hundertmal zu werfen. Ohne eine bestehende Versicherung erscheint infolgedessen jedes Ergebnis Glücksache. Weil die Versicherung die Risiken vieler Personen kombiniert, kann jeder einzelne in den Genuß der Vorteile kommen, die das Gesetz der Großen Zahl bietet.

In der Praxis ist Versicherung nur gegeben, wenn das Gesetz der Großen Zahl beachtet wird. Dieses Gesetz verlangt, daß die versicherten Risiken der Zahl nach groß und außerdem voneinander unabhängig sind, wie es für aufeinanderfolgende Male des Gebens beim Pokerspiel der Fall ist.

»Unabhängig« hat mehrere Bedeutungen: Es bedeutet beispielsweise, daß die Ursache eines Brandes unabhängig sein muß von Handlungen des Policenhalters. Es bedeutet auch, daß die versicherten Risiken nicht miteinander in Zusammenhang stehen dürfen, wie es beispielsweise die wahrscheinlichen Bewegungen aller beliebigen Aktien zu einer Zeit wären, wenn der ganze Börsenmarkt einen Einbruch erlebt oder wie es bei kriegsbedingten Zerstörungen vorkommt. Und es bedeutet zu guter Letzt, daß Versicherung nur gewährleistet sein kann, wenn eine rationale Methode zur Kalkulation der Verlustrisiken existiert – eine Einschränkung, die etwa Versicherungspolicen für das Risiko ausschließt, daß ein neuer Modestil kein Wahnsinnserfolg wird oder die Nation während der kommenden zehn Jahre einen Krieg erlebt.

FOLGLICH IST die Zahl der Risiken, gegen die man sich versichern kann, viel geringer als die Zahl der Risiken, die wir im Laufe eines Lebens eingehen. Wir stehen oft vor der Möglichkeit, eine falsche Wahl zu treffen, die wir dann am Ende bitter bereuen. Die Versicherungsprämie ist nur eine von vielen Kosten, die wir auf uns nehmen, um der Möglichkeit eines größeren, ungewissen Verlusts vorzubeugen; wir machen große Umstände, um uns vor den Konsequenzen falschen Handelns zu schützen. Keynes hat einmal die Frage gestellt: »[Warum] sollte jemand, der nicht in der Klapsmühle sitzt, überhaupt Reichtum in Form von Geldschätzen besitzen wollen?« Worauf er selber die Antwort gab: »Der Besitz tatsächlichen Geldes lullt unsere Unruhe ein; und die Belohnung, die wir dafür verlangen, daß wir uns von Geld trennen, zeigt das Ausmaß unserer Unruhe.«[17]

Im Geschäftsleben besiegeln wir einen Handel mit der Unterzeichnung eines Vertrags oder per Handschlag. Solche Formalitäten legen unser künftiges Verhalten fest, selbst wenn die Umstände sich auf eine Weise ändern, daß wir dann am liebsten eine ganz andersartige Vorsorge getroffen hätten. Gleichzeitig schützen solche Formalitäten uns aber vor Schaden, den uns die Gegenseite des Vertrags zufügen könnte. Unternehmen, die Produkte wie Weizen oder Gold erzeugen, die Preisschwankungen ausgesetzt sind, schützen sich dadurch gegen Verluste, daß sie Verträge über Warentermingeschäfte abschließen, die den Verkauf dieser Güter vor deren Erzeugung ermöglichen. Sie verzichten auf die Chance, sie zu einem späteren Zeitpunkt zu höheren Preisen zu verkaufen, um Unsicherheit bezüglich des dann effektiv zu erzielenden Preises zu vermeiden.

1971 hat Kenneth Arrow in Zusammenarbeit mit dem Ökonomen Frank Hahn die Zusammenhänge zwischen Geld, Verträgen und Unsicherheit klargestellt. Es würde keine Verträge in Geldbegriffen geben, »falls wir eine Wirtschaft ohne Vergangenheit oder Zukunft in Erwägung zögen«.[18] Vergangenheit und Zukunft haben jedoch für die Wirtschaft die Bedeutung von Einschlag und Scheren in der Weberei. Wir entscheiden nichts ohne Bezug auf eine Vergangenheit, die wir mit einiger Gewißheit begreifen, und eine Zukunft, über die wir keinerlei sicheres Wissen besitzen. Vertragsschlüsse und liquide Mittel bewahren uns auch dann vor unliebsamen Konsequenzen, wenn wir uns, um mit Arrow zu sprechen, im Dunstkreis der Verschwommenheit bewegen.

Manche Menschen schützen sich auf andere Weise gegen ungewisse Ausgänge. Sie rufen bei einem Limousinenservice an, um die Unsicherheiten einer Fahrt mit dem Taxi oder mit öffentlichen Verkehrsmitteln zu meiden. Sie lassen gegen Einbruch in ihren Wohnungen Alarmanlagen installieren. Die Minimierung von Unsicherheiten ist eine kostspielige Angelegenheit.

ARROWS KONZEPT eines »lückenlosen Markts« ging von seiner Vorstellung vom Wert des menschlichen Lebens aus. »Das fundamentale Element meiner Idee von einer guten Gesellschaft«, so schrieb er, »ist die Zentralität der anderen ... Diese Prinzipien implizieren eine allgemeine Verantwortung für die Freiheit ... Die Verbesserung des ökonomischen Zustands und der Chancen ... ist eine Grundkomponente des Mehrens der Freiheit.«[19] Doch grenzt die Angst vor Verlust unsere Wahlmöglichkeiten manchmal ein, und deshalb begrüßt Arrow Versicherungen und risikoteilende Instrumentarien wie Warenterminverträge und öffentliche Märkte für Aktien und Wertpapiere. Solche Einrichtungen ermuntern Investoren, diversifizierte Portfolios anzulegen, anstatt alle Eier in einen Korb zu legen.

Arrow gibt allerdings zu bedenken, daß eine Gesellschaft, wo niemand die Folgen eines Risikoengagements fürchtet, einen fruchtbaren Boden für unsoziales Verhalten abgeben könnte. So bot beispielsweise die Möglichkeit zur Einlagenversicherung für Einleger bei amerikanischen Bausparkassen deren Eigentümern die Chance zu grandiosen Gewinnen, falls alles gut liefe, und wenig zu verlieren, falls die Dinge sich unangenehm entwickelten. Als dann tatsächlich alles danebenging, hatten die Steuerzahler die Zeche zu zahlen. Wo immer eine Versicherungsmöglichkeit besteht, wird ein moralischer Hasard – die Versuchung zu betrügen – existieren.*

* Es ist jedoch denkbar, daß auch das Gegenteil eintritt. Das Risiko funktioniert häufig als

Zwischen Laplace und Poincaré auf der einen und Arrow und seinen Zeitgenossen auf der anderen Seite besteht eine enorme Kluft. Nach der Katastrophe des Ersten Weltkriegs war der Traum dahin, daß die Menschheit eines schönen Tages im Besitz allen notwendigen Wissens sein und Ungewißheit durch Gewißheit ersetzt werden würde. Die Wissensexplosion hat es vielmehr mit sich gebracht, daß das Leben seither noch unsicherer und die Welt noch unverständlicher scheint.

In diesem Licht betrachtet, ist Arrow in unserer bisherigen Geschichte die Persönlichkeit mit dem modernsten Bewußtsein. Sein Augenmerk ist nicht auf die Frage gerichtet, wie die Wahrscheinlichkeitstheorie funktioniert oder wie Beobachtungen zum Mittelwert zurückkehren. Ihn interessiert primär die Frage, wie wir unter Bedingungen von Ungewißheit Entscheidungen treffen und wie wir mit den Entscheidungen, die wir getroffen haben, in der Wirklichkeit zurechtkommen. Arrow hat uns soweit vorangebracht, daß wir methodisch untersuchen können, wie Menschen sich auf der schmalen Trennlinie bewegen, die Risiken, die wir bedenken, von Risiken unterscheidet, die wir eingehen müssen. Die Verfasser der *Logik* von Port-Royal und Daniel Bernoulli haben die Richtung der Forschungen, die auf dem Gebiet des Risikos notwendig werden könnten, geahnt, doch der Begründer des Konzepts vom Risikomanagement als einer explizit praktischen Kunst heißt Arrow.

DAS VERSTÄNDNIS vom Risikomanagement als einer Kunst des Praktischen beruht auf einer Binsenweisheit, die tiefgreifende Konsequenzen hat: Bei der Erschaffung unserer Welt hat niemand daran gedacht, ihr Sicherheit einzubauen. *Wir sind niemals sicher, wir sind stets zu einem gewissen Grad unwissend.* Unsere Informationen sind zum großen Teil unrichtig oder unvollständig.

Stellen Sie sich einmal vor, daß Sie von einer unbekannten Frau aufgefordert werden, eine Wette auf das Hochwerfen einer Münze zu wagen. Sie versichert Ihnen, daß die Münze,

Anreiz. Ohne Risiken könnte es geschehen, daß eine Gesellschaft im Angesicht der Zukunft passiv und untätig wird.

die sie Ihnen dazu überreicht, vertrauenswürdig ist. Doch wie können Sie wissen, ob die Fremde die Wahrheit sagt? Sie beschließen, die Münze durch zehnmaliges Hochwerfen zu testen, bevor Sie die Wette annehmen.

Als sich achtmal »Kopf« und zweimal »Wappen« ergeben, erklären Sie, die Münze sei präpariert. Die Fremde reicht Ihnen daraufhin ein Statistiklehrbuch, in dem zu lesen steht, daß dieses schiefe Resultat sich bei Tests mit zehnmaligem Hochwerfen einer Münze im Verhältnis von 1:9 ergeben kann.

Sie sind durch diese Belehrung zwar beschämt, berufen sich aber auf Jakob Bernoulli und verlangen ausreichend Zeit, um die Münze hundertmal zu testen. Dabei zeigt die Münze achtzigmal »Kopf«! Das Statistikhandbuch belehrt Sie daraufhin, daß die Wahrscheinlichkeit von 80mal »Kopf« bei hundertmaligem Hochwerfen so gering ist, daß man die Zahl der Nullen nach dem Dezimalpunkt zählen muß. Die Wahrscheinlichkeit liegt bei eins zu einer Milliarde.

Sie sind jedoch noch immer nicht ganz überzeugt, daß die Münze nicht präpariert ist. Und Sie werden auch nie 100%ig sicher sein, selbst wenn Sie die Münze noch weitere hundert Jahre werfen würden. Die Chance von eins zu einer Milliarde müßte Sie eigentlich hinreichend überzeugen, daß Sie da eine gefährliche Spielpartnerin vor sich haben; trotzdem bleibt eine Möglichkeit, daß Sie der Frau unrecht tun. Sokrates hat erklärt, daß Ähnlichkeit mit der Wahrheit nicht gleich Wahrheit ist, und Jakob Bernoulli hat betont, daß moralische Gewißheit weniger ist als Gewißheit.

Bei unsicheren Umständen liegt die Wahl nicht zwischen Ablehnung und Annahme einer Hypothese, sondern zwischen Ablehnung und Nicht-Ablehnung. Man kann zu dem Schluß kommen, daß die Wahrscheinlichkeit eines Irrtums so gering ist, daß man die Hypothese nicht zurückweisen sollte. Man kann zu dem Schluß kommen, daß die Wahrscheinlichkeit eines Irrtums so groß ist, daß man die Hypothese zurückweisen *sollte*. Doch wann immer die Wahrscheinlichkeit, daß man irrt, unter Null liegt – wo eher Sicherheit als Unsicherheit besteht –, ist eine Hypothese *inakzeptabel*.

Mit dieser wichtigen Erkenntnis läßt sich meist zwischen

gültigen Forschungen und Hokuspokus unterscheiden. Hypothesen müssen, wenn sie gültig sein sollten, der Falsifizierung unterworfen werden – d. h., sie müssen auf eine Weise überprüfbar sein, daß die Alternative zwischen Ablehnen und Nicht-Ablehnen klar und konkret ist und die Wahrscheinlichkeit meßbar ist. Die Aussage »Er ist ein netter Kerl« ist zu vage, als daß sie sich testen ließe. Die Aussage »Dieser Mann ißt nicht nach jeder Mahlzeit ein Stück Schokolade« ist falsifizierbar in dem Sinne, daß wir Beweismaterial sammeln können, das belegt, ob dieser Mann in der Vergangenheit nach jeder Mahlzeit ein Stück Schokolade gegessen hat oder nicht. Falls die Beweisführung nur eine Woche umspannt, dann ist die Wahrscheinlichkeit, daß wir die Hypothese verwerfen können (wir bezweifeln, daß er nicht nach jeder Mahlzeit Schokolade ißt), höher, als wenn das Beweismaterial ein ganzes Jahr abdeckt. Das Testergebnis wird Nicht-Ablehnen bedeuten, wenn keinerlei Hinweise auf einen regelmäßigen Schokoladengenuß vorliegen. Doch selbst bei fehlender Beweismasse für einen längeren Zeitraum können wir nicht mit Sicherheit behaupten, daß der Mann in Zukunft nie nach allen Mahlzeiten Schokolade essen wird. Und es sei denn, daß wir jede Minute seines Lebens mit ihm verbracht haben, können wir nie sicher sein, daß er in der Vergangenheit nicht regelmäßig Schokolade gegessen hat.

Dieses Prinzip läßt sich anhand der Strafrechtsprozesse gut veranschaulichen. Nach unserem amerikanischen Rechtssystem haben strafrechtlich Angeklagte ihre Unschuld nicht zu beweisen; so etwas wie ein Urteil, daß jemand für unschuldig erklärt, gibt es nicht. Statt dessen muß die Hypothese begründet werden, daß der Angeklagte schuldig ist, und es ist die Aufgabe der Anklage, den Kreis der Geschworenen zu überzeugen, die Schuldhypothese nicht zurückzuweisen. Dagegen besteht das Ziel der Verteidigung einfach darin, die Geschworenen davon zu überzeugen, daß es im Umfeld der Anklage hinreichend Zweifelsmomente gibt, die eine Zurückweisung der Hypothese rechtfertigen. Und aus eben diesem Grund lautet das von Geschworenen abgegebene Urteil entweder »schuldig« oder »nicht schuldig«.

DER RAUM, in dem die Geschworenen sich beraten, ist keineswegs der einzige Ort, wo die Überprüfung einer Hypothese zu heftigen Debatten über den Grad der Ungewißheit führt, der eine Zurückweisung rechtfertigen würde. Der dazu notwendige Grad der Ungewißheit ist nicht vorgeschrieben. Schlußendlich müssen wir eine subjektive Entscheidung treffen, welches Ausmaß an Ungewißheit annehmbar ist, bevor wir unser Urteil fällen.

So sind beispielsweise Manager von Investmentfonds mit zwei Risikoarten konfrontiert – zunächst einmal, das liegt auf der Hand, mit dem Risiko, daß die Anlagewerte sich schlecht entwickeln, zweitens jedoch mit dem Risiko, einer Meßlatte nicht zu entsprechen, die potentiellen Investoren bekannt ist.

Die nebenstehende Grafik[20] zeigt die jährliche Gesamtertragsrate (Dividenden plus Preisveränderung) vor Steuer für Aktionäre des American Mutual Fund von 1983 bis Ende 1995; der American Mutual Fund ist eine der größten und ältesten Aktien-Investment-Gesellschaften der Branche. Ihre Leistung ist durch eine Linie mit Punkten gekennzeichnet; die Leistung des Standard & Poor Composite Index von 500 Aktien ist durch die Blöcke angegeben.

Obwohl der American Mutual Fund dem S&P 500 ziemlich genau folgt, hatte er nur in drei von dreizehn Jahren höhere Erträge – 1983 und 1993, als die Aktien des American Mutual Fund höher anstiegen, sowie 1990, als sie weniger absackten. In zehn Jahren erbrachte der American Mutual Fund etwa das gleiche oder weniger als der S & P.

War das nun eine Pechsträhne oder fehlt den Managern des American Mutual Fund das Geschick, eine nichtgemanagte Ansammlung von 500 Aktien zu übertreffen? Man beachte: Da der American Mutual Fund weniger schwankend ist als der S&P, war in jenen zwölf von dreizehn Jahren, als der Markt anstieg, ein Nachhinken wahrscheinlich. In Jahren eines abschwächenden oder statischen Marktes könnte die Leistung des Fund wesentlich besser dastehen.

Wenn wir diese Daten aber einer mathematischen Überprüfung unterziehen, um die Signifikanz der Ergebnisse zu bestimmen, kommen wir zu der Einsicht, daß es den Managern

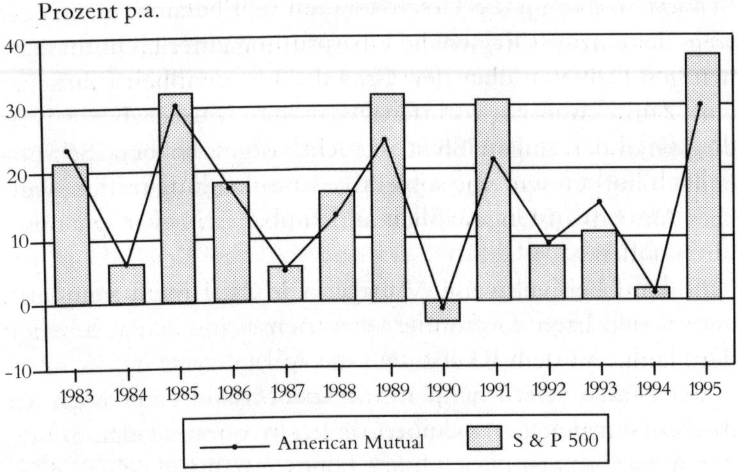

Gesamtertragsraten 1983 – 1995, American Mutual und S&P 500

des American Mutual Fund vermutlich trotzdem an Tüchtigkeit mangelt.[21] Es besteht nur eine 20%ige Chance, daß die Ergebnisse dem Zufall zuzuschreiben sind. Anders ausgedrückt: Wenn wir diesen Test auf fünf weitere 13-Jahresperioden erweitern würden, dürften wir damit rechnen, daß der American Mutual Fund in vier Perioden unter den Werten der 500 Aktien des S&P bliebe.

Dem würden viele Marktbeobachter widersprechen und den Einwand erheben, daß zwölf Jahre für eine solch grobe Verallgemeinerung ein zu kleiner Zeitabschnitt sind. Außerdem ist eine 20%ige Wahrscheinlichkeit – selbst wenn sie, zugegeben, unter 50% liegt – keineswegs gering. Nach gegenwärtigem Usus in der Finanzwelt sollten wir eine 95%ige Sicherheit besitzen, daß etwas »statistisch signifikant« ist, bevor wir akzeptieren, was die Zahlen aussagen. (»Statistische Signifikanz« ist das zeitgenössische Äquivalent für die »moralische Gewißheit« von einst.) Jakob Bernoulli befand, daß 1000 Chancen aus 1001 notwendig seien, damit wir moralisch gewiß sein könnten; heute wird nur eine Chance von 1 zu 5 für erforderlich gehalten, um eine Beobachtung für zufällig zu befinden.

Wenn wir uns auf der Basis von nur 12 Beobachtungen aber keiner Sache 95%ig sicher sein können – wie viele Observationen sind dann vonnöten? Wie uns ein weiterer mathematischer Test zeigt, müßten wir den American Mutual Fund über dreißig Jahre mit dem S&P 500 vergleichen, bevor wir 95%ig sicher sein können, daß eine Minderleistung dieser Größenordnung kein purer Zufall war. Da solch ein Test praktisch undurchführbar ist, dürfte das bestmögliche Urteil dahin gehen, daß die Manager des American Mutual Fund angesichts der offenen Frage Entlastung verdienen; unter den gegebenen Umständen wäre ihre Leistung akzeptabel.

Die nächste Grafik zeigt uns ein anderes Bild. Hier sehen wir das Abschneiden eines kleinen, aggressiv operierenden Fonds, der AIM Constellation. Dieser Fonds war im gleichen Zeitraum erheblich schwankender als sowohl der S&P Index wie der American Mutual Fund. Man beachte, daß die vertikale Skala in dieser Grafik doppelt so hoch reicht wie die vertikale Skala der vorausgegangenen Grafik. AIM erlebte 1984 ein katastrophal schlechtes Jahr, doch in fünf anderen Jahren übertraf es die S&P 500 bei weitem. Der durchschnittliche Jahresertrag für AIM über diese 13 Jahre betrug 19,8% gegenüber 16,7% für die S&P 500 und 15% für den American Mutual Fund.

Ist dieses Ergebnis auf Glück oder Leistung zurückzuführen? Wegen der größeren Schwankungsbreiten bei AIM ist diese Frage trotz des Gewinnabstands zu S&P nicht leicht zu beantworten. Im übrigen folgte AIM dem S&P auch nicht so eng wie der American Mutual Fund. In einem Jahr, das für S&P Wachstum verzeichnete, sank AIM ab; es verdiente 1986 genausoviel wie 1985, als auch S&P geringeren Gewinn erbrachte. Das Muster ist dermaßen unregelmäßig, daß sich die Leistungen dieses Fonds schwerlich prognostizieren ließen, selbst wenn wir so schlau wären und die Erträge der S&P zu prognostizieren vermöchten.

Unser mathematischer Test ergibt aufgrund der starken Schwankungsfrequenz und der geringen Korrelation, daß im Fall des AIM der Zufall eine bedeutsame Rolle spielte – wie im Fall des American Mutual Fund auch. Ja, hier bei AIM

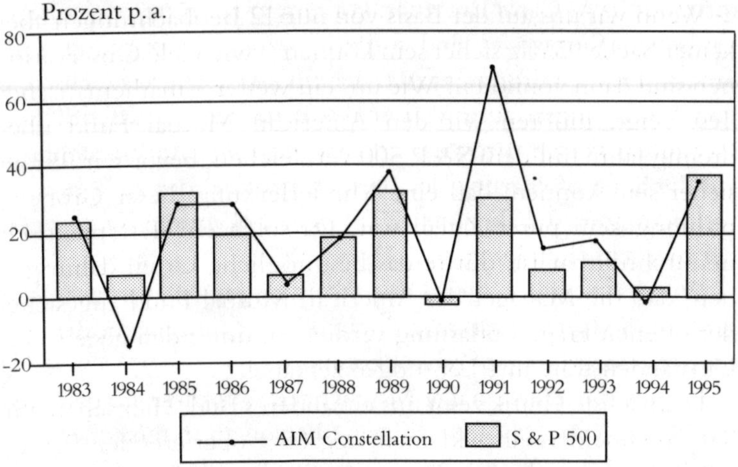

Gesamtertragsraten 1983–1995, AIM Constellation und S&P 500

würden wir einen Leistungsüberblick von mehr als hundert Jahren benötigen, bevor wir 95%ig sicher sein könnten, daß diese AIM-Ergebnisse kein Zufallsresultat sind! Nach Begriffen des Risikomanagements darf angenommen werden, daß die Manager der AIM Constellation in ihrem Bemühen, besser als der Markt abzuschneiden, möglicherweise übertrieben große Risiken eingegangen sind.

VIELE GEGNER des Zigarettenrauchens sorgen sich wegen des passiven Rauchens und unterstützen Anstrengungen, das Rauchen in öffentlichen Gebäuden zu verbieten. Wie groß ist das Risiko, daß man Lungenkrebs bekommt, wenn sich im Restaurant jemand am Nachbartisch oder der Sitznachbar im Flugzeug eine Zigarette ansteckt? Sollte man das Risiko hinnehmen oder darauf bestehen, daß die Zigarette sofort ausgedrückt wird?

Im Januar 1993 veröffentlichte die Environmental Protection Administration einen 510seitigen Bericht mit dem ominösen Titel *Respiratory Health Effects of Passive Smoking: Lung Cancer and Other Disorders.*[22] Ein Jahr später erschien die Direktorin der EPA, Carol Browner, vor einem Komittee des amerikanischen Kongresses und forderte seine Zustimmung zum Smoke-Free Environment Act, der ein kompliziertes Gemenge von Verfügungen zum Verbot des Rauchens in öffentlichen Gebäuden vorsah. Browner erklärte, daß sie ihre Empfehlung auf die Schlußfolgerung des Berichts gründe, der zufolge umweltbedingter Tabakrauch (ETS) »ein bekanntes Karzinogen der menschlichen Lunge sei«.[23]

Wieviel ist über dies Lungenkarzinogen »bekannt«? Wie groß ist die Gefahr, daß man durch den Zigarettengenuß anderer Menschen Lungenkrebs bekommt?

Es gibt nur eine einzige Möglichkeit, auf diese Fragen Gewißheit zu erlangen: Jede einzelne Person zu untersuchen, die seit Beginn des Zigarettenrauchens vor Hunderten von Jahren passivem Rauchen ausgesetzt war. Und eine nachgewiesene Beziehung zwischen passivem Rauchen (ETS) und Lungenkrebs wäre selbst dann noch immer kein *Beweis*, daß die Krebsursache ETS war.

Da es praktisch unmöglich ist, sämtliche betroffenen Personen aller fraglichen Zonen und Zeiten einem Test zu unterziehen, bleiben alle wissenschaftlichen Forschungsergebnisse unsicher. Was nach einem starken Zusammenhang aussieht, mag in Wirklichkeit lediglich durch die Zufälligkeit der Stichprobe bedingt sein; in welchem Falle eine andere Auswahl aus einem anderen Zeitraum oder einer anderen Region oder sogar von einer anderen Personengruppe des gleichen Orts und gleichen Zeitraums sehr wohl gegenteilige Resultate geliefert haben könnte.

Nur eines wissen wir mit Sicherheit: Ein Zusammenhang – kein Verhältnis von Ursache und Wirkung! – zwischen ETS und Lungenkrebs hat eine Wahrscheinlichkeit, die einige Prozente unter 100% liegt. Die Differenz zwischen 100% und der angegebenen Probabilität trifft die Wahrscheinlichkeit, daß passives Rauchen nicht das geringste mit Lungenkrebs zu tun hat und daß ähnliche Belege nicht notwendigerweise in anderen Proben aufscheinen würden. Das Risiko, aufgrund von ETS ins Gras zu beißen, reduziert sich auf ein Chancenmuster wie bei einem Glücksspiel.

Die meisten Untersuchungen nach Art des ETS-Tests vergleichen das Ergebnis bei einer Gruppe, die einem spezifischen, guten oder bösen Faktor ausgesetzt ist, mit dem Ergebnis bei einer »Kontroll«-Gruppe, die eben diesen Faktoren nicht ausgesetzt ist. So werden etwa viele neue Pharmaka auf die Weise getestet, daß das fragliche Medikament einer Personengruppe verabreicht und ihre Reaktion anschließend mit der Reaktion einer Gruppe verglichen wird, die ein Placebo erhält.

Im Fall von passivem Rauchen stützte die Analyse sich auf das Vorkommen von Lungenkrebs bei nichtrauchenden Frauen, die mit Rauchern zusammenlebten. Die Testdaten wurden dann mit der Krankheitsfrequenz in der Kontrollgruppe aus nichtrauchenden Frauen verglichen, die mit Nichtrauchern zusammenlebten. Das Verhältnis der Reaktionen in der Risikogruppe zu den Reaktionen in der Kontrollgruppe wird als *Teststatistik* bezeichnet. Die absolute Größe der Teststatistik und der mit ihr verbundene Unsicherheitsgrad bilden die Basis der Entscheidung, ob irgendwelche Maßnahmen ergriffen werden sollten. Anders gesagt: Die Teststatistik hilft dem Beobachter, zwischen KONSTANTINOPEL und BZUXRQVICPRGAB und Fällen mit sinnvolleren Resultaten zu unterscheiden. Wegen aller zu berücksichtigenden Unwägbarkeiten ist die letztendliche Entscheidung oft mehr eine Sache des Instinkts als des Kalküls – genauso wie bei der Entscheidung, ob eine Münze präpariert ist oder nicht.

Epidemiologen – die Gesundheitsstatistiker – halten sich an die gleiche Übereinkunft, die auch zur Bewertung der Arbeit von Investmentfondsmanagern verwandt wird. Sie definieren ein Ergebnis gewöhnlich als statistisch signifikant, wenn eine Wahrscheinlichkeit von weniger als 5% besteht, daß es sich nicht um ein Zufallsergebnis handelt.

Die Ergebnisse der ETS-Studie über passives Rauchen fielen längst nicht so klar aus wie die Resultate der viel größeren Anzahl vorausgegangener Untersuchungen über aktives Rauchen. Obwohl das Risiko von Lungenkrebs deutlich mit dem Ausmaß an Kontakt – wie stark der Lebenspartner rauchte – korrelierte, lagen die Krankheitsraten unter den exponierten Frauen im Schnitt nur 1,19mal höher als bei Frauen, die mit Nichtrauchern zusammenlebten. Im übrigen basierte diese bescheidene Teststatistik auf nur 30 Untersuchungen, von denen sechs überhaupt keine ETS-Auswirkungen zeigten. Da viele solcher Tests nur kleine Auswahlgruppen betrafen, waren von ihnen auch nur neun statistisch relevant.[24] Von den elf in den USA durchgeführten Untersuchungen erfüllte keine einzige dieses Kriterium; sieben von ihnen stützten sich sogar auf weniger als 45 Fälle.[25]

Am Ende erklärte die EPA, sie »hätte niemals behauptet, daß ein minimales Ausgesetztsein gegenüber passivem Zigarettenrauch ein enormes persönliches Krebsrisko darstellt«[26] und schätzte, daß »jährlich annähernd 3000 amerikanische Nichtraucher an Lungenkrebs sterben, der durch passives Rauchen verursacht wird«.[27] Es war diese Schlußfolgerung, die den Kongreß veranlaßte, den Smoke-Free Environment Act mit seinen zahllosen Verfügungen über öffentliche Gebäude zu beschließen.

WIR HABEN in unserer Geschichte den Punkt erreicht, wo die Unsicherheit nebst ihrer Dienstmagd, dem Glück, ins Rampenlicht vorgerückt sind. Das Bühnenbild hat sich verändert, größtenteils deshalb, weil die Welt sich in den rund 75 Jahren seit Ende des Ersten Weltkriegs außer mit fast allen Risiken der alten Zeiten auch noch mit vielen neue Risikoarten konfrontiert sah.

Mit der wachsenden Zahl von Risiken ist der Ruf nach Risikomanagement gestiegen. Niemand hat diese Entwicklung deutlicher gespürt als Frank Knight und John Maynard Keynes, deren bahnbrechende Arbeiten wir im folgenden Kapitel darstellen wollen. Obwohl diese beiden Männer längst gestorben sind – ihre wichtigsten Schriften erschienen früher als die von Arrow –, sind beinahe alle Personen, denen wir, wie Arrow, von jetzt an begegnen werden, noch am Leben. Sie sind der lebendige Beweis dafür, wie jung die Vorstellungen vom Risikomanagement sind.

Die Begriffe, die wir im nächsten Kapitel kennenlernen werden, sind Mathematikern und Philosophen der Vergangenheit nie in den Sinn gekommen; sie waren viel zu sehr damit beschäftigt, die Wahrscheinlichkeitsgesetze aufzustellen, um die Geheimnisse der Ungewißheit in Angriff zu nehmen.

13
Eine radikal andersartige Vorstellung

Francis Galton starb 1911, Henri Poincaré im Jahr darauf. Mit ihrem Hinscheiden ging die große Zeit des Messens zu Ende – eine Epoche, die fünf Jahrhunderte, bis zu Paccciolis *Balla*-Spiel zurückreichte. Denn es war ja eine Schwierigkeit gewesen, die sich aus der Punktefrage ergeben hatte (s. S. 59), welche den langen Marsch zur Bestimmung der Zukunft im Sinne der Wahrscheinlichkeitsregeln auslöste. Von den bedeutenden Mathematikern und Philosophen, denen wir auf unserem bisherigen Weg begegnet sind, hat nicht einer bezweifelt, im Besitz der notwendigen Werkzeuge zur Definition dessen zu sein, was die Zukunft in petto hält. Ihr Augenmerk galt daher bloß den Fakten.

Das soll keineswegs heißen, daß Galton und Poincaré die Probleme voll und ganz gelöst hätten: Die Prinzipien des Risikomanagements befinden sich immer noch in einem Entwicklungszustand. Entscheidend ist etwas anderes: Galtons und Poincarés Tod – und ihr Risikoverständnis – fallen in die Zeit unmittelbar vor einer der größten Wasserscheiden der Geschichte, dem Ersten Weltkrieg.

Der Optimismus der Viktorianer wurde durch die sinnlose Vernichtung menschlichen Lebens auf den Schlachtfeldern, mit der Unsicherheit des anschließenden Friedens und von den Dämonen erstickt, die von der Russischen Revolution entfesselt wurden. Es sollte nie wieder so sein, daß Menschen Robert Brownings Versicherung akzeptierten: »Gott ist in seinem Himmel / Und die Welt in Ordnung.« Nie wieder würde die Wissenschaft so uneingeschränkt gut und wohltuend erscheinen, würden in der westlichen Welt Religion und Familie mit der gleichen Selbstverständlichkeit akzeptiert werden.

Dem allen setzte der Erste Weltkrieg ein Ende. In Kunst,

Literatur und Musik führten grundlegende Veränderungen zu abstrakten und oftmals schockierenden Formen, die einen beunruhigenden Kontrast zu den wohltuenden, einlullenden Konventionen des 19. Jahrhunderts bildeten. Als Albert Einstein die Unvollkommenheit aufzeigte, die unter der Oberfläche der Euklidischen Geometrie herrschte, und Sigmund Freud die Irrationalität zum Naturzustand der Menschheit erklärte, wurden sie beide über Nacht berühmt.

Bis dahin war die Wirtschaft von der klassischen Ökonomie als risikofreies System definiert worden, das immer optimale Resultate zeitigte. Sie garantierte Stabilität. Wenn die Menschen beschlossen, mehr zu sparen und weniger auszugeben, sanken die Zinsraten, so daß Investitionen begünstigt oder Sparen hinreichend demotiviert wurde, damit sich bald wieder das alte Gleichgewicht einpendelte. Falls die Unternehmer ihre Firmen rasch expandierten, die Privathaushalte aber nicht ausreichend sparten, um das für die Expansion benötigte Kreditkapital bereitzustellen, dann stiegen gewöhnlich die Zinsraten, um die Dinge wieder ins Lot zu bringen. Eine so funktionierende Wirtschaft würde, außer vielleicht für kurze Anpassungsphasen, nie unter unfreiwilliger Arbeitslosigkeit oder enttäuschenden Gewinnen leiden. Obwohl einzelne Firmen und Investoren Risiken eingingen, war die Wirtschaft als Ganzes risikofrei.

Solche Überzeugungen sterben schwer – selbst angesichts der Wirtschaftsprobleme, die im Gefolge des Krieges entstanden. Doch gab es vereinzelt Stimmen, die laut verkündeten, daß die Welt nie mehr so sein würde wie vorher. 1921 äußerte der Chicagoer Professor Frank Knight Worte, die sich aus dem Mund eines Wirtschaftswissenschaftlers seltsam anhörten: »Es ist eine große Frage, inwieweit die Welt überhaupt intelligibel ist ... So etwas wie eine mathematische Untersuchung läßt sich nur in ganz speziellen, kritischen Fällen durchführen.«[1] Den Pessimismus Knights echote am Tiefstpunkt der Großen Wirtschaftskrise John Maynard Keynes auf folgende Weise:

> Mit jeder neuen Wendung sehen wir uns Problemen von organischer Einheit, von Diskretion und Diskontinuität gegenüber

> – das Ganze ist nicht gleich der Summe der Teile, quantitative Vergleiche versagen, kleine Veränderungen erzeugen große Wirkungen, und die Annahme eines gleichförmigen, homogenen Kontinuums erfüllt sich nicht.[2]

In seinem Hauptwerk *Die allgemeine Theorie der Beschäftigung, des Zinses und des Geldes* (1936) wies Keynes Jevons' Glauben an eine universelle Anwendbarkeit des Messens scharf zurück: »[Die meisten unserer Entscheidungen,] etwas Positives zu tun ... können nur als Resultat von Lebensfreude verstanden werden ... und keineswegs als Ergebnis eines ausgewogenen Durchschnitts aus quantitativen Nutzeffekten multipliziert mit quantitativen Wahrscheinlichkeiten.«[3]

Angesichts der Spannungen der Nachkriegszeit konnte nur ein unverbesserlich naiver Theoretiker noch meinen, daß alle Probleme mittels rationaler Anwendung von Differentialrechnung und Wahrscheinlichkeitsregeln mit ihren fein säuberlich gereihten Präferenzen gelöst werden könnten. Mathematiker und Philosophen mußten gestehen, daß die Realität eine ganze Anzahl von Umständen umfaßte, die man vorher noch nie bedacht hatte. Die Chancenverteilung folgt nicht länger der Verteilung, wie Pascal sie definiert hatte. Sie durchbrach die Symmetrie der Gaußschen Glockenkurve und regressierte zu Mittelwerten, die weitaus instabiler waren, als Galton angegeben hatte.

Forscher suchten nach Möglichkeiten, wie sie das Unerwartete analysieren könnten. Vor dem Ersten Weltkrieg hatten sie gänzlich auf die entscheidungsbeeinflussenden Inputs gesetzt und mußten nunmehr erkennen, daß die Entscheidung immer nur der Anfang ist. Der Teufel liegt nicht in der Entscheidung selbst, sondern in den Konsequenzen, die unsere Entscheidungen mit sich bringen. Wie der australische Ökonom Robert Dixon feststellte: »Im Prozeß der Entscheidungsfindung ist die Unsicherheit ein Faktor, und das nicht so sehr deshalb, weil es eine Zukunft gibt, als daß es eine Vergangenheit gibt und stets geben wird ... Wir sind Gefangene der Zukunft, weil wir uns in unserer Vergangenheit verfangen.«[4] Der einzigartige Realist Omar Chajjam hatte das bereits tausend Jahre früher erkannt:

Der Finger schreibt, und schreibt, und geht
voran; und keine Frömmigkeit, kein Witz versteht
ihn rückzuködern, daß er eine Zeile löscht,
und durch kein Weinen wird ein Wort verweht.

Was wollen Sie machen, wenn eine Entscheidung zu einem Resultat führt, an das Sie im Rahmen Ihrer Wahrscheinlichkeitsüberlegungen überhaupt nicht gedacht haben? Oder wenn Resultate, die nur wenig Wahrscheinlichkeit hatten, sich häufiger einstellen, als sie eigentlich sollten? Offenbaren denn die Muster der Vergangenheit nicht immer den Weg in die Zukunft?

Knight und Keynes waren die ersten zwei Wissenschaftler, die sich ernsthaft mit solchen Fragen befaßten; beide waren lautstarke Einzelgänger; doch beider Wirken zusammen hat zu dem Risikoverständnis geführt, das uns heute prägt.

FRANK KNIGHT wurde 1885 als ältestes von elf Kindern auf einem Bauernhof in White Oak Township, Illinois, geboren.[5] Obwohl ohne High-School-Abschluß, besuchte er zwei winzige Colleges; wegen der Armut seiner Eltern war für ihn wahrscheinlich mehr nicht erschwinglich. Das erste, American University, hatte mit der gleichnamigen Universität in Washington, D.C., aber auch gar nichts gemein; in diesem College stand über allem der Wert der *Enthaltsamkeit*, man lehrte dort sogar »die Prinzipien der Volkswirtschaft mit Bezug auf den Gebrauch von berauschenden Getränken«. In landesweit gestreuten Annoncen forderte dies College Eltern auf, »schwer zu bändigende Jungs zur American University zu schicken, damit sie Disziplin lernten«. Danach besuchte Knight das Milligan College; dessen Präsident bezeichnete Knight nach der Graduierung als »den besten Studenten, den ich je hatte ... der belesenste Student ... [mit] praktischem Geschäftssinn wie auch technischem Wissen«.

Er sei Ökonom geworden, so hat Knight einmal erklärt, weil das Pflügen von Äckern seinen Füßen nicht gutgetan hätte. Bevor er sich den Wirtschaftswissenschaften zuwandte, studierte er jedoch an der Cornell University Philosophie; zur Ökonomie wechselte er erst, als ein Professor ihn aufforderte: »Reden Sie nicht so viel oder verlassen Sie das Philosophieseminar!« Es war allerdings nicht bloß die hohe, quiekige Stimme, die ihn in Schwierigkeiten brachte. Ein Philosophieprofessor orakelte: »Er wird den wahren philosophischen Geist ruinieren, wenn er mit ihm in Berührung kommt.« Knight war, was die menschliche Natur anbetraf, ein unverbesserlicher Zyniker. Ein wohlmeinenderer anderer Professor sagte ihm einmal: »Sie kommen eben aus einer übelriechenden Umgebung, wo jeder Mensch mit Verstand alles in Zweifel zieht.«

1919 wurde Knight Dozent für Ökonomie an der Universität Iowa, 1928 wechselte er an die Universität Chicago, wo er bis zu seinem Tod (1972) im Alter von 87 Jahren lehrte. »Es ist besser, als für den eigenen Lebensunterhalt arbeiten zu müssen«, hat er einmal bemerkt. Seine Vorlesungen waren oft schlecht vorbereitet, er trug sie außerdem in einem umständlichen, ländlichen Stil und mit derben Humoreinlagen vor.

Obwohl Knight mit der Religion früh Bekanntschaft machte und sich zeitlebens mit ihr beschäftigte, war er ein unerbittlicher Gegner von allem, was mit institutionalisierter Religion zu tun hatte. In seiner Präsidentschaftsrede vor der American Economic Association verglich er 1950 den Papst mit Hitler und Stalin. Bei einer Gelegenheit machte er für seine Schlafprobleme die Religion verantwortlich: »Es ist die verdammte Religion. Ich kann sie mir einfach nicht aus dem Kopf schlagen.«

Er war ein rasch aufbrausender, ernsthafter, ehrlicher Mensch, der es nicht ertragen konnte, wenn sich jemand wichtig machte. Er behauptete, die Wirtschaftstheorie sei überhaupt nicht schwer zu verstehen und auch nicht kompliziert, es sei eben nur so, daß die meisten Menschen sich aus persönlichen Gründen allem versperrten, was »auf geradezu beleidigende Weise offenkundig« ist. Als ihm ein Zitat Lord Kelvins – »Wenn du es nicht messen kannst …, so ist dein Wissen von magerer, unzufriedenstellender Natur« – auffiel, das am Gebäude der Sozialwissenschaften in Chicago eingemeißelt war, gab Knight dem Spruch eine sarkastische Deutung: »Ach, na ja, wenn du nicht messen kannst, dann miß eben trotzdem.«[6]

KNIGHTS ZYNISCHE Einschätzung des Menschen und sein moralisches Wertebewußtsein machten es ihm schwer, mit der Selbstsucht und häufigen Gewaltsamkeit des Kapitalismus zurechtzukommen. Er verachtete das Eigeninteresse, das sowohl Käufer wie Verkäufer auf dem Markt charakterisiert, obwohl er andererseits überzeugt war, daß nur Eigeninteresse das Funktionieren des Systems zu erklären vermag. Er hielt trotz aller Kritik am Kapitalismus fest, weil er die Alternativen dazu für völlig inakzeptabel hielt.

Knight war nicht interessiert, für seine Theorien empirische Beweise zu erbringen. Er hegte viel zu große Zweifel an der Rationalität und Folgerichtigkeit des Menschen, um der Meinung zu sein, daß sich durch ein Messen menschlichen Verhaltens wertvolle Erkenntnisse gewinnen lassen könnten. Am schärfsten äußerte sein Sarkasmus sich gegenüber »der nahezu kompletten Vereinnahmung der [Wirtschaftswissenschaften] durch Personen, welche einen Standpunkt vertreten, der mir unhaltbar und de facto auch seicht erscheint, nämlich die Übertragung von naturwissenschaftlichen Begriffen und Ergebnissen auf die Humanwissenschaften.«

Die an dieser Aussage ablesbare Grundhaltung zeigt sich bereits in Knights Dissertation, die er 1916 an der Cornell University abschloß und 1921 als Buch publizierte. *Risk, Uncertainty and Profit* ist das erste maßgebliche Werk aus allen Disziplinen, das sich ausdrücklich mit dem Problem der Entscheidungsfindung unter der Bedingung von Ungewißheit befaßt.

Knight baut seine Untersuchung auf einer Unterscheidung von Risiko und Ungewißheit auf:

> Ungewißheit muß in einem radikal anderen Sinn als in dem uns vertrauten Begriff vom Risiko verstanden werden, von dem sie bisher nie sauber getrennt worden ist ... Wie sich herausstellen wird, ist eine meßbare Ungewißheit bzw. ein »Risiko« im wahren Sinn des Wortes ... so sehr von einer durch Messen nicht faßbaren Ungewißheit verschieden, daß sie in Wahrheit überhaupt keine Ungewißheit ist.[7]

Mit dem Akzent, den Knight auf die Vorstellung von Ungewißheit legte, entfernte er sich von der vorherrschenden Wirtschaftstheorie seiner Zeit, die die Entscheidungsfindung unter Bedingungen vollkommener Gewißheit bzw. nach den etablierten Wahrscheinlichkeitsgesetzen betrachtete – eine Betrachtungsweise, die in manchen Bereichen der Wirtschaftstheorie bis heute nachwirkt. Knight sprach von dem Versagen der Wahrscheinlichkeitsrechnung, um, wie Arrow es formulierte, »die tastende, schöpferische Eigenart des menschlichen Geistes angesichts des Unbekannten zu reflektieren«.[8] Knight war eindeutig ein Geschöpf des 20. Jahrhunderts.

IN EINEM SYSTEM, wo so viele Entscheidungen von Zukunftsprognosen abhängen, ist laut Knight das Moment der Überraschung ein geläufiges Phänomen. Seine Hauptkritik an der klassischen Wirtschaftstheorie mit ihrer Voraussetzung von einem sogenannten perfekten Wettbewerb erwuchs aus ihrer übersimplifizierenden Annahme von »faktischem Allwissen auf seiten sämtlicher Teilnehmer des Wettbewerbssystems«.[9] In der klassischen Ökonomie besitzen Käufer wie Verkäufer, Arbeiter wie Kapitalisten alle notwendigen Informationen; in Fällen, da die Zukunft ungewiß ist, werden die Gesetze der Wahrscheinlichkeit ergebnisbestimmend. Auch Karl Marx weist in seiner dynamischen Darlegung der klassischen Wirtschaftslehre nie auf den Aspekt des Prognostizierens hin; in seiner Sicht sind Arbeiter und Kapitalisten in einem Drama zusammengeschweißt, dessen Geschehen allen klar ist und dessen Entwicklung sie alle nicht beeinflussen können.

Knight machte geltend, daß die Schwierigkeit des Prognostizierens viel weiter reicht als die Unmöglichkeit, mathematische Sätze auf Zukunftsvorhersagen anzuwenden. Obwohl er Bayes nicht explizit erwähnt, war er skeptisch, daß wir aus einer empirischen Auswertung der Häufigkeit vergangener Vorkommnisse viel lernen könnten. Das Unbestimmte der Zukunft, so betonte er, kann durch ein Apriori-Denken nicht aus der Welt geschafft werden. Schlußendlich hielt er Folgerungen aufgrund von Häufigkeiten vergangener Ereignisse für außerordentlich riskant.

Wieso? Das Extrapolieren von vergangenen Häufigkeiten ist ja doch im allgemeinen die gängige Methode, um das, was vor uns liegt, zu beurteilen. In der Fähigkeit, von Erfahrungen zu extrapolieren, besteht doch gerade das wesentliche Unterscheidungsmerkmal zwischen Erwachsenen und Kindern. Erfahrene Menschen lernen begreifen, daß Inflation irgendwie mit hohen Zinssätzen zusammenhängt, daß beim Pokerspiel wie für die Ehe bei der Wahl unseres Partners ein moralisch gefestigter Charakter wünschenswert ist, daß ein bewölkter Himmel oft schlechtes Wetter ankündigt und schnelles Fahren auf Stadtstraßen gefährlich ist.

Manager extrapolieren regelmäßig von der Vergangenheit auf die Zukunft. Sie versäumen es aber häufig zu erkennen, wann ungute Umstände sich zu bessern oder positive Verhältnisse sich zu verschlechtern beginnen. Sie neigen dazu, Wendepunkte erst zu identifizieren, nachdem sie längst eingetreten sind. Wenn sie ein besseres Gespür für bevorstehende Veränderungen hätten, würde es nie zu den leider so häufig zu beobachtenden abrupten Schwankungen der Profitabilität kommen. Das vorherrschende Moment der Überraschung im Geschäftsleben ist Beweis dafür, daß eher Unsicherheit als mathematische Wahrscheinlichkeit dominiert.

Als Grund führt Knight folgendes an:

> [Jeder konkrete] »Fall« ... ist so absolut einzigartig, daß es gar keine oder jedenfalls nicht genügend andere Fälle gibt, um eine hinreichende Menge ähnlicher Fälle tabellieren zu können, die eine Grundlage für irgendeine aussagekräftige Folgerung über irgendwelche reale Wahrscheinlichkeit für den uns interessierenden Fall zu bilden. *Das gleiche gilt augenscheinlich nicht nur für geschäftliche Entscheidungen, sondern für das meiste Verhalten.*[10] [Die Hervorhebung stammt von mir.]

Mathematische Wahrscheinlichkeiten beziehen sich auf große Zahlen voneinander unabhängiger Beobachtungen homogener Ereignisse, wie beim Würfeln – in der »apodiktischen Gewißheit« von Glücksspielen*[11], wie Knight es nennt. Nun ist

* Solche schwerverständlichen Ausdrücke verwendet Knight nur selten. »Apodiktisch« bedeutet unbestreitbar, notwendigerweise richtig, weil logisch gewiß.

aber kein Ereignis je mit einem vorausgegangenen Ereignis identisch – genausowenig, wie es je mit einem erst noch einzutretenden Ereignis identisch ist. Und im übrigen ist das Leben zu kurz, als daß wir die umfangreichen Proben zu sammeln vermöchten, die für eine derartige Untersuchung vonnöten wären. Wir können vielleicht Aussagen machen wie »Wir sind uns zu 60% sicher, daß die Gewinne im nächsten Jahr steigen werden« oder »Sechzig Prozent unserer Produkte werden im nächsten Jahr besser abschneiden«. Knight bestand jedoch darauf, daß die Irrtümer, die sich bei solchen Voraussagen einstellen, »radikal von Wahrscheinlichkeit oder Zufall unterschieden werden müssen ... Es ist sinnlos und auf fatale Weise irreführend, in einem objektiven Sinn von der Wahrscheinlichkeit zu sprechen, daß ein Urteil korrekt ist.«[12] Wie Arrow fand auch Knight kein Gefallen am Dunstkreis des Ungenauen.

Knights Ideen sind vor allem für Finanzmärkte relevant, wo sämtliche Entscheidungen eine Zukunftsprognose reflektieren und Überraschungen ein reguläres Faktum darstellen. Wie Louis Bachelier vor langer Zeit festhielt: »Natürlich ist der vom Markt für am wahrscheinlichsten gehaltene Preis der wahre aktuelle Preis: Falls der Markt es anders beurteilen würde, würde er ja nicht diesen, sondern einen andern, einen höheren oder niedrigeren nennen.« Die in den Wertpapierpreisen ausgedrückten Konsensprognosen besagen, daß diese Preise sich nicht ändern, falls das Erwartete eintritt; daß bei Aktien- und Wertpapierpreisen so viele Schwankungen zu beobachten sind, beweist nur die Häufigkeit, mit der das Erwartete sich eben nicht einstellt und die Beurteilung der Lage durch Investoren sich als falsch erweist. Eine solch hohe Schwankungsfrequenz steht stellvertretend für Ungewißheit und Unsicherheit, sie muß beim Abwägen von Investitionsrisiken in Betracht gezogen werden.

Galton als Mensch des 19. Jahrhunderts hätte damit gerechnet, daß die Preisschwankungen sich um einen stabilen Median herum gebildet hätten. Knight und Bachelier, die beide nicht mehr zum 19. Jahrhundert gehören, schweigen sich darüber aus, welche mittlere Tendenz sich einstellt, falls sich überhaupt eine durchsetzt. Zur Schwankungshäufigkeit wird an späterer Stelle des Buches noch einiges anzufügen sein.

FÜR JOHN MAYNARD KEYNES empfand Knight eine heftige Abneigung, was 1940, als die Universität Chicago Keynes einen Ehrendoktor verlieh, offen zutage trat. Knight sah sich veranlaßt, Jacob Viner, einem herausragenden Mitglied der Wirtschaftswissenschaftlichen Fakultät, einen weitschweifigen Protestbrief zu schicken. Viner sei angeblich, »in stärkerem Maße als irgendwer sonst«, für die Entscheidung verantwortlich, Keynes zu ehren und daher »der angemessene Adressat, um etwas von dem Schock zu erfahren, den mir diese Nachricht versetzte«.[13]

Knight moserte: Die Arbeiten von Keynes und die Begeisterung, mit der sie von Wissenschaftlern wie Entscheidungsträgern aufgenommen worden seien, stellten »für mich eine der größten ... Problemursachen« dar. Nachdem er Keynes »eine höchst außergewöhnliche Intelligenz im Sinne von Findigkeit und dialektischen Fähigkeiten« attestiert hatte, schloß er den Vorwurf an:

> Ich bin mittlerweile dahin gekommen, solche Fähigkeiten, die auf falsche, subversive Ziele ausgerichtet sind, unter die schlimmsten Gefahren des gesamten Bildungsbereichs zu zählen ... Ich erachte Mr. Keynes' [Ansichten] bezüglich Geld und Geldtheorie im besonderen ... als, bildlich gesprochen, ein Überreichen der Burgschlüssel durchs Fenster an die Philister, die an den Toren hämmern.

Obwohl die meisten Ökonomen in Chicago Anhänger der freien Marktwirtschaft und nicht der Überzeugung von Keynes waren, daß das kapitalistische System zu seinem Überleben einer häufigen Dosis von Interventionen seitens der Regierung bedürfe, teilten sie keineswegs Knights Verachtung für Keynes. Sie hielten es für angemessen, ihn als brillanten wirtschaftswissenschaftlichen Neuerer zu ehren.

Daß Knight so empfunden hat, mag sehr wohl auf Neid

zurückzuführen sein; zumal er in der Grundeinstellung mit Keynes übereinstimmte. So mißtrauten beispielsweise beide klassischen Wirtschaftstheorien, die die Gesetze mathematischer Wahrscheinlichkeit oder die Annahme sicheren Wissens als Leitlinien zur Entscheidungsfindung beanspruchten. Außerdem verachteten beide »die statistische Durchschnittsbetrachtung des Lebens«.[14] In einem Essay aus dem Jahre 1938 mit dem Titel »Meine frühen Glaubensanschauungen« geißelt Keynes die Hypothese der klassischen Ökonomie, daß die menschliche Natur rational und vernünftig sei, als von »fadenscheiniger Begründung [und] katastrophal falsch«.[15] Er verweist auf »tiefere, blindere Leidenschaften« sowie auf die »wahnsinnigen, irrationalen Quellen der Bosheit in den meisten Menschen«. Ein Mann, der den an den Toren hämmernden Philistern die Schlüssel der Festung überreicht, hätte solche Ansichten bestimmt nicht vertreten.

Möglicherweise war Knight darüber verärgert, daß Keynes eine viel weitergehende Unterscheidung zwischen Risiko und Ungewißheit gezogen hatte als er selbst. Und er muß wirklich verstimmt gewesen sein, als er entdeckte, daß er in Keynes' Werk *Die allgemeine Theorie der Beschäftigung, des Zinses und des Geldes* nur ein einziges Mal erwähnt wird, und auch das bloß in einer Fußnote, die einen seiner wissenschaftlichen Beiträge über den Zinssatz mit dem Vorwurf abtut, sie verbleibe »gänzlich im herkömmlichen, klassischen Begriffsrahmen«, obgleich Keynes im übrigen konzedierte, daß diese Arbeit von Knight »viele interessante und profunde Beobachtungen zur Natur des Kapitals enthält«.[16] Aber mehr nicht – trotz der bahnbrechenden Forschungen zu Risiko und Ungewißheit, die Knight fünfzehn Jahre zuvor publiziert hatte!

KEYNES KAM vom entgegengesetzten Ende des intellektuellen und gesellschaftlichen Spektrums. Er wurde 1883 geboren, als Sproß einer wohlhabenden und wohlbekannten britischen Familie mit einem Ahnen, der im Gefolge Wilhelms des Eroberers in England gelandet war. Wie sein jüngster Biograph Robert Skidelsky bemerkt, war Keynes »nicht einfach ein

Mann des Establishments, vielmehr zählte er zur Elite eines jeglichen Establishments, dem er angehörte. Es gab kaum einen Moment, da er nicht aus höchster Höhe auf England und, in der Tat, die gesamte Welt herabblickte.«[17] Unter den engen persönlichen Freunden Keynes' befanden sich Premierminister, Finanziers, die Philosophen Bertrand Russell und Ludwig Wittgenstein sowie Künstler und Schriftsteller wie Lytton Strachey, Roger Fry, Duncan Grant und Virginia Woolf.

Keynes ging in Eton zur Schule und studierte an der Universität Cambridge bei führenden Gelehrten Wirtschaftswissenschaften, Mathematik und Philosophie. Er war, wie er in der Darlegung seiner kontroversen Ideen und Vorschläge immer wieder von neuem bewies, ein vorzüglicher Essayist.

Seine berufliche Laufbahn begann mit einer längeren Phase im Schatzamt, einschließlich einer Dienstzeit in Indien und einer intensiven Mitarbeit an Problemen des englischen Finanzministeriums während des Ersten Weltkriegs. Anschließend nahm er als Chefvertreter des Schatzamts an den Friedensverhandlungen in Versailles teil. Da er die Friedensbedingungen gegenüber Deutschland dermaßen rachsüchtig fand, daß sie nach seiner Überzeugung zu wirtschaftlichen Turbulenzen und politischer Instabilität führen mußten, gab er die Position auf, um das Buch *Die wirtschaftlichen Folgen des Krieges* zu schreiben, das rasch ein Bestseller wurde und Keynes' internationalen Ruhm begründete.

Er kehrte später an sein geliebtes King's College in Cambridge zurück, um dort zu lehren, zu schreiben und dem College als Finanzverwalter und Investmentdirektor zu dienen, während er gleichzeitig als Vorstandsvorsitzender – und Investmentmanager – einer großen Versicherungsgesellschaft amtierte. Das Vermögen des King's College steigerte er durch Risikoengagements an der Börse, und er spekulierte auch in eigener Sache aktiv auf dem Aktienmarkt, wo seine Fortüne heftig oszillierte. (Wie so viele seiner berühmtesten Zeitgenossen hat er den Großen Börsenkrach von 1920 nicht vorhergesehen.) Um 1936 hatte Keynes eine bescheidene Erbschaft in ein Vermögen von (nach heutigem Wert) rund DM 25 000 000 verwandelt.[18] Im Zweiten Weltkrieg war er für die Pläne zur

Kriegsfinanzierung verantwortlich, nach dem Krieg handelte er mit den USA ein riesiges Darlehen für Großbritannien aus, und er verfaßte einen großen Teil der Übereinkunft von Bretton Woods, die das internationale Finanzsystem der Nachkriegszeit begründete.

Keynes kamen die Ideen so fix und in so großer Zahl, daß er oft in Widerstreit mit Aussagen geriet, die er bereits ausgesprochen oder geschrieben hatte – was ihn allerdings keineswegs beunruhigte. »Wenn mich jemand überzeugt, daß ich mich irre«, so erwiderte er, »ändere ich meine Meinung. Und wie verhalten *Sie* sich in solchem Fall?«[19]

KEYNES BEENDETE 1921 ein Werk mit dem Titel *A Treatise on Probability*, das er kurz nach Studienende in Cambridge begonnen und an dem er über fünfzehn Jahre lang ab und zu weitergearbeitet hatte; es hatte ihn sogar auf Auslandsreisen begleitet, selbst auf einer Griechenlandtour, die er hoch zu Roß gemeinsam mit dem Maler Duncan Grant unternahm. Er gab sich große Mühe, neue Ideen mit der Klarheit auszudrücken, die er persönlich schätzte. Er kam von seinem Philosophiestudium in Cambridge nie los; wie er sich später erinnerte, »kam uns dort allen am häufigsten die Frage ›Was meinen Sie damit *genau*?‹ über die Lippen. Wenn sich bei einem Kreuzverhör herausstellte, daß man nichts *Genaues* meinte, geriet man unter den starken Verdacht, eigentlich überhaupt nichts zu meinen.«[20]

Das Buch *A Treatise on Probability* ist eine brillante Untersuchung der Bedeutung und Anwendbarkeit von Wahrscheinlichkeit und in vielem eine kritische Würdigung der Arbeiten früherer Autoren, von denen wir vielen in den vorausgegangenen Kapiteln dieses Buches begegnet sind. Im Unterschied zu Knight macht Keynes keine kategorische Unterscheidung zwischen Risiko und Ungewißheit; auf eine weniger genaue Weise kontrastiert er für eine Betrachtung der Zukunft Definierbares mit Undefinierbarem. Wie Knight hat aber auch Keynes wenig Verständnis für Entscheidungen, die mit der Häufigkeit von vergangenen Vorkommnissen begründet werden: Nach seinem Empfinden war Galtons Erbsenanalogie zwar auf die Natur, jedoch nicht auf menschliche Wesen anwendbar. Analysen, die auf Ereignissen fußen, lehnt er ab, er begrüßt dagegen Vorhersagen auf Projektbasis. Sein Lieblingsausdruck ist *»grades of belief* – oder Apriori-Wahrscheinlichkeiten, wie man es früher nannte«.[21]

Einleitend attackiert Keynes traditionelle Auffassungen von Wahrscheinlichkeit. Zu den Opfern gehören viele unserer alten Bekannten einschließlich Gauß, Pascal, Quetelet und Laplace. Er erklärt, daß die Wahrscheinlichkeitstheorie, besonders wenn sie mit den »unvorsichtigen Methoden und übertriebenen Ansprüchen der Schule von Laplace angewandt wird«[22], mit Situationen des realen Lebens nur wenig zu tun hat.

Es gibt eine objektive Wahrscheinlichkeit eines zukünftigen Ereignisses – »soll heißen, daß sie nicht menschlicher Launenhaftigkeit unterliegt« –, doch unser Unwissen verweigert uns die Gewißheit zu erkennen, was diese Wahrscheinlichkeit ist. Wir können uns nur auf Schätzungen stützen. »Es besteht wenig Wahrscheinlichkeit«, meint Keynes, »daß wir, ohne jede Mithilfe von Intuition oder unmittelbarem Urteil, eine Methode entdecken werden, um konkrete Wahrscheinlichkeiten zu erkennen ... Eine Behauptung ist nicht wahrscheinlich, nur weil wir sie für wahrscheinlich halten.«[23]

Keynes schlägt vor, daß »wir von den Meinungen der Theoretiker zur Erfahrung praktischer Menschen« übergehen. Er spottet über die Schreibtischverfahren, die von den meisten Versicherungsgesellschaften zur Prämienberechnung benutzt werden. Er bezweifelt, daß zwei gleich intelligente Börsenmakler laufend die gleichen Resultate erzielen würden: »Es reicht schon, wenn die Prämie, die e[ine]r angibt, das wahrscheinliche Risiko *übersteigt*.«[24] Er zitiert die Gewinnchancen, die von Lloyd's am 23. August 1912 für den Dreier-Wettkampf um die amerikanische Präsidentschaft angegeben wurden – die Chancen ergeben zusammengerechnet 110%! Auf dem Versicherungsmarkt gab es stündlich wechselnde Rückversicherungsraten für die *Waratagh*, ein Schiff, das vor Südafrika verschwunden war, als Wrackteile auftauchten und ein Gerücht umging, daß ein anderes Schiff unter ähnlichen Umständen ohne ernsthaften Schaden zwei Monate lang flottgeblieben war, bevor es entdeckt wurde. Die Wahrscheinlichkeit, daß die *Waratagh* gesunken war, blieb jedoch gleich, obwohl die Beurteilung dieser Wahrscheinlichkeit durch den Markt wild fluktuierte.

Für das von ihm so genannte »Gesetz der Großen Zahlen« hatte Keynes nur Spott und Verachtung übrig. Die Tatsache, daß ähnliche Ereignisse in der Vergangenheit wiederholt beobachtet worden sind, ist an sich nur eine schwache Entschuldigung für die Annahme, daß sie wahrscheinlich auch in Zukunft eintreten werden. Unser Vertrauen in das Eintreten eines Resultats sollte vielmehr nur dann gestärkt sein, wenn wir eine Situation entdecken, »da jede neue Serie in einer bedeutsamen Weise von den anderen differiert«.[25]

Er häuft Hohn und Spott auf das arithmetische Mittel, er bezeichnet den entsprechenden Lehrsatz als »ein äußerst unzulängliches Axiom«. Statt eine Reihe von Beobachtungen zu addieren und die Gesamtsumme durch die Zahl der Beobachtungen zu dividieren, gelte es zu beachten, daß »gleiche Voraussetzungen gleiche Berücksichtigung finden würden, wenn die ... Schätzungen miteinander multipliziert statt addiert würden«.[26] Zugegeben, das arithmetische Mittel läßt sich mühelos anwenden, doch Keynes zitiert einen französischen Mathematiker, der darauf verwies, daß sich die Natur durch den Schwierigkeitsgrad einer Untersuchung nicht beeinflussen läßt und daß auch die Menschheit sich deretwegen nicht so aus dem Konzept bringen lassen sollte.

KEYNES VERWIRFT den Begriff »Ereignisse«, wie er in der Wahrscheinlichkeitstheorie von seinen Vorgängern verwendet worden war, weil er impliziert, daß Vorhersagen von der mathematischen Häufigkeit vergangener Vorkommnisse abhängen. Er zog statt dessen den Begriff »Projekt« vor, der subjektive Grade eines Glaubens an die Wahrscheinlichkeit zukünftiger Ereignisse reflektiert. Bradley Bateman, der am Grinnel College Wirtschaftswissenschaften unterrichtet, hat darauf hingewiesen, daß Keynes in der Wahrscheinlichkeit die Basis zur Untersuchung und Einschätzung von Projekten sieht.[27]

Wenn Keynes der Ansicht war, daß die Wahrscheinlichkeit Grade eines Glaubens über die Zukunft spiegelte und daß vergangene Ereignisse nur einen bescheidenen Teil des Inputs darstellen, so könnten wir da vielleicht schließen wollen, daß er die Wahrscheinlichkeit insgesamt als subjektive Vorstellung betrachtete. Dem war aber keineswegs so. Obwohl er in mancher Hinsicht ein moderner Mensch war, gab er doch hin und wieder sein Herkommen aus dem 19. Jahrhundert zu erkennen. Während der Arbeiten am *Treatise on Probability* war er der Überzeugung, daß alle rational denkenden Menschen mit der Zeit die korrekte Wahrscheinlichkeit eines bestimmten Resultats erkennen und bei identischen Überzeugungen landen würden. »Wenn erst einmal die Tatsachen gegeben sind, die unser Wissen bestimmen, dann ist das, was unter diesen Umständen wahrscheinlich oder unwahrscheinlich ist, objektiv fixiert und von unserer Meinung unabhängig.«[28]

Später hat Keynes der Kritik an solch unrealistischer Auffassung nachgegeben und sich zunehmend darauf konzentriert, wie Entscheidungen und damit wiederum die Weltwirtschaft durch Nichtwissen beeinflußt wird. An einer Stelle seines *Treatise* erklärt er: »Die Wahrnehmung von Wahrscheinlichkeit, Gewichtigkeit und Risiko sind in hohem Maße vom menschlichen Urteil abhängig.«[29] Der Statistiker Charles Lange, ein alter Freund von ihm, hat einmal bemerkt, er sei heilfroh, daß »Maynard der Algebra nicht den Vorrang vor der Erde gibt«.

KEYNES' NACHDENKEN über die Wirtschaft dreht sich letztendlich immer um die Ungewißheit – die Ungewißheit, inwieweit eine Familie Geld ausgeben oder sparen wird, die Ungewißheit darüber, welchen Teil der angesammelten Ersparnisse eine Familie in Zukunft ausgeben wird (und wann es diesen Teil ausgeben wird), und – am allerwichtigsten – die Ungewißheit bezüglich der Frage, wieviel Gewinn irgendeine Auslage an Kapitalmitteln bringen wird. Die Unternehmensentscheidungen über die Ausgaben (und den Zeitpunkt solcher Ausgaben) für neue Gebäude, neue Maschinen, neue Technologien und neue Produktionsformen stellen in der Wirtschaft eine dynamische Kraft dar. Die Tatsache, daß diese Entscheidungen wesentlich unumkehrbar sind, macht sie jedoch äußerst riskant in Anbetracht des Fehlens von irgendwelchen objektiven Richtlinien über die Wahrscheinlichkeit, daß sie plangemäß verlaufen.

Wie Frank Knight fünfzehn Jahre vor der Publikation von Keynes' Werk *Die allgemeine Theorie der Beschäftigung, des Zinses und des Geldes* feststellte: »Die Basis des Unsicherheitsproblems in der Wirtschaft ist die vorausschauende Eigenart des ökonomischen Prozesses selbst.«[30] Weil das wirtschaftliche Umfeld sich andauernd verändert, sind alle ökonomischen Daten integraler Bestandteil der eigenen Zeitperiode; infolgedessen bieten sie nur eine schwache Grundlage für Verallgemeinerungen. Realzeit ist entscheidender als abstrakte Zeit, und Proben, die der Vergangenheit entnommen werden, sind von geringer Relevanz. Was gestern eine 75%ige Wahrscheinlichheit hatte, hat morgen eine unbekannte Wahrscheinlichkeit. Ein System, das sich nicht auf die Häufigkeitsverteilung von vergangenen Ereignissen verlassen kann, ist besonders anfällig für Überraschungen und in sich schwankend.

Für eine hypothetische Ökonomie, in der Vergangenheit, Gegenwart und Zukunft durch eine anonyme Zeitmaschine zu einem einzigen Moment vermixt werden, hatte Keynes nichts übrig. Es kommt allzu häufig zu unfreiwilliger Arbeitslosigkeit und zu enttäuschenden Gewinnen, als daß eine Wirtschaft so funktionieren könnte, wie die Klassiker der Wirtschaftswissenschaft sich das vorstellten. Wenn die Leute beschließen, mehr zu sparen und weniger auszugeben, dann wird der Konsum sinken und die Investitionen werden nachlassen. Es könnte jedoch auch geschehen, daß die Zinsrate bei erhöhter Neigung zum Sparen nicht fällt. Keynes argumentierte dahin gehend, daß Zinsen eine Belohnung dafür sind, daß Menschen auf *Liquidität*, nicht aber dafür, daß sie auf Konsum verzichten. Und selbst wenn die Zinsrate sinkt, fällt sie möglicherweise nicht stark genug, um die Unternehmen zu veranlassen, weiteres Kapital in eine wirtschaftliche Umgebung zu investieren, wo es an Lebensfreude mangelt und ein Wechseln zu einem neuen Entscheidungsrahmen kostspielig wäre. Einmal getroffene

Entscheidungen schaffen ein neues Umfeld; danach besteht keine Möglichkeit mehr, wieder zum alten Umfeld zurückzuschalten.

Ein Nachlassen der Ausgaben für Investitionen könnte auch noch einen anderen Grund haben: daß die Unternehmen nämlich sämtliche Gewinnmöglichkeiten ausgeschöpft haben. Keynes hat einmal bemerkt: »Das Mittelalter hat Kathedralen erbaut und Totengesänge zelebriert ... Zwei Totenmessen sind doppelt so gut wie eine; für zwei Eisenbahnlinien von London nach York gilt das aber nicht.«[31] Derselbe Gedanke kam während der Weltwirtschaftskrise in dem amerikanischen Volkslied »Brother, Can You Spare a Dime?« zum Ausdruck: »Once I built a building, now it's done. / Once I built a railroad, made it run.«

Keynes und seine Schüler beschäftigten sich vorwiegend mit Geld und Verträgen, um nachzuweisen, daß das in der realen Welt herrschende Paradigma eher die Unsicherheit als die mathematische Wahrscheinlichkeit ist. Der Wunsch nach Liquidität und das Bemühen, Zukunftsvereinbarungen mit juristisch einklagbaren Übereinkünften zu zementieren, dokumentieren, daß in unseren Entscheidungsfindungen die Unsicherheit ein vorrangiger Gesichtspunkt ist. Wir sind nicht länger bereit, die mathematische Häufigkeit vergangener Vorkommnisse als Richtschnur für unser Verhalten zu akzeptieren.

Theorien, die das Ungewisse unberücksichtigt ließen, wies Keynes zurück. Die »augenfällige Nutzlosigkeit der klassischen Wirtschaftslehre für Zwecke wissenschaftlicher Prognosen«, hielt er fest, »hat das Prestige ihrer Praktiker mit der Zeit erheblich beeinträchtigt«.[32] Die klassischen Ökonomen, so rügte er, hätten einen Punkt erreicht, daß sie uns vorkamen wie Gevatter von »Candide, die uns ..., nachdem sie diese Welt verlassen hatten, um sich der Pflege ihrer Gärten zu widmen, nun belehren, daß wir in der besten aller möglichen Welten leben, sofern wir nur nichts antasten«.[33]

In seiner Abkehr von Theorien à la Candide schlug Keynes eine allem Laisser-faire diametral entgegengesetzte Vorgehensweise vor: Die Regierungen sollten eine aktivere Rolle wahrnehmen, und zwar nicht bloß, um eine sinkende private

Nachfrage zu kompensieren, sondern um die der Wirtschaft inhärenten Unsicherheiten zu verringern. Wir haben im Laufe der Zeit festgestellt, daß die Keynessche Heilmethode gelegentlich schlimmer als die Krankheit war und daß seine Analyse auch noch andere, weniger offenkundige Irrtümer birgt. Die Erstrangigkeit seines Beitrags zur Wirtschaftstheorie und zum Risikoverständnis kann das jedoch nicht beeinträchtigen.

Zum Schluß des ersten Kapitels seines Werks *Die allgemeine Theorie der Beschäftigung, des Zinses und des Geldes*, das aus einem einzigen Absatz besteht, stellt Keynes fest: »Die von der klassischen Wirtschaftstheorie angenommenen Merkmale sind nun einmal nicht die Eigenarten der Wirtschaftsgesellschaft, in der wir tatsächlich leben; mit dem Resultat, daß ihre Lehre irreführend ist und katastrophale Folgen hat, wenn wir versuchen, sie auf die Erfahrungstatsachen anzuwenden.«[34] Angesichts der Weltsituation von 1936 hätte Keynes kaum anders folgern können. Das Phänomen der Ungewißheit bzw. Unsicherheit muß im Zentrum der neuen Wirtschaftstheorie stehen.

ALS ANTWORT auf mancherlei Kritik an seiner *Allgemeinen Theorie der Beschäftigung, des Zinses und des Geldes* faßte Keynes 1937 seine Ansichten folgendermaßen zusammen:

> Mit »unsicherem« Wissen ... möchte ich nicht bloß unterscheiden zwischen dem, was uns als sicher bekannt ist, und dem, was bloß wahrscheinlich ist. In diesem Sinne ist das Roulettespiel nicht dem Ungewissen unterstellt ... Der Sinn, in dem ich den Begriff verwende, ist der gleiche wie in der Aussage, daß die Aussicht eines europäischen Krieges oder der Preis für Kupfer und die Zinsrate in zwanzig Jahren von heute ungewiß ist ... Es gibt bei solchen Dingen keine wissenschaftliche Grundlage, auf der sich irgendeine kalkulierte Wahrscheinlichkeit aufbauen ließe. Wir wissen es einfach nicht![35]

In diesem Gedanken – daß wir es einfach nicht wissen – ist ein großartiger Gedanke verborgen. Keynes' Worte machen uns keineswegs angst, sie bringen uns vielmehr eine gute Nachricht: Wir sind nicht Gefangene einer unentrinnbaren Zukunft. Die Ungewißheit macht uns frei.

Betrachten Sie einmal die Alternative. Von Pascal bis Galton haben uns alle Denker versichert, daß die Gesetze der Wahrscheinlichkeit funktionieren, weil wir nicht beeinflussen können, wie die Würfel das nächste Mal fallen oder wo uns beim Messen der nächste Fehler unterläuft oder wie die statistische Normalität aussieht, zu der Dinge schlußendlich zurückkehren werden. In solchem Rahmen geht es uns im Leben bei allem wie mit dem Krug von Jacob Bernoulli: Es steht uns frei, jeden Kieselstein herauszunehmen, aber seine Farbe können wir uns nicht aussuchen. Wie Laplace betonte: »Alle Ereignisse, selbst diejenigen, welche aufgrund ihrer Belanglosigkeit nicht den großen Naturgesetzen zu folgen scheinen, sind dennoch, genauso wie die Umdrehungen der Sonne, notwendigerweise ihr Resultat.«[36]

Kurzum, das wäre eine Geschichte des Unumgänglichen, des Unvermeidlichen. Wo alles gemäß der Gesetze der Wahrscheinlichkeit abläuft, sind wir in der gleichen Lage wie die Primitiven der Urzeit – oder wie Glücksspieler –, denen gar nichts anderes bleibt, als Beschwörungen an die Götter zu richten. Kein Tun, keine Beurteilung, keine instinktive Reaktion wird auf das schlußendliche Ergebnis auch nur den leisesten Einfluß haben. Die Welt, in der die Wahrscheinlichkeit sich einer sorgfältigen mathematischen Analyse erschließt, mag eine wohlgeordnete Welt sein, doch in ihr könnten wir uns alle genausogut in fensterlose Gefängniszellen einsperren – ein Schicksal, das uns durch das Flattern eines Schmetterlingsflügels vor Jahrbillionen möglicherweise sowieso prädestiniert ist.

Wie langweilig! Gott sei Dank existiert ein Universum der reinen Wahrscheinlichkeit jedoch bloß auf dem Papier oder eventuell als Teilaspekt der Natur, ansonsten aber mitnichten. Für atmende, schwitzende, besorgte und kreative Menschen, die sich ihren Weg aus der Dunkelheit suchen, hat das alles nicht das geringste zu bedeuten.

Das ist keine schlechte, sondern eine frohe Botschaft. Wenn wir erst einmal begreifen, daß wir das Kreisen des Rouletterads oder die uns ausgeteilten Karten nicht einfach hinnehmen müssen, sind wir freie Seelen. Es kommt auf unsere persönlichen Entscheidungen an. Wir können die Welt verändern. Die ökonomischen Ratschläge von Keynes zeigen, daß wir die Welt mit unseren Entscheidungen verändern.

Ob solche Veränderungen sich zum Guten oder zum Schlechten wenden, liegt ganz bei uns. Das Kreisen des Glücksrads hat darauf keinerlei Einfluß.

14
Der Mann, der außer Kalorien alles zählte

Wir haben soeben die Entschiedenheit kennengelernt, mit der Frank Knight dem Phänomen der Unsicherheit und Ungewißheit bei Risikoanalysen und Entscheidungsfindung eine zentrale Rolle verschaffen wollte, und wir haben die Energie und Beredsamkeit bewundert, mit der Keynes seine Attacke gegen die Grundvoraussetzungen der klassischen Ökonomie vortrug. Trotzdem hat sich der Glaube an die Realität von rationalem Verhalten und an die Potenz des Quantifizierens im Risikomanagement über alle Turbulenzen der Großen Wirtschaftskrise und des Zweiten Weltkriegs hinweg erhalten. Es hat dazu geführt, daß die Theorienbildung auf diesen Gebieten sich nunmehr auf stark divergierenden Wegen entwickelte. Es gab die Richtung der Anhänger von Keynes (»Wir wissen es einfach nicht«) und die entgegengesetzte Richtung der Anhänger von Jevons (»Lust, Schmerz, Arbeit, Nutzen, Wert, Wohlstand, Geld, Kapital etc. sind samt und sonders quantifizierbare Begriffe.«)

Während des Vierteljahrhunderts nach dem Erscheinen von Keynes' *Allgemeiner Theorie der Beschäftigung, des Zinses und des Geldes* kam es auf dem Umweg über die Theorie des Strategiespiels zu einem bedeutsamen Fortschritt im Verständnis von Risiko und Ungewißheit. Dabei handelte es sich um ein Paradigma der Praxis, das in der Überzeugung des 19. Jahrhunderts von der Unverzichtbarkeit des Messens für die Deutung menschlichen Verhaltens verwurzelt war. Diese Theorie ist zwar auf Entscheidungsfindung ausgerichtet, zeigt aber wenig Ähnlichkeit mit den vielen anderen relevanten Theorien, die im Zusammenhang mit Glücksspielen entstanden.

Trotz der Vorläufer im 19. Jahrhundert stellt die Spieltheorie gegenüber früheren Bemühungen, mathematische Stringenz in die Entscheidungsfindung einzubeziehen, einen gewaltigen Bruch dar. In den Nutzwerttheorien von Jacob Bernoulli und Jevons trifft der einzelne seine Entscheidungen isoliert, ohne Bewußtsein vom Verhalten anderer Personen. In der Spieltheorie dagegen versuchen zwei oder mehr Personen, gleichzeitig ihren Nutzen zu maximieren; hier sind sich alle darüber im klaren, was die anderen im Schilde führen.

Die Spieltheorie begründet ein neues Verständnis der Ungewißheit. Frühere Theorien hatten die Ungewißheit als Faktum und Teil des Lebens akzeptiert und wenig unternommen, deren Ursache und Urprung zu identifizieren. Die Spieltheorie erklärt: *Der eigentliche Grund für die Ungewißheit liegt in den Absichten der anderen.*

Aus der Sicht der Spieltheorie sind fast all unsere Entscheidungen das Ergebnis einer Serie von Verhandlungen, mit denen wir die Ungewißheit zu verringern suchen, indem wir den Forderungen anderer Personen entgegenkommen, um im Gegenzug zu bekommen, was wir für uns wünschen. Wie das Poker- und Schachspiel ist auch das wirkliche Leben ein Strategiespiel, das uns mit Hilfe von Verträgen und Handschlag vor Betrügern schützen soll.

Im Unterschied zu Poker- und Schachspiel können wir jedoch bei solchen Spielen selten damit rechnen zu »gewinnen«. Die Möglichkeit zu ergreifen, die uns nach unserer eigenen Erkenntnis den größten Vorteil verschaffen wird, stellt gemeinhin die riskanteste Alternative dar, weil sie nämlich die Spieler, die etwas zu verlieren haben, wenn wir unseren Willen kriegen, zu besonders heftiger Verteidigung provozieren könnte; und genau deshalb verstehen wir uns gewöhnlich zu Alternativen, die Kompromisse darstellen – die erfordern, daß wir aus einer schlechten Situation das Beste machen. Zur Charakterisierung derartiger Entscheidungen werden in der Spieltheorie Termini wie »maximin« und »minimax« gebraucht. Denken Sie in diesem Zusammenhang einmal nach über Konstellationen wie Käufer–Verkäufer, Mieter–Vermieter, Ehemann und Ehefrau, Kreditgeber–Darlehensnehmer, General Motors–Ford, Eltern–Kind, amerikanischer Präsident–Kongreß, Autofahrer–Fußgänger, Arbeitgeber–Arbeitnehmer, Solist–Begleiter.

DER ERFINDER der Spieltheorie war John von Neumann (1903–1957), ein Physiker von außerordentlichen Geistesgaben.[1] Während der 1920er war von Neumann in Berlin maßgeblich an der Entdeckung der Quantenmechanik beteiligt; er hat bei der Entwicklung der ersten amerikanischen Atombombe und der Wasserstoffbombe eine große Rolle gespielt. Er hat auch den Digitalcomputer erfunden, war ein hervorragender Meteorologe und Mathematiker, konnte im Kopf achtstellige Zahlen miteinander multiplizieren und hatte ein Faible für schlüpfrige Witze und anrüchige Limericks. Bei der Zusammenarbeit mit dem Militär waren Admiräle ihm lieber als Generäle, weil Admiräle trinkfester waren. Sein Biograph Norman Macrae bezeichnet ihn als »übertrieben höflich, außer... gegenüber seinen zwei engelhaft geduldigen Ehefrauen«, deren eine aus bestimmtem Anlaß einmal bemerkte: »Er zählt außer Kalorien alles.«[2]

Ein mit Wahrscheinlichkeitsuntersuchungen befaßter Kollege hat von Neumann einmal ersucht zu definieren, was Gewißheit sei. Von Neumann erwiderte: Achten Sie bei der Planung eines Hauses darauf, daß der Fußboden des Wohnzimmers nicht nachgibt, wozu er den praktischen Hinweis gab: »Berechnen Sie das Gewicht eines Flügels mit sechs Sängern, die sich um ihn gruppieren, und multiplizieren Sie dieses Gewicht mit drei.« So ließe sich Sicherheit garantieren.

Von Neumann kam als Sproß einer wohlhabenden, kultivierten, lebensfrohen Familie in Budapest zur Welt. Damals war Budapest die sechstgrößte Stadt Europas, eine reiche, stetig wachsende Großstadt mit der weltweit ersten U-Bahn. Das Analphabetentum betrug weniger als zehn Prozent. Die Bevölkerung bestand zu mehr als einem Viertel aus Juden, dazu gehörte auch John von Neumann, den allerdings sein Judentum – außer als Anlaß zum Witzeln – kaum interessierte.

Er war nicht der einzige berühmte Sohn Budapests vor dem Ersten Weltkrieg. Zu seinen Zeitgenossen zählten nicht minder berühmte Physiker – Leo Szilard und Edward Teller – wie Berühmtheiten aus der Welt der Künste und Unterhaltung: George Solti, Paul Lukas, Leslie Howard – er kam als Laslo Steiner zur Welt –, Adolph Zukor, Alexander Korda und, vielleicht am berühmtesten von allen, ZsaZsa Gabor.

Von Neumann studierte an einem führenden wissenschaftlichen Institut in Berlin, wo von 1914 bis 1933 Einstein an der Akademie der Wissenschaften arbeitete.[3] Von dort ging er nach Göttingen, wo er mit eminenten Wissenschaftlern wie Werner Heisenberg, Enrico Fermi und Robert Oppenheimer bekannt wurde. Beim ersten Aufenthalt (1929) hat von Neumann sich prompt in Amerika verliebt, und hier ist er dann – mit Ausnahme längerer Perioden im Rahmen seiner Tätigkeit für die Regierung der USA – am Institute for Advanced Studies an der Universität Princeton tätig gewesen. Sein Anfangsgehalt betrug 1937 $ 10 000, das in heutiger Kaufkraft der zehnfachen Summe entspricht. Als Einstein 1933 zu diesem Institut kam, hatte er ein Gehalt von $ 3 000 verlangt und $ 16 000 erhalten.

Von Neumann stellte seine Spieltheorie erstmals in einer wissenschaftlichen Arbeit vor, die er im Alter von 23 Jahren vor der Mathematischen Gesellschaft der Universität Göttingen vortrug, im Druck erschien sie zwei Jahre später. Robert Leonard, ein führender Historiker der Spieltheorie an der Universität von Quebec, ist der Auffassung, daß diese Arbeit weniger das Produkt eines »losgelösten Augenblicks von Inspiration« gewesen sei als vielmehr ein Bemühen von Neumanns, seine rastlose Fantasie auf ein Thema zu konzentrieren, das die Aufmerksamkeit von deutschen und ungarischen Mathematikern seit einiger Zeit beschäftigte. Offenbar war der Anreiz zu dieser Arbeit vorwiegend mathematischer Natur, mit Entscheidungsfindung an und für sich hatte das alles wenig oder gar nichts zu tun.

Obwohl das Thema der Arbeit auf den ersten Blick eher unbedeutend scheint, ist es in Wirklichkeit höchst kompliziert und mathematisch. Es geht darum, eine rationale Strategie für ein Kinderspiel zu finden, bei dem zwei Spieler im gleichen Moment die gleiche Seite einer Münze zeigen. Wenn beide Münzen »Adler« oder »Wappen« zeigen, gewinnt der Spieler A, sind die Seiten verschieden, gewinnt Spieler B. Aus meiner eigenen Kindheit ist mir eine Variante dieses Spiels bekannt, bei der wir, meine Spielkameradin und ich, entweder »Ungleiche!« oder »Gleiche!« riefen, wenn wir im selben Moment die geschlossene Hand öffneten und einen oder zwei Finger zeigten.

Laut von Neumann besteht der Trick bei diesem Spiel gegen »einen zumindest halbwegs intelligenten Menschen« weniger im Erraten der gegnerischen Absichten als vielmehr im Verbergen der eigenen Intentionen. Jede Strategie, die eher auf Sieg als auf Vermeiden der Niederlage setzt, endet mit der sicheren Niederlage. (Man beachte, daß in diesem Zusammenhang seit Beginn des Buches überhaupt zum erstenmal die Möglichkeit eines Verlusts als integraler Bestandteil von Risikosteuerung behandelt wird.) Aus diesem Grund sollte man »Wappen« und »Adler« auf ganz willkürliche Weise spielen, so als ob man eine Maschine simulierte, die beide Seiten der Münze systematisch mit einer Wahrscheinlichkeit von 50 % zeigen würde. Mit dieser Strategie kann man zwar nicht erwarten zu gewinnen, man muß aber auch nicht mit einer Niederlage rechnen.

Falls Sie versuchen sollten zu gewinnen, indem Sie in sechs Spielen sechsmal »Wappen« zeigen, wird Ihre Gegenspielerin Ihren Spielplan konterkarieren und einen leichten Sieg davontragen. Falls es so ausgemacht ist, daß sie siegt, wenn die beiden Münzseiten nicht identisch sind, wird sie in zehn Spielen sechsmal auf »Wappen« spielen; falls ihr der Sieg bei einer Seitenübereinstimmung beider Münzen zusteht, wird sie in zehn Spielen sechsmal »Kopf« zeigen.

Es gibt also *für beide Spieler* nur eine rationale Entscheidung: »Kopf« und »Wappen« auf völlig willkürliche Weise zu zeigen. Dann werden sich auf lange Sicht die Seiten der Münze zur Hälfte decken und zur anderen Hälfte eben nicht. Das macht kurzweilig Spaß, wird aber bald langweilig.

Der mathematische Beitrag, den von Neumann mit dieser Demonstration leistete, war der Beweis, daß sich bei rationaler Entscheidungsfindung beider Spieler einzig und allein dieses Resultat ergeben könnte. Es sind nicht etwa die Wahrscheinlichkeitregeln, die in diesem Spiel den 50 : 50-Austrag bestimmen. Es sind vielmehr die Spieler selbst, die dieses Resultat *ver-*

ursachen. Auf diesen Punkt der Arbeit hebt von Neumanns Text ausdrücklich ab:

> ... Selbst wenn die Spielregeln keinerlei Elemente des »Zufalls« (d. h. kein Ziehen aus Krügen) enthalten, ist ... die Abhängigkeit von statistischen Elementen ein so inhärenter Bestandteil des Spiels an sich (wenn nicht gar der Welt), daß keine Notwendigkeit besteht, sie künstlich einzuführen.[4]

DIE AUFMERKSAMKEIT, die von Neumanns Arbeit fand, läßt erkennen, daß er etwas mathematisch Wichtiges mitzuteilen hatte. Daß die Spieltheorie mehr als nur Mathematisches betraf, ging ihm erst später auf.

Am Institute for Advanced Studies in Princeton begegnete von Neumann 1938 dem aus Deutschland stammenden Wirtschaftswissenschaftler Oskar Morgenstern, der prompt sein glühender Bewunderer wurde. Morgenstern griff die Spieltheorie sofort auf und teilte von Neumann mit, daß er darüber eine wissenschaftliche Abhandlung verfassen wolle. Obwohl Morgensterns eigene mathematische Fähigkeiten solcher Aufgabenstellung offensichtlich nicht entsprachen, konnte er von Neumann überreden, in dieser Sache mit ihm zusammenzuarbeiten – eine Zusammenarbeit, die sich bis in die Kriegsjahre hinzog. Das Ergebnis ihrer gemeinsamen Anstrengungen war das Buch *Theory of Games and Economic Behavior*, das zum Klassiker wurde, sowohl für die Spieltheorie selbst wie betreffs ihrer Anwendung zur Entscheidungsfindung in wirtschaftlichen und unternehmerischen Belangen. Die beiden schlossen das 640seitige Werk im Jahr 1944 ab, wegen des kriegsbedingten Papiermangels zögerte die Princeton University Press, es zu veröffentlichen. Es kam schließlich 1953 dank einer privaten Förderung durch ein Mitglied der Familie Rockefeller zur Publikation.

Völlig neu war der ökonomische Themenkreis von Neumann nicht. Er hatte bereits vorher an wirtschaftswissenschaftlichen Fragen Interesse gezeigt, als er nämlich herauszufinden suchte, wie weit er bei der Entwicklung eines Modells für

Wirtschaftswachstum mit mathematischen Mitteln käme; und da er immer zugleich Physiker wie Mathematiker war, lag dabei sein vorrangiges Augenmerk auf einem Gleichgewichtskonzept. »Da [wirtschaftlicher] Handel durchweg mit Quantitäten zu tun hat«, schrieb er, »muß es, wenn nicht in der Sprache, so doch in der Sache um eine mathematische Wissenschaft gehen ... [und] eine enge Analogie zur Wissenschaft von statistischer Mechanik [bilden].«

Morgenstern wurde 1902 in Deutschland geboren, wuchs aber in Wien auf, wo er auch Schule und Universität besuchte. Bis 1931 hatte er sich als Ökonom hinreichend ausgezeichnet, um Friedrich von Hayek als Direktor des hochangesehenen Wiener Instituts für Wirtschaftszyklusforschung nachzufolgen. Obwohl selber Christ mit einem Hauch von Antisemitismus, wanderte er 1938 im Gefolge jüdischer Emigranten aus Österreich in die USA aus, wo er an der Wirtschaftsfakultät der Universität Princeton rasch eine Stelle fand.[5]

Morgenstern glaubte nicht daran, daß die Ökonomie wirtschaftliches Handeln effektiv vorhersagen kann. Derartige Prognosen würden, wie er ausführte, von Konsumenten, Managern und Entscheidungsträgern in Betracht gezogen, so daß ihre Entscheidungen und Aktivitäten sich dementsprechend ändern. Diese Reaktion veranlaßt wiederum die Prognostiker, ihre Vorhersagen abzuwandeln, womit sie die Öffentlichkeit zu neuerlicher Reaktion veranlassen. Dieses permanente Feedback verglich Morgenstern mit dem Spiel zwischen Sherlock Holmes und Dr. Moriarty, die einander stets zuvorkommen wollten. Die statistischen Methoden der Wirtschaftswissenschaften seien daher über rein deskriptive Zwecke hinaus sinnlos, »nur sind die Unverbesserlichen sich dessen offenbar nicht bewußt«.[6]

Die in der Wirtschaftstheorie des 19. Jahrhunderts vorherrschende Annahme, daß perfekte Prognosen möglich seien, stieß bei Morgenstern auf Ablehnung. Er betonte, daß niemand zu wissen vermag, was alle anderen in einem gegebenen Augenblick tun werden: »Uneingeschränktes Vorauswissen und wirtschaftliches Gleichgewicht sind daher miteinander nicht in Übereinklang zu bringen.«[7] Diese Schlußfolgerung fand den starken Beifall Frank Knights, der sich sogar anbot, diese Abhandlung Morgensterns aus dem Deutschen ins Englische zu übersetzen.

Morgenstern hatte nur einen Schwachpunkt: Er besaß keinen Charme. Der Nobelpreisträger Paul Samuelson, Verfasser des Langzeitbestsellers unter den wirtschaftswissenschaftlichen Lehrbüchern, hat ihn einmal »napoleonisch« gekennzeichnet.* »Er brachte andauernd die Autorität irgendwelcher Naturwissenschaftler ins Spiel«.[8] Ein anderer Zeitgenosse erinnert sich, daß die Wirtschaftswissenschaftliche Fakultät der Universität Princeton »Oskar schlichtweg gehaßt hat«.[9] Morgenstern beschwerte sich über den Mangel an Aufmerksamkeit, die sein Meisterwerk bei Kollegen fand. 1945 vermerkte er nach einem Besuch der Universität Harvard, daß sich »keiner von denen« dort für die Spieltheorie interessierte.[10] Und 1947 berichtete er, daß ein wirtschaftswissenschaftlicher Kollege namens Röpke die Spieltheorie als »Wiener Kaffeehausklatsch« abklassifiziert hatte.** Als Morgenstern 1950 einen Kreis von bedeutenden Ökonomen in Rotterdam besuchte, stellte er fest, daß sie »von der Spieltheorie nichts wissen wollten, weil sie sie stört«.

Er war ein enthusiastischer Verfechter des Einsatzes von Mathematik für Wirtschaftsanalysen – für Keynes' wenig strenge Behandlung der Erwartungen hatte er nur Spott übrig; die *Allgemeine Theorie der Beschäftigung, des Zinses und des Geldes* fand er »einfach gräßlich« –, und jammerte doch ständig über die eigenen Schwierigkeiten mit den fortgeschrittenen mathematischen Zusammenhängen, in die von Neumann ihn hineingelockt habe.[11] Für von Neumann empfand Morgenstern zeitlebens höchsten Respekt. »Er ist ein geheimnisvoller Mensch«, schrieb er bei einer Gelegenheit. »In dem Moment, wenn er etwas Wissenschaftliches anpackt, ist er absolut begeistert, klar, lebendig; danach sinkt er ab, träumt und redet er in einer seltsamen Mischung ganz oberflächlich ... Man sieht sich Unbegreiflichem gegenüber.«

* Die Abneigung beruhte offenbar auf Gegenseitigkeit. Morgenstern fand Samuelsons mathematische Kenntnisse mangelhaft. Nach dem Hinweis, daß »[von Neumann] erklärt hat, [Samuelson] habe nur trübe Vorstellungen von Stabilität«, sagte er voraus, daß Samuelson »die Spieltheorie nicht einmal in drei Jahrzehnten kapieren wird«. Vgl. Leonard, 1994, S. 494f.

** Röpke, ebenfalls kein Jude, nannte jedoch wesentlich klarere Gründe, warum er Hitler-Deutschland verlassen hatte.

DIE NÜCHTERNE MATHEMATIK der Spieltheorie mit den Spannungen der Wirtschaft zu kombinieren – das mußte einem Mathematiker mit leidenschaftlichem Interesse an der Wirtschaft und einem Ökonomen, der sich für Mathematik begeisterte, geradezu ideal vorkommen. Der Anreiz, beides miteinander zu verbinden, rührte jedoch zum Teil aus einem gemeinsamen Empfinden, daß – in Morgensterns Worten – die Anwendung der Mathematik in der Wirtschaftswissenschaft »einen jämmerlichen Zustand« darstellte.[12]

Es gab da allerdings noch eine andere gebieterische Motivation – die Hoffnung nämlich, die Mathematik auf dem Gebiet der Gesellschaftsforschungen zur gleichen triumphalen Vorherrschaft zu verhelfen, die sie in den Naturwissenschaften bereits innehatte. Während diese Tendenz heutzutage von vielen Sozialwissenschaftlern begrüßt wird, war sie damals jedoch wahrscheinlich der Hauptgrund für die Widerstände, die sich gegen die Spieltheorie regten, als sie in den späten 1940ern vorgestellt wurde. Zu jener Zeit war Keynes der Hahn im Hühnerstall, und Keynes widersetzte sich jeder Form von mathematischer Darstellung menschlichen Verhaltens.

Die *Theory of Games and Economic Behavior* propagiert eingangs die Verwendung der Mathematik zur ökonomischen Entscheidungsfindung. Von Neumann und Morgenstern verwerfen die Ansicht als »total falsch«, daß die menschlichen und psychologischen Elemente der Wirtschaft sich einer mathematischen Analyse widersetzen. Sie erinnern daran, daß es bis zum 16. Jahrhundert auch in der Physik und bis zum 18. Jahrhundert in der Chemie und Biologie keine mathematische Behandlung von Fragen gegeben habe, und sie behaupten, daß die Chancen für eine Einführung der Mathemathik in diesen Disziplinen »zu diesen frühen Zeiten – *mutatis mutandis* – kaum besser standen als zum gegenwärtigen Zeitpunkt in der Wirtschaftswissenschaft«.[13]

Von Neumann und Morgenstern weisen den Einwand zurück, daß ihre streng mathematischen Methoden und ihr Abheben auf numerische Quantitäten einfach deshalb unrealistisch seien, weil »das gewöhnliche Individuum ... seine wirtschaftlichen Aktivitäten in einer Sphäre beträchtlicher

Unklarheit betreibt«.[14] Schließlich reagierten die Menschen auch unklar auf Hitze und Licht:

> Um eine Wissenschaft von der Physik aufzubauen, mußten diese Phänomene [Hitze und Licht] gemessen werden. Und anschließend hat das Individuum dann gelernt, die Resultate aus solchem Messen sich – direkt oder indirekt – sogar im täglichen Leben zunutze zu machen. Das gleiche mag sich in Zukunft mit der Ökonomie ergeben. Wenn erst einmal, mit Hilfe einer Theorie, die sich des Messens bedient, ein generelles Verständnis menschlichen Verhaltens erfaßt worden ist, kann es zu einem wesentlichen Einfluß auf das Leben des einzelnen kommen. Es ist deshalb nicht überflüssig und abwegig, diese Probleme zu erforschen.[15]

DIE UNTERSUCHUNG, die in der *Theory of Games and Economic Behavior* vorgenommen wird, beginnt mit dem einfachen Beispiel eines Individuums, das zwischen zwei Alternativen zu wählen hat – wie bei der Wahl zwischen »Wappen« und »Adler« beim oben erwähnten Münzspiel. Nur gehen von Neumann und Morgenstern hier tiefer auf die Eigenart der Entscheidung ein: Statt zwischen zwei singulären Ereignissen trifft das Individuum eine Wahl zwischen zwei Ereigniskombinationen.

Als Beispiel wählen von Neumann und Morgenstern einen Mann, der lieber Kaffee als Tee und lieber Tee als Milch trinkt.[16] Wir stellen ihm folgende Frage: »Ist Ihnen eine Tasse Kaffee lieber als ein Glas, bei dem eine 50 : 50-Chance besteht, daß es mit Tee oder mit Milch gefüllt ist?« Der Mann entscheidet sich natürlich für die Tasse Kaffee.

Was geschieht nun aber, wenn wir – bei gleichbleibender Frage – die Präferenzen so umstellen, daß der Mann lieber Milch trinkt als Kaffee und Tee, ihm jedoch Kaffee immer noch lieber ist als Tee? In diesem Fall ist bei einer Wahl, die zwischen dem sicheren Kaffee und einer 50 : 50-Chance, Milch oder Tee zu bekommen, zu treffen ist, die Entscheidung weniger klar als im ersten Fall, weil nämlich das ungewisse Ergebnis eine Sache enthält, die er sehr gern mag (Milch), und etwas, auf das er verzichten kann (Tee). Unter den veränderten Wahrscheinlichkeiten, Tee oder Milch zu bekommen, ist die Fragestellung möglich, an welchem Punkt dem Mann der gewisse Kaffee oder das 50 : 50-Hasard egal ist, und so läßt sich eine quantitative Schätzung – eine konkrete, feste Zahl – vornehmen und messen, wie sehr ihm Milch lieber ist als Kaffee und der Kaffee lieber als Tee.

Die Sache wird realitätsnäher, wenn wir das Beispiel umstellen, damit wir den Nutzwert – den Grad von Befriedigung – messen können, den der Besitz von einem Dollar im Vergleich zum Nutzen eines Besitzes von zwei Dollar bedeutet. Ein Mann, der zwischen diesen Alternativen zu wählen hat, wird sich für den Besitz von zwei Dollar entscheiden, der anstelle der Milch aus dem vorausgegangenen Beispiel tritt; die Chance, überhaupt kein Geld zu bekommen, tritt an die Stelle des Tees, dem geringstgeschätzten Resultat von oben, und der eine Dollar nimmt die mittlere Position und damit den Platz des Kaffees ein.

Wiederum fragen wir unsere Testperson, zwischen einem gewissen Resultat und einem Zufallsergebnis zu wählen. Diesmal ist die Alternative jedoch ein Dollar gegen ein Hasard, das ihm entweder zwei Dollar bringt oder gar nichts. Bei diesem Glücksspiel setzen wir die Aussichten auf eine 50%ige Chance für den Gewinn von $2 und eine 50%ige Chance von Null, wobei sich eine mathematische Erwartung von $1 ergibt. Falls der Mann nun erklärt, daß ihm eine Wahl zwischen dem sicheren $1 und dem Hasard unwichtig scheint, so zeigt er sich bei solch niedrigem Niveau des Hasards risikoindifferent. Gemäß der von Morgenstern und von Neumann vorgeschlagenen Formel definiert die Wahrscheinlichkeit der gewählten Möglichkeit – in diesem Fall der Gewinn von $2 –, wie sehr die Testperson den $1 der Null gegenüber dem Gewinn von $2 über Null vorzieht. In diesem Fall bedeuten 50%, daß seine Präferenz für $1 gegenüber Null halb so groß ist wie seine Präferenz von $2 gegenüber Null. Unter diesen Gegebenheiten ist der Nutzen von $2 doppelt so hoch wie der Nutzwert von $1.

Mit anderen Gegebenheiten und bei anderen Personen mag die Reaktion sehr wohl anders ausfallen. Schauen wir doch einmal, was geschieht, wenn wir den Geldbetrag erhöhen und die Wahrscheinlichkeiten im Hasard verändern. Nehmen wir einmal an, daß die befragte Person sich indifferent zeigt bei der Wahl zwischen sicheren $ 100 und einem Hasard, bei dem eine 67%ige Wahrscheinlichkeit besteht, daß er $ 200 gewinnt, und einer 33%igen Wahrscheinlichkeit, daß er leer ausgeht. Die mathematische Erwartung dieses Hasardspiels beträgt $ 113; anders gesagt: Die Präferenz dieser Person für das sichere Ergebnis – $ 113 – ist nunmehr größer als im vorausgegangenen Fall, wo es bloß um ein paar Dollar ging. Die 67%ige Wahrscheinlichkeit von $ 200 bedeutet, daß seine Präferenz für $ 100 gegenüber Null zwei Drittel so groß ist wie seine Präferenz für $ 200 gegenüber Null: Der Nutzen der ersten $ 100 ist größer als der Nutzen der zweitgenannten $ 100. Der Nutzen der höheren Summe verringert sich, insofern der Geldbetrag im Risiko von einstelligen zu zweistelligen Zahlen steigt.

Wenn Ihnen das alles jetzt irgendwie vertraut klingt, so kann ich nur sagen: So ist es auch. Das Argument ist das gleiche wie bei der Berechnung des »Gewißheitsäquivalents«, das wir aus Bernoullis fundamentalem Prinzip abgeleitet haben, daß der Nutzen von Wohlstandszuwächsen dem bereits vorhandenen Wohlstand umgekehrt proportional ist (vgl S. 135). Hier liegt der Drehpunkt mangelnder Risikobereitschaft – d. h. der Frage, wieweit wir bereit sind, Entscheidungen zu treffen, die andere zu Entscheidungen mit für uns negativen Konsequenzen provozieren können. Mit dieser Forschungsrichtung stehen von Neumann und Morgenstern strikt im Rahmen der klassischen Auffassung von Rationalität; denn rational denkende und handelnde Menschen haben stets einen klaren Begriff von ihren Präferenzen, an die sie sich konsequent halten und die sie ganz nach der eben skizzierten Art und Weise austarieren.

ALAN BLINDER – ein langjähriges Mitglied der Wirtschaftsfakultät von Princeton, Mitverfasser eines beliebten Lehrbuchs und von 1994 bis 1996 Vizepräsident der Federal Reserve Board – hat ein interessantes Exempel für die Spieltheorie geliefert.[17] Es wurde mit einer 1982 veröffentlichten Arbeit publik. Thema war, ob eine Koordination möglich oder gar erstrebenswert wäre zwischen der Geldpolitik, zu der auch die Kontrolle kurzfristiger Zinsraten und des Geldflusses gehört, und der Steuerpolitik – berührt wird davon das Gleichgewicht zwischen den Ausgaben der Bundesregierung und den Steuereinnahmen.

Die betroffenen Behörden sind in diesem Spiel die Finanzstellen des Federal Reserve System und die Politiker, welche das Verhältnis zwischen Regierungsausgaben und Steueraufkommen bestimmen. Die Federal Reserve betrachtet es als ihre vorrangige Aufgabe, die Inflation unter Kontrolle zu halten, sie bevorzugt deshalb die wirtschaftliche Depression gegenüber der Expansion. Die leitenden Beamten haben lange Amtsperioden – die Präsidiumsmitglieder vierzehn Jahre, der Vorsitzende der Federal Reserve Bank bis zum Pensionsalter –, so daß sie weitgehend von politischen Pressionen unabhängig agieren können. Die Politiker dagegen müssen sich regelmäßig der Wahl stellen; daher bevorzugen sie Wirtschaftswachstum gegenüber -depression.

Ziel des Spiels ist es nun, daß die eine Seite die andere zwingt, die unangenehmen Maßnahmen zu treffen. Die Federal Reserve sähe lieber höhere Steuereinnahmen als ein Haushaltsdefizit der Regierung. Ein Haushaltsüberschuß würde die Inflation niederhalten und es den Vertretern der Fed somit ersparen, als die bösen Buben dazustehen. Den Politikern, die um ihre Wiederwahl bangen, wäre es lieber, daß die Fed die Zinsraten niedrig hält und für reichliche Geldmengen sorgt; eine solche Politik würde unternehmerisches Handeln und Beschäftigung fördern und den US-Präsidenten und den Congress von der Notwendigkeit befreien, ein Budgetdefizit einzugehen. Keine der beiden Seiten möchte das tun, was der Gegenpart von ihm will.

Blinder baut eine Matrix auf, welche die Wunschpräferenzen jeder Seite betreffend drei Entscheidungsalternativen – Kontraktion, Stillhalten oder Expansion – der Gegenseite darstellt. Die Ziffer über der Diagonale in den Quadraten gibt den Grad der Präferenz der Fed an; die Ziffer unterhalb der Diagonale den Grad der Präferenz bei den Politikern.

Die höchstwertigen Präferenzen der Fed (1, 2 und 3) erscheinen in der oberen linken Ecke der Matrix, wo immerhin

Politiker	Federal Reserve: Kontraktion	Federal Reserve: Nichtstun	Federal Reserve: Expansion
Kontraktion	3 / 9	1 / 6	4 / 4
Nichtstun	2 / 8	5 / 5	6 / 1
Expansion	7 / 7	8 / 3	9 / 2

Blinders Korrelations-Matrix

(*Adaptiert nach Alan S. Blinder, 1982, »Issues in the Coordination of Monetary and Fiscal Policies«, in:* Monetary Policy Issues in the 1980s, *Kansas City, Missouri; Federal Reserve Bank of Kansas City, S. 3–34.*)

die eine Seite für Kontraktion ist und die andere sich unterstützend verhält oder nichts tut, um die Situation zu schaukeln. Die Repräsentanten der Fed ziehen es eindeutig vor, daß die Politiker ihnen die Arbeit abnehmen. Die drei vorrangigen Präferenzen der Politiker erscheinen in der unteren rechten Ecke der Matrix, wo immerhin die eine Seite auf Expansion setzt, während die andere sich unterstützend verhält oder nichts unternimmt, um die Situation zu schaukeln. Den Politikern ist es eindeutig am liebsten, daß die Fed expansionsfördernde Maßnahmen setzt, damit die Politiker nicht handeln müssen. Die niedrigsten Präferenzwerte der Politiker erscheinen in der linken Kolumne der Matrix, während die niedrigsten Präferenzwerte der Fed in der untersten Reihe auftauchen. Das Ganze entspricht kaum einer Situation, wo größere Anpassungen der Parteien wahrscheinlich sind.

Wie wird dieses Spiel ausgehen? Angenommen, das Verhältnis zwischen Fed und Politiker wäre so, daß Kooperation und und Koordination sich als unmöglich erweisen – dann wird das Spiel in der unteren linken Ecke enden, wo die Geldpolitik auf Kontraktion und die Steuerpolitik auf Expansion ausgerichtet ist. Zu ebendiesem Resultat kam es in den frühen Amtsjahren Reagans, als Blinder seine Abhandlung schrieb.

Warum dann aber gerade dieses und kein anderes Ergebnis? Da ist zunächst einmal festzuhalten: Hier zeigen beide Seiten ihren wahren Charakter – die gestrenge Fed, die spendablen Politiker. Bei unserer Annahme, daß die Fed die Politiker nicht überzeugen kann, einen Budgetüberschuß zu bilden, und die Politiker die Fed nicht bewegen können, die Zinsraten zu senken, spürt keine von beiden Seiten den Wunsch, die eigenen Präferenzen aufzugeben, genausowenig wie eine von beiden es riskieren könnte, sich neutral zu verhalten.

Lassen Sie den Blick in der Matrix nun nach oben rechts von diesen zwei Siebenen gleiten. Beachten Sie, daß in den Quadraten unter der Diagonale (im Raum für die Präferenz der Politiker) vertikal links aufwärts keine Ziffer steht, die niedriger ist als 7. Solange die Fed für Kontraktion optiert und die Politiker sich expansionistisch geben, machen beide Seiten das Beste aus einer schlechten Situation.

Das ist jedoch nicht der Fall in der oberen rechten Ecke, wo die Geldpolitik der Fed weniger stringent ist und ein Budgetüberschuß hervortritt. Wenn wir horizontal nach links oberhalb der Diagonale schauen, stellen wir fest, daß beide Werte größer als 4 sind, d. h., die Fed würde lieber nichts unternehmen oder sogar eine Kontraktion fördern als zu einer Wirtschaftsexpansion beitragen, die möglicherweise mit einer inflationären Situation endet. Bei den Politikern müßten wir die gegenteilige Haltung feststellen. Wenn wir vertikal nach unten schauen, sehen wir, daß beide Präferenzwerte höher als 4 liegen, d. h., die Politiker würden lieber nichts unternehmen oder lieber ein Defizit riskieren als eine Politik verfolgen, die sie die Ämter kosten würde, wenn ihre Wähler aufgrund solcher Politik arbeitslos würden.

Dieses Resultat ist unter dem Begriff »Nash-Äquilibrium«

bekanntgeworden – nach John Nash, einem weiteren Ökonomen der Universität Princeton, der 1994 für seinen Beitrag zur Spieltheorie den Nobelpreis erhielt.[18] Beim Nash-Äquilibrium ist das Ergebnis, wenngleich stabil, weniger als optimal. Es ist offenkundig, daß beide Seiten jedes andere Ergebnis vorziehen würden. Sie können nur keinen besseren Kompromiß zustande bringen, falls nicht beide ihre feindlichen Positionen aufgeben und eine gemeinsame Politik erarbeiten, bei der sie sich gegenseitig unterstützen oder zumindest nicht konträr verhalten, damit sie einander nicht in die Quere kommen. Eine solch radikal andersartige Situation gab es 1994, als die Fed eine Kontraktionspolitik verfolgte und die Politiker bereit waren, ohne Gegenmaßnahmen zuzuschauen.

Blinders Spiel verrät einen genauen Einblick in die Verhaltensweisen der rivalisierenden Kräfte in Washington, kann aber für viele Konstellationen verallgemeinert werden: Laß die Bombe, unternimm nichts oder suche nach Friedensmöglichkeiten. Senkt die Preise, unternehmt nichts oder hebt die Preise an. Pokere nach Maßgabe der Wahrscheinlichkeiten, falte deine Hände oder bluffe.

In Blinders Fallbeispiel kennen die Parteien die gegenseitigen Absichten – was selten vorkommt. Es verzichtet auch darauf, die Präferenzen von Konsumenten, Arbeitnehmern und Unternehmern in Betracht zu ziehen, die allesamt stark mit dem Resultat in Berührung stehen. Wenn wir die Regeln ändern, so daß die Zahl der Spieler steigt oder indem wir die den Mitspielern verfügbaren Informationen verringern, so bleibt uns keine andere Wahl: Wir müssen auf höhere Mathematik zurückgreifen. Wie von Neumann und Morgenstern feststellten: »... welch eine Komplexität an theoretischen Formeln in der Sozialtheorie doch erwartet werden muß.«

IM AUGUST 1993 beschloß die Federal Communications Commission, die Rundfunklizenzen zu auktionieren. Es sollten für alle 51 Landeszonen je zwei Lizenzen ausgeteilt werden, pro Zone sollte kein Bieter mehr als eine Lizenz erwerben dürfen. Bei solchen Auktionen werden üblicherweise blinde Angebote eingeholt und der Kontrakt dem Höchstbieter gegeben. In diesem Fall aber lief es auf Rat des Professors Paul Milgrom von der Universität Stanford anders: Die Federal Communications Commission veranstaltete die Auktion gemäß der Spieltheorie – eine sogenannte »*spectrum auction*«.

Erstens sollten alle Angebote offenliegen, so daß jeder Bewerber stets wissen konnte, was die übrigen trieben. Zweitens sollte es solange sukzessive Bietrunden geben, bis kein einziger Bieter mehr bereit war, sein Angebot noch weiter zu steigern. Drittens konnten die Bewerber zwischen den Runden ihr Angebot von einer auf eine andere Zone übertragen oder gleichzeitig für Lizenzen in benachbarten Zonen bieten; da es wirtschaftlich Vorteile bringt, Lizenzen in Nachbarzonen zu besitzen, mochte eine bestimmte Lizenz für einen Bewerber mehr wert sein als für seine Konkurrenten. Kurzum, bei dieser Auktion mußte jede Entscheidung auf der Basis der bekannten Entscheidungen der Mitbewerber getroffen werden.

Die Beteiligten stellten fest, daß die Entscheidungsfindung gar nicht leicht war. Jeder mußte sich über die Intentionen der andern Gedanken machen, mußte deren Ruf in puncto aggressivem Vorgehen überprüfen, ihre Finanzkraft und die Struktur bereits existierender Rundfunklizenzen analysieren. Manchmal machte ein genau plaziertes Angebot die Absichten des Bewerbers so klar, daß die Konkurrenten sich für diese spezielle Lizenz den Zyklus des Mit- und Gegenbietens ersparen konnten. Die Firma Pacific Telesis, die sich für diese Versteigerung von Milgrom beraten ließ, ging so weit, in Städten, wo potentielle Rivalen positioniert waren, ganzseitige Zeitungsannoncen aufzugeben, um ihre Absicht kundzutun, um jeden Preis zu gewinnen. Manche Konkurrenten taten sich zusammen, um ein kostspieliges Bieten für die gleiche Lizenz auszuschließen.

Die Auktion lief über 112 Runden; sie dauerte drei Monate und brachte der Regierung $ 7,7 Milliarden. Obwohl hier und da Kritik laut wurde, daß die Regierung noch mehr hätte erzielen können, wenn die Federal Communications Commission keine Allianzen von Bewerbern zugelassen hätte, erwies sich die so erfolgte Zuteilung von Lizenzen schlußendlich wahrscheinlich effizienter im Sinne der Kostenstrukturen beim

Aufbau von Franchises, als es mit der traditionellen Methode möglich gewesen wäre.

Die Umgehung eines destruktiven Bieterwettbewerbs ist verständlich. Bei solchen Auktionen leidet der Gewinner oft unter dem sogenannten Fluch des Siegers – aufgrund seiner Entschlossenheit, unbedingt zu gewinnen, zahlt er einfach zuviel. Das Problem muß aber nicht auf grandiose Auktionen beschränkt sein – den gleichen Flug des Siegers mag einen Anleger treffen, der es eilig hat, eine Aktie zu kaufen, für die er von irgendwem einen heißen Tip erhalten hat. Um solchen Fluch zu vermeiden, findet der Aktienhandel manchmal über Computerbildschirme statt. Das Verfahren ähnelt der »*spectrum auction*«. Die Spieler – meist bedeutende Organisationen wie Pensionsfonds oder Investmentfonds – bleiben anonym, doch sämtliche Angebote werden auf dem Bildschirm gezeigt, zusammen mit Reservierungspreisen, oberhalb derer der jeweilige Interessent nicht kaufen will und unterhalb derer der Verkäufer nicht verkaufen will.

Im Januar 1995 berichtete das Organ *Pensions and Investments* über eine weitere Anwendung der Spieltheorie bei Investitionen. ANB Investment Management & Trust in Chicago hatte eine Strategie mit dem ausdrücklichen Zweck eingeführt, den Fluch des Siegers zu eliminieren. Laut Chefanlagenverwalter Neil Wright baut die Strategie auf dem Nash-Äquilibrium auf; er erklärte, der Fluch des Siegers trete gewöhnlich bei Aktien mit abnormal breiten Preisspektren auf, was »bedeutet, daß über das zukünftige Abschneiden des Unternehmens beträchtliche Unsicherheit herrscht«. Eine große Preisskala signalisiere ebenfalls begrenzte Liquidität; infolgedessen werde schon eine relativ geringe Menge an Käufen oder Verkäufen starken Einfluß auf den Aktienpreis ausüben. Dementsprechend plante Wright, sein Portfolio aus Aktien mit geringen Preisschwankungen aufzubauen – ein Zeichen, daß ihr Preis auf einem weithin akzeptierten Konsenswert basiert, daß Käufer und Verkäufer sich mehr oder weniger die Waage halten. Die Annahme geht dahin, daß solche Aktien für nur wenig mehr als ihre Konsensbewertung erworben werden können.

VON NEUMANN und Morgenstern stützen ihre *Theory of Games and Economic Behavior* auf ein einziges zentrales Verhaltenselement: Die Gewinne, die sich einer Person bieten, welche ihren Nutzen maximiert – d. h. im Rahmen der durch das Spiel bedingten Grenzen das Beste aus den ihr verfügbaren gegenseitigen Koordinierungsmaßnahmen macht –, sind davon abhängig, wieviel sie »kriegen kann, wenn sie sich ›irrational‹ benimmt. Dieses Kriegenkönnen [die Gewinne, mit denen sie rechnen kann] wird natürlich als Minimum begriffen; sie kann eventuell mehr bekommen, wenn andre Fehler machen [sich irrational verhalten]«.[19]

Diese Grundvoraussetzung hat für Kritiker der Theorie ein gravierendes Problem dargestellt; das gilt auch für so bedeutende Verhaltenspsychologen wie Daniel Ellsberg und Richard Thaler, denen wir später noch einmal begegnen werden. In einer extrem kritischen Arbeit, die 1991 erschien, hat der Historiker Philip Mirowski erklärt: »Im Hause der Spieltheorie steht nicht alles zum besten – in jedem Traumgebäude gibt es Herzweh –, und die Krankheitssymptome können nicht länger ignoriert werden.«[20] Er zitiert kritische Hinweise der Nobelpreisträger Henry Simon, Kenneth Arrow und Paul Samuelson. Er behauptet, daß die Spieltheorie überhaupt nie von Bedeutung gewesen wäre, wenn von Neumann sie nicht dem Militär verkauft hätte, er geht sogar soweit zu spekulieren: »Manche haben die Schuld für die Eskalation der atomaren Aufrüstung direkt der Spieltheorie zur Last gelegt.«[21] Ja, Mirowski argwöhnt, daß Morgenstern für von Neumann ein »Gottesgeschenk« bedeutet hätte, weil er nämlich, als sonst niemand für die Spieltheorie Interesse zeigte, die Ökonomen als Publikum ins Spiel brachte. Mirowski läßt scharfe Worte fallen über die Naivität und gröbliche Vereinfachung ihrer Definition des »auf traurige Weise mißbrauchten Wortes« Rationalität, die er als eine seltsame *»potage«* brandmarkt.[22]

Trotzdem: Die Annahme rationalen Verhaltens durch die Spieltheorie sowie von Neumanns und Morgensterns Traum, daß solches Verhalten auch meßbar wäre, hat eine Fülle von aufregenden Theorien mitsamt praktischer Anwendungen ausgelöst. Wie die von mir erwähnten Beispielfälle zeigen, hat das ihnen geneigte Publikum sich weit über den Kreis der Militärs erweitert.

Während der 1950er und 60er Jahre gab es erneute Anstrengungen, vor allem in der Welt von Wirtschaft und Finanzen, die Rationalitätsforschung auszudehnen. Aus heutiger Sicht entbehren manche der damals entwickelten Ideen wohl der Substanz; in den Kapiteln 16 und 17 werden wir sie einer kritischen Überprüfung unterziehen. Wir dürfen aber nicht vergessen, daß der Enthusiasmus, der bis Ende der 60er Jahre für Rationalität, Messen und Anwendung von Mathematik bei Prognosen zu einem großen Teil jenem Optimismus entsprang, der die bedeutenden Siegestriumphe des Zweiten Weltkriegs begleitete.

Die Rückkehr des Friedens wurde als Chance begrüßt, die Lektionen, die in den langen Jahren der Weltwirtschaftskrise und des Weltkriegs auf schmerzhafte Weise begriffen wurden, zur Anwendung zu bringen. Vielleicht, so dachte man, würden die Hoffnungen der Aufklärung und des 19. Jahrhunderts sich endlich für die ganze Menschheit erfüllen. Die Keynessche Wirtschaftstheorie wurde als Instrument eingesetzt, um die Konjunkturzyklen unter Kontrolle zu bringen und die Vollbeschäftigung zu sichern. Die Vereinbarungen von Bretton Woods verfolgten das Ziel, die Stabilität des Goldstandards wie im 19. Jahrhundert wiederzugewinnen. Der International Monetary Fund und die Weltbank wurden gegründet, um wirtschaftlichen Fortschritt unter benachteiligten Völkern rund um den Globus zu fördern. Unterdessen sollten die Vereinten Nationen den Völkerfrieden gewährleisten.

In diesem Umfeld gewann die Idee des 19. Jahrhunderts von rationalem Verhalten wieder ihre frühere Popularität. Messen und Berechnen ist immer besser und sicherer als Intuition; rational denkende Menschen treffen ihre Wahl stets auf der Grundlage von Informationen und nicht auf der Basis von Launen, Emotionen oder Gewohnheiten. Nach Überprüfung sämtlicher erhältlicher Informationen treffen sie ihre Entscheidungen in Übereinstimmung mit wohlbedachten Präferenzen. Sie optieren verläßlich für größeren, nicht für weniger Wohlstand und tun alles, um Nutzen zu maximieren. Sie sind allerdings auch risikoscheu in dem Bernoullischen Sinne, daß der

Nutzen von zusätzlichem Wohlstand umgekehrt proportional zur Höhe des bereits erworbenen Besitzstandes ist.

BEI EINEM SO wohldefinierten und in intellektuellen Kreisen so breit akzeptierten Begriff von Rationalität war dessen Umsetzung in Regeln zur Risikobeherrschung und Nutzenmaximierung auf die Welt von Investment und Wohlstandsmanagement selbstverständlich von großem Einfluß. Es bot sich als ein geradezu ideales Terrain an.

Die daraus resultierenden geistigen Leistungen haben begabten Wissenschaftlern Nobelpreise beschert, und die daraus resultierenden Vorstellungen über Risiko und deren praktische Anwendungsmöglichkeiten haben das Investmentmanagement, die Marktstrukturen, die Instrumentarien der Investoren und das Verhalten von Millionen Menschen, die das ganze System in Gang halten, auf revolutionäre Weise umgestaltet.

15
Der merkwürdige Fall des anonymen Börsenmaklers

Dieses Kapitel behandelt die Schwierigkeiten der Risikobemessung beim Handel mit festverzinslichen Papieren. So unmöglich es erscheinen mag – das Quantifizieren von Investitionsrisiken ist eine florierende Geschäftspraxis, die in Zeiten einer globalen Investitionstätigkeit von Profis regelmäßig wahrgenommen wird. Charles Tschampion, ein Geschäftsführer des 50-Milliarden-Dollar schweren Pensionsfonds von General Motors, hat erst kürzlich bemerkt: »Das Investmentmanagement ist weder Kunst noch Wissenschaft, sondern eine Technik ... Unsere Aufgabe besteht darin, die Kapitananlagerisiken zu managen und zu konstruieren.« Laut Tschampion liegt die Aufgabe bei General Motors in erster Linie darin, »nicht mehr Risiko einzugehen, als unbedingt notwendig ist, um die auf dem Markt möglichen Erträge zu erwirtschaften«.[1] In dieser Aussage Tschampions steckt ein hohes Maß differenzierten philosophischen und mathematischen Denkens.

IN DER GANZEN Geschichte der Börsenmärkte – die in den USA zweihundert Jahre, in einigen Ländern Europas eine noch längere Zeit umfaßt – war niemand auf die Idee gekommen, Risiken numerisch zu erfassen. Aktien waren eine riskante Sache, und manche Aktien waren riskanter als andere – das war alles, dabei ließ man es bewenden. Das Risiko war eine Sache des Instinkts, nicht aber von Zahlen. Aggressive Anleger verfolgten einfach das Ziel, die Erträge zu maximieren, mutlose Leute begnügten sich mit Sparkonten und hochgradigen festverzinslichen Papieren mit langen Laufzeiten.

Die maßgeblichste Aussage zum Thema Risiko war 1830 formuliert worden und mit voller Absicht vage.[2] Sie erschien in der richterlichen Urteilsbegründung zum Ende eines Prozesses über die Verwaltung des Nachlasses von John McLean in Boston. McLean war am 23. Oktober 1823 gestorben und hatte $50 000 in Treuhänderschaft hinterlassen, »die Gewinne und Erträge aus selbigen« sollten für die Dauer ihres Lebens seiner Witwe zufallen. Nach ihrem Tode sollten die Treuhänder die verbleibende Summe je zur Hälfte dem Harvard College und dem Massachusetts General Hospital zuwenden. Als Mrs. McLean 1828 starb, wurde die Hinterlassenschaft mit lediglich $ 29 450 bewertet. Prompt taten sich die Universität und das Krankenhaus zusammen, um einen Prozeß gegen die Treuhänder anzustrengen.

In seiner Urteilsbegründung schloß Richter Samuel Putnam mit der Feststellung, daß die Treuhänder sich »in der Durchführung ihrer treuhänderischen Pflichten den existierenden Umständen gemäß ehrlich, umsichtig und sorgsam« verhalten hätten. Er befand, daß Treuhänder nicht für einen Kapitalverlust verantwortlich gemacht werden können, der keiner »absichtlichen Pflichtversäumnis zuzuschreiben ist ... Wer würde denn, so es anders wäre, überhaupt solch heikle Verantwortung übernehmen?« Die nachstehenden Ausführungen sind in den Vereinigten Staaten als Regel des vernünftigen Mannes unsterblich geworden:

> Was immer Sie tun, das Kapital unterliegt dem Risiko ... Das einzige, was Sie beim Investieren von einem Treuhänder verlangen können, ist, daß er in gutem Glauben handelt und vernünftige Umsicht walten läßt. Er hat zu beobachten, wie besonnene, vorsichtige, kluge Männer die eigenen Angelegenheiten administrieren, nicht mit dem Blick auf Spekulation, sondern mit dem Blick auf eine dauerhafte Anlage der Mittel, indem sie den wahrscheinlichen Ertrag aus dem zu investierenden Kapital wie auch die wahrscheinliche Sicherheit dieses Kapitals in Erwägung ziehen.

Und dabei blieb es für die folgenden 122 Jahre.

IM JUNI DES JAHRES 1952 brachte das *Journal of Finance* – das führende finanzwissenschaftliche Organ – einen 14seitigen Aufsatz mit dem Titel »Portfolio Selection«.[3] Verfaßt hatte ihn Harry Markowitz, ein damals unbekannter 25jähriger Postgraduatestudent der Universität Chicago; die Abhandlung war auf so vielen Ebenen innovativ und letztlich sowohl theoretisch wie in der praktischen Anwendung einflußreich, daß Markowitz dafür 1990 einen Nobelpreis für Wirtschaftswissenschaften erhielt.

Markowitz' Untersuchungen über Investitionen in nicht festverzinsliche Anteilspapiere galten einem Thema, das seriöse Fachzeitschriften bis dahin als nüchterne akademische Abhandlungen für zu heikel und spekulativ befunden hatten. Und was noch waghalsiger war: Markowitz befaßte sich mit dem Management des gesamten Reichtums eines Anlegers, dem sogenannten *Portfolio*.* Seine Hauptthese ging dahin, daß ein Aktienportfolio etwas völlig anderes ist als der individuell betrachtete Besitz einzelner Aktien.

Mit den Albernheiten, die für den größten Teil der Literatur über den Börsenmarkt bezeichnend sind, hatte Markowitz nichts am Hut; er hielt nichts von Geschichten über Balletttänzerinnen, von denen man angeblich lernen kann, wie man wie von selbst zum Millionär wird oder mit was für Tricks es einem gelingt, als Guru der Marktprognosen anerkannt zu werden.[4] Er machte sich auch nicht die Mühe, seine Gedanken in der einfältigen Sprache zu präsentieren, die für die meisten Artikel über den Börsenmarkt typisch ist. Während in den Wirtschaftswissenschaften generell und speziell für das Gebiet der Finanzen jede Art von mathematischer Darstellung selten war – Jevons und von Neumann hatten da viel weniger Eis als erhofft gebrochen –, enthielten zehn der vierzehn Seiten des Aufsatzes von Markowitz Gleichungen oder hochdifferenzierte Grafiken.

Mit Fußnoten und bibliographischen Angaben geizt Markowitz; in einer Disziplin, wo viele Wissenschaftler den Wert

* Das Wort hat eine lateinische Wurzel und kommt von portare, »tragen«, und folium, »Blatt« bzw. »Seite«. Von daher ist »Portfolio« zu der Bedeutung als Sammlung von Wertpapieren gekommen.

einer Arbeit nach der Zahl der letztlich zusammengesuchten Fußnoten einschätzen, verweist er lediglich auf drei andere Autoren. Solch ein Reverenzversicht gegenüber den geistigen Ahnherren ist um so kurioser, als Markowitz' Methode ja eine Synthese der Gedanken von Pascal, de Moivre, Bayes, Laplace, Gauß, Galton, Daniel Bernoulli, Jevons, von Neumann und Morgenstern darstellt. Sie greift zurück auf Wahrscheinlichkeitstheorie, Stichprobenauswahl, Gaußsche Glockenkurve und Verteilung um den Median, auf die Erkenntnis von der Rückkehr zum Mittelwert und die Nutzentheorie. All diese Ideen, so hat Markowitz mir erklärt, seien ihm vertraut gewesen, ohne daß er von ihren Urhebern gewußt hätte; von Neumanns und Morgensterns Arbeit zu ökonomischem Verhalten und Nutzen hatte er jedoch lang und eingehend studiert.

Markowitz stellte sich entschieden auf die Seite jener Gruppe, die den Menschen als ein rational entscheidendes Wesen auffaßt; Markowitz' Einstellung reflektiert den Geist der frühen Nachkriegsjahre, als zahlreiche Gesellschaftswissenschaftler den Glauben des 19. Jahrhunderts neu belebten, daß die Probleme der Welt sich bemessen und lösen lassen.

Als Markowitz sich den Ideen zuwandte, mit denen sich sein Aufsatz »Portfolio Selection« befaßt, war er seltsamerweise zunächst gar nicht an Fragen der Aktienanlage interessiert. Er hatte vom Börsenmarkt überhaupt keine Ahnung. Als Student war er nach eigener Aussage ein richtiger »Fuzzi« gewesen, der sich auf dem damals relativ jungen Gebiet des linearen Programmierens tummelte. Lineares Programmieren – eine methodische Neuerung, zu der von Neumann Bedeutsames beigesteuert hatte – dient der Entwicklung von mathematischen Modellen zur Kostenminimierung bei konstant bleibender Produktion oder zur Maximierung der Produktion bei gleichbleibenden Kosten. Die Methode hilft entscheidend bei der Lösung von Problemen, wie sie einer Flugliniengesellschaft zu schaffen machen, die mit einer begrenzten Anzahl von Maschinen möglichst viele Ziele anfliegen muß.

Markowitz wartete zum Gespräch über ein Dissertationsthema auf seinen Professor, als er mit einem Börsenmakler ins

Gespräch kam, der ihm dann empfahl, die Methode des linearen Programmierens auf Probleme von Anlegern an der Börse anzuwenden. Diesen Vorschlag unterstützte Markowitz' Professor dann enthusiastisch, obwohl er selbst so wenig über den Börsenmarkt Bescheid wußte, daß er Markowitz nicht einmal zu raten vermochte, wo und wie er mit solcher Arbeit anfangen sollte. Er verwies Markowitz deshalb an den Dekan der Business School, der, wie er hoffte, etwas von diesen Dingen verstand.

Der Dekan empfahl Markowitz die Lektüre eines einflußreichen Buches über Finanz- und Unternehmensmanagement, der *Theory of Investment Value* von John Burr Williams. Williams, ein ungeduldiger, kampflustiger Mensch, hatte in den 1920er Jahren eine erfolgreiche Börsenmaklerlaufbahn begonnen, war aber in den 30er Jahren in der Hoffnung zur Harvard University zurückgekehrt, die Ursachen der Weltwirtschaftskrise herauszufinden. (Er hat sie nicht gefunden.) *The Theory of Investment Value*, erschienen 1938, war seine Doktorarbeit.

Markowitz begab sich pflichtschuldigst zur Bibliothek, machte sich an die Lektüre – und gleich der erste Satz des Buches öffnete ihm die Augen. »Kein Käufer hält alle Wertpapiere zu den aktuellen Marktpreisen für gleichermaßen attraktiv…, im Gegenteil, er sucht ›das Beste, was es für den Preis gibt‹.«[5] Viele Jahre danach hat Markowitz mir seine Reaktion geschildert: »Mich hat die Vorstellung beeindruckt, daß man sich für das Risiko ebenso interessieren muß wie für den Ertrag.«

In den 90er Jahren ist diese »Vorstellung« kaum ungewöhnlich. Damals, 1952, und im übrigen auch für die folgenden zwei Jahrzehnte nach Erscheinen des Aufsatzes von Markowitz, fand sie nur wenig Beachtung. Damals wurde ein Wertpapier nur unter dem Gesichtspunkt bewertet, wieviel Geld der Anleger damit gewinnt oder verliert. Mit Risiko brachte man das Ganze überhaupt nicht in Verbindung. In den späten 60ern wurden die aggressiv operierenden, ertragsorientierten Manager der Investmentfonds wie Volkshelden bewundert – Männer wie Gerry Tsai vom Manhattan Fund (»Was macht der Chinamann?« war an der Wall Street eine beliebte Frage) und John Hartwell vom Hartwell & Campbell Growth Fund (»Leistung bedeutet Erstreben und Erzielen von überdurchschnittlichen Resultaten über einen längeren Zeitraum.«).[6]

Es bedurfte des Börsenkrachs von 1973/74, damit Investoren klar wurde, daß solche Wunderwirker bloß Wellenreiter einer Hausse waren und daß auch sie gut daran getan hätten, neben den Erträgen die Risiken zu bedenken. Während die 500 Aktien des Standard & Poor Index vom Dezember 1972 bis September 1974 um 43% fielen, verloren der Manhattan Fund 60% und der Hartwell & Campbell Fund 55% ihres Wertes.

Es war überhaupt eine düstere Zeit, die durch eine Reihe von ominösen Ereignissen geprägt war: Watergate, hochschießende Ölpreise, das Aufkommen von dauerhaft inflationären Kräften, der Kollaps der Übereinkunft von Bretton Woods und ein solch heftiger Angriff auf den Dollar, daß sein Auslandskurswert um 50% absackte.

Die Kapitalvernichtung während der Baisse von 1973/74 traf selbst die Anleger furchtbar, die geglaubt hatten, konservativ investiert zu haben. Inflationsbereinigt betrug der Verlust der Wertpapierwerte von ihrem höchsten Moment bis zur Talsohle 50%. Es war, mit Ausnahme der Börsenkrachs von 1929 bis 1931, der schlimmste Rückgang in der Geschichte. Schlimmer noch: Während in den 30er Jahren die Inhaber festverzinslicher Papiere effektiv dazugewannen, haben im Zeitraum von 1972 bis zum Tiefststand von 1974, als die jährliche Inflationsrate 11% ausmachte, langfristige Treasury-Papiere 28% verloren.

Die Lektionen dieses Debakels überzeugten die Anleger, daß die Vorstellung von »Leistung« und »Erfolg« bei Wertpapieren eine Illusion war. Die Kapitalmärkte sind keine willfährigen Maschinen, die für alle und jeden auf Befehl Reichtum ausspucken. Selbst in begrenzten Fällen wie bei Null-Coupon-Anleihen oder Einlagenzertifikaten haben die Anleger keinen Einfluß auf die Erträge, die sie bekommen werden. Und bei Sparkonten wird der Zinsfuß willkürlich von der Bank festgesetzt, die wiederum auf die wechselnden Zinsraten der Märkte reagiert. Der Ertrag eines jeden Anlegers hängt immer davon ab, was zu irgendeinem Zeitpunkt in ungewisser Zukunft andere Anleger für Aktien und festverzinsliche

Papiere zu zahlen bereit sind; und das Verhalten zahlloser anderer Anleger ist etwas, das niemand zu kontrollieren oder auch nur zuverlässig vorherzusagen vermöchte.

Andererseits können Anleger die Risiken steuern, die sie eingehen. Ein höheres Risiko sollte mit der Zeit mehr Reichtum bringen; das gilt allerdings nur für Anleger, die Hitze ertragen. Als diese schlichten Wahrheiten im Lauf der 1970er Jahre zunehmend deutlicher zutage traten, wurde der Name Markowitz unter Anlageberatern und ihren Kunden ein vertrauter Klang.

IN SEINEM AUFSATZ »Portfolio Selection« verfolgte Markowitz das Ziel, mit Hilfe des Risikobegriffs Portfolios für Anleger zu entwerfen, die »Ertragserwartung als wünschenswert *und* Ertragsvarianz als nicht wünschenswert betrachten«.[7] Das kursiv gesetzte »und«, das Ertrag und Varianz miteinander in Verbindung setzt, ist der Angelpunkt, auf dem Markowitz seine Überlegungen aufbaut.

Das Wort »Risiko« gebraucht Markowitz bei der Schilderung seiner Investitionsstrategie nicht einmal. Er kennzeichnet einfach Ertragsvarianz als etwas nicht Wünschenswertes, das Anleger zu minimieren suchen. Risiko und Varianz sind bei ihm zu Synonymen geworden. Von Neumann und Morgenstern hatten den Nutzen zahlenmäßig erfaßt, Markowitz belegte das Investitionsrisiko mit Zahlen.

Die Varianz ist ein statistisches Maß, das das Spektrum angibt, mit der die Erträge einer Kapitalanlage um den Mittelwert pendeln. Sie ist mathematisch mit dem Begriff der Standardabweichung verknüpft, ja, die beiden sind im wesentlichen austauschbar. Je höher die Varianz oder Standardabweichung um den Mittelwert ausfällt, desto weniger wird der durchschnittliche Ertrag anzeigen, wie das tatsächliche Ergebnis wahrscheinlich ausfallen wird. Eine Hochvarianz-Konstellation versetzt uns wieder in das Kopf-im-Backofen-Füße-im-Kühlschrank-Syndrom.

Markowitz widerspricht der Williamschen Grundannahme, daß Investieren ein zielstrebiger Prozeß sei, in dem der Anleger sein Hab und Gut auf das setzt, was anscheinend »das Beste für den Preis« ist. Die Anleger diversifizieren ihre Investitionen, weil Diversifizieren die beste Waffe gegen Ertragsvarianz darstellt. »Diversifizierung«, so erklärt Markowitz, »wird praktiziert und ist auch das rational Richtige; eine Verhaltensregel, welche nicht die Überlegenheit des Diversifizierens impliziert, muß sowohl als theoretische Hypothese wie als praktische Maxime abgelehnt werden.«

Die strategische Bedeutung des Diversifizierens stellt Markowitz' Grunderkenntnis dar. Wie schon Poincaré begriffen hatte, ist das Verhalten eines Systems, das aus wenigen, stark interaktiven Elementen besteht, nicht vorhersehbar. Bei solchem System kann man mit einem großen Einsatz ein Vermögen machen oder bis aufs Hemd am Leib alles verlieren. In einem diversifizierten Portfolio dagegen werden manche Einlagen wertmäßig sogar steigen, wenn andere Papiere an Wert verlieren; auf jeden Fall aber werden die Ertragsraten der Kapitalanlagen variieren. Die Praxis des Diversifizierens zum Zwecke einer Minderung von Unbeständigkeit kommt außerdem der allgemeinen, natürlichen Risikofeindlichkeit entgegen, der sichere Ergebnisse lieber sind als ungewisse. Die meisten Anleger entscheiden sich nicht dafür, Hab und Gut zu verwetten, sondern statt dessen für den niedrigeren erwartungsgemäßen Ertrag eines diversifizierten Portfolios, selbst wenn der riskantere Einsatz eine größere Gewinnchance birgt – falls sie denn eintritt.

Obwohl Markowitz die Spieltheorie nicht erwähnt, so besteht doch eine enge Ähnlichkeit zwischen der Diversifizierung und den Strategiespielen von Neumanns. Bei Markowitz ist der Anleger der Spieler und sein Gegenspieler der Börsenmarkt – ein in der Tat mächtiger Widerpart, der seine Absichten geheimhält. Gegen solchen Gegner auf Gewinn zu spielen führt mit aller Wahrscheinlichkeit zum Verlust. Indem der Anleger aus einer schlechten Situation das Beste macht – also diversifiziert statt auf Sieg zu setzen –, maximiert er zumindest die eigene Überlebenswahrscheinlichkeit.

Der rechnerische Aspekt läßt den Reiz des Diversifizierens noch deutlicher werden. Während der Ertrag eines diversifizierten Portfolios dem Durchschnitt der Ertragsraten der einzelnen Anlagen gleichkommt, liegt es im Ausmaß der Unbeständigkeit niedriger als der Durchschnitt aus den Unbeständigkeitsmomenten der einzelnen Anlagen. Das heißt: Diversifizieren bietet eine sozusagen kostenfreie Möglichkeit, riskante Wertpapiere mit hohen Ertragserwartungen zu kombinieren, so daß ein Portfolio mit relativ niedrigem Risiko entsteht, solange man die Kovarianzen oder Korrelationen unter den Erträgen der einzelnen Papiere minimiert.

So hielten die meisten Amerikaner bis in die 1990er Jahre beispielsweise ausländische Wertpapiere als Investitionen wenig geeignet, weil zu spekulativ und schwierig zu handhaben. Folglich investierten sie praktisch ihr ganzes Kapital im Inland. Wie die folgenden Berechnungen zeigen, war eine so engstirnige Haltung aber eine kostspielige Angelegenheit.

Von 1970 bis 1993 brachten die Aktien des Standard & Poor-Index den Anlegern aus Kapitalmehrung und Erträgen ein Gesamtplus von durchschnittlich 11,7 % pro Jahr. Bei den Index-Aktien erreichte die Ertragsschwankung, gemessen an ihrer Standardabweichung, einen Schnitt von jährlich 15,6 %. Das heißt: Etwa zwei Drittel der Jahreserträge lagen zwischen 11,7 % + 15,6 % bzw. 27,3 % nach oben und 11,7 % – 15,6 % oder –3,9 % nach unten.

Die Hauptmärkte außerhalb der USA werden üblicherweise in einem Aktienindex von Morgan Stanley & Company gelistet, der Europa, Australien und den Fernen Osten erfaßt. Dieser Index ist in Fachkreisen unter dem Kürzel EAFE – ausgesprochen: »Ifa« – bekannt. Für den Anleger aus dem Dollarraum betrug der durchschnittliche Jahresertrag von 1970 bis 1993 hier 14,3 % und lag damit höher als die 11,7 % des S & P-Index; EAFE hatte dafür allerdings auch eine höhere Unbeständigkeitsquote. Die EAFE-Standardabweichung von 17,5 % lag – hauptsächlich wegen Japan und weil die Erträge aus Auslandsmärkten in Dollar umgerechnet werden, der auf dem Devisenmarkt fluktuiert – mehr als zwei Prozentpunkte über der Unbeständigkeitsquote des S & P-Index.

Die Märkte des EAFE und der USA bewegen sich gewöhnlich nicht gemeinsam auf- und abwärts, daher ist ein interna-

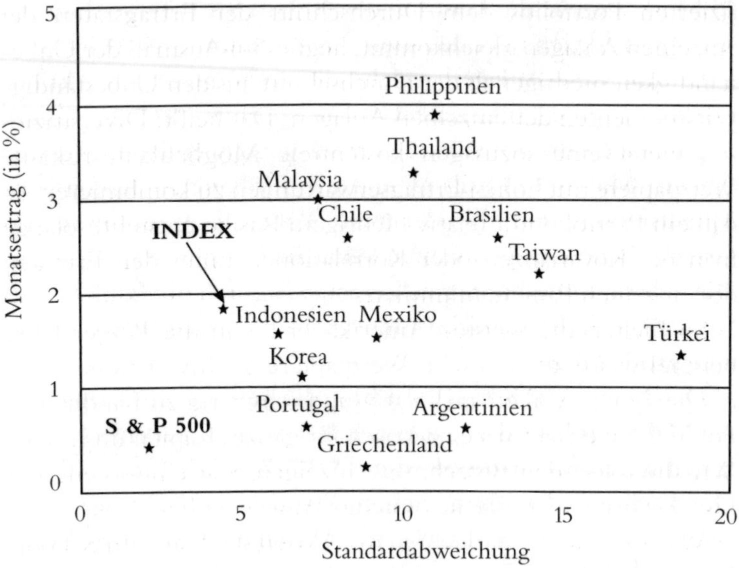

Die segensreichen Folgen der Diversifizierung. Die Leistungstendenz von 13 Aktienentwicklungsmärkten (im Durchschnitt) und des S & P-Index von Januar 1992 bis Ende Juni 1994. Die Daten geben die Prozente pro Monat an.

tionales Diversifizieren vernünftig. Das Portfolio eines Anlegers, das sich seit 1970 zu 25 % aus EAFE-Aktien und zu 75 % aus S & P-Aktien zusammengesetzt hätte, hätte bei seiner Standardweichung von 14,3 % besser abgeschnitten als ein Portfolio, das *nur aus S & P- oder EAFE-Papieren* bestand, und das, obwohl es einen Durchschnittsertrag erwirtschaftet hätte, der den S & P-Index um durchschnittlich 0,6 % jährlich überrundet hätte.

Eine noch deutlichere Veranschaulichung des Diversifizierungsvorteils zeigt obenstehende Grafik, die die Tendenz von 13 sogenannten Entwicklungsmärkten in Europa, Lateinamerika und Asien von Januar 1992 bis Ende Juni 1994 erfaßt. Der monatliche Durchschnittsertrag eines jeden Marktes wird auf der vertikalen Achse verzeichnet, die monatliche Standardabweichung der Erträge jeden Marktes auf der horizontalen. Außerdem liefert die Grafik einen ausgewogenen Index dieser

13 Märkte sowie die Leistung der 500 im S&P-Index berücksichtigten Aktien über den gleichen Zeitraum.

Es gibt viele Anleger, welche die aufkommenden Aktienmärkte als eine homogene Gruppe ansehen; wie die Grafik zeigt, neigen die 13 Märkte aber zu weitgehender Eigenständigkeit. Malaysia, Thailand und die Philippinen hatten eine Monatsrendite von 3% oder mehr, Portugal, Argentinien und Griechenland dagegen kamen kaum in die schwarzen Zahlen. Die Schwankungsbreite reichte von 6% durch die Bank bis zur fast 20%igen Monatsschwankung. In diesem Ofen herrscht eine große Hitze.

Der Mangel an Korrelation bzw. die geringe Kovarianz dieser Märkte führte dazu, daß der Index eine niedrigere Standardabweichung hatte als die 13 Einzelteile. Ein einfacher Durchschnitt der monatlichen Standardabweichungen der zwölf Märkte ergibt 10,0%; die tatsächliche Standardabweichung des diversifizierten Portfolios betrug nur 4,7%. Die Diversifizierung klappt.

Man beachte folgendes: In dieser 18monatigen Periode waren die Entwicklungsmärkte erheblich riskanter als der Aktienmarkt der USA. Allerdings waren sie auch wesentlich profitabler – was erklärt, warum die Anleger zu jener Zeit von diesen Märkten so begeistert waren.

Wie risikoreich diese Märkte sind, trat acht Monate nach der hier indizierten Periode zutage. Wenn die Erfassung bis Februar 1995 ausgedehnt worden wäre, hätte sie die Katastrophe Mexikos Ende 1994 einbezogen – der mexikanische Börsenmarkt sackte zwischen Juni 1994 und Februar 1995 um 60% ab. Von Januar 1992 bis Februar 1995 betrug der Durchschnittsertrag der 13 Märkte wenig mehr als 1%; für die in der Grafik berücksichtigte Periode hatte sie 2% betragen; indessen ging die Standardabweichung des Index von weniger als 5% auf 6% monatlich hoch. Ein Anleger in Mexiko und Argentinien würde Geld verloren haben.* Die Philippinen – der Markt mit besten Werten – rutschte von 4% auf nur mehr 3% monatlich.

* Die Standardabweichung des mexikanischen Börsenmarkts sprang von 8% pro Monat (das Vierfache der monatlichen Schwankungsrate des S&P-Index) auf mehr als 15% pro Monat in der ersten Jahreshälfte 1995.

Unterdessen wies die Leistung des S&P-Index von 500 Aktien praktisch keine Veränderung auf.

INDEM MARKOWITZ GROB geahnte Ungewißheiten durch eine statistische Formel ersetzte, verwandelte er das herkömmliche, mehr oder weniger willkürliche Herauspicken von Aktien in ein methodisches Ausleseverfahren für – um seinen Ausdruck zu zitieren – »effiziente« Portfolios. Effizienz, ein Terminus, den die Ökonomen und Statistiker vom Ingenieurswesen übernommen haben, bezeichnet die Maximierung von Output im Verhältnis zum Input oder die Minimierung von Input relativ zum Output. Effiziente Portfolios minimieren das »nicht Erwünschte«, nämlich die Varianz, während sie gleichzeitig das »Erwünschte«, nämlich Reichwerden, maximieren. Es war dieser Prozeß, der Tschampion dreißig Jahre später veranlaßte, die Manager des Pensionsfonds von General Motors als »Ingenieure« zu bezeichnen.

Die Anleger würden immer gern nur Wertpapiere halten, die »das Beste zum Preis« repräsentieren; der erwartete Ertrag des Portfolios wird der Mittelwert oder Durchschnitt der Ertragserwartungen aller einzelnen Bestände sein. Nun ist es aber so, daß die Papiere, welche die besten Erträge zu bieten scheinen, häufig enttäuschen, während andere wiederum sogar die stolzesten Hoffnungen der Investoren übertreffen. Markowitz ging davon aus, daß die Wahrscheinlichkeit der effektiven Portfolio-Erträge ober- und unterhalb der mittleren Erwartung sich zu einer schönen symmetrischen Gaußschen Glockenkurve formen.

Die von Verlust bis Gewinn spannende glockige Weitung dieser Kurve um das Mittel zeigt die Varianz des Portfolios – wobei die Spanne der möglichen Ergebnisse die Wahrscheinlichkeit anzeigt, mit der die tatsächliche Ertragsrate des Portfolios von der erwarteten Ertragsrate abweicht. Genau das hat Markowitz gemeint, als er das Konzept der Varianz zum Messen des Risikos bzw. der Ertragsunsicherheit einführte; die kombinierte Berücksichtigung von Ertrag und Risiko wird von erfahrenen Börsianern und Wissenschaftlern üblicherweise als

Optimierung von Mittelwert/Varianz angesprochen. Stammaktien haben ein viel breiteres Spektrum potentieller Ergebnisse als amerikanische Treasury-Obligationen, die in 90 Tagen eingelöst werden; der Ertrag solcher Treasury-Obligationen ist praktisch risikolos, weil die Käufer ihr Geld so rasch wieder zurückerhalten.

Markowitz engte den Terminus »effizient« ein auf Portfolios, die die preisgünstigsten Papiere der geringsten Varianz enthalten – der Terminus technicus heißt »Optimierung«. Dieser Lösungsansatz kombiniert zwei Klischees, mit denen Anleger in der Lernphase Bekanntschaft machen: Nichts gewagt ist nichts gewonnen. Aber man sollte nicht alle Eier in einen Korb legen.

Es ist wichtig zu begreifen, daß kein Portfolio effizienter als *alle* andern ist. Markowitz' Methode des linearen Programmierens erstellt ein Menü von effizienten Portfolios. Wie alle Menüs hat jedoch auch dieses eben zwei Seiten: Was man sich wünscht, ist das eine, das andere sind die Kosten, die das Erwünschte verursacht; je höher der erwartete Ertrag, desto größer die damit verbundenen Risiken. Jedes effiziente Portfolio jeden Risikoniveaus wird jedoch einen Erwartungshöchstertrag oder den niedrigsten Risikopegel für jedes erwartete Ergebnis haben.

Rational operierende Investoren werden das Portfolio zusammenstellen, das ihrem Gusto für aggressive oder defensive Zielsetzungen am meisten entspricht. Im Sinne der Denkrichtung von Neumanns und Morgensterns bietet dieses System jedem Anleger eine Methode zur Nutzenoptimierung. Hier liegt im System von Markowitz der einzige Moment, wo es auf persönlichen Instinkt ankommt. Alles weitere läßt sich berechnen.

DER AUFSATZ »Portfolio Selection« hat den Beruf des Investmentmanagers revolutioniert, weil hier dem Risiko der gleiche Stellenwert eingeräumt wurde wie der Ertragserwartung. Der Aufsatz hat, mit dem Buch gleichen Titels, das Markowitz 1959 veröffentlichte, eigentlich für alle späteren finanztheoretischen Arbeiten den Grundstein gelegt und mit der Zeit ebenfalls eine ganze Reihe von Techniken für die Praxis ermöglicht, angefangen mit Auswahlkriterien für Aktien und ein Portfoliomix aus Aktien und festverzinslichen Papieren bis hin zur Bewertung und Verwaltung von Optionen und den noch komplizierteren Derivaten.

Trotz ihrer großen Bedeutung ist Markowitz' Arbeit jedoch zum Punchingball von Kritikern geworden, von allen Seiten werden all seine Grundvoraussetzungen attackiert. Einige der von ihnen aufgeworfenen Problempunkte sind eher technischer Natur als substantiell und längst überwunden, andere lösen dagegen nach wie vor Kontroversen aus.

Da gibt es vorneweg die Frage, ob Anleger wirklich so rational sind, daß sie die Methode, die Markowitz für sie entwickelt hat, in ihren Entscheidungen befolgen. Falls bei Investitionen die Intuition über die Berechnung obsiegt, könnte sich der ganze Versuch als Zeitverschwendung erweisen und bloß noch als ein fehlerhaftes Erklärungsmodell tatsächlichen Marktverhaltens abzuhaken sein.

Es wird ferner kritisch gefragt, ob denn Varianz effektiv gleichbedeutend für Risiko stehen kann, und in diesem Punkt wäre die Konsequenz nicht so eindeutig. Falls die Anleger im Risiko etwas anderes als Varianz sehen, so könnte ein anderes Berechnungsmaß genausogut funktionieren und prinzipiell die Optimierungsmethode von Markowitz für Risiko und Ertrag gültig bleiben. Oder auch nicht.

Und schließlich: Was wäre, wenn Markowitz' Annahme einer positiven Relation zwischen Risiko und Ertrag nicht die empirischen Tests übersteht? Falls sich herausstellen sollte, daß bei relativ risikofreien Wertpapieren systematisch hohe Erträge möglich sind oder man mit angeblich risikoarmen Wertpapieren im Bach landet, würde man alles noch einmal gründlich überdenken müssen.

Wir wollen vorab rasch die technischen Punkte behandeln, um uns dann ausführlicher der Frage zuzuwenden, inwieweit die Varianz als Ersatzfunktion für Risiko dienen kann. Was die Frage nach dem rationalen Verhalten von Investoren betrifft, so kommt ihr solche Bedeutung zu, daß wir ihr die Kapitel 16 und 17 widmen. Schließlich sind Anleger, wenngleich sie einen Spezialberuf ausüben, auch nur Menschen, und das heißt, daß hier die Frage der menschlichen Rationalität generell angesprochen werden muß.

Die technischen Fragen resultieren aus der Annahme von Markowitz, daß Anleger die Inputs seines Modells – Ertragserwartung, Varianzen und Kovarianzen zwischen allen Einzelbeständen – problemlos einschätzen können. Wie jedoch Keynes schon in seinem *Treatise on Probability* und auch später betonte, ist das mit der Verwendung von Daten der Vergangenheit so eine Sache, und subjektive Grade von Überzeugung sind nun mal nicht immer genau meßbar, vor allem nicht mit der Genauigkeit, die für Markowitz' Methode eigentlich notwendig ist. De facto werden in den meisten Anwendungsformen Prognosen in Verbindung mit vergangenen Erfahrungen erarbeitet, obwohl den Anlegern klar ist, daß derartige Kalkulationen im Endeffekt erhebliche Fehlabweichungen aufweisen können. Daß dieser Prozeß empfindsamst auf geringe Unterschiede bei den Schätzungen reagiert, macht die Resultate übrigens noch fraglicher.

Das schwierigste Moment liegt hier darin, die notwendigen Kalkulationen zu akkumulieren, um ermessen zu können, wie jede einzelne Aktie oder jedes Wertpapier im Verhältnis zu allen übrigen Aktien oder Wertpapieren variieren könnte. William Baumol – der Verfasser jener Abhandlung, die nachgewiesen hat, daß sich Ergebnistrends langfristig zum Mittelwert zurückbewegen – hat erst 1966, also vierzehn Jahre nach dem Erscheinen von Markowitz' »Portfolio Selection«, berechnet, daß für die Selektion eines effizienten Portfolios ein einziger Durchlauf auf den damals verfügbaren Computern zwischen $150 und $350 kosten würde – selbst unter der ungeprüften Annahme, daß die Schätzungen der notwendigen Inputs korrekt wären. Ein weitergehendes Recherchieren hätte Kosten in Höhe von Tausenden Dollar verursacht.[8]

Die Schwierigkeiten bei einer praktischen Nutzung seiner Theorie brachten Markowitz selbst zum Nachdenken. In Zusammenarbeit mit William Sharpe – einem Forschungsstudenten, der später dann den Nobelpreis mit ihm teilte – fand Markowitz einen Weg, der das Berechnen der Kovarianzen unter den einzelnen Wertpapieren wesentlich erleichterte. Die Lösung bestand darin, die Variationen jedes Wertpapiers in Relation zum Gesamtmarkt zu schätzen. Sharpe hat die Methode danach weiterentwickelt zum sogenannten »Capital Asset Pricing Model«; es dient der Untersuchung, wie Kapitalanlagen bewertet würden, wenn sich alle Anleger brav an Markowitz' Empfehlungen zum Aufbau eines Portfolios hielten. Dieses Modell, kurz CAPM genannt, verwendet zur Bezifferung des durchschnittlichen Schwankungswerts einer Aktie oder sonstiger Wertpapiere im Verhältnis zum Gesamtmarkt über einen gegebenen Zeitraum den Terminus »Beta«. So hatte zum Beispiel der AIM Constellation Fund, den wir in Kapitel 12 unter die Lupe nahmen, für die Zeit von 1983 bis 1995 ein Beta von 1,36, d.h., der AIM stieg oder fiel gewöhnlich jedesmal um 1,36%, wenn der S&P-Index um 1% stieg oder fiel. Er tendierte zu 13,6%igem Anstieg oder Absacken, wenn der Aktienmarkt um 10% stieg oder fiel etc. Der biederere American Mutual Fund hatte ein Beta von nur 0,8%, d.h., er war erheblich weniger schwankungsanfällig als der S&P-Index aus 500 Aktien.

Ein weiteres mathematisches Problem rührt aus der Idee, daß ein Portfolio – oder auch der Wertpapiermarkt selbst – nur mittels zweier Größen dargestellt werden kann: mit dem erwarteten Ertrag und der Varianz. Nur auf diese zwei Ziffern angewiesen zu sein, ist in Ordnung, falls – aber wirklich nur: falls – die Erträge der Wertpapiere der Normalverteilung einer Gaußschen Glockenkurve entsprechen. Das bedeutet, es dürften keine irregulären Abweichungen vorkommen, so daß die Ertragswerte sich zu beiden Seiten des Mittelwerts symmetrisch verteilt gruppieren.

Wenn die Daten aber nicht normalverteilt sind, kann es vorkommen, daß die Varianz die Unsicherheiten des Portfolios nicht hundertprozentig reflektiert. Nun ist in der realen Welt bekanntlich nichts vollkommen, deshalb haben wir es hier in der Tat mit einem Problem zu tun. Es ist allerdings nicht für alle Investoren gleich groß. Für viele von ihnen halten die Daten sich hinreichend an die Normalverteilung, um eine brauchbare Leitlinie für Portfolioentscheidungen und Risikoberechnungen abzugeben. Andere haben sich aufgrund solcher Unvollkommenheiten veranlaßt gesehen, neue Arten von Strategien zu entwickeln; auf sie werden wir später zurückkommen.

ENTSCHEIDEND IST, eine Formel zu finden, die das Risiko zahlenmäßig definiert. Wie sollten Anleger bei einer anstehenden Entscheidung denn das Risiko bewerten, wenn keine Möglichkeit besteht, irgendwie seine Größenordnung zu bestimmen?

Die Portfoliomanager bei BZW Global Investors (ehemals Wells Fargo-Nikko Investment Advisers) haben dieses Problem einmal auf die Form eines Gleichnisses gebracht: Eine Gruppe erreichte auf der Wanderung in Gottes freier Natur eine Brücke, deren Benutzung den Heimweg erheblich verkürzen würde. Da die Brücke über eine tiefe Schlucht führte und eng und wackelig war, seilten die Leute sich an und trafen weitere Sicherheitsmaßnahmen, bevor sie die Überquerung wagten. Als sie auf der anderen Seite ankamen, mußten sie überrascht feststellen, daß ihnen dort ein hungriger Berglöwe auflauerte.[9]

In Anbetracht seiner Fixierung auf die Schwankungswerte könnte ich mir vorstellen, daß Markowitz vom Berglöwen überrascht worden wäre. Kenneth Arrow dagegen, der das Risiko mehrdimensional sieht und weiß, daß es neben dem Quantifizierbaren immer Dinge gibt, die sich nicht akkurat einordnen lassen, hätte vermutlich daran gedacht, daß am anderen Ende der Brücke der Berglöwe oder sonst eine Gefahr lauerte.

Trotzdem, den Schwankungsgrad bzw. die Varianz stellvertretend für Risiko zu setzen, ist intuitiv verlockend. Und die statistische Analyse bestätigt, was intuitiv angenommen wird: Eine Zunahme des Schwankungsgrads ist meist mit einem sinkenden Preis des Wertpapiers verbunden.[10] Im übrigen wissen wir sozusagen aus dem Bauch, daß Dinge, deren Preis oder Wert wild innerhalb eines breiten Spektrums herumhüpft, Unsicherheit signalisieren. Die meisten Kapitalanlagen, deren Wert vehement in die Höhe schießt, kollabieren mit gleicher Vehemenz. Wenn man Sie auffordern würde, die Aktien im Brazil Fund, General-Electric-Aktien, eine festverzinsliche

US-Treasury-Anleihe mit 30 Jahren Laufzeit und eine Anleihe der US-Treasury, die in 90 Tagen fällig wird, nach ihrem Risikofaktor zu reihen, so wäre Ihnen die richtige Rangfolge genauso klar, wie es die relativen Schwankungsraten dieser vier Wertpapiere wären. Daß die Schwankungsgröße in der Tat eine immense Rolle spielt, zeigt sich an dem Einfluß, den sie auf die Entstehung von risikomindernden Instrumentarien gehabt hat, die unter dem Namen Derivate bekannt sind – Optionen, Swaps und sonstige spezifisch auf Investorenbedürfnisse zugeschnittene Neuentwicklungen.

Morningstar, der in Chicago ansässige Dienstleister, der die Investmentfonds beobachtet und analysiert, hat ein aufschlußreiches Beispiel dafür geliefert, wie die Schwankungsrate als Substitut für Risiko funktioniert.[11] Im Mai 1995 berichtete Morningstar, daß Investmentfonds, die in festverzinsliche Papiere investieren und zur Abdeckung ihrer Werbekosten die Aktionäre mit Gebühren belasten (die sogenannten 12b-1-Gebühren), Standardabweichungen aufwiesen, die um durchschnittlich 10% höher lagen als Fonds, die keine Gebühren erheben. Morningstar kam zu folgendem Schluß: »Die wahren Kosten der 12b-1-Gebühren bestehen also, zumindest für diese Wertpapierfonds, nicht in einem etwas niedrigeren Ertrag, sondern in einem höheren Investmentrisiko ... Das ist die logische Konsequenz der Praxis, Marketingkosten in die Investitionsgleichung zu überführen.«

In der Frage, was die Fluktuation der Schwankung verursacht, gibt es allerdings kaum Übereinstimmung. Nun könnte man natürlich behaupten, daß Unbeständigkeit dann auftritt, wenn etwas Unerwartetes geschieht. Das hilft uns aber nicht weiter, weil sich Unerwartetes *per definitionem* nicht vorhersagen läßt.

Andererseits löst der Gedanke an heftige Kursschwankungen nicht bei allen Besorgnis aus. Obwohl der Begriff des Risikos bedeutet, daß mehr Dinge eintreten können als eintreten werden – eine Definition, die auch die Vorstellung von Kursausbrüchen umfaßt –, läßt er den Zeitfaktor unberücksichtigt. Sobald jedoch das zeitliche Element eingeführt wird, läßt der Zusammenhang von Risiko und Kursausschwingungen nach.

Die Zeitdimension verändert das Risikoverständnis aber nicht nur in bezug auf Kursinstabilität, sondern auch in anderen Aspekten.

Die verstorbene Tante meiner Frau, eine lebensfrohe Dame, hat sich gern gebrüstet, daß sie meine einzige Schwippverwandte sei, die nie von mir wissen wollte, in welche Richtung der Markt tendierte. Und das hatte, wie sie erklärte, einen ganz einfachen Grund: »Ich habe keine Aktien gekauft, um sie wieder zu verkaufen.« Wenn man eine Aktie nicht verkaufen will, ist unerheblich, was mit ihrem Preis geschieht. Für echte Langzeitanleger – jene kleine Gruppe, zu der Leute wie Warren Buffett gehören, die gegenüber kurzfristigen Fluktuationen die Augen zumachen und nicht daran zweifeln, daß Werte, die nach unten gehen, wieder hochkommen – stellen Kursschwankungen eher eine Chance als ein Risiko dar, zumindest in dem Sinne, daß schwankungsträchtige Wertpapiere gewöhnlich höhere Erträge als ruhigere bieten.

Der ehemalige Industriemanager Robert Jeffrey, der heute einen Familientrust von beträchtlicher Größe verwaltet, hat ebendiesen Gedankengang formaler und bündiger ausgesprochen: Wechselhaftigkeit kann nicht gleichbedeutend mit Risiko sein, weil »Wechselhaftigkeit an und für sich, ob sie nun Witterung, Portfolioerträge oder den Zeitpunkt der morgendlichen Zeitungszustellung betrifft, bloß ein neutraler Wahrscheinlichkeitsfaktor ist, der uns gar nichts über Risiken mitteilt, bis er mit Folgen in Verbindung gebracht wird.«[12] Für die Tante meiner Frau hatten schwankende Aktienpreise keine Konsequenzen, für einen Investor, der morgen Kapital angreifen muß, ist Kursunbeständigkeit von primärer Bedeutung. Jeffrey bringt die Zusammenhänge folgendermaßen auf den Punkt: »Das wahre Risiko eines Portfolios besteht darin, daß es seinen Besitzer, entweder zwischenzeitlich oder zu einem Endtermin oder beides, nicht mit den *Barmitteln* versorgen könnte, die er für wichtige Auslagen benötigt.« (Die Kursivsetzung stammt von mir.)

Jeffrey hat begriffen, daß das in gewissen Anlagen latente Risiko nur dann relevant wird, wenn es die Verpflichtungen eines Investors berührt. Diese Vorstellung von Risiko ist auf mancherlei, stets nützliche Weise formuliert worden und bedeutet im Kern, daß die Schwankungsrate immer in bezug auf einen konkreten Fixpunkt oder eine Mindestertragsquote analysiert werden sollte, die der Anleger übertreffen muß.

Im einfachsten Sinn ist Risiko somit die Möglichkeit, Geld zu verlieren. So gesehen wird ein nomineller Nullertrag zur Prüfmarke für Anleger, die Portfolios aufzubauen suchen, die die Wahrscheinlichkeit eines Negativergebnisses über eine bestimmte Zeitspanne minimieren.

Solche Betrachtungsweise ist von der Markowitzschen Sicht der Dinge weit entfernt. Zur Veranschaulichung sollten Sie sich nur einmal zwei Anleger vorstellen. Der eine hat Anfang der 1950er Jahre hundertprozentig in Aktien des S&P-Index investiert und seine Aktien vierzig Jahre lang gehalten. Der andere investierte in eine US-Treasury-Anleihe mit 30 Jahren Laufzeit und verkauft, um die 30-Jahresfrist fortlaufend zu wahren, das jeweils ursprüngliche Papier jedesmal am Ende des Jahres (bei inzwischen nur noch 29jähriger Laufzeit), um erneut Anleihepapiere für 30 Jahre zu kaufen.

Nach dem Risikokalkulationsverfahren von Markowitz waren die Anleihepapiere des zweiten Anlegers mit einer jährlichen Standardabweichung von 10,4% erheblich weniger riskant als das Aktienportfolio des ersten Investors, das eine Standardabweichung von 15,3% aufwies. Andererseits war aber der Gesamtertrag des Aktienportfolios (Wertzuwachs plus Gewinn) viel höher als der Gesamtertrag der Anleihe – ein Jahresdurchschnitt von 12,2% gegenüber nur 6,1%. Beim Aktienportfolio hat also der höhere Gesamtertrag die größere Schwankungsrate mehr als kompensiert. Die Wahrscheinlichkeit, daß beim Aktienportfolio ein Jahr keinen Ertrag brachte, betrug 22%, dagegen mußte der Anleihezeichner mit der 28%igen Wahrscheinlichkeit eines schlechten Jahres rechnen. Und für mehr als zwei Drittel des Zeitraums lag der Durchschnittsertrag des Aktienportfolios über der *Durchschnittsquote* bei der Anleihe. Welcher Anleger ging nun das höhere Risiko ein?

Oder nehmen Sie die oben erwähnten 13 Entwicklungsmärkte. Von Ende 1989 bis Februar 1994 waren sie dreimal so unbeständig wie der S&P-Index. Doch ein Anleger, der in das Gesamtpaket der Entwicklungsmärkte investierte, hatte weniger Verlustmonate, wurde kontinuierlich reicher und war selbst nach dem drastischen Preisverfall Ende 1994 schlußendlich dreimal reicher als der Anleger bei S&P-Aktien. Was war riskanter – der S&P-Aktienindex oder der Index der Entwicklungsmärkte?

Mit anderen Worten: Der Risikograd eines stark schwankenden Portfolios hängt davon ab, womit man es vergleicht. Manche Investoren und viele Portfolioverwalter empfinden ein Portfolio mit starken Kursschwankungen nicht als riskant, wenn seine Erträge mit aller Wahrscheinlichkeit nicht unter eine bestimmte Marke absinken.* Diese Marke muß keineswegs null sein. Sie kann auch eine variable Zielvorgabe sein – beispielsweise das Minimum an Ertrag, den ein Unternehmen benötigt, damit der Pensionsfonds zahlungsfähig bleibt, oder die Ertragsquote irgendeines Index oder Modellportfolios (wie etwa der S&P-Index) oder der Satz von 5% der Kapitalanlagen, den die Wohltätigkeitsorganisationen laut Gesetz pro Jahr ausgeben dürfen. Morningstar stuft die Risikoträchtigkeit der Investmentfonds danach ein, wie häufig ihre Erträge unter den Ertragswert von US-Treasury-Wechsel mit 90 Tagen Laufzeit sinken.

Trotzdem, das Verfahren der Risikobewertung nach dem Maßstab des Absinkens unter eine Prüfmarke läßt die Empfehlung von Markowitz zum Portfoliomanagement nicht ungültig oder irrelevant werden. Schließlich sind Erträge noch immer erstrebenswert und Risiken nicht, der erwartete Ertrag muß maximiert, das Risiko gleichzeitig minimiert werden. Unbeständigkeit indiziert nach wie vor die Wahrscheinlichkeit eines nicht zufriedenstellenden Resultats. Unter solchen Umständen differiert die Optimierungsmethode nur wenig von dem, was Markowitz im Sinn hatte. Sein Verfahren bewährt sich sogar dann, wenn Risiko als multidimensionales Konzept verstanden wird, das die Sensibilität einer Kapitalanlage bei unerwarteten Veränderungen gegenüber wichtigen ökonomischen Variablen wie unternehmerisches Handeln, Inflation und Zinsraten so-

* Für eine ausführliche, informative Erörterung dieser Fragen s. *The Journal of Investing*, Herbst 1994.

wie ihr empfindliches Reagieren auf die Schwankungen im betreffenden Wertpapiermarkt selbst einbezieht.

Risiko kann aber auch auf noch andere wahrscheinlichkeitsabhängige Weise gemessen werden – in diesem Fall ausschließlich auf der Basis von Vergangenheitsbeobachtungen. Angenommen, ein Anleger handelt marktsensorisch und versucht zu kaufen, bevor die Preise steigen, und zu verkaufen, bevor sie fallen – eine wie große Fehlermarge kann dieser Anleger sich leisten, um immer noch günstiger abzuschneiden als mit einer simplen Strategie des Kaufens und Haltens?

Ein Risiko des Markttimings besteht darin, daß man sein Kapital bei einem plötzlichen starken Aufwärtstrend gerade nicht angelegt hat. Denken Sie nur einmal an den Zeitraum vom 20. Mai 1970 bis zum 29. April 1994. Angenommen, unser Markttimer hätte nur an den besten Börsenmarkttagen dieser 14-Jahr-Periode mit 3500 Handelstagen keine Aktien, sondern statt dessen Barmittel besessen. Vielleicht wäre ihm bei dem Gedanken wohl gewesen, sein Investitionskapital seit der ersten Anlage verdoppelt zu haben (vor Steuer), bis ihm aufging, wieviel besser er abgeschnitten hätte, wenn er anfangs eingekauft und einfach bis zum Ende durchgehalten hätte, ohne irgendwelche riskanten Sachen auszuprobieren – dann hätten seine Investitionen sich nämlich wertmäßig *verdreifacht.* Das Markttiming ist eine risikoreiche Strategie!

Die Risikoabmessung wird noch komplizierter, wenn die Parameter nicht fix, sondern beweglich sind. Auch steht die Schwankungsquote selbst im Laufe der Zeit ja nicht still. Die jährliche Standardabweichung des S&P-Index betrug von Ende 1984 bis Ende 1990 17,7%, für die anschließende Vierjahresperiode gab es nur eine jährliche Standardabweichung von 10,6%. Ähnlich abrupte Veränderungen zeigte die Unbeständigkeitsquote des Markts für festverzinsliche Wertpapiere. Und wenn derartig heftige Veränderungen bei den stark diversifizierten Indexen auftreten können, dann sind sie für einzelne Aktien und festverzinsliche Wertpapiere noch viel wahrscheinlicher.

Damit ist keineswegs ein Ende der Probleme in Sicht. Es wird kaum einen Menschen geben, der sein Leben lang Tag für

Tag die gleiche Einstellung zum Risiko hat. Wenn wir älter, weiser, reicher oder ärmer werden, wird sich unsere Risikowahrnehmung und -freude wandeln, mal in die eine, manchmal in die andere Richtung. Auch das Gruppenverhalten der Investoren zum Risiko macht Wandlungen durch – was zu bedeutsamen Akzentverschiebungen in der Bewertung der zukünftigen Ertragsflüsse führt, die sie sich aus Aktien und festverzinslichen Papieren erwarten.

Markowitz' Schüler, Mitarbeiter und Mitnobelpreisträger William Sharpe hat ein schlaues Verfahren entwickelt, um mit solchen Eventualitäten fertig zu werden. In einer wissenschaftlichen Publikation des Jahres 1990 hat er den Zusammenhang erforscht, der zwischen Veränderungen des Besitzstandes und der Bereitschaft von Anlegern besteht, risikoreiche Papiere zu halten.[13] Nachdem schon Bernoulli und Jevons erklärt hatten, daß Reichtum die Risikofreude mindert, stellte Sharpe nun die Hypothese auf, daß die Risikoscheu bei Anlegern auch durch Reichtums*veränderungen* beeinflußt wird. Wachsender Wohlstand gibt den Leuten ein dickeres Polster, um Verluste abzufedern, Verluste machen das Polster dünner. Infolgedessen wird die Risikoneigung durch Reichtumszuwächse in der Regel gefördert und durch Verluste geschwächt. Derartige Schwankungen der Risikobereitschaft erklären laut Sharpe, warum Haussen oder Baissen eine Tendenz zu Extremen haben; schlußendlich gewinnt aber die Regression zum Mittelwert die Oberhand – wenn nämlich andersdenkende Anleger erkennen, daß hier Überreaktionen vorliegen, und die akkumulierten Bewertungsfehler korrigieren.

TROTZ ALLER KRITIK bleibt Markowitz' Theorie der Portfolioselektion von immenser Bedeutung. Er hat die Grundlagen für die seit 1952 geleistete, wesentliche theoretische Arbeit gelegt und die Methoden der Praxis angeregt, die im Investmentbereich heute dominant sind. Ja, unter Anlegern ist Diversifizieren fast zu einem Glaubensbekenntnis geworden. Und die Angriffe auf Markowitz haben neue wissenschaftliche Konzepte nebst praktischen Umsetzungen hervorgerufen, zu denen es ohne seine bahnbrechenden Erkenntnisse nie gekommen wäre.

Und doch – der Beitrag von Markowitz und die Denkstruktur, deren Fundament er gelegt hat, sind im Rahmen der Kontroverse um die Rationalität des Verhaltens von Anlegern umstritten. Als Wall Street eben mit der Anwendung der neuen Investmenttheorien begann, wurden neue Gegentrommler laut. Kritische Untersuchungen – die meisten aus den turbulenten frühen 70er Jahren – markierten einen Bruch mit der optimistischen Auffassung von Rationalität, die die Neuansätze der 50er und 60er begleitet hatte. Die Zeit war reif, um gegen die Verhaltensmodelle von Daniel Bernoulli, Jevons und von Neumann aufzutrumpfen – von den zentralen Voraussetzungen der klassischen Ökonomie ganz zu schweigen.

Die Reaktionen auf den ruppigen Angriff gegen geheiligte Grundprinzipien der Verhaltenslehre waren zunächst verhalten, was einerseits daher rührte, daß Wissenschaftler sich nicht immer klar und deutlich ausdrücken, und andererseits darauf zurückzuführen ist, daß sich im Umfeld der etablierten Theorien zu Entscheidungsfindung und Auswahl enorme Interessen aufgebaut hatten. Die düstere Lage der 70er Jahre lieferte dann aber den Anstoß, der die Energien, die Findigkeit und Vernünftigkeit entfesselte, die die neuen Ideen auszeichneten und sie schließlich an den Universitäten und im Kreis der Praktiker nach vorn brachte. Mittlerweile quellen die Fachzeitschriften über von Attacken auf die Vorstellung, daß das ökonomische Verhalten und der Widerstand gegen Risiken rational begründet seien.

Daniel Bernoulli hatte eingeräumt, daß es, was die Gültigkeit seiner Propositionen betrifft, »außerordentlich seltene Ausnahmen« gebe. Er hat die Häufigkeit unterschätzt, mit der menschliche Wesen den schmalen und geraden Pfad verlassen, der ihnen vorgezeichnet ist. Nach jüngsten Forschungen sind viele Abweichungen von den Normen rationalen Verhaltens systematischer Art.

Es gibt aber noch eine weitere mögliche Erklärung. Vielleicht sind die Menschen überhaupt nicht irrational, vielleicht ist es ja so, daß unser herkömmlicher Begriff von Rationalität ein Verhaltensmuster als »rational« deklariert, das aber nur zum Teil erfaßt, wie rationale Menschen ihre Entscheidungen treffen. Wenn dem so wäre, dann liegt das Problem weniger beim Menschen selbst als an der Vorstellung von Rationalität. Wenn die menschlichen Entscheidungen selbst bei eher schwankenden als konstant bleibenden Präferenzen oder bei Präferenzen, die den engen Normen des Rationalitätsbegriffs nicht genügen, sowohl logisch wie auch vorhersehbar wären, dann ließe das menschliche Verhalten sich durchaus mathematisch auf ein Modell bringen. Verhalten kann in vielfältiger Weise logisch sein, ohne sich in Bahnen bewegen zu müssen, die vom herkömmlich rationalen Modell vorgegeben sind.*

Wie von der Forschung zunehmend bestätigt wird, unterliegt der Mensch während des Entscheidungsprozesses Widersprüchen, Kurzsichtigkeit und anderen Formen von Wahrnehmungsverzerrung. Das mag vielleicht keine große Rolle spielen, wenn es darum geht, beim Spielautomaten den Jackpot zu gewinnen oder bei der Lotterie eine Losnummer zu ziehen, die Träume wahrmacht. Doch in ernsthaften Angelegenheiten, wo negative Konsequenzen gravierender sind, sind derartige Einflüsse noch viel offenkundiger.

Für solches Verhalten mag der Begriff »irrational« vielleicht zu stark sein, weil Irrationalität Verrücktheit impliziert, und verrückt sind ja die meisten Menschen (vielleicht per definitionem) nicht. Der Chicagoer Wirtschaftswissenschaftler Richard Thaler hat einmal bemerkt, daß die Menschen weder »Volltrottel« noch »hyperrationale Automaten« sind. Dennoch offenbaren Thalers bahnbrechende Forschungen zur Frage, wie Menschen sich in Situationen des realen Lebens entscheiden, bedeutsame Divergenzen von den Annahmen Bernoullis oder Markowitz'.

Das ist ein faszinierendes Gebiet – ein wahrer Lehrgang der Selbsterkenntnis. Je mehr wir dazu erfahren, desto mehr müssen wir begreifen, daß wir im Sinne der herkömmlichen Defi-

* Wenn Jack Benny in einer Sonntagssendung im Rundfunk von einem Straßenräuber vor die Wahl gestellt wurde: »Geld oder Leben«, pflegte er zu schweigen. Nach einer längeren Pause schrie der Straßenräuber ihn dann an: »Los, entscheiden Sie sich«, und Benny antwortete erwartungsgemäß: »Ich denke darüber nach.«

nition von Rationalität die Prüfung alle miteinander nicht bestehen – und oft auf eine Weise, an die wir vielleicht nie gedacht hätten. Von Neumann hat, trotz der Brillanz seiner Erkenntnisse, wesentliche Aspekte übersehen.

Auf in die Zukunft: Die Erforschung des Ungewissen

16
Das Ausbleiben von Unveränderlichkeit

Jeder von uns hält sich auch in Krisenzeiten für ein Vernunftwesen, das notwendige Entscheidungen im Sinne der Wahrscheinlichkeitsregeln ganz nüchtern trifft. Wir halten uns gern für überdurchschnittlich befähigt, weitsichtig, erfahren, gebildet und dominant. Wer gibt schon zu, daß er ein schlechter Autofahrer, ein schwacher Redner, ein dummer Investor oder geschmacklos angezogen ist?

Wie realistisch sind jedoch solche Selbsteinschätzungen? Es kann ja schließlich nicht jeder überdurchschnittlich sein. Außerdem haben wir die meisten Entscheidungen in komplexen, verwirrenden, unklaren oder angstmachenden Situationen zu fällen. Da bleibt kaum Zeit, die Wahrscheinlichkeitsregeln zu bedenken. Das Leben ist kein *Balla*-Spiel. Es folgt nur zu oft auf Kenneth Arrows Wolken der Verschwommenheit.

Trotzdem sind die meisten Menschen keine völlig irrationalen Wesen, die gedankenlos Risiken eingehen oder sich im Schrank verstecken, wenn die Angst sie packt. Wie wir noch sehen werden, weist alles darauf hin, daß wir unsere Entscheidungen im Übereinklang mit einer Grundstruktur vorbereiten, die es uns ermöglicht, vorhersehbar und zumeist systematisch zu handeln. Die Frage geht eher darin, inwieweit die Realität, in der wir unsere Entscheidungen fällen, von den rationalen Entscheidungsmodellen der Bernoullis, Jevons und von Neumanns divergiert. Zur Erforschung dieser Abweichungen sowie ihrer Besonderheiten und Ursachen hat sich ein eigener psychologischer Forschungszweig entwickelt.

Die klassischen Modelle der Rationalität – die Modelle, auf denen die Spieltheorie und die meisten Konzeptionen von Markowitz aufbauen – erklären, wie der Mensch angesichts des

Risikos Entscheidungen treffen *sollte*, und wie die Welt aussehen *würde*, wenn die Menschen sich tatsächlich dementsprechend verhielten. Umfangreiche Forschungen und Experimente haben jedoch zu der Einsicht geführt, daß es viel öfter zu Abweichungen von diesen Modellen kommt, als die meisten von uns zugeben. In vielen der folgenden Beispiele werden Sie sich persönlich wiedererkennen.

DIE EINFLUSSREICHSTEN Forschungen über menschliches Verhalten in bezug auf Risiko und Ungewißheit haben die beiden israelischen Psychologen Daniel Kahneman und Amos Tversky durchgeführt. Heute leben sie in den USA – der eine in Princeton, der andere in Stanford; in den 50er Jahren dienten beide in der israelischen Armee, wo Kahneman einen psychologischen Eignungstest entwickelte, der bis heute angewandt wird, und Tversky ein Fallschirmjägerhauptmann war, der für Tapferkeit ausgezeichnet wurde. Die beiden arbeiten jetzt seit beinahe dreißig Jahren zusammen und haben unter Wissenschaftlern wie in der Finanz- und Börsenwelt, wo jede Entscheidung durch das Moment der Ungewißheit geprägt wird, eine begeisterte Gefolgschaft.[1]

Kahneman und Tversky haben ihrem Konzept den Namen »Prospect Theory« gegeben. Nachdem ich über diese Prospektierungstheorie gelesen und sie mit Kahneman und Tversky diskutiert hatte, fragte ich mich, warum der Name so gar keinen Bezug zum Thema verrät. Ich habe mich bei Kahneman nach der Herkunft des Namens erkundigt. »Wir wollten einfach einen Namen, der den Leuten auffallen würde, damit sie ihn sich merkten«, hat er geantwortet.

Ihre Kooperation begann in den 60er Jahren, als beide als Dozenten an der Hebräischen Universität in Jerusalem tätig waren. Bei einer ihrer ersten Begegnungen berichtete Kahneman Tversky von einer Erfahrung, die er gemacht hatte, als er Fluglehrer über die psychologischen Aspekte des Flugtrainings bei Piloten aufklärte. Er versuchte, unter Hinweis auf Verhaltensforschungen bei Tauben, darzulegen, daß Belohnung pädagogisch besser wirkt als Strafe – da rief plötzlich ein Zuhörer:

»Nichts für ungut ... Aber was Sie da sagen, gilt wirklich nur für Vögel ... Ich muß meine eigenen Erfahrungen dagegen halten.«[2] Er berichtete, daß Flugschüler, die er wegen ausgezeichneter Leistungen lobte, beim nächsten Flug jedesmal schlechter waren, während sich die wegen schlechter Leistungen Kritisierten fast immer besserten.

Kahneman erkannte, daß Francis Galton genau dieses Resultat prophezeit hätte. So wie große Wickenerbsen kleinere Ersen zeugen und umgekehrt, werden Leistungen sich in allen Bereichen nicht endlos weiter steigern oder verschlechtern. Wir pendeln in allem, was wir tun, hin und her, um uns kontinuierlich auf unsere Durchschnittsleistung zurückzubewegen. Es ist sehr wahrscheinlich, daß das Niveau der nächsten Landung eines Flugschülers überhaupt nicht davon abhängt, ob ihm wer gesagt hat oder nicht, daß seine letzte Landung hervorragend oder miserabel war.

»Nachdem man erst einmal darauf aufmerksam geworden ist, sieht man das Gesetz von der Regression zum mittleren Wert überall am Werk«, betonte Kahneman gegenüber Tversky.[3] Ob die Kinder tun, was man ihnen sagt, ob ein Basketballspieler im Match heute abend eine glückliche Hand hat oder ob der Erfolg eines Investmentmanagers im laufenden Quartal nachläßt, und ganz egal, ob sie für die bisherigen Leistungen belohnt oder bestraft werden – ihre zukünftige Leistung wird mit aller Wahrscheinlichkeit eine Regression zum Mittelwert spiegeln.

Es dauerte nicht lange, und die beiden Männer begannen über die Möglichkeit nachzudenken, daß die Nichtbeachtung dieses Gesetzes nicht der einzige Grund ist, warum Menschen sich irren, wenn sie aus Fakten der Vergangenheit auf kommende Entwicklungen schließen. Es kam zu einer fruchtbaren Zusammenarbeit, als sie eine Reihe kluger Experimente ausarbeiteten, um zu zeigen, wie der Mensch angesichts der Ungewißheit von Resultaten Entscheidungen trifft.

Die Prospect Theory entdeckte Verhaltensmuster, die von den Verfechtern der Theorie rationaler Entscheidungsfindung nie bemerkt worden waren. Für diese Verhaltensmuster machen Kahneman und Tversky zwei Unzulänglichkeiten des Menschen verantwortlich. Erstens wird die für rationale Entscheidungen notwendige Selbstbeherrschung oft durch Emotionen zunichte gemacht. Und zweitens sind Menschen oft unfähig, die Dinge, mit denen sie es zu tun haben, vollständig zu verstehen. Sie leiden – um einen psychologischen Fachausdruck zu verwenden – unter kognitiven Schwierigkeiten.

Das Kernproblem liegt in der Stichprobenauswahl. Wie Leibniz Bernoulli mahnte, ist die Natur so vielgestaltig und -schichtig, daß es Mühe macht, aus unsern Beobachtungen gültige Verallgemeinerungen zu ziehen. Wir nehmen Abkürzungen, die zu irrigen Wahrnehmungen führen, oder wir werten kleine Stichproben als repräsentativ für Dinge, zu deren Kenntnis es umfangreicherer Erhebungen bedürfte.

Infolgedessen neigen wir zu mehr subjektiven Formen des Ermessens. Keynes' »graduelle Überzeugung« bestimmt unsere Entscheidungsfindung öfter als das Pascalsche Dreieck, und wir handeln sogar dann aus dem Bauch, wenn wir meinen, uns nach Messungen und Berechnungen zu richten. Sieben Millionen Menschen und ein Elefant!

Wenn uns in einem bestimmten Umfeld die Möglichkeit einer Wahl gegeben wird, zeigen wir Risikofeindlichkeit, in einem anderen Rahmen werden wir bei der gleichen Alternative risikofreundlich. Wir neigen dazu, die generellen Aspekte eines Problems zu übersehen und konzentrieren uns auf jeden Aspekt isoliert und für sich – das war einer der Gründe, warum Markowitz' Rezept zum Aufbau von Portfolios so zögerlich Akzeptanz fand. Wir tun uns schwer zu begreifen, wann die Menge an Informationen genügt und wann sie schlicht zu groß wird. Eventualitäten mit einem geringen Wahrscheinlichkeitsgrad, die aber dramatisiert werden, widmen wir übermäßig Aufmerksamkeit; Ereignisse, die auf altgewohnte Weise daherkommen, nehmen wir nicht wahr. Wir behandeln Kosten und nicht kompensierte Verluste auf andere Weise, obwohl sie genau die gleiche Wirkung auf die vorhandene Kapitalmenge haben. Wir fangen mit einer völlig rationalen Risikoentscheidung an, und dann extrapolieren wir Situationen, die möglicherweise bloß eine Folge puren Glücks sind. Infolgedessen vergessen wir die Regel von der Regression zum Mittelwert, überziehen die Lage und landen in Schwierigkeiten.

Hier nun eine Frage, die Kahneman und Tversky stellen, um zu zeigen, wie wir uns durch intuitive Wahrnehmungen in die Irre führen lassen. Fragen Sie sich einmal, ob das K in den Wörtern häufiger als erster oder als dritter Buchstabe vorkommt. Sie werden vermutlich antworten, daß es öfter als erster Wortbuchstabe auftritt. In Wahrheit aber kommt das K als dritter Buchstabe in den Wörtern genauso häufig vor. Woher der Irrtum rührt? Es fällt uns eben leichter, uns an Wörter mit einem bestimmten Anfangsbuchstaben zu erinnern als den gleichen Buchstaben an anderer Stelle.

EINE DER BEMERKENSWERTEN – und nützlichsten – Erkenntnisse, die wir der Prospect Theory verdanken, betrifft unser unterschiedliches Vorgehen bei gewinnträchtigen und bei verlustbringenden Entscheidungen.

Wenn es um erkleckliche Beträge geht, werden die meisten Leute einen sicheren Gewinn einer fairen Wette vorziehen – sichere $ 100 000 sind ihnen lieber als eine 50 : 50-Chance von $ 200 000 oder nichts. Mit anderen Worten: Wir verhalten uns risikoscheu.

Wenn es nun aber um Verluste geht? In ihrer ersten Arbeit zur Prospect Theory – sie erschien 1979 – schildern Kahneman und Tversky ein Experiment, dem zufolge wir uns bei der Wahl zwischen negativen Alternativen spiegelbildlich zu unserer Entscheidung zwischen positiven Alternativen verhalten.[4] In einem Experiment forderten sie die Testpersonen auf, zu wählen zwischen der 80 %-Chance eines Gewinns von $ 4 000 und der Alternative zwischen einer 20 %-Chance von null Gewinn und einer 100 %-Chance, $ 3 000 zu erhalten. Obwohl die riskantere Option eine höhere mathematische Erwartung hatte – $ 3 200 –, wählten 80 % der Testpersonen die $ 3 000. Diese Leute waren im Bernoullischen Sinne risikofeindlich.

Daraufhin boten Kahneman und Tversky den Leuten die Wahl zwischen dem Risiko einer 80 %-Chance, $ 4 000 zu *verlieren*, und der 20 %-Chance, mit einem Nullverlust herauszukommen, auf der einen Seite und der Chance eines 100 %igen Verlusts von $ 3 000 auf der anderen Seite. Diesmal optierten

92 % der Testpersonen für das Wagnis, obwohl die mathematische Erwartung eines Verlusts von $ 3 200 wiederum höher war als der sichere Verlust von $ 3 000. Wenn es es bei der Wahl um Verluste geht, verhalten wir uns risikofreudig und *nicht* risikofeindlich.

Kahneman, Tversky und viele ihrer Kollegen haben die Entdeckung gemacht, daß dieses asymmetrische Muster in einer Vielfalt von Experimenten laufend wiederkehrt. So haben Kahneman und Tversky beispielsweise zu späterem Zeitpunkt folgendes gefragt:[5] Stellen Sie sich vor, daß in einer Stadt eine seltene Krankheit ausbricht. Man erwartet, daß sie 600 Menschen das Leben kosten wird. Um der Seuche zu begegnen, stehen zwei Programme zur Verfügung. Bei Anwendung von Programm A werden 200 Personen gerettet; wird das Programm B durchgeführt, besteht eine 33 %-Wahrscheinlichkeit, daß alle gerettet werden, und eine 67 %-Wahrscheinlichkeit, daß kein einziger gerettet wird. Für welches Programm würden Sie sich entscheiden?

Falls der Mensch vorwiegend risikofeindlich ist, müßten rational denkende Leute den Plan A mit der sicheren Rettung von 200 Menschenleben dem Hasard des Plans B vorziehen, der die gleiche mathematische Erwartung hat, aber ein 67 %-Risiko enthält, daß alle 600 sterben. Im Rahmen des Experiments wählten 72 % der Testpersonen den risikofeindlichen Plan A.

Nun betrachten Sie das gleiche Problem einmal in anderer Formulierung. Falls man sich für das Programm C entscheidet, werden von den 600 gefährdeten Personen 400 sterben, dagegen bietet das Programm D eine 33 %-Wahrscheinlichkeit, daß niemand stirbt, gegen eine 67 %-Wahrscheinlichkeit, daß alle 600 Menschen sterben. Beachten Sie, daß die erste der beiden Alternativen jetzt in Form von 400 Toten statt 200 Überlebenden formuliert ist, das zweite Programm hingegen nennt eine 33 %-Chance, daß keiner sterben wird. Kahneman und Tversky berichten, daß 78 % ihrer Testpersonen risikofreudig waren und das Hasard wählten: Sie konnten die Aussicht des sicheren Verlusts von 400 Menschenleben nicht ertragen.

Solches Verhalten ist zwar verständlich, aber mit der Annahme eines rationalen Verhaltens nicht vereinbar. Die Beantwortung einer Frage sollte unabhängig von der Situation die gleiche sein. Kahneman und Tversky deuten die von diesen Experimenten erbrachten Daten als einen Beweis, daß die Menschen keineswegs risikofeindlich sind; sie sind durchaus bereit, sich für ein Hasard zu entscheiden, wenn sie es für angemessen halten. Wenn sie aber nicht risikofeindlich sind, was dann? »Das Hauptmotiv ist ein Widerwille gegen *Verlust*«, schreibt Tversky (Kursivsetzung von mir). »Es ist nicht so sehr, daß die Menschen Ungewißheit hassen – sie hassen es vielmehr zu verlieren.«[6] Verluste wirken stets größer als Gewinne. Ja, Verluste, die sich nicht auswetzen lassen – wie beispielsweise der Verlust eines Kindes oder eines bedeutenden Versicherungsanspruchs, der nie erfüllt wird – rufen mit hoher Wahrscheinlichkeit eine heftige, irrationale, dauernde Risikofeindlichkeit hervor.[7]

Dieses merkwürdige Phänomen veranlaßt Tversky zu einer interessanten Überlegung:

> Das wahrscheinlich bedeutsamste und nachhaltigste Charakteristikum des menschlichen Lustmechanismus besteht darin, daß Menschen viel empfindsamer auf negative als auf positive Anreize reagieren ... Denken Sie mal daran, wie gut es Ihnen heute geht, und dann überlegen Sie, wieviel besser es Ihnen gehen *könnte* ... Es gibt nur wenige Dinge, die Ihr Wohlbehagen steigern könnten; dagegen ist die Zahl der Momente, die Ihr Wohlbefinden verschlechtern könnten, grenzenlos.[8]

Zu den Ergebnissen dieser Forschungsarbeiten gehört auch die Erkenntnis, daß Bernoulli sich irrte, als er erklärte: »Der Nutzen, der sich selbst aus einer geringen Mehrung von Reichtum einstellt, wird umgekehrt proportional sein zu der vorher gegebenen Gütermenge.« Bernoulli glaubte, daß das vorgegebene Wohlstandsniveau den Wert einer riskanten Gelegenheit zum Reicherwerden bestimmt. Kahneman und Tversky haben herausgefunden, daß die Bewertung einer risikoreichen Chance offenbar viel mehr vom Gesichtspunkt eines möglichen Gewinns oder Verlusts abhängt als vom schlußendlichen Gesamtwert der Güter. Was unsere Entscheidung motiviert, ist nicht der Stand unseres momentanen Reichtums, sondern die Frage, ob die Entscheidung uns reicher oder ärmer macht. Daher, so warnt Tversky, »können unsere Präferenzen … durch die Veränderung der Gesichtspunkte manipuliert werden«.[9]

Er verweist auf eine Umfrage, in der die Teilnehmer zwischen einer Hochbeschäftigungs- und Hochinflationspolitik einerseits und einer Politik wählen sollten, die für eine niedrige Beschäftigungsquote und eine niedrige Inflationsrate plädierte. Solange es um eine Arbeitslosigkeit von 10 % oder 5 % ging, war eine starke Mehrheit dafür, mehr Inflation in Kauf zu nehmen, damit die Arbeitslosigkeitsrate gesenkt würde. Als die Teilnehmer aber aufgefordert wurden, zwischen einer 90 %igen und einer 95 %igen Beschäftigungsquote zu wählen, schien ihnen eine niedrige Inflation wichtiger als eine Anhebung der Beschäftigungsquote um 5 %.

Richard Thaler hat ein Experiment durchgeführt, das mit Hilfe eines Startkapitals Tverskys Warnung veranschaulicht.[10] Thaler bat die Studenten eines Kurses, sich vorzustellen, daß sie soeben $ 30 gewonnen und nun folgende Wahl hätten: Sie könnten entweder eine Münze in die Luft werfen, bei dem der einzelne $ 9 gewinnt, falls die Münze »Kopf« zeigt, und $ 9 verliert, falls sie »Wappen« zeigt, oder auf das Werfen der Münze verzichten. Siebzig Prozent der Teilnehmer erklärten sich für das Werfen der Münze. Den Studenten des anschließenden Kurses präsentierte Thaler folgende Option: Bei null vorhandenem Kapital eine Münze in die Luft zu werfen, wobei jeder bei »Wappen« $ 39 und bei »Kopf« $ 21 gewinnt; oder sichere $ 30 zu erhalten. Es optierten nur 43 % dafür, die Münze hochzuwerfen.

Thaler bezeichnet das Ergebnis als »house money«-Effekt. Die beiden Kursen angebotene Wahl von Gewinnmöglichkeiten ist sich gleich: Unabhängig vom anfänglichen Besitzstand wird der einzelne zum Schluß entweder $ 39 bzw. $ 21 oder aber garantiert $ 30 erhalten, doch Menschen, die am Anfang Geld in der Tasche haben, optieren für das Hasardspiel, während die Leute mit leeren Taschen sich dem Wagnis verweigern. Bernoulli würde für solch eine Spielsituation vorhergesagt haben, daß die Entscheidung durch die Summen von

$ 39, $ 30 oder $ 21 bestimmt würde, wohingegen die Studenten ihre Entscheidung vom Vergleichspunkt abhängig machten, der im ersten Fall $ 30 und im zweiten Fall Null betrug.

Edward Miller, ein Professor der Wirtschaftswissenschaften mit starkem Interesse für Verhaltensfragen, berichtet über eine Variation dieses Themas. Obwohl Bernoulli die Wendung gebraucht »jede geringe Mehrung von Reichtum«, impliziert er doch, daß seine Aussage unabhängig von der Höhe der Steigerung gilt.[11] Miller zitiert verschiedene psychologische Forschungen, die ergeben haben, daß die Reaktionen deutlich anders ausfallen, je nachdem ob es um einen großen oder einen kleinen Gewinn ging. Gelegentliche große Zugewinne halten das Interesse von Investoren und Glücksspielern anscheinend über längere Zeiträume lebendig als fortlaufend kleine Gewinne. Solche Reaktion ist für Anleger typisch, die das Investieren als Spiel betrachten und nicht diversifizieren, Diversifizieren ist langweilig. Sachkundige Anleger aber diversifizieren, weil sie keineswegs der Meinung sind, daß Investieren eine Form von Unterhaltung darstellt.

ZUR KENNZEICHNUNG von widersprüchlichen (obwohl nicht notwendigerweise inkorrekten) Entscheidungen bei gleicher Problemstellung unter anderen Umständen gebrauchen Kahneman und Tversky den Ausdruck »Versagen der Invarianz«. Invarianz bedeutet: Wenn A gegenüber B und B gegenüber C vorzuziehen ist, werden rational denkende Menschen A gegenüber C vorziehen. Dieses Phänomen bildet den Kern des Nutzenbegriffs bei von Neumann und Morgenstern. Oder, um auf den oben skizzierten Fall zurückzugreifen: Wenn in der erstgenannten Fragesituation die rationale Antwort lautet, sich für die Rettung von 200 Menschenleben zu entscheiden, dann müßte die rationale Entscheidung in der zweiten Fragesituation ebenfalls so lauten.

Doch neuen Forschungen zufolge sieht alles anders aus:

> Das Versagen der Invarianz ist überall festzustellen, und zwar deutlich. Sie ist unter hochgebildeten ebenso wie unter naiven

> Testpersonen gang und gäbe ... Personen, die mit ihren widersprüchlichen Reaktionen konfrontiert werden, zeigen sich auf eine spezifische Weise konfus. Auch nach erneuter Lektüre der Fragestellungen wollen sie in der »Leben-gerettet«-Version risikofeindlich bleiben, sie werden in der »Menschenleben-verloren«-Version wiederum risikofreundlich sein, und sie möchten außerdem die Invarianz wahren und in beiden Versionen miteinander vereinbare Antworten geben ...
>
> Die Schlußfolgerung aus diesen Ergebnissen ist beunruhigend: Die Invarianz ist normativ essentiell, intuitiv zwingend und psychologisch untragbar.[12]

Das Durchbrechen der Invarianz ist viel stärker verbreitet, als den meisten von uns klar ist. Die Art und Weise, wie in der Werbung Fragen formuliert werden, kann Leute überzeugen, etwas zu kaufen, und das trotz der negativen Folgen, die sie, unter anderen Umständen, vom Kaufen abhalten könnten. Meinungsumfragen ergeben oft sich widersprechende Antworten, wenn die gleiche Frage unterschiedlich präsentiert wird.

Kahneman und Tversky schildern eine Situation, in der Ärzte sich sorgten, daß sie Patienten beeinflussen könnten, die zwischen dem Leben-oder-Tod-Risiko bei unterschiedlichen Therapien zu entscheiden hatten.[13] Es ging um die Alternative zwischen Bestrahlung und chirurgischem Eingriff in der Behandlung von Lungenkrebs. Die medizinischen Unterlagen des betreffenden Krankenhauses belegten, daß während der Dauer der Bestrahlungstherapie keine Patienten sterben, daß diese Patienten jedoch eine kürzere Lebenserwartung haben als Patienten, die das Risiko einer Operation überleben; der Unterschied in der Lebenserwartung war alles in allem aber nicht groß genug, um zwischen den beiden Behandlungsformen eine klare Präferenz zu etablieren. Als die Frage im Sinne des Todesrisikos während der Therapie gestellt wurde, sprachen über 40% der Befragten sich für Bestrahlung aus. Wenn die Frage im Sinne von Lebenserwartung formuliert wurde, optierten dagegen nur 20% für Bestrahlung.

Eine der vertrautesten Manifestationen des Versagens der Invarianz ist die alte Wall-Street-Weisheit: »Es hat noch keinen arm gemacht, einen Profit mitzunehmen.« Logisch würde das auch bedeuten, daß es richtig wäre, sich von Verlustbringern zu trennen; die Kapitalanleger hassen es aber, Verluste zu akzeptieren, weil nämlich – außer aus steuerlichen Gründen – die Hinnahme eines Verlusts das Eingeständnis bedeutet, einen Fehler begangen zu haben. In Verbindung mit dem lieben, alten Ego verführt der Widerwille gegen Verluste Anleger zum Hasardspiel, indem sie nämlich an ihren Irrtümern in der frohen Hoffnung festhalten, daß eines schönen Tages der Markt ihre Einschätzung rechtfertigen und sie entschädigen wird. Von Neumann hätte solches Verhalten streng mißbilligt.

Das Versagen der Invarianz manifestiert sich oft in Form der sogenannten »mentalen Buchführung«, bei der einzelne Posten aus der Gesamtrechnung herausgelöst werden. Wir vermögen dann nicht mehr zu erkennen, daß eine Entscheidung, die eine Teilkomponente betrifft, sich auf das Ganze auswirkt. Man hat sich die mentale Buchführung so vorzustellen, wie wenn jemand statt des Krapfens das Einstichloch für die Füllung fixiert. Sie führt bei ein und derselben Frage zu widersprüchlichen Antworten.

Kahneman und Tversky machen den Vorschlag, daß Sie sich einmal folgendes vorstellen: Sie sind zum Besuch einer Theateraufführung am Broadway unterwegs, für die Sie sich bereits vorher eine Eintrittskarte zu $ 40 gekauft haben.[14] Bei der Ankunft merken Sie plötzlich, daß Sie die Eintrittskarte verloren haben. Werden Sie $ 40 für eine neue Karte ausgeben?

Und nun stellen Sie sich einmal eine andere Situation vor: Sie fahren mit der Absicht zum Theater, sich die Eintrittskarte an der Abendkasse zu kaufen und stellen dort dann fest, daß Sie $ 40 weniger im Portemonnaie haben, als Sie bei der Abfahrt von daheim glaubten. Würden Sie sich die Eintrittskarte immer noch kaufen?

In beiden Fällen – ganz gleich, ob Sie nun die Eintrittskarte oder die $ 40 verloren hätten – würden Sie insgesamt $ 80 ärmer sein, falls Sie die Aufführung besuchen. Falls Sie auf die Aufführung verzichteten und heimführen, hätten Sie dagegen nur $ 40 weniger. Kahneman und Tversky stellten fest, daß die meisten Menschen zögerten, für einen Ersatz der verlorenen Eintrittskarte $ 40 auszugeben, daß hingegen etwa die gleiche

Anzahl gern bereit wären, $ 40 für den Kauf der Eintrittskarte auszugeben, obwohl sie die dafür ursprünglich gedachten $ 40 verloren hatten.

Hier ist ein klarer Fall des Versagens der Invarianz gegeben. Wenn $ 80 mehr ist, als Sie für einen Theaterbesuch ausgeben möchten, dann sollten Sie weder die verlorene Theaterkarte ersetzen noch im zweiten Fall die Karte kaufen. Falls Sie andererseits bereit sind, für einen Theaterbesuch $ 80 auszugeben, dann sollte es Ihnen genausowenig ausmachen, die verlorene Eintrittskarte zu ersetzen wie die $ 40 für die Eintrittskarte auszugeben, obwohl Sie die eigentlich dafür gedachten $ 40 verloren haben. *Es gibt, abgesehen von rechnerischen Gewohnheiten, keinen Unterschied zwischen Kosten und Verlust.*

Die Prospect Theory unterstellt, daß die widersprüchlichen Reaktionen auf diese Alternativen durch zwei verschiedene mentale Konten bedingt sind, deren eine den Theaterbesuch und die zweite die anderweitige Nutzung der $ 40 betrifft – beispielsweise das Essensbudget des kommenden Monats. Die verlorenen $ 40 waren für das Essensbudget des kommenden Monats reserviert, das nichts mit dem Theaterbudget zu tun hat und sowieso die Zukunft betrifft. Insofern hat das Theaterbudget eben noch $ 40 frei.

Thaler berichtet von einem lustigen Beispiel von mentaler Buchführung aus dem wirklichen Leben.[15] Ein ihm bekannter Professor der Finanzwissenschaft hat eine clevere Strategie erfunden, um sich über kleinere Mißgeschicke hinwegzuhelfen. Zu Beginn eines jeden Jahres plant der Professor für seine bevorzugte Wohlfahrtsorganisation eine großzügige Spende ein. Was immer im Laufe des Jahres dann an Unvorhergesehenem oder Mißliebigem kommt – eine Verkehrsbuße wegen Tempoüberschreitung, das notwendige Ersetzen eines verlorenen Gegenstands, ein unerwünschtes Angepumptwerden seitens einer mittellosen Verwandten –, wird dann diesem karitativen Spendenkonto angerechnet. Durch dieses Verfahren werden die Verluste schmerzlos, weil ja die Wohlfahrtsorganisation für die Bezahlung aufkommen muß. Die Wohlfahrtsorganisation wird das erhalten, was schlußendlich auf dem Konto bleibt. Thaler hat seinen Freund für die Ernennung zum ersten Staatlich Anerkannten Mentalen Buchhalter nominiert.

In einem Interview mit einem Zeitschriftenreporter hat Kahneman bekannt, selbst der mentalen Buchführung verfallen zu sein. Bei den gemeinsamen Forschungen mit Tversky hat er die Entdeckung gemacht, daß ein Verlust nicht so weh tut, wenn er zu einem größeren Verlust addiert wird, als wenn er für sich allein im Raume steht: Der Verlust von $ 100 ist weniger schmerzhaft, wenn man schon $ 100 verloren hat, als wenn man bei mehreren einzelnen Gelegenheiten $ 100 verliert. Kahneman und seine Frau haben sämtliche Möbelkäufe binnen einer Woche nach dem Hauskauf getätigt. Wenn sie die Mobiliarkosten als eigenes Konto geführt hätten, wären sie möglicherweise vor der Summe zurückgeschreckt und am Ende mit weniger Möbel heimgekommen, als sie brauchten.[16]

WIR NEIGEN ZU der Annahme, daß Informationen ein notwendiger Bestandteil rationaler Entscheidungsfindung sind und daß wir die anstehenden Risiken um so besser meistern können, je mehr Informationen wir besitzen. Die Psychologen machen jedoch darauf aufmerksam, daß zusätzliche Informationen unter Umständen stören und Entscheidungsperspektiven verzerren, so daß ein Versagen der Invarianz eintritt und Amtsinhaber wie Geschäftsführer Gelegenheit finden, Risiken so zu manipulieren, daß sie ganz genau den Formen entsprechen, die Menschen einzugehen bereit sind.

Die Medizinwissenschaftler David Redelmeier und Eldar Shafir berichteten im *Journal of the American Medical Association* von einer Forschungsarbeit über die Reaktionen von Ärzten angesichts einer wachsenden Zahl von therapeutischen Alternativen.[17] Nun ist jede ärztliche Entscheidung riskant, niemand kann im voraus wissen, welche Folgen sich einstellen. Bei sämtlichen von Redelmeier und Shafir durchgeführten Experimenten erhöhte die Einführung zusätzlicher Behandlungsoptionen die Wahrscheinlichkeit, daß die Ärzte entweder die ursprüngliche Option wählen oder aber sich entscheiden würden, gar nichts zu unternehmen.

In einem Experiment wurden ein paar hundert Ärzte aufgefordert, eine Behandlung für einen 67jährigen Patienten mit chronischen Hüftschmerzen zu verordnen. Man gab den Ärzten zwei Alternativen: ein konkret genanntes Heilmittel zu verschreiben oder den Fall »an einen Orthopäden zu überweisen und selbst keine neue Arzneimittelbehandlung anzufangen«; rund die Hälfte der Ärzte plädierte gegen jede Form von medikamentöser Behandlung. Als neben der Möglichkeit einer »Überweisung an den Orthopäden« die Zahl der Alternativen von medikamentöser Behandlung dann von zwei auf drei erhöht wurde, sprachen sich drei Viertel der Ärzte gegen eine medikamentöse Therapie und für die »Überweisung zum Orthopäden« aus.

Tversky ist der Auffassung, daß »die Beurteilung von Wahrscheinlichkeit sich nicht an Ereignissen, sondern an der Darstellung der Ereignisse orientiert ... Wie die Wahrscheinlichkeit eines Ereignisses beurteilt wird, hängt ganz vom Grad der Ausführlichkeit seiner Beschreibung ab.«[18] Als Beleg schildert er ein Experiment, bei dem 120 Stanfordabsolventen gebeten wurden, die Wahrscheinlichkeit verschiedener möglicher Todesursachen abzuschätzen. Den Studenten wurden zwei verschiedene Ursachenlisten vorgelegt. Die erste zählte spezifische Todesursachen auf, die zweite gruppierte die Ursachen unter allgemeinen Begriffen wie beispielsweise »natürliche Ursachen«.

Nachstehende Tabelle zeigte einige der bei diesem Experiment geschätzten Wahrscheinlichkeiten für Todesursachen:

	Gruppe 1	*Gruppe 2*	*Effektiv*
Herzerkrankung	22		34
Krebs	18		23
Andere natürliche Ursachen	*33*		*35*
Natürliche Ursachen total	73	58	92
Unfall	32		5
Mord	10		1
Andere unnatürliche Ursachen	*11*		*2*
Unnatürliche Ursachen total	53	32	8

Diese Studenten überschätzten die Wahrscheinlichkeiten eines gewaltsamen Todes und unterschätzten die Wahrscheinlichkeiten von natürlichen Todesursachen. Doch die bemerkenswerte Erkenntnis aus dieser Tabelle ist eigentlich die, daß die geschätzte Wahrscheinlichkeit des Sterbens aus beiden Gründen jedesmal höher ausfiel, wenn die Ursachen explizit angegegen wurden, als wenn die Studenten lediglich die Gesamtzahl der Todesfälle aus natürlichen und unnatürlichen Ursachen schätzen sollten.

In einer weiteren medizinischen Studie von Redelmeier und Tversky wurden zwei Ärztegruppen an der Universität Stanford bei der Diagnose einer Frau mit schweren Schmerzen im Unterleib getestet.[19] Die erste Gruppe wurde nach Überreichen einer detaillierten Auflistung der Symptome gebeten, über die Wahrscheinlichkeiten zu befinden, daß diese Frau unter einer heterotopischen Schwangerschaft, einem gastroenteritischen Problem oder »Nichts von Obengenanntem« litt. Der zweiten Gruppe wurden zusätzlich drei weitere mögliche Diagnosen sowie die Nennung »Nichts von Obengenanntem« zur Auswahl aufgelistet.

Besonders interessant war an diesem Experiment, inwieweit die zweite Ärztegruppe von der Option »Nichts von Obengenanntem« Gebrauch machte. Einmal angenommen, daß die durchschnittliche Fachkompetenz beider Gruppen im wesentlichen identisch war, so würde man davon ausgehen, daß diese Option für die erste Ärztegruppe die drei zusätzlichen Diagnosen, die der zweiten Gruppe präsentiert wurden, abgedeckt hätte. Man würde deshalb bei der zweiten Gruppe erwarten, daß sie den drei zusätzlichen Diagnosen mit dem Punkt »Nichts von Obengenanntem« zusammen eine Wahrscheinlichkeit beigemessen hätte, die annähernd jener 50%-Wahrscheinlichkeit entspräche, die von der ersten Gruppe dem Punkt »Nichts von Obengenanntem« gegeben wurde.

Dem war aber keineswegs so. Die zweite Ärztegruppe wies dem Punkt »Nichts von Obengenanntem« plus den drei zusätzlichen Diagnosen eine 69%-Wahrscheinlichkeit und der Möglichkeit einer Schwangerschaft oder Gastroenteritis, welcher die erste Gruppe eine 50%-Wahrscheinlichkeit gegeben hatte, nur

31% Wahrscheinlichkeit zu. Es ist offenbar so: Je größer die Zahl der Möglichkeiten, desto höher die Wahrscheinlichkeiten, die ihnen zugeschrieben werden.

DANIEL ELLSBERG (identisch mit dem Ellsberg des Skandals um die Pentagonpapiere) publizierte bereits 1961 eine Arbeit, in der er das Phänomen des von ihm so genannten »Widerstands gegen Ambiguität« definierte.[20] Ambiguitätsfeindlichkeit meint, daß Menschen lieber Risiken auf der Grundlage bekannter als unbekannter Wahrscheinlichkeiten eingehen. Mit anderen Worten: Die Information spielt eine große Rolle. So bot Ellsberg beispielsweise mehreren Personengruppen Gelegenheit zu einer Wette, daß sie aus zwei Urnen mit je 100 Kugeln entweder eine rote oder eine schwarze Kugel ziehen würden. Die erste Urne enthielt von jeder Farbe je 50 Kugeln; das Zahlenverhältnis von Rot und Schwarz in der zweiten Urne war unbekannt. Nach der Wahrscheinlichkeitstheorie würde es allerdings auch hier 50:50 betragen; denn es gab keinen Grund für die Annahme einer anderen Zusammensetzung. Trotzdem entschied die überwältigende Mehrheit der Testpersonen sich für ein Ziehen aus Urne 1.

Mit seinem Kollegen Craig Fox hat Tversky dieses Phänomen gründlicher untersucht und entdeckt, daß die Dinge komplizierter liegen, als Ellberg vermutete.[21] Sie entwarfen eine Serie von Experimenten, um herauszufinden, ob die Vorliebe der Leute für klare statt vager Wahrscheinlichkeiten nicht nur bei Glücksspielen, sondern in allen Lebensbereichen in Erscheinung tritt.

Die Antwort war laut und klar: In Situationen, wo Menschen sich als besonders kompetent oder sachkundig empfinden, werden sie auf der Grundlage vager Annahmen wetten, ansonsten lassen sie sich beim Wetten lieber auf klare Chancen ein. Tversky und Fox zogen die Schlußfolgerung: Die Abneigung gegen Ambiguität »wird durch das Gefühl von Inkompetenz motiviert ... und tritt immer auf, wenn Personen klare und vage Chancen zusammen bewerten; es nimmt jedoch stetig ab bzw. verschwindet gänzlich, wenn sie jede Chance für sich getrennt betrachten.«[22]

So werden beispielsweise Leute, die regulär Darts spielen, sich lieber auf Wetten bei Darts als auf Glücksspiele einlassen, obwohl die Wahrscheinlichkeit eines Erfolgs bei Darts vage und unbestimmt ist, während die Wahrscheinlichkeit eines Erfolges bei Glücksspielen mathematisch vorherbestimmt ist. Leute, die sich in der Politik auskennen, aber nichts vom Fußball verstehen, gehen lieber politische Wetten als Totowetten mit den gleichen Erfolgschancen ein. Unter den gleichen Bedingungen werden sie aber den Sportwetten die Glücksspiele vorziehen.

IN EINEM AUFSATZ, der Fortschritte in der Entwicklung der Prospect Theory zusammenfaßte, machten Kahneman und Tversky 1992 folgende Bemerkung: »Theorien zum Wahlverhalten sind bestenfalls approximativ, und sie sind unvollständig ... Eine Entscheidung ist ein konstruktiver, unvorhergesehener Prozeß. Wenn Menschen mit einem komplizierten Problem konfrontiert sind ..., gebrauchen sie kalkulatorische Abkürzungen und Weglaßmethoden.«[23] Die in diesem Kapitel zitierten Hinweise, die bloß einen winzigen Ausschnitt einer immensen Fachliteratur bilden, offenbaren wiederkehrende Muster von Irrationalität, Inkonsistenz und Inkompetenz in der Vorbereitung von Entscheidungen, die angesichts von Ungewißheit getroffen werden.

Müssen wir also die Theorien von Bernoulli, Bentham, Jevons und von Neumann fallenlassen? Nein. Es gibt keinen Anlaß zu der Schlußfolgerung, daß das häufige Fehlen von Rationalität *im Sinne ihrer ursprünglichen Definition* Macbeth recht gibt, daß das Leben nur eine Geschichte von Narren ist.

Das in der Prospect Theory implizierte Urteil über die Menschheit ist nicht unbedingt pessimistisch. Kahneman und Tversky widersprechen der Annahme, daß »nur rationales Verhalten in einer Umwelt von Konkurrenz überleben kann, und der Angst, daß jedes Verfahren, das die Rationalität aufgibt, chaotisch und undurchführbar sein wird«. Sie berichten vielmehr, daß die meisten Menschen sehr wohl in einer durch Konkurrenz geprägten Umwelt zu überleben vermögen, selbst wenn sie Marotten pflegen, die ihr Verhalten den Maßstäben Bernoullis zufolge wenig rational erscheinen lassen. »Und folgendes ist vielleicht noch wichtiger«, erklären Kahneman und Tversky: »Daß es nämlich Belege dafür gibt, daß die menschlichen Entscheidungen geregelt verlaufen, auch wenn sie im traditionellen Sinn des Wortes nicht immer rational sind.«[24] Thaler fügt hinzu: »Quasirationalität ist weder tödlich noch direkt unsinnig und zwecklos.«[25] Da geregelt verlaufende Entscheidungen vorhersehbar sind, entbehrt auch die Aussage der Grundlage, daß Verhalten willkürlich und zufällig sein wird, nur weil es nicht absolut strikten theoretischen Voraussetzungen entspricht.

Dasselbe sagt Thaler in einem anderen Zusammenhang. Wenn wir in unseren Entscheidungen immer rational vorgingen, würden wir die hochkomplizierten Mechanismen gar nicht benötigen, die wir zur Unterstützung unserer Selbstbeherrschung anwenden – von Diätkuren bis zu einbehaltenen Steuern und zu moderaten Pferdewetten, die aber nicht so weit gehen, daß wir eine zweite Hypothek aufnehmen müssen. Wir akzeptieren den sicheren Verlust, den wir mit dem Abschluß einer Versicherung eingehen – was die ausdrückliche Anerkennung einer ungewissen, unsicheren Lage bedeutet. Wir gebrauchen solche Hilfsmittel, und sie funktionieren. Es gibt nur wenige Menschen, die aufgrund ihrer eigenen Entscheidungen im Armenhaus oder in der Klapsmühle landen.

Die wahren Verfechter der Theorie rationalen Verhaltens erheben aber mit Blick auf die Massen an widersprüchlichen Erkenntnissen, die in psychologischen Labors bei den Experimenten junger Studenten, d. h. in rein hypothetischen Situationen zustande kommen, wo Irrtümer nur minimale Strafen nach sich ziehen – sie erheben noch eine andere Frage: Wie können wir da sicher sein, wollen sie wissen, daß diese Resultate realistisch oder relevant sind für Situationen, wenn echte Entscheidungen getroffen werden müssen?

Das ist eine wichtige Frage. Doch es besteht ein großer Unterschied zwischen Verallgemeinerungen, die auf einer Theorie basieren, und Verallgemeinerungen aufgrund von Experimenten. De Moivre kam erstmals die Idee von der Glockenkurve, als er Gleichungen auf ein Stück Papier schrieb – anders als Quetelet, der zur Bestätigung die Körpermaße von Soldaten maß. Galton konzipierte die Idee von der Regression zum Mittel – ein bedeutsames Konzept, das die Glockenkurve in vielem konkretisiert – beim Erforschen der Wickenerbsen und Generationenveränderungen beim Menschen. Er entwickelte die Theorie, *nachdem* er die Tatsachen beobachtet hatte.

Alvin Roth, der auf die experimentelle Ökonomie spezialisiert ist, hat einmal bemerkt, daß Nicholas Bernoulli vor über 250 Jahren das erste psychologische Experiment durchgeführt habe: Er erfand das Spiel, bei dem Peter und Paul eine Münze in die Luft werfen; und es war dieses Experiment, das seinen Onkel Daniel zur Entdeckung des Begriffs vom Nutzwert führte.[26] Von Neumann und Morgenstern sind auf Grund von Experimenten zu der Schlußfolgerung gelangt, daß die »Resultate nicht so gut sind, wie man hätte hoffen mögen; doch ihre generelle Tendenz ist richtig«.[27] Der Schritt vom Experiment zur Theorie hat eine lange, ausgezeichnete und respektable Erfolgsgeschichte.

Es ist nicht leicht, Experimente zu entwerfen, welche die Künstlichkeit des Hörsaals und die Neigung der Testpersonen zum Lügen oder Einbringen von störenden Vorurteilen überwinden – besonders dann nicht, wenn sie selbst dabei wenig zu verlieren haben. Wir müssen aber beeindruckt sein von der beachtlichen Übereinstimmung, die sich bei der großen Vielfalt von Experimenten zum Überprüfen der Hypothese vom rationalen Entscheiden ergeben haben. Die experimentelle Forschung hat sich zu einer hohen Kunst entwickelt.*

Forschungen, die auf Kapitalmärkten über das tatsächliche Verhalten von Investoren durchgeführt wurden, das die täglich im Wirtschaftsteil der Zeitungen abzulesenden Zahlenlawinen erzeugt, bestätigen das meiste von dem, was Kahneman, Tver-

* Kahneman hat erzählt, wie er zum Experimentieren kam, als einer seiner Professoren von einem Kind berichtete, das zwischen einem kleinen Lutscher heute oder einem großen Lutscher morgen wählen sollte. Die Antwort des Kindes korrelierte mit kritischen Aspekten im Leben des Kindes wie etwa Familieneinkommen, der Anwesenheit von Vater und/oder Mutter und dem Maß des Vertrauens.

sky und ihre Mitarbeiter im Labor an Hypothesen entwickelten. Diese empirischen Forschungen weitab vom Labor des Hörsaals unterstützen weitgehend das, was experimentelle Methoden an Kenntnissen über die Entscheidungsfindung nicht nur von Investoren, sondern vom Menschen allgemein ans Licht gebracht haben.

Wie wir sehen werden, ergibt sich aber aus der Untersuchung eine weitere, eine quälende Frage. Wie kann es angehen, daß – wenn die Menschen so tumb sind – von uns cleveren Leuten nicht mehr reich werden?

17
Theorien im Einsatz gegen die irrationalen Kräfte des Marktes

Bei den Risiken, die Kapitalanleger eingehen, müssen sie mit der Möglichkeit rechnen zu verlieren. Alles andere wäre pure Dummheit. Doch der Theorie zufolge sind die Erwartungen von rational handelnden Investoren unvoreingenommen: Ein rationaler Investor wird zeitweise zu hoch schätzen und zeitweilig zu niedrig bewerten, aber die Dinge nie allzeit – oder auch nur die meiste Zeit – entweder über- oder unterschätzen. Rationale Investoren zählen nicht zu den Menschen, die ihr Glas entweder für halbvoll oder halbleer halten.

Eigentlich glaubt niemand daran, daß solch ein stilisiertes Bild des Investors, der Risiko und Ertrag permanent rational abwägt, den Fakten des wirklichen Lebens entspricht. Ungewißheit macht angst. Und so sehr wir uns auch um ein rationales Verhalten bemühen mögen, treibt unser Gefühl uns oft zu Schutzmaßnahmen vor unliebsamen Überraschungen. Wir nutzen alle nur möglichen Tricks und Ausflüchte – was dazu führt, daß wir die rationalen Standards verletzen. Wie Daniel Kahneman betont: »Der Fehler des rationalen Modells liegt nicht in seiner Logik, sondern darin, daß es ein besonderes menschliches Gehirn voraussetzt. Wer könnte aber ein Gehirn entwerfen, das den Erfordernissen dieses Modells entspräche? Da müßte ja jeder von uns alles vollständig und auf einmal wissen und *verstehen*!«[1] Kahneman war nicht der erste, der die Enge des rationalen Modells erkannte, er zählte jedoch zu den ersten, die auf die Konsequenzen solcher Rigidität und auf die Form aufmerksam machten, wie völlig normale Menschen sie regelmäßig brechen.

Wenn Investoren dazu tendieren, nicht im Sinne des rationalen Verhaltensmodells zu operieren, so mag man folgern, daß dieses Modell keine besonders zutreffende Beschreibung vom Verhalten der Kapitalmärkte abgibt. In dem Fall wären aber neue Grundlagen zur Berechnung von Investmentrisiken gefragt.

Stellen Sie sich einmal folgendes Szenario vor: Nach wochenlanger Unentschiedenheit haben Sie in der vergangenen Woche endlich beschlossen, Ihr seit langem gehaltenes IBM-Paket zu $ 80 pro Aktie abzustoßen, und als Sie heute morgen die Zeitung aufschlagen, stellen Sie fest, daß die IBM-Aktien für $ 90 gehandelt werden. Wie reagieren Sie auf so eine enttäuschende Nachricht?

Vielleicht halten Sie es zunächst für geraten, Ihrer Frau nichts von der Sache zu erzählen. Oder Sie fluchen über Ihre eigene Ungeduld. Sie nehmen sich aber auf jeden Fall fest vor, künftig mit mehr Überlegung vorzugehen, bevor Sie sich von einer langfristigen Investition trennen – ganz gleich, wie bestechend so eine Idee scheint. Vielleicht wünschten Sie sich sogar, daß IBM in dem Moment, als Sie Ihre Aktien verkauften, vom Markt verschwunden wäre, damit Sie nie erfahren hätten, wie sich die Aktie danach entwickelt hat.

Der Psychologe David Bell hat ausgeführt, daß es zum Bedauern einer Entscheidung kommt, wenn man den Reichtum fokussiert, der einem mit der richtigen Entscheidung zugefallen wäre.[2] Bell präsentiert die Alternative zwischen der Lotterie, die uns für den Fall des Gewinns $ 10 000 auszahlt, aber nichts, wenn man verliert, und andererseits garantierten $ 4 000. Sollten Sie sich zur Teilnahme am Lotteriespiel entscheiden und verlieren, so schimpfen Sie über die Habgier, für die Sie nun bestraft worden sind, gehen dann aber, wie gewohnt, zur Tagesordnung über. Nehmen wir jedoch statt dessen einmal an, Sie hätten sich für die sicheren $ 4 000 entschieden und müßten dann anschließend entdecken, daß Sie im Fall einer Teilnahme an dem Lotteriespiel $ 10 000 gewonnen hätten. Was würden Sie wohl dafür geben, dies nie erfahren zu haben?

Ein nachträgliches Bedauern von Entscheidungen ist nicht auf Fälle beschränkt, wo man eine Aktie verkauft, die danach phänomenal im Wert steigt. Was ist mit all den vielen Aktien, die man nie gekauft hat, die sich jedoch oft besser entwickeln als das, was man gekauft hat? Obwohl jeder weiß, daß es gar nicht möglich ist, *nur* Papiere mit Spitzenleistungen zu kaufen, trauern doch viele Anleger den verpaßten Anlageentscheidungen nach. Meiner Meinung nach hat diese emotionale Unsicherheit viel mehr mit dem Entschluß zur Diversifikation zu tun als mit dem, was all die hochgestochenen, hochgeistigen Denkanstrengungen zu diesem Thema schlußfolgern – denn je mehr verschiedene Aktien man besitzt, desto größer ist ja auch die Chance, das große Gewinnpapier zu halten!

Aus einer ähnlichen Überlegung vertrauen Investoren das Geschäft mit ihren Aktien aktiv handelnden Investmentberatern an, obwohl es Beweise dafür gibt, daß die meisten von ihnen die Leistungskurve der führenden Aktienindexe auf Dauer keineswegs übertreffen. Die Ausnahmen, denen das gelegentlich gelingt, zeigen über die Jahre wenig Erfolgsbeständigkeit. Außerdem haben wir ja bereits am Beispiel des American Mutual Fund und der AIM Constellation gesehen, wie schwierig es ist, zwischen Glück und Geschäftstüchtigkeit zu unterscheiden.* Nach dem Gesetz des Durchschnitts müßte aber die Hälfte der aktiv handelnden Investmentberater im laufenden Jahr den Markt übertrumpfen. Sollte *Ihr* Anlagenberater nicht dazugehören? *Einer* wird doch schließlich die Palme davontragen.

Für manche Leute weckt der Gedanke an versäumte Anlagechancen unwiderstehliche Versuchungen. So etwa für Barbara Kenworthy, die im Mai 1995 bei Prudential Investment Advisers für ein $ 600-Millionen-Portfolio mit festverzinslichen Wertpapieren verantwortlich war. Von ihr hat das *Wall Street Journal* folgenden Ausspruch zitiert: »Wir sind allesamt gebrannte Kinder.«[3] Worauf das *Wall Street Journal* kommentiert: »Doch obwohl Ms. Kenworthy festgestellt hat, daß langfristige Wertpapiere nicht das Wahre sind, stürzt sie sich erneut in dieses Geschäft, weil sie nämlich, wenn sie nicht investierte,

* Eine hervorragende Erörterung dieses Punkts findet sich in dem Heft »The Triumph of Indexing«, das die Vanguard Group of mutual funds im Mai 1995 herausgab. Das umstrittene Thema wird an späterer Stelle dieses Kapitels eingehender behandelt.

vorübergehend nicht mit der Meute liefe.« Und der Reporter vermerkte mit einer gewissen Ironie: »Bei jemand, der in festverzinsliche Papiere mit 30jähriger Laufzeit investiert, scheint das auf einen merkwürdigen Zeitsinn hinzudeuten.«

Versetzen Sie sich einmal in die Rolle eines Anlageberaters, der überlegt, ob er einem Kunden Aktien von Johnson & Johnson oder Aktien zur Finanzierung eines neuen Biogenetikunternehmens empfehlen sollte. Für den Fall, daß alles gutgeht, sind die Perspektiven der Neugründung atemberaubend, dagegen hat Johnson & Johnson, obwohl weitaus weniger aufregend, eine aktuell preisgünstige Aktie. Außerdem ist Johnson & Johnson ein »guter« Konzern mit einem weithin geachteten Management. Was wird, wenn Sie den falschen Rat geben? Wenn sich das vielversprechende neue Produkt des neufinanzierten Unternehmens einen Tag später, nachdem Sie die Aktie empfohlen haben, als Reinfall entpuppt? Oder wenn Sie zum Kauf der Johnson & Johnson-Aktie geraten haben und unmittelbar danach ein anderes Pharmaunternehmen ein neues Produkt auf den Markt bringt, das dem erfolgreichsten Medikament von Johnson & Johnson direkt Konkurrenz macht? Welches Ereignis würde bei Ihnen weniger Bedauern über die gefällte Entscheidung auslösen und Ihnen ein weiteres Zusammenarbeiten mit dem enttäuschten Kunden weniger erschweren?

Keynes hat die Frage in seiner *Allgemeinen Theorie* vorweggenommen. Nach der Charakterisierung eines Kapitalanlegers mit dem Mut, »in den Augen der durchschnittlichen Meinung exzentrisch, unkonventionell und voreilig zu sein«, bemerkt Keynes, daß »sein Erfolg die allgemeine Meinung, daß er unbedacht ist, nur bestätigen wird, und ... falls seine Entscheidungen ohne Erfolg sind ..., wird er kein großes Mitgefühl finden. Die Weisheit der Welt lehrt uns, daß es dem guten Ruf besser ansteht, auf konventionelle Weise zu versagen als auf unkonventionelle Weise erfolgreich zu sein.«[4]

Diese Schlußfolgerung von Keynes wird von der Prospect Theory bestätigt, der zufolge Sie folgende Entscheidung treffen werden. Zunächst einmal: Die absolute Leistung der Aktie, für die Sie sich entscheiden, ist relativ unwichtig. Worauf es ankommt, ist die Leistungsbilanz des neugegründeten Unternehmens im Vergleich zu Johnson & Johnson. Zweitens: Aufgrund von Verlustaversion und Besorgnis wird die Freude bei einem Erfolg der Neugründung weniger intensiv sein als Ihr Schmerz, falls Sie dabei verlieren. Johnson & Johnson dagegen ist eine respektable »Langzeit«-Aktie, auch wenn sie oft enttäuscht.

Die Aktien von guten Unternehmen sind nicht unbedingt gute Aktien – man macht es sich aber leichter, wenn man den Kunden recht gibt, daß es gute Aktien sind. Und deshalb raten Sie Ihrem Kunden am Ende zum Kauf der Johnson & Johnson-Aktie.

Ich habe diese Geschichte nicht einfach bloß so erfunden. Ein Bericht im *Wall Street Journal* vom 24. August 1995 befaßt sich ausführlich mit dem Sachverhalt, daß Anlageberater gegenüber Investitionen in sogenannte Derivate – Thema des folgenden Kapitels – mißtrauisch geworden sind, nachdem Fehlschläge bei Procter & Gamble, im kalifornischen Orange County und anderswo an die große Glocke gehängt wurden. Der Bericht zitiert John Carroll, den Direktor des Pensionsfonds der GTE Corporation, der $ 12 Milliarden schwer ist: »Falls man die richtige Option wählt und Derivate verwenden würde, macht man eventuell einen kleinen Zusatzgewinn. Falls man aber die falsche Option erwischt, könnte man letztlich die Stelle verloren und die Reputation beschädigt haben.« Andrew Turner, der Leiter der Forschungsabteilung bei einer führenden Consultingfirma für institutionelle Anleger, fügt dem noch hinzu: »Auch wenn man seine Position behält, möchte man nicht abgestempelt sein als jemand, der sich von einer Investmentbank aufs Glatteis führen läßt.« Ein führender Finanzmanager aus Boston pflichtet ihm bei: »Wenn man komfortable ... Aktien wie Coca-Cola kauft, geht man ein sehr geringes Karriererisiko ein, weil die Kunden den Markt für dumm erklären, wenn da etwas schiefgeht.«

MIT RICHARD THALER als Rückendeckung hat eine Gruppe von Ökonomiedozenten auf die Mängel des Rationalitätsmodells reagiert und ein neues Forschungsgebiet begründet – die sogenannte »Behavorial Finance«, d.h. die Wissenschaft vom Finanzverhalten. Sie analysieren die Anstrengungen, mit denen Anleger sich einen Weg durch das Hin und Her von Risiko und Ertrag zu bahnen suchen, warum sie in einem Moment nüchternen Berechnungen nachgehen und gleich darauf Gefühlsimpulsen nachgeben. Aus dieser Mixtur von rationalem und nicht-gar-so-rationalem Vorgehen entsteht ein Kapitalmarkt, der selbst regulär nicht so funktioniert, wie er laut Vorhersagen der Theoriemodelle eigentlich funktionieren müßte.

Meir Stanton, ein Endvierziger, der als Professor an der University of Santa Clara wirkt, hat erklärt, Behavioral Finance sei »keineswegs ein Zweig der klassischen Finanzwissenschaft«, »sie ersetzt diese vielmehr dank eines besseren Modells vom Menschen.«[5] Man ist versucht, diese Gruppe und ihre Mitglieder als »Theorienpolizei« zu bezeichnen, weil sie laufend überprüfen, ob Anleger die Gesetze des rationalen Verhaltens, wie sie von den Bernoullis, durch Jevons, von Neumann, Morgenstern und Markowitz niedergelegt wurden, nun befolgen oder nicht.

Richard Thaler begann Anfang der 70er Jahre, über diese Dinge nachzudenken, als er seine Doktorarbeit an der University of Rochester schrieb, die für ihre Forschungen zur Rationalitätstheorie berühmt war.[6] Sein Thema war der Wert eines Menschenlebens. Er wollte nachweisen, daß das richtige Maß des Wertes in der Summe besteht, die Menschen zu zahlen bereit wären, um ein Menschenleben zu retten. Nachdem er sich mit Risikoberufen wie Bergarbeiter und Holzfäller befaßt hatte, beschloß er, das mühsame Arbeiten an einem statistischen Modell zu unterbrechen. Anschließend befragte er Menschen, welchen Wert sie dem eigenen Leben beimäßen.

Er stellte zunächst nur zwei Fragen. Erstens: Wieviel wären Sie bereit zu zahlen, um die Chance von 1 : 1000 zu eliminieren, daß sie gleich sterben? Und wieviel müßte man Ihnen zahlen, damit Sie die Chance von 1 : 1000 eines baldigen Todes akzeptieren? Wie er berichtet, »war der Unterschied zwischen den Antworten auf die beiden Fragen erstaunlich. Eine typische Antwort lautete: ›Ich würde nicht mehr als $ 200 zahlen, aber für $ 50000 kein Extrarisiko hinnehmen.‹« Thaler fand

»die Disparität zwischen Kaufs- und Verkaufspreisen *sehr* interessant«.

Er beschloß daraufhin, eine Liste von »anomalen Verhaltensweisen« aufzustellen – d. h. von Verhaltensweisen, welche den Voraussagen der traditionellen Rationalitätstheorie zuwiderliefen. Die Liste enthielt Beispiele von großen Unterschieden zwischen den Preisen, zu denen eine Person dasselbe Objekt kaufen und verkaufen würde. Sie enthielt auch Beispiele dafür, daß Leute verlorene Kosten – finanzielle Ausgaben, die nie wieder hereinkommen würden – nicht als solche erkannten, so wie es im vorausgehenden Kapitel bei der Theaterkarte für $ 40 der Fall war. Viele befragte Personen »zogen es vor, nichts bedauern zu müssen«. Thaler hat diese Liste 1976 in einem Aufsatz ausgewertet, den er nur an enge Freunde schickte – und »an Kollegen, die ich ärgern wollte«.

Als Thaler kurz darauf an einer Konferenz zum Thema Risiko teilnahm, begegnete er zwei jungen Forschern, die durch Kahneman und Tversky zu der Vorstellung bekehrt worden waren, daß sogenanntes anomales Verhalten in Wahrheit oft ganz normales Verhalten darstellt und daß die Einhaltung von rationalen Verhaltensregeln die Ausnahme bedeutet. Einer der beiden hat Thaler später den Aufsatz »Judgment under Uncertainty« von Kahneman und Tversky zugesandt. Nach der Lektüre war Thaler nach eigener Aussage »geradezu überwältigt«.[7] Ein Jahr darauf hat er Kahneman und Tversky persönlich kennengelernt – seither gab es kein Halten mehr.

MEIR STATMAN BEGANN sich für nichtrationales Verhalten zu interessieren, als ihm während des Wirtschaftsstudiums die menschliche Neigung auffiel, Probleme nicht insgesamt, sondern in Teilaspekten zu betrachten. Ihm fiel auf, daß sogar qualifizierte Wissenschaftler in ihren Beiträgen für renommierte Fachzeitschriften fehlerhafte Schlüsse zogen, weil sie nicht berücksichtigten, daß ein Ganzes das Ergebnis der *Interaktion* seiner Teile bzw. von Kovarianzen ist, um einen Ausdruck von Markowitz zu verwenden, und nicht einfach eine Ansammlung aus eigenständigen Elementen. Statman gelangte bald zu der Erkenntnis, daß die Verdrehungen und Verzerrungen, wie sie durch mentale Buchführung verursacht werden, keineswegs auf die Laienwelt beschränkt sind.

Statman erwähnt einen Fall, auf den er beim Lesen einer Zeitschrift stieß und der von einem Hauseigentümer handelte, der zwischen einer Hypothek mit festen Abzahlungsraten und einer Hypothek mit zinsvariablen Raten zu wählen hatte.[8] Der Zeitschriftenbeitrag behandelt die Kovarianz zwischen der Hypothekabzahlung und dem Einkommen des Darlehensnehmers und kam zu dem Schluß, daß variable Raten für Personen angemessen sind, deren Einkommen im allgemeinen mit der Inflation Schritt hält, und daß feste Raten sich für Personen mit relativ gleichbleibendem Einkommen eignet. Statman fiel auf, daß die Autoren es aber versäumten, die Kovarianz zwischen dem Wert der Immobilie und den beiden erwähnten Variablen zu berücksichtigen; so könnte beispielsweise ein inflationärer Wertanstieg der Immobilie zinsvariable Abzahlungsraten erträglich machen – wie immer sich das Einkommen des Hauseigentümers auch entwickeln würde.

Der Universitätskollege Hersh Shefrin zeigte Statman 1981 den Aufsatz »An Economic Theory of Self-Control«, den er gemeinsam mit Richard Thaler verfaßt hatte.[9] Der Aufsatz führte aus, daß Menschen, die mit der Selbstkontrolle Probleme haben, ihre Möglichkeiten bewußt einschränken. So vermeiden es beispielsweise Personen mit Gewichtsproblemen, einen Kuchen vorrätig zu haben. Der Aufsatz wies auch nach, daß die positive Kovarianz zwischen der Zahlung von Hypotheken und dem Wert des Hauses als Kreditsicherheit von Menschen absichtlich ignoriert wird. Man betrachtet das Haus als »Sparschwein«, das nicht angerührt werden darf, obwohl man es als Sicherheit für weitere Kredite verwenden könnte und das, dank der Gesetze für die sogenannten Home Equity Loans, manchmal sogar tut.* Nach der Lektüre dieses Aufsatzes war auch Statman bekehrt.

* In einer Rede vor der National Association of Realtors im Mai 1995 hat niemand Geringerer als Alan Greenspan, der Präsident der Federal Reserve Board, die Richtigkeit der Sparschweinmetapher bestätigt: »Man kann die Bedeutung der Preistrends bei Eigenheimen auf die Psyche und das Verhalten der Konsumenten kaum hoch genug veranschlagen ... Die Konsumenten betrachten ihren Hausbesitz als Sicherheitspolster gegen die Möglichkeit zukünftiger

Ein Jahr später arbeiteten Shefrin und Statman gemeinsam an einem aufschlußreichen Aufsatz mit dem Titel »Explaining Investor Preference for Cash Dividends«[10], der 1984 im *Journal of Financial Economists* erschien.

Die Frage, warum Unternehmen Dividenden zahlen, hat die Wirtschaftswissenschaftler schon lange beschäftigt. Warum schütten die Firmen ihre Aktivposten an die Aktionäre aus, insbesondere wenn sie zur gleichen Zeit selbst Kredite aufnehmen? Im Zeitraum von 1959 bis 1994 haben Industrie- und Handelsfirmen in den USA über $ 2 Billionen geborgt, während sie Dividenden in Höhe von $ 1.8 Billionen auszahlten.* Sie hätten fast 90% der Verschuldungszunahmen vermeiden können, wenn sie gar keine Dividenden gezahlt hätten.

Von der Summe der Dividenden, die im Zeitraum von 1959 bis 1994 von den Unternehmen einschließlich des Finanzsektors insgesamt ausgeschüttet wurden, sind $ 2.2 Billionen an Einzelpersonen geflossen, die jeden Dollar dieser Summe zu versteuern hatten. Wenn die Unternehmen diese Summe an Stelle einer Dividendenausschüttung dazu genutzt hätten, ausstehende Aktien auf dem offenen Markt zurückzukaufen, so wäre der Ertrag pro Aktie höher ausgefallen, die Zahl der in den Händen des Publikums befindlichen Aktien geringer und der Aktienpreis höher gewesen. Außerdem hätten die verbliebenen Aktionäre sich einer »hausgemachten« Dividendenausschüttung erfreuen können, indem sie einen Teil der wertmäßig gestiegenen Aktien verkauften, um Konsum zu finanzieren, und sie hätten die günstigere, niedrige Kapitalgewinnsteuer gezahlt, die für den größten Teil jener Zeitspanne damals galt. Alles in allem wären die Aktionäre somit reicher gewesen.

Zur Klärung des Rätsels machten Shefrin und Statman sich die Konzepte von einer mentalen Buchführung, von Selbst-

schwerer Zeiten.« Als Folge der Zunahme von Darlehen in Form von Home Equity Loans ist in den USA der Vermögenswert von Häusern, nach Abzug der Hypotheken, von 73% des Immobilienwerts im Jahre 1983 bis zum Zeitpunkt, da ich diese Zeilen schreibe, auf 55% geschrumpft. Wie *Business Week* in der Ausgabe vom 10. Juli 1995 konstatierte, ist diese Tatsache zu »einem Haupthemmnis für Konsumwachstum« geworden.

* Unternehmen des Finanzsektors klammern wir bei diesen Berechnungen aus, um Doppelkalkulationen zu vermeiden. Banken und andere Finanzinstitute leihen das Kapital, das sie selber aufnehmen, zum größten Teil an Industrie- und Handelsfirmen weiter aus.

kontrolle, Entscheidungsjammer und Verlustaversion zunutze. Im Sinne des »unparteiischen Beobachters« von Adam Smith und des Freudschen »Über-Ichs« suchen Investoren Zuflucht bei diesen Abweichungen von einer rationalen Entscheidungsfindung, weil sie die Einschränkung ihres Konsumbudgets auf Einkünfte aus Dividenden für den rechten Weg halten. Konsum durch einen Verkauf von Aktien zu finanzieren, gilt als verpönt.

Shefrin und Statman gehen von der Vorstellung einer Spaltung der menschlichen Psyche aus. Ein Teil unserer Persönlichkeit funktioniert im Sinne eines internen Planers mit Langzeitperspektive – eine Autorität, die insistiert, daß Entscheidungen getroffen werden, die der Zukunft mehr Gewicht einräumen als der Gegenwart. Der andere Teil sucht unmittelbare Befriedigung. Die beiden Teile befinden sich in einem Dauerkonflikt.

Manchmal kann der Planer obsiegen, indem er einfach den Lohn einer Selbstverleugnung hervorhebt. Sollte es jedoch notwendig sein, kann er jederzeit von Dividenden reden. So wie der Lampenschirm die Flasche vor dem Alkoholiker »versteckt«, »verstecken« Dividenden den Kapitalpool, der eigentlich ja zur Finanzierung von Sofortbefriedigungen vorhanden wäre. Durch das wiederholte Zitieren der Lektion, daß ein Ausgeben der Einkünfte aus Dividenden vertretbar, das Angreifen des Kapitals dagegen Sünde ist, hält der Planer den Betrag, der für Konsum ausgegeben wird, unter Kontrolle.

Ist der Groschen dieser Lektion einmal gefallen, bestehen Anleger darauf, daß Aktien in ihrem Besitz Dividenden bringen und eine regelmäßige Wertsteigerung versprechen müssen. Ohne Dividende ist kein Geld zum Ausgeben da, eine Alternative gibt es nicht. *In der Theorie* wäre der Verkauf von ein paar Aktien als Ersatz für den Empfang von Dividenden durchaus zur Konsumfinanzierung geeignet – und steuerlich kommt ein Verkauf von Aktien sogar billiger –, doch *in der Praxis*, zum Aufstellen von Barrieren zur Selbstkontrolle, ist das keineswegs ein gleichwertiger Ersatz.

Shefrin und Statman fordern den Leser zum Überdenken von zwei Fällen auf. Erstens: Sie nehmen $600 aus Dividendeneinkünften und kaufen sich damit ein Fernsehgerät. Zweitens: Sie verkaufen Aktien im Wert von $ 600 und kaufen sich mit dem Erlös ein Fernsehgerät. In der anschließenden Woche wird das Unternehmen Ziel eines Übernahmeversuchs, woraufhin der Preis der Aktie sprunghaft steigt. Welcher Fall löst bei Ihnen größeres Bedauern aus? Der Theorie zufolge sollte es da keinen Unterschied geben. Die $ 600 aus der Dividende hätten Sie statt zum Kauf eines Fernsehers auch zum Erwerb von zusätzlichen Aktien nutzen können – insofern war diese Entscheidung genauso kostspielig wie die Entscheidung, zum Kauf des Fernsehgeräts Aktien abzustoßen. Das heißt, Sie haben – so oder so – den Wertzuwachs von Aktien im Wert von $ 600 verloren.

Doch, herrje, welch ein Schock, wenn Dividenden gekürzt werden! Als Consolidated Edison nach 89 Jahren ununterbrochener Dividendenausschüttung 1974 wegen des ums Vierfache gestiegenen Ölpreises die Zahlungen aussetzen mußte, brach auf der jährlichen Aktionärsversammlung blanke Hysterie aus. Typisch war eine an den Vorstandsvorsitzenden gerichtete Frage: »Was sollen wir machen? Sie können mir nicht sagen, wann es wieder eine Dividende geben wird? Wer wird mir die Miete bezahlen? Früher hatte ich einen Ehemann. Con Ed muß die Rolle meines Mannes übernehmen.« Diese Aktionärin erwog nicht einen Moment lang die Möglichkeit eines Firmenbankrotts für den Fall, daß bei Verlusten Dividende ausgeschüttet würde. Was hätte die Firma dann wohl noch als Ehemannersatz getaugt? Doch ein Verkauf von Aktien zur Abdeckung der Mietkosten kam der Frau nie in den Sinn. Was ihre Person anging, so waren die Einkünfte aus Dividenden und das Kapital zwei verschiedene Paar Schuh. Mit dem Kapital war es wie in einer guten Ehe: Eine Trennung war unvorstellbar.

In einer Erörterung der Arbeit von Shefrin und Statman hat der Nobelpreisträger Merton Miller, ein Professor an der Universität Chicago und einer der stärksten Verfechter der Rationalitätstheorie, folgenden Kommentar über Anleger gemacht, die sich Investmentberatern nicht anvertrauen:

> Für solche Anleger bedeuten Aktien gewöhnlich mehr als bloß die abstrakten »Bündel von Erträgen« unserer wirtschaftswissenschaftlichen Modellvorstellungen. Hinter jeder Aktienposition kann eine persönliche Geschichte stecken, die Geschichte eines Familienunternehmens, von Familienquerelen, Erbschaften [und] Scheidungsverträgen ..., die für unsere Theorien der Portfolioselektion eigentlich völlig irrelevant sind. Daß wir beim Aufbau unserer Modellvorstellungen von all diesen Geschichten abstrahieren, geschieht nicht etwa aus dem Grunde, daß solche Geschichten uninteressant wären, sondern weil sie eben viel zu interessant sein und uns dadurch von den allseits marktbeherrschenden Kräften ablenken könnten, denen unser Hauptaugenmerk zu gelten hat.[11]

ICH HABE IM zehnten Kapitel dieses Buches den Aufsatz »Does the Stock Market Overreact?« erwähnt, den Thaler und sein Postgraduatestudent Werner DeBondt im Dezember 1985 auf der Jahrestagung der American Finance Association vortrugen. Dort wurde der Aufsatz zur Illustrierung der Regel von der Regression zum Mittelwert verwendet. Er kann aber auch als Demonstration für das Versagen der Theorie vom rationalen Verhalten dienen.

Ich habe auf jener Sitzung an der Diskussion teilgenommen und zu Beginn erklärt: »Da hat nun endlich auch die Welt der Wissenschaft kapiert, was die Investoren schon immer gewußt haben.«[12] Auf die Titelfrage des Aufsatzes gab es eine einstimmige Antwort: »Jawohl!«

Als Beweis für die Prospect Theory boten Thaler und DeBondt folgendes Beispiel: Wenn neue Informationen eintreffen, korrigieren die Investoren ihre Meinung nicht gemäß den objektiven Methoden à la Bayes, sondern indem sie den neuen Daten zu viel Gewicht verleihen und frühere, langfristigere Informationen geringschätzen. Das heißt, sie bemessen die Wahrscheinlichkeit von Resultaten eher nach der »Verteilung der Eindrücke« als aufgrund einer objektiven Berechnung, die auf historischen Wahrscheinlichkeitsverteilungen beruht. Und das ist der Grund, warum die Aktienpreise systematisch so extrem in die eine oder andere Richtung ausschlagen, daß eine Umkehr vorhersehbar ist, und zwar ganz unabhängig von Einflüssen auf Erträge oder Dividenden oder von sonstigen objektiven Faktoren.

Bei Zuhörern, die über diesen Beweis für eine irrationale Entwicklung der Preise schockiert waren, stieß der Vortrag auf Kritik. Die Debatte dauerte etliche Jahre an und konzentrierte sich im wesentlichen auf die Methode, wie Thaler und DeBondt ihre Daten gesammelt und interpretiert hatten. Ein Problem war kalendarischer Natur: Ein übermäßiger Anteil der Gewinne aus dem Verkauf der erfolgreichen Aktien und dem Ankauf von Verlustaktien fiel auf den Monat Januar, für den Rest des Jahres hielt sich beides mehr oder weniger die Waage. Andere, von anderen Forschern durchgeführte Tests führten zu widersprüchlichen Ergebnissen.

Im Mai 1993 kam unter der Schirmherrschaft des hochangesehenen National Bureau of Economic Research ein thematisch verwandter Aufsatz heraus mit der Überschrift: »Contrarian Investment, Extrapolation, and Risk«.[13] Die drei Autoren, die Universitätsdozenten Josef Lakonishok, André Shleifer und Robert Vishny bestätigten mit ihrer hochkarätigen statistischen Analyse, daß die sogenannten preiswerten Aktien – Aktien, die in Relation zu Gewinn, Dividende und Reserven eines Unternehmens zu einem niedrigen Preis verkauft werden – höher bewertete Aktien tendenziell übertreffen, selbst nachdem die Unbeständigkeitsquote und weitere anerkannte Risikofaktoren berücksichtigt worden waren.

Es war eine bemerkenswerte Arbeit – und das nicht nur wegen der Schlußfolgerung, die keineswegs originell war, oder wegen der Gründlichkeit und Eleganz der statistischen Präsentation. Ihre Bedeutung lag vielmehr in ihrer Bestätigung der verhaltensspezifischen Erklärung solcher Resultate durch Thaler und DeBondt. Teils aus Angst vor falschen Entscheidungen, teils aus Gründen von Kurzsichtigkeit bewerten Anleger die Aktien von Unternehmen, die mit Schwierigkeiten zu kämpfen haben, kurzfristig zu niedrig, obwohl nach dem Gesetz von der Regression zum Mittelwert die meisten dieser Firmen langfristig höchstwahrscheinlich wieder zu einem gesunden Zustand zurückfinden würden. In gleichem Maße werden Unternehmen, die nach jüngsten Informationen dramatische Verbesserungen zeigen, von den Anlegern überbewertet, die einfach übersehen, daß die Dinge nicht endlos besser und immer besser werden können.

Lakonishok, Shleifer und Vishny haben sich zumindest selber überzeugt. Sie haben 1995 ein eigenes Unternehmen gegründet, um im Sinne ihres Gegenmodells Kapital zu verwalten.

THALER HAT seine anfängliche Faszination für jenen »*sehr* interessanten« Unterschied zwischen den Preisen, für welche die Menschen die gleichen Objekte zu kaufen bzw. zu verkaufen bereit sind, nie verloren. Den Begriff *Endowment Effect* prägte er, zur Kennzeichnung unserer Neigung, für Gegenstände unseres Eigentums einen höheren Verkaufspreis anzusetzen, als wir zu zahlen bereit wären, wenn sie uns nicht gehörten.*

In einem gemeinsam mit den Kollegen Daniel Kahneman und Jack Knetsch 1990 verfaßten Aufsatz berichtete Thaler über eine Reihe von Hörsaalexperimenten, welche die Wirkung dieses *Endowment Effect* oder Dotationseffekts nachweisen sollten.[14] Bei einem Experiment erhielten die Studenten Cornell-Kaffeebecher mit dem Hinweis, daß sie diese Kaffeebecher nach Hause mitnehmen dürften. Man zeigte ihnen außerdem eine Preisskala und fragte sie nach dem niedrigsten Preis, zu dem sie ihren Kaffeebecher verkaufen würden. Andere Studenten wurden nach dem Höchstpreis gefragt, zu dem sie einen solchen Kaffeebecher erwerben würden. Der durchschnittliche Eigentümer wollte nicht unter $ 5,25 verkaufen, der durchschnittliche Käufer hingegen nicht mehr als $ 2,25 bezahlen. Eine Serie von zusätzlichen Experimenten lieferte durchgehend Resultate mit der gleichen Aussage.

Der *Endowment Effect* hat starken Einfluß auf Investitionsentscheidungen. Im Sinne der gängigen Theorie würden alle rational handelnden Anleger bei den Investitionsbewertungen

* Wie üblich hat Shakespeare den Sachverhalt wieder einmal längst erkannt. In der ersten Szene des ersten Akts im Drama *Timon von Athen* sagt der Juwelier zu Timon: »Mein Herr, es ist bewertet / Wie's jene, die verkaufen, schätzen würden; doch wie Ihr wißt / Sind Dinge gleichen Werts, doch and'rer Eigentümer / von den Besitzern hochgeschätzt.«

übereinstimmen und deshalb alle miteinander die identischen Portfolios von riskanten Anlagen wie Aktien halten. Falls dieses Portfolio einem Anleger zu risikoreich erschiene, würde er es mit Barmitteln kombinieren, während ein risikofreudigerer Anleger das Portfolio als Sicherheit für Kredite zum Ankauf von weiteren Aktien der gleichen Art nutzen könnte.

Die reale Welt ist allerdings gänzlich anders. Gewiß, die führenden institutionellen Anleger halten viele gemeinsame Aktien, weil nämlich die schieren Dollarmengen, die sie zu investieren haben, sie auf die Aktien mit den höchsten Marktpreisen beschränken – auf Aktien wie General Electric und Exxon. Kleineren Anlegern steht dagegen ein viel größeres Spektrum zur Auswahl, und in der Tat, es kommt selten vor, daß man zwei Anleger mit identischen Portfolios oder auch nur mit einer signifikanten Überlappung findet. Und nachdem eine Sache einen Besitzer gefunden hat, trennt sich der Besitzer so leicht nicht wieder davon, ganz gleich, was ihre objektive Bewertung ergeben mag.

So hat beispielsweise der *Endowment Effect*, der aus der Nationalität des emittierenden Unternehmens rührt, starken Einfluß auf die Bewertung. Obwohl die internationale Diversifizierung von Investmentportfolios in den letzten Jahren zugenommen hat, halten Amerikaner immer noch vorwiegend amerikanische Aktien und Japaner meistens Aktien von japanischen Unternehmen. Aber während ich dies schreibe, macht der amerikanische Aktienmarkt nur 35% und der japanische bloß 30% des Weltmarktes aus.

Eine Erklärung dieser Tendenz besagt, daß es aufwendiger ist, Informationen über Wertpapiere in einem ausländischen Markt als im Inlandsmarkt zu gewinnen. Diese Erklärung erscheint aber nicht ausreichend, um solch große Unterschiede im Aktienbesitz zu erklären. Es muß doch zwingendere Gründe geben, warum Kapitalanleger so offensichtlich zögern, Wertpapiere zu besitzen, die in Märkten domiziliert sind, welche 65% bis 70% des Investmentuniversums ausmachen.

Eine meisterliche Untersuchung des Einflusses, den der *Endowment Effect* auf internationale Investitionen hat, führte 1989 der damals an der Universität Chicago und heute in Yale lehrende Kenneth French gemeinsam mit James Poterba vom MIT aus.[18] Zielobjekt ihrer Forschungen war das Fehlen grenzüberschreitenden Besitztums zwischen Amerika und Japan. Damals befand sich kaum mehr als 1 % des Börsenvolumens der USA in japanischem Eigentum, während Amerikanern nicht einmal 1 % des Tokyoer Marktvolumens gehörte. Es gab zwar eine beträchtliche Menge von Aktivitäten, in Japan selbst fand ein substantielles Kaufen und Verkaufen von amerikanischen und innerhalb Amerikas von japanischen Aktien statt. Doch die Nettokäufe waren auf beiden Seiten gering.

Daraus resultierte eine auffällige Bewertungsverzerrung zwischen den Märkten. Wie die Berechnungen von French und Poterba dokumentieren, konnte der geringe Bestand japanischer Aktien im Besitz von amerikanischen Investoren nur gerechtfertigt werden, wenn die Amerikaner jährlich inflationsbereinigte, also reale Ergebnisraten von 8,5 % in den USA und von 5,1 % in Japan erwarteten. Die geringen Bestände amerikanischer Aktien im Besitz japanischer Investoren war nur zu rechtfertigen, wenn die Japaner inflationsbereinigte Erträge von 8,2 % in Japan und von 3,9 % in den USA erwarteten. Weder Steuern noch institutionelle Beschränkungen hätten Unterschiede zu erklären vermocht, deretwegen von Neumann sich in seinem Grab umgedreht hätte.* Sie konnten auch nicht durch die Theorien der rationalen Entscheidungsfindung von Investoren erklärt werden. Die Antwort auf diese Fragen muß im *Endowment Effect* begründet sein.**

DIE IN DIESEM KAPITEL angeführten Nachweise vermitteln nur einen schwachen Eindruck von der Achtsamkeit der Theorienpolizei, Menschen im Akt des Vergehens gegen die Regeln rationalen Verhaltens zu fassen. Es gibt darüber eine umfangreiche Literatur, die stetig wächst und sehr vielfältig ist.

* Im 7. Kapitel von »The Psychology of Choice and the Assumptions of Economics« (1987) hat Thaler tatsächlich erklärt, daß die Nutzentheorie von Neumanns und Morgensterns im psychologischen Test versagt hätte. Vgl. S. 139.

** Diese schlichte Behauptung sollte nicht eng verstanden werden. Interkulturelle Probleme und Sorgen wegen der wirtschaftlichen Gesundheit des Heimatlandes erhöhen den Wert der heimischen Wertpapiere und mindern den Wert ausländischer Effekten.

Und nun kommen wir zur größten Anomalie überhaupt. Obwohl Millionen von Kapitalanlegern sich des Vergehens gegen die Rationalität für schuldig bekennen würden, verhält sich der Markt dort, wo es wirklich darauf ankommt, ganz so, *als ob* die Rationalität die Oberhand behielte.

Was hat die Wendung zu bedeuten – »dort, wo es wirklich drauf ankommt«? Und falls diese Behauptung wirklich zutreffen sollte – was ergibt sich daraus für das Risikomanagement an Konsequenzen?

Eine präzise Definition der Wendung findet sich bei Keynes. An einer berühmten Stelle seines Buches *Die Allgemeine Theorie der Beschäftigung, des Zinses und des Geldes* charakterisiert Keynes den Markt als »... sozusagen ein Spiel Schnippschnapp, Alte Jungfer, Reise nach Jerusalem – ein Zeitvertreib, bei dem derjenige gewinnt, der weder zu früh noch zu spät Schnippschnapp ausruft, der die Alte Jungfer an den Nachbarn weitergibt, bevor das Spiel vorbei ist, der sich einen Stuhl sichert, bevor die Musik aufhört«.[16]

Die Metapher von Keynes suggeriert einen Test zur Erprobung, ob der Markt wirklich so handelt, als ob die Rationalität die Oberhand behält, wo es darauf ankommt: Die Tatsache nichtrationalen Agierens sollte rational denkenden Investoren endlos Gelegenheit bieten, Schnippschnapp zu rufen, die Alte Jungfer weiterzugeben oder sich beim Flüchten vor der Theorienpolizei vor den übrigen Anlegern einen Sitzplatz zu sichern. Wenn diese Gelegenheiten sich nicht ergeben oder aber zu kurz sind, um einen Vorteil zu bieten, dann könnten wir genausogut annehmen, daß der Markt rational ist, wenngleich wir wissen, daß er von vielen irrationalen Kräften durchzogen ist. »Wo es darauf ankommt« bedeutet, daß es nur sehr wenige Möglichkeiten gibt, im Wetten gegen irrationale Investoren zu profitieren, obschon deren Anwesenheit auf dem Markt vielfach bezeugt ist. Denn dort, wo es darauf ankommt, entspräche das Marktverhalten dem Rationalitätsmodell.

Wenn alle Anleger dem gleichen rationalen Denkmuster folgen würden, dann würden die erwarteten Erträge und Risikoanpassungen für alle, die sich zur gleichen Zeit im Besitz der gleichen Informationen befinden, genau gleich aussehen. Für den unwahrscheinlichen Fall, daß einige wenige Anleger sich einem nichtrationalen Verhalten überließen, würden sie letztendlich teuer einkaufen und wieder billig verkaufen, wenn besser informierte Anleger die Preise wieder zu einer rationalen Bewertung zurücktreiben. Ansonsten aber würden die Aktienpreise sich immer nur dann verändern, wenn neue Informationen verfügbar würden, und neue Informationen kommen zufällig und willkürlich herein.

So würde also ein völlig rationaler Markt funktionieren. Da könnte niemand den Markt insgesamt übertrumpfen. Da würden sämtliche Möglichkeiten und Chancen genutzt. Da würden alle Anleger auf der jeweiligen Risikoebene gemäß der gleichen Ertragsquote verdienen.

Allem Anschein nach ist es wirklich so, daß die Anleger große Mühe haben, einander auf eine überzeugende oder konsequente Weise zu übertreffen. Oft ist der Held von heute der Volltrottel von morgen. Und auf Dauer gesehen ist es so, daß aktiv operierende Investmentmanager – d.h. Investoren, die bewußt Aktien herauspicken und deren Portfolios nicht marktkonform zusammengesetzt sind – hinter dem Erfolg von Börsenindikatoren wie dem S&P-Index von 500 Aktien zurückbleiben oder sogar von einem umfassenderen Aktien-Index wie dem Willshire 5000 oder dem Russell 3000 abgehängt werden. So haben beispielsweise 78% aller aktiv gemanagten Aktienfonds während des letzten Jahrzehnts durchweg schlechter abgeschnitten als der Vanguard-Index 500 Investmentfond, dessen Aktienspektrum dem Standard & Poor 500 folgt. Für frühere Perioden sind die Daten nicht so eindeutig; der S&P hat sich jedoch über lange Zeitspannen als stetig erfolgreich erwiesen.

Neu ist dieses Phänomen nicht. Der reiche Investor Alfred Cowles, der im übrigen ein brillanter Privatgelehrter war, hat 1933 eine Studie veröffentlicht, die für eine Vierjahresperiode einen Großteil der publizierten Finanzdienste plus sämtliche An- und Verkäufe bei zwanzig führenden Brandversicherungsgesellschaften analysierte. Cowles kam zu der Erkenntnis, daß die richtigste aus einer Serie von Zufallsvorhersagen, die durch das Ziehen von Karten aus einem entsprechenden Satz gewonnen wurden, nicht minder zutreffend war wie die richtigste Vorhersage aus einer Serie von echten Prognosen, und daß die von den Brandversicherungsgesellschaften erzielten Ergebnisse genausogut »mittels einer rein willkürlichen Auswahl von Aktien hätten erbracht werden können«.[17] Und heutzutage, da die Marktaktivitäten von großen, bestens ausgerüsteten und informierten institutionellen Anlegern dominiert werden, ist es noch viel schwieriger als in der Vergangenheit, dem Markt voraus zu sein und zu bleiben.

Wenn die Anleger außerstande sind, sich gegenseitig mit einer gewissen Verläßlichkeit zuvorzukommen, so mag vielleicht der Computer das nichtrationale Verhalten des Marktes vorteilhaft nutzen; Maschinen sind schließlich immun gegen typisch menschliche Unzulänglichkeiten wie den *Endowment Effect*, Kurzsichtigkeit und die Angst, Entscheidungen bedauern zu müssen. Doch bisher haben Computermodelle, die dem Anleger zum Kauf raten, wenn andere sich ängstlich zurückhalten, und einen Verkauf empfehlen, wenn andere übertrieben zuversichtlich sind, durchwachsene bzw. uneinheitliche Resultate erbracht. Entweder die Anleger werden noch verängstigter oder noch selbstsicherer, als das Computermodell vorhersagt, oder aber ihr Verhalten liegt außerhalb der Muster, die der Computer zu erkennen vermag. Doch in anderer Hinsicht bietet das auf Computer umgestellte Aktiengeschäft, wie wir gleich sehen werden, fruchtbare Forschungsmöglichkeiten.

Es kommt manchmal vor, daß einzelne Investoren mit außergewöhnlichen Erfolgsphasen hervortreten. Aber selbst wenn wir solche Phänomene eher ihrer Tüchtigkeit als dem Glück zuschreiben, bleiben zwei Probleme.

Erstens sind vergangene Erfolgsbilanzen ein schwacher Wegweiser für die Zukunft. Im nachhinein sind die Gewinner deutlich erkennbar, wir verfügen jedoch über keine zuverlässige Methode, um Anleger, die aufgrund ihrer Fähigkeiten in den vor uns liegenden Jahren das Rennen machen werden, *im voraus* identifizieren zu können. Außerdem ist auch das Timing ein wichtiger Aspekt. Selbst die erfolgreichsten Investoren – Männer wie Benjamin Graham und Warren Buffett – haben lange Perioden von Mindererfolgen durchgemacht, über die jeder Fondsmanager die Hände über dem Kopf zusammenschlagen würde. Andere Staranleger kommen mit ein oder zwei brillanten Geschäften rasch zu Ruhm, um ihn dann ebenso rasch wieder zu verlieren, sobald sie große öffentliche Gefolgschaft bekommen. Und niemand kann sagen, wann ihr nächster Aufstieg kommt – falls überhaupt einer kommt.

Die gleiche Kritik gilt auch der schönen Erfolgskurve der Investmentfonds, die ihren Wertpapierbestand nach einem Aktienindex ausrichten und nicht aktiv steuern, denn hier sind Leiterkenntnisse aufgrund vergangener Erfolge auch nicht zuverlässiger als bei einem aktiv tätigen Aktienmanagement. Ja, der Aktienindex spiegelt all die Marotten und nichtrationalen Verhaltensweisen des Marktes noch viel krasser als jedes Portfolio. Dennoch hat ein Portfolio, das einem führenden Börsenindex wie dem S & P 500 folgt, klare Vorteile gegenüber aktiv gesteuerten Portfolios. Da ein Umschlag nur dann entsteht, wenn es im Index eine Veränderung gibt, können die Kosten aus Transaktionsgebühren und Kapitalgewinnsteuern auf einem Minimum gehalten werden. Außerdem belaufen sich die von Indexfondsmanagern verlangten Gebühren auf etwa 0,01 % der Einlagen; aktiv steuernde Manager dagegen fordern ein Vielfaches, das oft 1 % der Kapitaleinlagen übersteigt. Und solche eingebauten Vorteile sind weder vom Glück abhängig noch durch die Sonderentwicklung irgendeiner Zeitspanne gefährdet. Sie arbeiten dauerhaft zugunsten des Anlegers.

Falls man aber den Indizien von besonders hoher Managementtüchtigkeit folgt, stellt sich ein zweites Problem. Es ergibt sich aus der Kurzlebigkeit von Erfolgsstrategien. Kapitalmärkte, die so aktiv und liquide sind wie der amerikanische, sind dermaßen stark auf Wettbewerb eingestellt, daß Erfolge aufgrund des Testens neuer Erkenntnisse aus Daten der Vergangenheit sich nur schwer wiederholen oder über längere Zeit durchhalten lassen. Vielen cleveren Leuten bleibt es versagt, reich zu werden, weil nämlich viel weniger clevere Leute sehr bald in ihre Fußstapfen treten und den Vorteil ersticken, den sie sich mit ihrer Strategie zu verschaffen gedachten.

Da es immer möglich ist, daß Trittbrettfahrer beim gerade anfahrenden Zug einer Erfolgsstrategie aufspringen, kann es durchaus sein, daß es unter ihnen Personen gibt, die – sämtlichen Wahrscheinlichkeitsregeln von Glück zum Trotz – laufend den Marktdurchschnitt übertreffen, aber konsequent ihre Anonymität wahren. Der Nobelpreisträger Paul Samuelson – ein beredter Verfechter der Hypothese, daß die Märkte sich so verhalten, als ob sie rational wären – hat diese Möglichkeit explizit ausgesprochen: »Die Menschen unterscheiden sich nach Größe, Schönheit und Bissigkeit, warum dann nicht auch in ihrem P. Q. oder *Performance*-Quotienten?« Er weist allerdings darauf hin, daß Menschen mit besonders hohem P.Q. ihre Talente wohl kaum verdingen werden »an die Ford Foundation oder der Treuhandabteilung der Regionalbank. Dafür ist ihr I. Q. einfach zu hoch.«[18] Man wird in der Zeitschrift *Wall Street Week* oder auf dem Titelblatt des *Time*-Magazins nicht auf ihren Namen stoßen, und sie werden auch keine Beiträge zur Portfoliotheorie für wissenschaftliche Periodika verfassen.

Statt dessen leiten sie Personalgesellschaften, Teilhaberfirmen, die nur eine begrenzte Zahl von Anlegern mit mindestens siebenstelligen Einlagesummen aufnimmt. Da sie am Kapitalgewinn partizipieren und ein Managementhonorar erhalten, haben sie dank eines mit anderer Leute Geld aufgestockten Eigenkapitals Gelegenheit, ihren P. Q. voll auszuspielen. Es könnte gut sein, daß so mancher von ihnen beim Schnippschnappspiel gewinnen würde.

Mit den Intentionen solcher Investoren werden wir uns im 19. Kapitel befassen. Ihre Strategien nutzen theoretische und empirische Konzepte, die bis auf die Anfänge der Wahrscheinlichkeitstheorie und den Chevalier de Méré zurückgehen. Die Strategien enthalten jedoch eine komplexere Auffassung von der Rationalität des Marktes, als ich bisher dargelegt habe. Falls der Gedanke, daß Risiko Chance bedeutet, Gültigkeit besitzt, so weist diese kleine Schar uns den Weg.

Trotzdem bilden solche Privatfirmen nur ein Randphänomen des Marktes. Die meisten Anleger haben entweder zu wenig Kapital, um Teilhaber zu werden, oder sie sind, wie die gigantischen Pensionsfonds, so enorm groß, daß sie keinen bedeutsamen Anteil ihrer Vermögenswerte in Teilhaberfirmen einbringen können. Im übrigen könnte es gut sein, daß solche

Fonds von dergleichen Maßnahmen durch die Angst zurückgehalten werden, sie könnten die Entscheidung bedauern, falls so unkonventionelle Investitionen danebengehen. Und falls die finanzstärksten Investoren sich auf Experimente mit exotischen quantitativen Konzepten einlassen sollten, müßten sie sich jedenfalls hüten, einander in die Quere zu kommen.

WELCHE KONSEQUENZEN ergeben sich aus alldem für das Risikomanagement? Macht das Faktum nichtrationalen Verhaltens das Investieren riskanter, als es sonst wäre? Die Frage läßt sich nur im Rahmen eines historischen Rückblicks beantworten.

Die Kapitalmärkte sind immer unbeständig gewesen, weil sie eben mit nichts anderem handeln als mit Wetten auf die Zukunft, die nun einmal voller Überraschungen ist. Der Kauf von Aktien, die ja kein Fälligkeitsdatum haben, ist eine heikle Sache. Es gibt für Anleger nur einen Weg, ihre Positionen flüssig zu machen, nämlich sie untereinander zu verkaufen. Damit ist aber jeder auf die Erwartungen und die Kaufkraft der anderen angewiesen. Ähnliches gilt auch für festverzinsliche Wertpapiere, deren gemeiner Wert zwar wieder in bar an die Eigentümer zurückfällt, jedoch erst zu einem zukünftigen Termin.

Solche Gegebenheiten bieten ein ideales Umfeld für nichtrationales Verhalten, denn Ungewißheit ist stets unheimlich. Wenn nun aber in diesem Drama die nichtrational handelnden Charaktere nach Anzahl und Kapitalmenge die rational operierenden Mitspieler übermannen, so werden die Effektenpreise wahrscheinlich von ihrem ausgewogenen Niveau abweichen und für längere Zeit aus dem Gleichgewicht geraten. Solche Perioden währen häufig lange genug, um auch die Geduld noch so rational denkender Anleger zu erschöpfen. Unter den meisten Umständen ist daher der Markt unbeständiger, als es der Fall wäre, wenn jedermann sich an das Rationalitätsmodell hielte, so daß Kahneman und Tversky sich andere Themenbereiche suchen müßten.[19]

Dennoch ist die deutliche Beachtung des Investitionsrisikos und des Verhältnisses von Risiko und Ertrag eine relativ neue Entwicklung. Die Grundidee hat Harry Markowitz erstmals im

Jahre 1951 dargelegt; das scheint lange her, doch die Idee ist ein Spätzünder gewesen, weil die Akzentuierung des Risikos bei der Portfolioselektion in den frühen 50er Jahren wegen der damals einsetzenden Hausse wenig Aufmerksamkeit fand. In der Wissenschaft akzelerierte das Interesse während der 60er Jahre, die Börsianer spitzten jedoch erst nach 1974 die Ohren.

Erklären läßt die verspätete Beachtung sich nur mit dem Hinweis auf Veränderungen der Marktbeständigkeit. Von 1926 bis 1945 – und in diesen Zeitraum fiel immerhin der Große Börsenkrach, die Weltwirtschaftskrise und der Zweite Weltkrieg – betrug die Standardabweichung der jährlichen Gesamterträge (Einkünfte plus Kapitalwertschwankungen) 37% pro Jahr, während die Erträge sich nur auf jährlich 7% beliefen. Das bedeutete in der Tat riskante Geschäfte.

Mit dieser Erinnerung kamen die Anleger in den späten 40er und frühen 50er Jahren an die Kapitalmärkte; ein Kind, das sich die Finger verbrannt hat, empfindet doppelte Scheu vor dem Feuer. Das Spekulationsfieber und ein ungezügelter Optimismus entwickelten sich erst langsam wieder – trotz der Hausse, die den Wert des Dow Jones von 200 Punkten im Jahre 1945 bis 1966 auf 1000 Punkte in die Höhe trieb. Trotz der von 1946 bis 1969 vorherrschenden schönen Ertragsquote von über 12% jährlich und dem kurzen Ausbruch von Spekulationsfieber im Jahre 1961 betrug die Standardabweichung der Totalerträge nur ein Drittel des Niveaus von 1926 bis 1945.

Und mit ebendieser Erinnerung gingen die Bankinvestoren in die 70er Jahre. Wer würde bei solchem Markt wegen eines Risikos besorgt sein? Dabei hätten sich damals alle Sorgen machen müssen. Von Ende 1969 bis Ende 1975 betrug der Ertrag der 500 Aktien im Standard & Poor-Index nur die Hälfte des Zeitraums 1946–1969, wohingegen die jährliche Standardabweichung sich beinahe verdoppelte und auf 22% anstieg. Während dieser Zeitspanne wäre ein Anleger für 12 von 24 Vierteljahresperioden mit US-Treasury-Anleihen besser bedient gewesen.

Investmentberater, die die Portfolios ihrer Kunden bis 1969 zu 70% mit Stammaktien bestückt hatten, kamen sich vor wie Deppen. Die Kunden sahen es noch ärger. Im Herbst 1974 enthielt das erste Heft des *Journal of Portfolio Management* einen Artikel aus der Feder eines leitenden Angestellten der Wells Fargo Bank, der die bittere Wahrheit eingestand:

> Die professionelle Investmentberatung und deren Praktiker sind unzuverlässig, unvorhersehbar und in großen Schwierigkeiten ... Die Kunden haben Angst vor uns und davor, was unsere Methoden im Sinne weiterer Verluste bringen könnten, und eine ebenso große, wenn nicht gar noch größere Angst vor Aktien ... Es tut der Branche dringend not, ihre hausbackenen Methoden zu ersetzen.[20]

Da endlich wurde Risikomanagement zum Thema Nummer eins. Als erstes legte man ein großes Gewicht auf Diversifizierung, nicht nur in puncto Aktien, sondern für das gesamte Portfolio von Aktien über festverzinsliche Wertpapiere bis hin zu Kassenbeständen. Die Diversifizierung zwang die Anleger außerdem, nach neuen Sektoren Ausschau zu halten und adäquate Managementmethoden zu entwickeln. Die herkömmliche Strategie, beispielsweise Wertpapiere zu kaufen und bis zum Fälligkeitstermin zu halten, wurde ersetzt durch ein steuerndes Management von Anlagen mit festen Einkünften, das auf Computerbasis arbeitete. Der Druck zum Diversifizieren veranlaßte die Anleger auch, einen Blick über die Landesgrenzen hinaus zu werfen. Und ganz abgesehen von den Diversifikationsvorteilen eines internationalen Investierens entdeckten sie im Ausland Möglichkeiten mit hohen Ertragsquoten.

Doch während die Suche nach neuen Methoden des Risikomanagements noch an Beliebtheit gewann, kamen in den 70er und 80er Jahren neue Ungewißheiten auf, die für Menschen, deren Weltsicht durch die gutartigen Erfahrungen der Nachkriegszeit geprägt war, etwas völlig Neues bedeuteten. Es gab ein Desaster nach dem anderen, so etwa die Explosion der Ölpreise, die Verfassungskrise wegen Watergate und der Rücktritt Nixons, die Geiselnahme von Amerikanern in Teheran und die Katastrophe von Tschernobyl. Die erkenntnismäßigen Dissonanzen, die durch solche Schocks ausgelöst wurden, entsprachen der Wirkung des Ersten Weltkriegs auf die

Menschen, die mit dem Stabilitätsgefühl des 19. Jahrhunderts aufgewachsen waren.

In Verbindung mit einer Deregulierung der Finanzmärkte und einer wilden inflationären Schlittenfahrt verursachte dieses Umfeld eine hohe Schwankungsrate für Zinsraten, Wechselkurse und Rohstoffpreise, wie sie in den vorausgegangenen drei Jahrzehnten schlicht unvorstellbar gewesen wären. Mit einer so andersgearteten, instabilen und beängstigenden Welt kam man mit den konventionellen Techniken der Risikosteuerung nicht zurecht.

Unter solchen Bedingungen kam es zu einem vollendeten Beispiel für Ellsbergs Theorie der Ambiguitätsaversion. Wir können ja aus real gegebenen Situationen Wahrscheinlichkeiten nur dann berechnen, wenn es genügend vergleichbare Erfahrungen gibt, daß eine Ähnlichkeit mit den Mustern des Glücksspiels entsteht. Es ist gewagt, die Wohnung an einem Wolkentag ohne Regenschirm zu verlassen, wir haben jedoch genügend wolkenverhangene Tage erlebt, um uns ausrechnen zu können, ob ein Regenguß wahrscheinlich ist. Doch wenn einzigartige Ereignisse eintreten, wenn wir solche Wolkengebilde in solchen Farbtönen bisher noch nie beobachtet haben, dann herrscht Ambiguität, die Situation entzieht sich einer klaren Deutung, und die Risikoprämien schießen in die Höhe. Dann bleibt man entweder daheim, oder man nimmt beim Ausgehen den Regenschirm mit, auch wenn es uns eigentlich nicht paßt. Und genauso kam es in den 70er Jahren, als Aktien und festverzinsliche Papiere im Vergleich zu den 60ern extrem flau bewertet wurden.

Die Alternative besteht darin, Methoden zu entdecken, um die Auswirkungen des Unerwarteten abzufedern – das Risiko des Unbekannten zu steuern. Obwohl die Diversifizierung ihre Bedeutung nie verlor, hatten Anlageberater doch schon einige Zeit zuvor erkannt, daß sie zur Risikosteuerung nicht ausreichte und für die neue Situation mit ihrem hohen Unbeständigkeits- und Ungewißheitsgrad ein zu primitives methodisches Hilfsmittel war.

Vielleicht war es Zufall, daß zur gleichen Zeit, als ein dringendes Bedürfnis nach neuen Methoden zur Steuerung des

Risikos entstand, eindrucksvolle technologische Innovationen entwickelt wurden. In der gleichen Zeit, als die Besorgnis über die wachsenden Risiken wuchs, wurden im Investmentmanagement Computer eingeführt. Sie waren etwas so gänzlich Neues und hatten solch außergewöhnliche Kapazitäten, daß sie das Gefühl der Entfremdung zwar noch verstärkten, aber sie erhöhten eben auch die Möglichkeiten der Datenverarbeitung und zur Durchführung komplexer Strategien.

Wenn, wie die Prospect Theory es nahelegte, die Anleger den Feind erkannt hatten und nun wußten, daß sie selbst der Feind waren, dann mußten Schutzmechanismen gesucht werden, die mehr Sinn hatten als Theorien über das Zurückzucken vor Entscheidungen, die man später bedauern könnte, oder das Entdecken von Faktoren wie Kurzsichtigkeit oder dem *Endowment Effect.* Ein neues Zeitalter des Risikomanagements kündigte sich an, mit Konzepten, Techniken und Methodologien, die sich des Finanzsystems bedienten, dessen Klienten aber jenseits der engen Räume der Kapitalmärkte weit verstreut waren.

Jetzt sollte der entscheidende Schritt getan werden – von der Superstition zum Supercomputer.

18
Das fantastische Netz der Zusatzwetten

Kein anderes Finanzierungsinstrument ist so hoch entwikkelt, so kompliziert, so rätselhaft und sogar so riskant wie die Derivate. Sie sind absolut typisch für die 90er Jahre und für viele etwas ganz Unanständiges.

In einer Titelgeschichte vom April 1994 hatte das *Time*-Magazin dazu folgendes zu sagen:

> Dieses phantastische System von Nebenwetten beruht nicht auf altmodischen menschlichen Ahnungen, sondern auf Berechnungen, die von Computergenies entworfen und überwacht werden und mit abstrusen mathematischen Formeln arbeiten, die von sogenannten Quants, d. h. quantitativen Analytikern, entwickelt worden sind.

Das fantastische System der Nebenwetten, das auf altmodischen menschlichen Intuitionen beruht, haben wir vorhin kennengelernt. Nun wenden wir uns dem fantastischen System zu, das die Quants ausgetüftelt haben.

Trotz des Geheimnisses, das diese Finanzierungsinstrumente während der letzten Jahre umgeben hat, ist an ihnen gar nichts besonders modern. Die Derivate reichen so weit in die Vergangenheit zurück, daß es für sie keine identifizierbaren Erfinder gibt: keinen Cardano, Bernoulli, Graunt oder Gauß. Die Verwendung von Derivaten erwuchs aus der Notwendigkeit, Unsicherheiten zu mindern – und daran ist nun wirklich nichts neu.

Derivate sind Finanzierungsinstrumente, die keinen Eigenwert haben. Das klingt vielleicht sonderbar, aber genau darin liegt ihr Geheimnis, genau darum geht es. Sie werden Derivate genannt, weil sie ihren Wert von dem Wert eines anderen Vermögenswertes derivieren oder ableiten, und gerade deshalb sind sie eine so probate Absicherung gegen das Risiko unerwarteter Preisschwankungen. Sie grenzen das Risiko ein, das beispielsweise damit verbunden ist, Scheffel von Weizen, französische Francs, Staatsanleihen und Stammaktien zu besitzen – kurzum, alle Vermögenswerte, deren Preis instabil ist.

Frank Knight hat einmal bemerkt: »Jeder Akt des Produzierens ist eine Spekulation über den relativen Wert von Geld und produzierter Ware.«[1] Die Risiken, die dem Besitz von unbeständigen Vermögenswerten anhaften, können Derivate nicht verringern; aber sie können bestimmen, wer die Spekulation übernimmt und wer sie vermeidet.

Die Derivate von heute unterscheiden sich lediglich in einigen Aspekten von ihren Vorläufern. So werden sie mit mathematischen Methoden bewertet statt wie früher über den Daumen gepeilt, die Risiken, auf die sie ansetzen, sind komplexer; sie werden von Computern konstruiert und gesteuert; und sie sollen neuartigen Zwecken dienen. Keines von diesen Merkmalen ist die Ursache für das dramatische Ansteigen der Verwendung von Derivaten oder für die Schlagzeilen, die sie gemacht haben.

Derivate haben nur in einem Umfeld von Unbeständigkeit Wert, daß sie überhandnehmen, ist ein Kommentar auf unsere Zeit. Während der letzten zwanzig Jahre sind Unbeständigkeit und Unsicherheit auch in Bereichen aufgetaucht, die lange durch Stabilität gekennzeichnet waren. Bis in die frühen 70er Jahre waren die Wechselkurse gesetzlich festgesetzt, der Ölpreis oszillierte innerhalb enger Grenzen, und das gesamte Preisniveau stieg nie mehr als 3% oder 4% pro Jahr. Das plötzliche Auftauchen von neuen Risiken auf Gebieten, die seit langem als stabil gegolten hatten, hat eine verzweifelte Suche nach neuen, effektiveren Methoden zur Risikosteuerung veranlaßt. Die Derivate sind ein Symptom des Zustands unserer Wirtschaft und Finanzmärkte, keineswegs jedoch die Ursache der Unbeständigkeit, die so viel Besorgnis erregt.

ES GIBT ZWEI ARTEN von Derivaten: Termingeschäfte (Verträge für zukünftige Lieferungen zu festgesetzten Preisen) und Optionen, die einer Partei die Möglichkeit geben, zu einem vorher vereinbarten Preis der anderen Partei etwas zu verkaufen oder abzukaufen. So hochmodern sie aber auch in der uns bekannten modischen Aufmachung daherkommen, ist ihre Funktion zur Risikosteuerung wahrscheinlich doch vor vielen Jahrhunderten auf dem Bauernhof entstanden. Die Besonderheiten mögen sich im Laufe der Zeit verändert haben, aber das fundamentale Bedürfnis, das Risiko in den Griff zu bekommen, hat sich seither nicht geändert. Bauern können Unbeständigkeit nicht dulden, weil sie unablässig verschuldet sind. Die großen Investitionen in Land und Ausrüstung wie in Saatgutbestände und Düngemittel lassen die Finanzierung durch Banken unvermeidlich werden. Bevor der Bauer Geld verdient, hat er für seine Inputs zu zahlen, muß er die Früchte auf dem Feld anpflanzen und dann in ständiger Angst vor Überschwemmungen, Dürre und Schädlingsbefall Monate warten, bis die Zeit der Ernte gekommen ist. Seine große Ungewißheit ist die Höhe des Preises, den er bekommen wird, wenn er endlich in der Lage sein wird, die Ernte auf den Markt zu bringen. Wenn der Preis unter den Produktionkosten liegt, könnte er möglicherweise seine Schulden nicht bezahlen und alles verlieren.

Gegen die Gefahren durch Witterung und Insekten ist der Bauer machtlos, was aber den künftigen Verkaufspreis angeht, so kann er immerhin die Ungewißheit vermeiden, indem er die Ernte bereits zur Pflanzzeit verkauft: Er verspricht dem Käufer die Lieferung zu einem vorher vereinbarten Preis. Es kann sein – falls die Preise steigen –, daß er damit etwas Profit verliert; aber der Terminwarenvertrag wird ihn vor einer Katastrophe bewahren, falls die Preise fallen. Er hat das Risiko niedrigerer Preise an jemand anderen weitergegeben.

Dieser andere ist häufig ein Lebensmittelhersteller, der das umgekehrte Risiko hat – falls die Preise seiner Rohstoffe fallen, wenn die Ernte noch auf dem Acker steht, wird er Gewinn machen, er wird jedoch in Schwierigkeiten geraten, wenn die Preise in die Höhe schießen und die Rohstoffkosten vermehren. Durch das Akzeptieren des Vertrags überläßt der Lebensmittelhersteller dem Bauern das Risiko, daß die Preise für landwirtschaftliche Produkte steigen können. Die Transaktion, die angeblich für beide Partner riskante Vertragsverpflichtungen enthält, *verringert* in Wahrheit das wirtschaftliche Gesamtrisiko.

Der andere Vertragspartner kann auch ein Spekulant sein – jemand, der bereit ist, anderen die Ungewißheit abzunehmen, weil er zu wissen glaubt, wie sich die Dinge entwickeln werden. Zumindest in der Theorie machen die Spekulanten bei Grundnahrungsmitteln auf Dauer Gewinne, weil es ja so viele Menschen gibt, deren finanzielles Überleben durch die Risiken aus der Unbeständigkeit des Marktes gefährdet ist. Aus diesem Grund besteht die Tendenz, vor allem bei Rohstoffen, daß Unbeständigkeit zu Schleuderpreisen führt, und die Verlustaversion des Erzeugers gibt dem Spekulanten einen eingebauten Vorteil. Dieses Phänomen trägt den seltsamen Namen »Kursabschlag«.

Im 12. Jahrhundert unterschrieben die Verkäufer auf den Handelsmärkten des Mittelalters Verträge, die sogenannten *lettres de faire*, die Lieferung der Erzeugnisse, die sie verkauft hatten, für die Zukunft zusagte. Im 16. Jahrhundert verkauften japanische Feudalherren auf einem Markt, der *cho-ai-mai* hieß, ihre Reisernte mittels Verträgen, die sie gegen Witterung und Krieg schützten. Auf Metall- und Devisenmärkten sowie bei landwirtschaftlichen Erzeugnissen sind Verträge über Zukunftslieferungen als Instrument zum Schutz gegen das Risiko sprunghafter Preisschwankungen seit vielen Jahren in Gebrauch, seit neuerem gilt das auch für Aktien und Wertpapiere. Mit Termingeschäften für Waren wie Weizen, Schweinebauch und Kupfer wird in der Chicagoer Handelskammer seit 1865 gehandelt.

Auch die Optionen haben schon eine lange Geschichte. Aristoteles hat eine Option beschrieben als »einen finanziellen Kunstgriff, der ein Prinzip impliziert, das universale Anwendung findet«. Ein großer Teil der berühmten Seifenblase des holländischen Tulpenhandels im 17. Jahrhundert hatte damit zu tun, daß statt direkt mit Tulpen mit Optionen auf Tulpen gehandelt wurde – ein Geschäft, das in vieler Hinsicht genauso hoch entwickelt war wie die Dinge in unserer Zeit. Die Tulpenhändler erwarben Forderoptionen, wenn sie die Sicherheit haben wollten, daß sie ihre Lagerbestände auch bei steigenden Preisen vergrößern könnten. Solche Optionen gaben dem Händler das Recht, die andere Partei aufzufordern, zum vorher vereinbarten Preis Tulpen zu liefern, ohne ihn jedoch zum Kauf zu verpflichten. Tulpenzüchter, die sich gegen sinkende Preise schützen wollten, kauften dagegen Lieferoptionen, die sie berechtigten, der anderen Partei zu einem vorher vereinbarten Preis Tulpen zu liefern. Die Verkäufer dieser Optionen übernahmen diese Risiken gegen Prämienzahlung von den Optionenkäufern, vermutlich sollten die Prämien sie bei Kaufoptionen für das Risiko eines möglichen Preisanstiegs und bei Lieferoptionen für das Risiko sinkender Preise kompensieren.

Neueste Forschungen haben übrigens die Geschichten von der notorischen Tulpenleidenschaft der Holländer im 17. Jahrhundert in einem Punkt korrigiert. Angeblich war diese Manie durch die Optionen angeheizt worden; es scheint aber in Wirklichkeit so gewesen zu sein, daß die Optionen lediglich mehr Leuten Zutritt zu einem Markt ermöglichten, der ihnen vorher verschlossen war. Die üble Nachrede, die während der sogenannten Tulpenseifenblase den Optionen anhing, wurde von Interessengruppen betrieben, die das Eindringen neuer Akteure in ihren Geschäftsbereich übelnahmen.[2]

In den Vereinigten Staaten traten die Optionen bereits früh in Erscheinung. Mit Abgabe- und Kaufoptionen für Aktien handelten Börsenmakler schon in den 1790er Jahren. Diese Praxis begann kurz nach dem berühmten Button Wood Tree Agreement, das die Vorstufe der New York Stock Exchange ins Leben rief.

Ein besonders findiger Risikomanagementvertrag wurde am 1. Juni 1863 ausgestellt, als die Konföderierten Staaten von Amerika, die dringend Kredite und Geld benötigten, die »7 %-Baumwollanleihe« emittierten. Die Anleihe hatte ein paar ungewöhnliche Klauseln, die ihr etwas von einem derivativen Finanzinstrument gaben.[3]

Der Kapitalbetrag war nicht in der Dollarwährung der Konföderierten Staaten und auch nicht in Richmond, Virginia, der Hauptstadt der Konföderation, rückzahlbar. Sie war statt dessen festgesetzt auf »3 Millionen Sterling oder 75 Millionen Francs« und in vierzig Halbjahresraten in Paris, London, Amsterdam oder Frankfurt zurückzuzahlen, je nach Wahl des Inhabers der Obligationen, der außerdem die zusätzliche Alternative hatte, sich statt in Geld in Baumwolle ausbezahlen zu lassen zum Kurs von Sixpence Sterling pro Pfund »zu jeder beliebigen Zeit innerhalb von sechs Monaten nach der Ratifizierung des Friedensvertrags zwischen den kriegführenden Parteien«.

Die Regierung der belagerten Konföderierten Staaten wandte eine hochdifferenzierte Form des Risikomanagements an, um englische und französische Investoren zur Gewährung von Anleihen in Fremdwährung zu bewegen, die sie dringend zur Finanzierung für Rüstungskäufe im Ausland benötigte. Damit baute sie sich gleichzeitig eine ausländische Gefolgschaft mit einem begründeten Interesse am Überleben der Konföderierten Staaten auf. Die Gefahr einer Abwertung des Konföderierten Dollars war durch die Option der Rückzahlung in englischer oder französischer Währung gedeckt.* Die Alternative, die Schuldsumme in Form von Baumwolle einzufordern, bot eine Absicherung gegen Inflation und wurde noch durch das Angebot von Baumwolle zum Preis von Sixpence versüßt. Der generelle Preis betrug zum damaligen Zeitpunkt in Europa 24 Pence. Da die Obligation außerdem »zu jeder beliebigen Zeit« in Baumwolle konvertierbar war, bot sie den Verleihern, die flink genug wären, sich vor einem militärischen Zusammenbruch des Konföderierten Staatenbunds ihre Baumwolle zu holen, eine Art von Schutz gegen die Unsicherheiten des Kriegsglücks.

Die Konföderierten Staaten waren die Verkäufer dieser Optionen, sie übernahmen unsichere Verpflichtungen, weil sie gar keine andere Wahl hatten. Eine Zusage, die Anleihe in Dollar der Konföderation zurückzuzahlen, wäre auf den Kreditmärkten entweder mit Hohnlachen und Achselzucken quittiert

* Die Anleihe bot sogar Schutz gegen die Eventualität, daß ein Pfund Sterling später mehr oder weniger als 25 Francs wert sein könnten. Die Franzosen gaben den Goldstandard 1870 auf, als ein Pfund Sterling wesentlich mehr als 25 Francs wert war.

worden, oder sie hätte eine unvertretbare Verzinsung in zweistelliger Höhe notwendig gemacht. Als Bonus erhielt die Konföderation von den Käufern dieser Optionen auf die Anleihe eine Ermäßigung des Zinssatzes: Die 7% lagen nur um ungefähr einen Prozentpunkt über dem Satz, den die Regierung der Vereinigten Staaten damals für Langzeitgeld zahlte. Aufgrund der Einführung von Optionen wurde es zu einer Transaktion, in der *die Unsicherheit selbst einen integralen Bestandteil bildete.*

Die weitere Geschichte dieser Anleihe ist hochinteressant. Die Zeichnungsbücher wurden im März 1863 geöffnet. In Übereinstimmung mit den Gepflogenheiten jener Zeit sollten die Verkaufserlöse aber nicht vor September eingenommen werden. Nach dem Angebot der Anleihe im März verkauften die Schuldscheine sich für eine kurze Zeit zunächst über dem Zeichnungskurs, dann sackte der Preis allerdings deutlich ab, als Geschichten über einen Zusammenhang zwischen Jefferson Davis und einigen für nichtig erklärten Schuldscheinen in Missisipi in Umlauf kamen. Aus der Sorge, daß Anleihezeichner die für September fälligen Zahlungen verweigern könnten, wurde das Schatzamt der Konföderation daraufhin zur Preisstützung im Markt aktiv, indem es von den emittierten Scheinen über 3 Millionen Pfund Sterling Papiere im Wert von 1,4 Millionen Pfund Sterling aufkaufte. Die Konföderation hat die im September 1863 fälligen Zahlungen und die zwei für 1864 halbjährlichen Zahlungen erfüllt, dann war allerdings Schluß. In Form von Baumwolle wurden übrigens lediglich ungefähr 370 000 Pfund Sterling zum Nominalwert eingelöst.

Es gibt viele Menschen, die willige Käufer von Optionen sind, ohne es zu wissen. Wer eine Hypothek mit dem Anrecht übernommen hat, das Darlehen vor Fälligkeit zurückzahlen zu können, besitzt eine Option; in diesem Fall ist es nicht der Kreditgeber, sondern der Darlehensnehmer – der Hausbesitzer –, der die Option hat, die Umstände der Zurückzahlung zu bestimmen. Wie hoch ist der Preis solcher Option? Der Zinssatz, den der Darlehensnehmer der Bank zahlt, ist höher als er ohne die Option auf eine vorzeitige Rückzahlung des Darlehens sein würde. Sollten die Hypothekarzinsen sinken, wird der Hauseigentümer das ursprüngliche Darlehen nämlich vorzeitig zurückzahlen und eine neue Hypothek mit niedrigerem Zinssatz aufnehmen – und die Bank verliert die höheren Zinseinnahmen. Diese Form von Option kommt bei Eigenheimdarlehen – oft als gerichtlich verfügte Klausel – so häufig vor, daß die meisten Hausbesitzer, und sogar die meisten Banker, nicht einmal mehr wissen, daß sie für das Sonderrecht zusätzlich zahlen!*

Hinter der Konstruktion der Baumwollanleihe, den Terminverträgen des Landwirts, den Tulpenoptionen und der Klausel zur Rückzahlung von Darlehen vor dem Fälligkeitsdatum verbirgt sich mehr, als ins Auge fällt. Die meisten Geschäfts- und Finanztransaktionen stellen eine Wette dar, die der Käufer billig zu kaufen und der Verkäufer teuer zu verkaufen hofft. Eine der beiden Parteien wird stets zur Enttäuschung verurteilt. Mit den Produkten des Risikomanagements ist es etwas anderes. Sie existieren ja nicht notwendigerweise aus dem Grunde, daß jemand einen Profit machen will, sondern weil ein Bedarf an Finanzierungsinstrumenten besteht, die das Risiko von einer risikoscheuen auf eine risikobereite Person übertragen. Im Fall der Baumwollanleihe übernahm die Konföderation ein Devisenrisiko und sogar das Risiko eines militärischen Sieges, um die Differenz zwischen 7% und den Zinsen zu sparen, die ohne die Optionen verlangt worden wären; möglicherweise hat sie auf diese Weise sogar Kapital erhalten, das unter anderen Bedingungen überhaupt nicht erhältlich gewesen wäre. Die Kreditgeber – die Käufer der konföderierten Schuldscheine – erwarben Optionen, die das Risiko ausreichend reduzierten, um den niedrigeren Zinssatz oder die Möglichkeit einer Niederlage der Konföderation zu kompensieren. Weil beide Parteien Unsicherheiten austauschten, gewannen sie beide.

* Bei dieser Darstellung handelt es sich um eine starke Vereinfachung, damit die Sache zumindest im Prinzip verständlich wird. Die meisten persönlichen Haushypotheken sind Bestandteil eines Gesamtpakets, das andere Darlehen einschließt, und sie werden einem breiten Spektrum von Anlegern auf dem offenen Markt verkauft. Es ist im Grunde so, daß die Banker die Risiken einer vorzeitigen Darlehensrückzahlung an einen Markt abgetreten haben, der eine größere Bereitschaft zeigt, derartige Risiken zu übernehmen; solche hypothekarisch abgesicherten Darlehen sind übrigens komplex, stark schwankungsanfällig und viel zu riskant, als daß Amateurinvestoren damit herumbasteln sollten.

WIEVIEL IST NUN eine Option wert? Wie haben die Optionshändler während der holländischen Tulpenhausse berechnet, wieviel sie für eine Kauf- oder Lieferoption zahlen sollten – und warum haben sich diese Werte mit der Zeit geändert? Wie haben die Kreditgeber der Konföderation kalkuliert, daß die Optionen, sich das Darlehen in Sterling, Francs oder Baumwolle zurückzahlen zu lassen, eine ausreichende Absicherung boten gegen die Risiken, die sie mit diesen Darlehen eingingen? Wieviel mehr muß der Hauseigentümer seiner Hypothekenbank für das Vorrecht zahlen, die Hypothek vor dem Fälligkeitsdatum zurückzahlen zu können?

Die Beantwortung dieser Fragen wird vielleicht klarer, wenn wir sie am konkreten Beispiel einer aktiv gehandelten Option auf eine Aktie darstellen. Am 6. Juni 1995 stand der Preis von AT & T-Aktien bei 50 Punkten; es gab zu diesem Zeitpunkt eine ausstehende Option auf AT & T-Aktien, die dem Eigner das Recht gab, diese Aktien vor dem 15. Oktober zum Stand von 50 $^{1}/_{4}$ Punkten zu erwerben. Der aktuelle Preis der Aktie lag unter dem »Strike«-Preis von 50 $^{1}/_{4}$; falls die Aktie während der Laufzeit der Option darunter bliebe, wäre die Option wertlos und der Besitzer würde die Prämie, die er für die Option gezahlt hatte, komplett verlieren. Aber diese Prämie war auch alles, was der Käufer der Option verlieren und der Verkäufer der Option zu gewinnen hoffen könnte. Falls der Preis der AT & T-Aktie vor Oktober um mehr als die Höhe der Prämie über den »Strike«-Preis steigen würde, brächte die Option einen Profit. Das Profitpotential auf die Option wäre im übrigen unbegrenzt.

Verkauft wurde die Option auf AT & T-Aktien am 6. Juni 1995 für $ 2,50. Warum $ 2,50?

Im Vergleich mit dieser Rechenaufgabe war Pacciolis abgebrochenes *Balla*-Spiel Kindersache! Wir können nur fragen, ob wohl zwei Genies wie Pascal und Fermat eine Lösung gefunden hätten – und warum sie nicht einmal eine zu finden versucht haben. Die holländische Tulpenmanie – ein auffälliges Beispiel dafür, was passieren kann, wenn »altmodische menschliche Gefühle« das Heft in die Hand nehmen – lag ja erst zwanzig Jahre zurück, als Pascal und Fermat die Grundlagen der Wahrscheinlichkeitstheorie legten, der Wahnsinn mit den Tulpen muß also noch in lebendiger Erinnerung gewesen sein, als sie mit ihren Überlegungen begannen. Vielleicht haben sie die Herausforderung, eine Option zu bewerten, deshalb nicht angenommen, weil der Schlüssel zu diesem Rätsel in dem Preis liegt, den man für die Unsicherheit zahlt – eine Vorstellung, die in unserer Zeit angemessener scheint, als sie damals gewesen sein mag.

Den ersten Versuch, zur Bewertung einer Option an Stelle des Gefühls die Mathematik zu benutzen, machte um 1900 Louis Bachelier. In den 50er und 60er Jahren haben es ein paar weitere Leute versucht; zu ihnen zählte auch Paul Samuelson.

Die Lösung des Rätsels ist dann schließlich Ende der 60er Jahre gefunden worden, von einem merkwürdigen Trio, von dem bei Beginn der Zusammenarbeit noch keiner das dreißigste Lebensjahr erreicht hatte.[4] Fischer Black war ein Physiker und Mathematiker mit einem Doktortitel der Harvard University, der nie eine wirtschafts- oder finanzwissenschaftliche Vorlesung besucht hatte. Weil die akademische Forschung für seinen Geschmack zu abstrakt war, nahm er dann aber eine Stelle bei der Managementberatung von Arthur D. Little in Boston an. Myron Scholes hatte gerade an der Graduate School of Business an der Universität Chicago in Finanzwissenschaft promoviert, wohin er geflüchtet war, um nicht im familieneigenen Verlagsunternehmen zu arbeiten. Er hatte soeben eine Dozentur am MIT erhalten. Robert C. Merton, dessen erster publizierter Text den Titel »Die unbewegliche Bewegung der Fliegenden Inseln Swifts« trug, hatte an der Columbia University den akademischen Grad eines Bachelor of Science im Fach Mathematical Engineering erworben, lehrte jedoch, obwohl er noch ohne Doktortitel war, als Assistent von Samuelson am MIT Wirtschaftswissenschaften.

Black ist 1995 im Alter von 57 Jahren gestorben. Er war ein nüchterner, sachlicher Mensch von wenigen Worten; der Vortrag, den er 1985 als Präsident vor der American Economic Association hielt, hatte ein Thema, das er mit einem einzigen und obendrein einsilbigen Wort ausdrückte: »Noise« (Lärm), und war binnen einer Viertelstunde beendet. Scholes ist ein mysteriöser, angespannter, wortreicher Mensch, Merton freundlich und nicht kleinzukriegen. Alle drei haben die Finanzwissenschaft nicht nur auf dem Gebiet der Optionstheorie um brillante Neuentwicklungen bereichert.

Die Geschichte begann 1965, als Black sich mit seinem Kollegen Jack Treynor anfreundete, der soeben die ersten Schritte auf einem Weg getan hatte, der ihn zu einer Kanone der Finanztheorie machen sollte. Damals studierte Treynor nebenbei Wirtschaftswissenschaften, sein Mentor war Franco Modigliani vom MIT, der später den Nobelpreis bekam. Als Treynor Black erste Arbeiten zur Entwicklung eines Modells zeigte, das erklären sollte, wie die Märkte Risiko und Ertrag koppeln, war Black sofort fasziniert. Er war ein leidenschaftlicher Anhänger der freien Marktwirtschaft und beschloß, Treynors Ideen auf die Bewertung von Optionen anzuwenden. Um sich sachkundiger zu machen, nahm er auf Treynors Rat an einem abendlichen Finanzworkshop des MIT teil.

Drei Jahre später grübelte Black immer noch über Gleichungen, die einfach keine Lösungen liefern wollten. Treynors Analyse des Einflusses von Marktfluktuationen auf die Bewertung konkreter Wertpapiere haute einfach nicht hin. An diesem Punkt, so erinnert sich Black, »hat die Zusammenarbeit zwischen Myron Scholes und mir begonnen«. Sie hatten sich donnerstags abends im Finanzworkshop kennengelernt. Black stellte fest, daß Scholes mit der gleichen Methode an die gleichen Probleme herangegangen und genauso frustriert war wie er selbst. Und je länger sie gemeinsam über den Gleichungen arbeiteten, desto klarer wurde ihr Eindruck, daß die Lösung nichts mit Treynors Modellen von Risiko und Entgelt zu tun hatte.

Im Frühjahr 1970 erzählte Scholes dann Merton von den Schwierigkeiten, mit denen er und Black zu kämpfen hatten. Merton sprang sofort auf das Problem an. Er befreite sie ziemlich bald aus ihrem Dilemma, weil er ihnen zu zeigen vermochte, daß sie sich – aus Gründen, die sie selbst nicht erkannt hatten – auf dem richtigen Wege befanden. Das Modell war rasch abgeschlossen.

Die Grundidee des Modells war trotz seiner komplizierten algebraischen Form leicht zu verstehen. Der Wert einer Option hängt von vier Faktoren ab – von der Laufzeit, den Preisen, dem Zinssatz und dem Unbeständigkeitsgrad. Diese Faktoren gelten für Kauf- wie für Lieferoptionen gleichermaßen. Ich werde im folgenden erläutern, welche Rolle sie im Rahmen einer Kaufoption spielen, die ihrem Besitzer das Recht gibt, Aktien zu einem spezifizierten Preis zu erwerben.

Der erste Faktor ist die Zeitdauer bis zum Ablaufdatum der Option, bei langer Laufzeit ist eine Option mehr wert als bei rascherem Verfallstermin. Der zweite Faktor ist die Spanne zwischen dem aktuellen Preis der Aktie und dem im Optionsvertrag festgehaltenen Preis, dem sogenannten »Strike«-Preis, zu dem der Optionseigner die Aktie kaufen bzw. verkaufen kann; die Option wird mehr wert sein, wenn der aktuelle Preis über dem »Strike«-Preis liegt als darunter. Drittens hängt der Optionswert auch von den Zinsen ab, die der Käufer mit seinem Kapital verdienen kann, während er die Ausübung der Option abwartet, sowie von den Einkünften, die der Verkäufer in der gleichen Zeitspanne von dem der Option zugrundeliegenden Vermögenswert bekommen kann. Ganz entscheidend ist jedoch der vierte Faktor: der erwartete Unbeständigkeitsgrad des zugrundeliegenden Vermögenswerts – im oben erwähnten Beispiel der AT & T-Aktien war es so, daß diese Aktie aktuell für 50 verkauft wurde und der Optionseigner das Recht hatte, zu jedem Zeitpunkt zwischen dem 6. Juni und dem 15. Oktober 1995 für 50 $^1/_4$ zu kaufen.

Die Wahrscheinlichkeit eines Steigens oder Fallens der AT & T-Aktie ist nicht relevant. Entscheidend ist nicht die Richtung, in der die Aktie sich bewegt, sondern nur, um wieviel der Preis sich bewegen könnte. Die Vorstellung, daß die Richtung der Preisveränderungen für die Bewertung einer Option ohne Belang ist, geht dem intuitiven Verständnis dermaßen gegen den Strich, daß dies teilweise erklärt, warum Black und Scholes so lange brauchten, um die gesuchte Antwort zu finden – selbst als sie vor ihren Augen lag. Doch genau diese Idee löst das Rätsel auf, weil die Option selbst ihrem Wesen nach asymmetrisch ist: Der potentielle Verlust des Anlegers wird auf die Prämie begrenzt, während der potentielle Gewinn unbegrenzt ist.

Wenn während der Optionsdauer die AT & T-Aktie 45 oder 40 oder sogar 20 erreicht, hat der Optionseigner trotzdem nicht mehr als $ 2,50 zu verlieren. Zwischen 50 1/4 und 52 3/4 gewinnt der Eigner weniger als $ 2,50. Oberhalb von 52 3/4 ist der potentielle Gewinn unendlich – zumindest theoretisch. Bei Einarbeitung aller Variablen zeigt das Black-Scholes-Modell, daß die AT & T-Option im Juni 1995 etwa $ 2,50 wert war, weil die Anleger damit rechneten, daß AT & T-Aktien während der viermonatigen Optionsdauer in beiden Richtungen bis zu 10 % bzw. fünf Punkten variieren würden.

Der Schwankungsgrad ist stets die entscheidende Determinante. Lassen Sie uns zum Vergleich mit der AT & T-Aktie einmal die Aktie des Softwaremarktführers Microsoft betrachten. Am gleichen Tag, als die AT & T-Aktie auf 50 stand und ihre Option für $ 2,50 gehandelt wurde, stand der Verkaufspreis der Microsoft-Aktie bei 83 1/8, und eine Option über vier Monate auf den Kauf einer Microsoft-Aktie zum Stand 90 kostete $ 4,50. Der Preis dieser Option lag 80 % höher als der Preis der AT & T-Option, obwohl eine Microsoft-Aktie nur 60 % mehr kostete als eine AT & T-Aktie. Der Preis der Microsoft-Aktie hatte fast sieben Punkte Abstand zum Stichwert, gegen bloß einem Viertelpunkt bei AT & T. Es war eindeutig so, daß der Markt bei Microsoft eine größere Preisunbeständigkeit erwartete als bei der AT & T-Aktie. Nach dem Berechnungsmodell von Black und Scholes rechnete der Markt damit, daß die Microsoft-Aktie in den folgenden vier Monaten genau doppelt so hohe Schwankungen zeigen würde wie die AT & T-Aktie.

Die Microsoft-Aktie ist wesentlich risikoreicher als die AT & T-Aktie. AT & T hat einen Umsatz von beinahe $ 90 Milliarden, 2,3 Millionen Aktionäre, fast alle amerikanischen Haushalte und Firmen als Kunden, eine zwar geschwächte, doch immer noch starke monopolistische Position in seiner Branche und eine lange, nie unterbrochene Geschichte von Dividendenausschüttungen. Microsoft-Aktien wurden dagegen erst seit 1982 öffentlich gehandelt, der Jahresumsatz betrug zu dem Zeitpunkt gerade mal $ 6 Milliarden, die Kundenbasis war viel kleiner als bei AT & T, es gab brillante Konkurrenten, die alles daransetzten, die Dominanz von Microsoft in der Softwarebranche zu brechen, und Microsoft hatte nie Dividenden gezahlt.

Die Optionenhändler wissen, was solche Unterschiede bedeuten. Wichtig ist alles, was eine Aktie überhaupt bewegt, denn Aktien, die die Tendenz zeigen, rasch zu fallen, steigen meistens auch rasch. Optionenkäufer suchen Action, Anleger, die Optionen verkaufen, schätzen Aktien, die sich nicht bewegen. Wenn Microsoft auf 100 Punkte ansteigt und der Optionseigner sein Recht ausübt, die Aktie zum Stand von 90 beim Verkäufer der Option abzurufen, verliert der Verkäufer 10 Punkte. Wenn die Microsoft-Aktie jedoch bei 83, d. h. beim Preisniveau zum Zeitpunkt der Transaktion verharrt, steckt der Verkäufer der Option sich die ganze Prämie von $ 4,50 in die Tasche. Aus dem gleichen Grunde ist das Recht auf vorzeitige Rückzahlung einer Eigenheimhypothek erheblich mehr wert, wenn die Zinssätze stark schwanken, als wenn sie stabil sind.

Optionen haben starke Ähnlichkeit mit Versicherungspolicen und werden oft aus den gleichen Gründen gekauft und verkauft. In der Tat, falls Versicherungspolicen in börsenfähige Wertpapiere konvertiert würden, so würde ihr Marktpreis auf die gleiche Weise eingeschätzt wie Optionspreise. Für den von der Prämienzahlung abgedeckten Zeitraum hat der Erwerber einer Versicherungspolice das Recht, der Versicherungsgesellschaft etwas – sein abgebranntes Haus, seinen zerstörten Wagen, seine Arztrechnungen und sogar die eigene Leiche – zu einem vorher vereinbarten Preis zu überstellen, und im Gegenzug ist die Versicherungsgesellschaft verpflichtet, ihm den vereinbarten Wert des erlittenen Verlusts auszuzahlen. Falls das Haus nicht abbrennt, falls der Wagen nie einen Unfall hat, falls der Eigentümer der Police sich bester Gesundheit erfreut und wenn er länger lebt, als seine Lebenserwartung es zuläßt, so ist er die eingezahlten Versicherungsprämien los, ohne etwas dafür zu erhalten. Die Höhe der Prämie ist abhängig von dem Grad der Unsicherheit, die das betreffende Ereignis umgibt – von der Konstruktion des Hauses, vom Alter des Wagens (und seiner Fahrer), von der medizinischen Vorgeschichte, und ob der Mann von Beruf Bergmann oder Computerfachmann ist. Die als Derivate gekennzeichneten Optionen, welche die Skala der Risiken, die versichert werden können, erweitern, tragen zur Schaffung der Idealwelt Kenneth Arrows bei, in der alle Risiken versicherungsfähig sind.

Bei Derivaten geht es nicht um Transaktionen, die Aktien oder Zinssätze, menschliche Lebenszeit, feuergefährdete Häuser oder Eigenheimhypotheken betreffen. *Das Produkt, um das es bei derivativen Transaktionen geht, ist die Unsicherheit an sich.* Aus ebendiesem Grund sind Optionen auf Microsoft-Aktien teurer als Optionen auf AT & T-Aktien, kosten Erdbebenversicherungen in Kalifornien mehr als im US-Bundesstaat Maine, konnten die Kapitalgeber den Konföderierten Staaten solch drückende Bedingungen auferlegen und machen Banker sich Sorgen, daß die Hypothekarzinsen fallen könnten.

BLACK UND SCHOLES formulierten ihre Ideen zur Bewertung von Optionen in einem Aufsatz, den sie im Oktober 1970 an das *Journal of Political Economy* schickten, eine hochangesehene Zeitschrift, die von der Universität Chicago herausgegeben wird. Die Redaktion lehnte den Aufsatz mit der Begründung ab, daß Black und Scholes das Finanzwissenschaftliche zu stark und das Ökonomische zu wenig berücksichtigt hätten.*

Die *Harvard Review of Economics and Statistics* schickte den Aufsatz ebenfalls postwendend zurück. Beide Zeitschriften machten sich nicht einmal die Mühe, den Aufsatz von einem fachlichen Gutachter prüfen zu lassen. Er erschien schließlich 1973 im Mai-Juni-Heft des *Journal of Political Economy*, nachdem zwei einflußreiche Mitglieder der Wirtschaftswissenschaftlichen Fakultät der Universität Chicago interveniert hatten. Wie sich inzwischen herausgestellt hat, zählt dieser Aufsatz zu den einflußreichsten Forschungsarbeiten, die auf dem Gebiet von Wirtschafts- und Finanzwissenschaft je publiziert wurden.

Dank eines jener merkwürdigen Zufälle von Serienereignissen öffnete einen Monat vor Erscheinen des Aufsatzes von

* Black vermutete, daß da etwas Unangenehmeres mitspielte – daß er in Ermangelung korrekter Kriegsbemalung in Form eines akademischen Titels der Wirtschaftswissenschaften von der Stammeszugehörigkeit ausgeschlossen war, welche die Herausgeber für Autoren des *JPE als* absolut erforderlich erachteten.

Black und Scholes, im April 1973, die Chicago Board Options Exchange, gemeinhin bekannt als CBOE. Diese Börse nahm ihre Tätigkeit zunächst im Rauchersaal des Chicago Board of Trade auf, im Zentrum für Rohstoffhandel. Die CBOE bot dem Handel mit Aktienoptionen erstmals Standardverträge und verschaffte ihm Wertpapierhändler, die dem Markt die notwendige Liquidität lieferten, indem sie bereitstanden, bei Bedarf zu kaufen oder zu verkaufen. Die CBOE sagte auch eine strenge Regulierung der Handelspraktiken und eine prompte öffentliche Berichterstattung aller Transaktionen zu.

Am ersten Handelstag wechselten 911 Optionen auf 16 Aktienemissionen den Besitzer. Bis 1978 war das Tagesvolumen auf durchschnittlich 100 000 Verträge angewachsen. Mitte 1995 wechselten eine Million Aktienoptionen täglich den Besitzer und an vier anderen Börsen in den USA wurden weitere 300 000 Optionen gehandelt. Da jede Option für einhundert Aktien steht, stellt das Treiben auf den Optionsmärkten im Verhältnis zum Volumen der Aktienbörsen selbst einen bedeutsamen Faktor dar.

Heute rühmt die CBOE sich eines der technologisch hochentwickeltsten Handelszentren der Welt. Es besteht aus einem geräumigen Börsensaal, einem anderthalb Morgen großen Untergeschoß mit Computeranlagen, genügend Leitungen, um zweimal den Äquator zu umspannen, und ein Telefonsystem, das eine Stadt mit 50 000 Einwohnern versorgen könnte.

Es gab noch einen zweiten Zufall. Zur gleichen Zeit, als der Aufsatz von Black und Scholes im *Journal of Political Economy* erschien und die CBOE ihre Tätigkeit aufnahm, trat der elektronische Taschenrechner in Erscheinung. Sechs Monate nach Veröffentlichung des Black-Scholes-Modells schaltete Texas Instruments eine halbseitige Anzeige im *Wall Street Journal*: »Jetzt können Sie den Black-Scholes-Wert mit Hilfe unseres Kalkulators finden.« Und es dauerte gar nicht lange, bis die Optionenhändler Fachausdrücke des Aufsatzes von Black und Scholes direkt übernahmen, so etwa »hedge ratios«, »deltas« und »stochastische Differentialgleichungen«. In der Welt des Risikomanagements war schlagartig ein neues Zeitalter angebrochen.

IM SEPTEMBER 1976 fand in Berkeley der 35jährige Professor für Finanzwissenschaft Hayne Leland keinen Schlaf, weil ihm seine persönliche Finanzlage große Sorgen machte. Er berichtet: »Der bisherige Lebensstil meiner Familie war gefährdet, und es war Zeit, daß ich mir etwas einfallen ließ.«[5]

Not macht bekanntlich erfinderisch, und Leland hatte eine Idee. Er wollte etwas tun, um die starke Risikofeindschaft zu überwinden, die 1973/74 im Gefolge des gleichzeitigen Zusammenbruchs von Aktien- und Wertpapiermarkt auf dem Kapitalmarkt herrschte. Er machte sich daran, ein System zu entwickeln, das Investmentportfolios auf die gleiche Weise gegen Verluste versichern sollte, wie eine Versicherungsgesellschaft einen Policeninhaber bei einem Unfall vor Verlust bewahrt. Somit könnten versicherte Investoren das Risiko tragen, einen großen Teil ihres Reichtums – vielleicht sogar alles – in Aktien anzulegen. Sie würden, so wie ein Optionseigner, nach oben hin im Plus unbegrenzt, doch nach unten auf ein Minus begrenzt sein, das nicht mehr als eine Versicherungsprämie betrüge. Vor Lelands innerem Auge begannen sich Visionen vom Schlaraffenland auszubreiten.

Bei Anbruch der Dämmerung war er überzeugt, die ganze Sache klar und schlüssig ausgearbeitet zu haben. »Heureka!« rief er laut. »Ich habe die Lösung gefunden.« Als er dann aber aufstand und alles bei Tageslicht betrachtete, sah er sich einer Fülle von theoretischen und technischen Schwierigkeiten gegenüber. Er begab sich unmittelbar ins Büro seines Freundes und Kollegen Mark Rubinstein, dem er voll vertrauen konnte. Rubinstein war nicht nur ein kluger theoretischer Kopf und seriöser Gelehrter, er hatte im Börsensaal der Pacific Stock Exchange auch Erfahrungen im Optionenhandel gesammelt.

Völlig erschöpft, doch wie besessen stellte Leland dem Freund seinen Plan vor. Rubinsteins erste Reaktion lautete: »Ich bin überrascht, daß ich nicht selbst darauf gekommen bin.« Er begann eifrig mitzudenken, bis zu dem Punkt, daß die beiden Männer noch während dieses ersten Gesprächs eine Firma zu gründen beschlossen, um ihr Produkt zu vermarkten – es sollte natürlich den Namen Portfolioversicherung haben.

Nach Lelands Darstellung würde die Portfolioversicherung

sich im Sinne eines Portfolios verhalten, das eine Verkaufsoption besitzt, d. h. das Recht hat, während einer angegebenen Frist jemandem einen Vermögenswert zu einem festgesetzten Preis zu verkaufen. Nehmen wir einmal an, ein Investor kauft 100 AT & T-Aktien zum Punktstand 50 und gleichzeitig eine Kaufoption auf AT & T-Aktien mit einem Stichpreis von 45. Ganz gleich, wie tief die AT & T-Aktien fallen mögen: Dieser Anleger kann nie mehr als fünf Punkte verlieren. Falls die AT & T-Aktie bis auf 42 Punkte fällt, bevor die Option endet, könnte der Investor die Aktien dem Verkäufer der Option abgeben, $ 4 500 bekommen und zur Börse gehen und die Aktien für lediglich $ 4 200 zurückkaufen. Die Rückprämie wäre unter diesen Umständen $ 300 wert. Verlieren könnte der Investor netto nicht mehr als $ 500.

Lelands Idee bestand darin, das Verhalten einer Verkaufsoption durch ein, wie er es nannte, dynamisch programmiertes System nachzubilden, das einen Kunden instruieren würde, die Aktien zu verkaufen und die Liquidität zu erhöhen, wenn die Aktienpreise fielen. Wenn die Aktie den vom Kunden bestimmten Mindestpreis erreichte – im obigen AT & T-Beispiel 45 –, würde das Portfolio 100 % Cash sein und könnte weiter keine Verluste erleiden. Sollten die Aktien wieder steigen, so würde das Portfolio nach einem ähnlichen Verfahren den Cash reinvestieren. Falls die Aktien nie unter den Anfangspreis absinken sollten, so würde das Portfolio in den Genuß der gesamten Wertsteigerung kommen. Genau wie bei einer gewöhnlichen Verkaufsoption auch, würden die Einzelheiten des dynamischen Programms abhängig sein von der Entfernung zwischen Ausgangspunkt und Mindestpreis, der Laufzeit und dem erwarteten Unbeständigkeitsgrad des Portfolios.

Der Abstand vom Ausgangpunkt bis zum Mindestpreis war vergleichbar mit der Abzugsfranchise einer Versicherungspolice: So viel an Schaden bzw. Verlust würde der Policeninhaber abdecken müssen. Die Kosten der Police würden in ihrem schrittweisen Charakter liegen. Wenn der Markt zu fallen begönne, würde das Portfolio nach und nach liquidieren, aber immer noch einige Aktien halten. Wenn der Markt zu steigen begönne, würde das Portfolio zu kaufen anfangen, aber immer noch etwas Liquidität behalten. Als Resultat käme ein Portfolio zustande, das in beiden Richtungen leicht zurückbleibt; solche Differenz bestimmt die Prämie. Je unbeständiger der Markt ist, um so größer ist die Minderdifferenzprämie, so wie die Prämien bei konventionellen Versicherungspolicen von der Unsicherheit des versicherten Objekts abhängen.

Zwei Jahre nach dieser schicksalsreichen Sitzung waren Leland und Rubinstein startklar und überzeugt, alle eventuellen Haken bei der Sache eliminiert zu haben. Auf dem Weg dahin hatten sie einige Abenteuer durchgestanden, unter anderem auch einen katastrophalen Programmierfehler, der sie für eine Zeitlang an der gesamten Durchführbarkeit der Idee zweifeln ließ. Rubinstein probierte mit eigenem Geld das System aus und war damit schließlich so erfolgreich, daß *Fortune* über ihn schrieb. An ein ernsthaftes Vermarkten machten die beiden sich 1979, sie mußten jedoch feststellen, daß man zwei Akademikern solch ein Konzept nicht prompt abkaufte. Sie nahmen daraufhin John O'Brien in die Firma auf, der sich auf die Portfoliotheorie spezialisiert hatte und ein Marketingprofi war. Den ersten Kunden gewann O'Brien im Herbst 1980. Es gab bald eine so starke Nachfrage für Portfolioversicherungen, daß große Konkurrenten auf den Plan traten, vor allem die auf dem Gebiet des Portfoliomanagements führende Abteilung der Wells Fargo Bank in San Francisco. 1987 wurden bereits rund $60 Milliarden an Aktienkapitalwerten – zumeist Bestände großer Pensionsfonds – durch Portfolioversicherungen gedeckt.

Die Durchführung war zunächst schwierig, weil es kompliziert und kostspielig war, gleichzeitig Anweisungen zum Kauf oder Verkauf mehrerer hundert Aktien zu betreuen. Außerdem sträubten sich die aktiv steuernden Portfoliomanager der Pensionsfonds dagegen, daß irgendein Outsider ihnen Anweisung gab, kurzfristig oder ganz ohne Vorankündigung ihre Portfolios aufzustocken oder teilweise zu verkaufen.

Solche Probleme fanden eine Lösung, als 1983 die Börse für Terminverträge auf den S&P-Aktienindex eröffnet wurde. Diese Verträge ähneln den oben bereits erwähnten Agrarkontrakten, insofern sie die Einlösung zu einem angegebenen

Termin und vorher bestimmten Preis fixieren. Es gibt da allerdings zwei bedeutsame Unterschiede. Bei den S&P-Terminverträgen ist die Gegenpartei keine Einzelperson oder Firma, sondern eine organisierte Börse, wo die Geschäfte nach bestimmten Regeln abgewickelt werden; so läuft das seit langem auch bei Verträgen an der Warenterminbörse. Anders als die materiellen Waren sind aber die 500 Aktien des S&P-Index nicht im buchstäblichen Sinne abzuliefern, wenn der Vertrag fällig wird. Statt dessen erfüllt der Vertragseigentümer seine Verpflichtung mit einer Zahlung, die auf der Preisdifferenz des Aktien-Index zwischen dem Abschluß- und dem Fälligkeitsdatum des Vertrags basiert. Damit alle Verträge jederzeit voll gedeckt sind, müssen die Investoren bei der Börse Tag für Tag Barmittel einlegen. Auf diese Weise ist die Börse in der Lage, Gegenpartei zu sein, wenn ein Investor auf den Aktienindex einen Terminvertrag kaufen oder verkaufen will.

Die S&P-Terminverträge haben noch einen anderen Reiz. Sie bieten dem Investor einen effektiven und billigen Weg, ein Papier als Stellvertreter für den Gesamtmarkt zu kaufen oder zu verkaufen, statt versuchen zu müssen, in einer begrenzten Zeitspanne eine große Menge von Effekten auf- oder abzuladen. Das Basisportfolio des Investors oder seiner Berater bleibt unangetastet. Die Index-Terminverträge haben die Mechanismen zur Abwicklung von Portfolioversicherungsprogrammen stark vereinfacht.

Den Kunden, die sich einstellten, erschien die Portfolioversicherung die ideale Form des Risikomanagements, von der jeder Anleger träumt – eine Gelegenheit zum Reichwerden ohne ein Verlustrisiko. Sie unterschied sich allerdings in einem Punkt von einer echten Verkaufsoption sowie in einem weiteren Punkt von einer richtigen Versicherungspolice.

Und diese Unterschiede waren allerdings enorm und erwiesen sich letzten Endes als kritisch. Eine Verkaufsoption ist ein Vertrag: Der Verkäufer der AT&T-Verkaufsoption ist per Gesetz verpflichtet zu kaufen, wenn der Optionseigner die Aktie einreicht. Die CBOE verlangt vom Verkäufer von Verkaufsoptionen, daß er die entsprechende Deckungssumme bar hinterlegt, um sicherzustellen, daß der potentielle Käufer geschützt ist. Auch die Versicherungsgesellschaften unterschreiben Verträge, die sie im Fall eines Verlustanspruchs zur Einlösung verpflichten, und sie legen Reserven an, um diese Eventualität decken zu können.

Woher kommt die erforderliche Liquidität zum Wiederflüssigmachen von versicherten Portfolios, wenn die Börsenkurse fallen? Vom Aktienmarkt selbst – von allen übrigen Anlegern, an welche die versicherten Investoren ihre Aktien verkaufen möchten. Es existieren jedoch keine Reserven oder zusätzlichen Sicherheiten, um zu garantieren, daß die Liquidität vorhanden ist, wenn sie gebraucht wird. Der Markt hat keine gesetzliche Verpflichtung, den Kunden Lelands und Rubinsteins oder anderen versicherten Portfolios bei Verlusten aus der Patsche zu helfen. Die anderen Investoren waren sich nicht einmal bewußt, daß von ihnen erwartet wurde, diese Rolle zu übernehmen. Lelands verrückter Einfall setzte voraus, daß die notwendigen Käufer vorhanden wären, er hatte jedoch keine Möglichkeit zu garantieren, daß sie auch tatsächlich auftauchen würden, wenn man sie brauchte.

Am 19. Oktober 1987 fielen die wilden Ideen, die Leland und Rubinstein auf dem Papier ausgebrütet hatten, auf ihre Urheber zurück. Die vorausgegangene Woche war ein Desaster gewesen. Der Dow Jones war um 250 Punkte bzw. ungefähr 10 % gefallen, dieser Aktiensturz war fast hälftig am Freitag eingetreten. Übers Wochenende hatte sich dann ein riesiger Überhang an Verkaufsordern gebildet, die mit der Öffnung der Börse am Montagmorgen erledigt werden wollten. Bis zum Mittag war der Markt um weitere 100 Punkte gefallen, in den folgenden zwei Stunden nochmals um 200 Punkte und während der letzten eineinviertel Stunde erneut um 300 Punkte. Und als die Manager der versicherten Portfolios sich unterdessen bemühten, ihre programmierten Verkäufe durchzuführen, trugen sie damit noch zu den Wellen von Verkäufen bei, die den Markt überschwemmten.

Als die Aufregung sich gelegt hatte, befanden die Eigentümer der versicherten Portfolios sich in einer besseren Verfassung als viele andere Investoren. Alle hatten im Laufe der schlimmen Woche vor dem 19. Oktober einiges verkauft, und die meisten von ihnen waren entweder beim festgesetzten Mindestpreis der Aktie oder leicht darunter ausgestiegen. Der Verkauf fand jedoch zu viel niedrigeren Preisen statt als erwartet. Die dynamischen Programme, die die Portfolioversicherungen steuerten, unterschätzten die Unbeständigkeit und überschätzten die Liquidität des Marktes. Was sich da ereignete, läßt sich mit der Situation vergleichen, wenn jemand eine Lebensversicherungspolice mit einem variablen statt fixem Prämiensatz abgeschlossen hat, die der Versicherungsgesellschaft das Recht gibt, die Prämie anzuheben, während die Körpertemperatur des Versicherten Grad um Grad ansteigt und die Wahrscheinlichkeit seines frühen Hinscheidens erhöht. In jenem fieberhaften Markt zeigte sich, daß der Preis, der für die Portfolioversicherung zu zahlen war, wesentlich höher war, als die Berechnungen auf dem Papier zu verstehen gegeben hatten.

DIE UNGLÜCKLICHE ERFAHRUNG mit der Portfolioversicherung hat den wachsenden Hunger nach Produkten des Risikomanagements keinesfalls gebremst: obwohl die Portfolioversicherung selbst daraufhin praktisch vom Erdboden verschwand. Während der 70er und 80er Jahre schien überall eine sprunghafte Unbeständigkeit auszubrechen, sogar in Bereichen, wo man sie vorher überhaupt nicht oder andeutungsweise gekannt hatte. Nachdem die USA 1981 den Goldstandard aufgaben und den Dollar der freien Fluktuation überließen, wurden die Devisenmärkte von heftigen Wechselkursschwankungen erfaßt. Der normalerweise ruhige Wertpapiermarkt wurde in der Zeit von 1979 bis Mitte der 80er Jahre mit ihren wilden Zinsschwankungen turbulent, und auf den Warenmärkten schoß Unbeständigkeit in die Höhe, als 1973 und dann wieder 1978 die Rohölpreise kletterten.

Wegen dieser unerwarteten Ausbrüche von Unbeständigkeit war die Unternehmenslandschaft bald mit einer stetig wachsenden Zahl von Leichen übersät, mit der bitteren Botschaft an die Führungskräfte, daß sich im Umfeld der Wirtschaft fundamentale Veränderungen vollzogen. So machte beispielsweise der im transatlantischen Flugverkehr sagenhaft erfolgreiche

Senkrechtstarter Laker Airlines Bankrott, nachdem er als Reaktion auf eine sprunghaft steigende Nachfrage neue McDonnell-Douglas-Maschinen bestellt hatte. Da er den größten Teil seines Umsatzes in Pfund Sterling machte und der Dollarkurs auf dem Devisenmarkt immer höher kletterte, war es für Laker Airlines unmöglich, genug zu verdienen, um die Dollarobligationen für ihre DC-10s abzuzahlen. Angesehene Bausparkassen gingen ein, weil die Zinsen, die sie den Einlegern zahlen mußten, stiegen, während die Einkünfte, die sie aus dem fixen Satz ihrer Hypothekendarlehen erhielten, stehenblieben. Continental Airlines brach zusammen, als während des Golfkriegs die Ölpreise in ungeahnte Höhen stiegen.

Infolgedessen trat auf den Finanzmärkten eine neue Art Kundschaft in Erscheinung: das Unternehmen, das die neuen Risiken bei Wechselkursen, Zinssätzen und Rohstoffpreisen an jemand weitergeben wollte, der sie besser schultern konnte. Das Unternehmen reagierte damit auf eine Weise, wie Kahneman und Tversky es vorhergesagt hätten, jedoch mit zusätzlichem Elan. Wie nicht anders zu erwarten stand, wog der Schmerz potentieller Verluste schwerer als die Befriedigung potentieller Gewinne, so daß strategische Entscheidungen durch eine Risikoaversion beeinträchtigt wurden. Als dann aber die Unbeständigkeitswelle Zonen erfaßte, wo sie eigentlich nie große Probleme verursacht hatte, begannen die Firmenleitungen sich nicht mehr wegen einer Serie von Jahresgewinnen Gedanken zu machen, die unregelmäßiger ausfielen, als sie oder ihre Aktionäre gehofft hätten, vielmehr sorgten sie sich, wie die Bauern von einst, ums nackte Überleben ihrer Unternehmen.

Obwohl die Unternehmen auf den liquiden und aktiven Märkten für Optionen und Termingeschäfte – die mittlerweile auch Verträge für Zinssätze und Auslandsdevisen wie für Rohstoffe und Aktienindexe einschließen – Geschäfte mit Gegendeckung vornehmen konnten, so waren solche Verträge doch eigentlich in der Absicht entwickelt worden, möglichst viele Investoren anzulocken. Die das Risikomanagement betreffenden Bedürfnisse der meisten Unternehmen sind im Sinne von abzudeckenden Bereichen wie Laufzeiten viel zu spezifisch, um auf den öffentlichen Märkten willige Kunden zu finden.

Wall Street ist schon immer ein Treibhaus finanzieller Innovationen gewesen, und Maklerfirmen springen schnell in die Bresche, wenn sich für ihre Dienste ein neuer Bedarf auftut. Große Banken, Versicherungsgesellschaften und Investmentbanken mit weltweiten Geschäftsbeziehungen haben keine Zeit verloren und neue Abteilungen mit spezialisierten Händlern und Finanztechnikern aufgebaut, die genau auf Firmenkunden zugeschnittene Produkte des Risikomanagements entwickeln, manche im Hinblick auf Zinssätze, andere in bezug auf Devisen und wieder andere Rohstoffpreise betreffend. Es dauerte nicht lange, und diesen Verträge lagen Vermögenswerte zugrunde – die sogenannten »notional values« oder theoretischen Werte –, die in Dollarbillionen gingen, Summen, welche die Menschen, die nicht wußten, wie die Verträge eigentlich funktionierten, zunächst maßlos erstaunten und erschreckten.

Wenngleich heute in diesem Geschäftsbereich ungefähr zweihundert Firmen tätig sind, konzentriert sich die Arbeit doch stark auf die Großen. 1995 hielten lediglich die Geschäftsbanken Derivate mit einem Basiswert von $ 18 Billionen, von denen $ 14 Billionen auf nur sechs Bankgesellschaften fielen, nämlich auf die Chemical, Citibank, Morgan, Bankers Trust, Bank of America und Chase.[6]

Fast all diese Vorkehrungen funktionieren wie die Regelungen zur Bareinlösung bei den Terminverträgen, wie oben beschrieben. Beide Parteien sind verpflichtet, der anderen nur die *Veränderungen* in den zugrundeliegenden Werten zu zahlen und keineswegs die viel höheren »notional values« selbst. Wenn dieselbe Bank oder dasselbe Unternehmen eine Reihe verschiedenartiger Verträge mit einer Gegenpartei bestehen hat, dann kommt es oft vor, daß die Zahlungen die Auswirkungen des gesamten Vertragspakets netto berechnen, statt daß jeder einzelne Vertrag isoliert gerechnet wird. Folglich sind die funktionalen Verpflichtungen weitaus geringer als die schier überwältigenden Summen der zugrundeliegenden Werte. Nach einer von der Bank für Internationalen Zahlungsausgleich aufgestellten Schätzung für das Jahr 1995 bezifferte sich der theoretische Wert aller ausstehenden Derivate weltweit – ausgenommen die auf organisierten Börsen gehandelten Derivate – auf $ 41 Billionen; falls jedoch alle Parteien ihren eingegangenen Zahlungsverpflichtungen nicht nachkämen, so würden sich die Verluste der Kreditoren auf bloß $ 1,7 Billionen bzw. 4,3% des theoretischen Wertes belaufen.[7]

Diese neuen Produkte stellen im wesentlichen Kombinationen von konventionellen Optionen oder Termingeschäftsverträgen dar. In ihren höchstentwickelten Versionen enthalten sie allerdings sämtliche Entdeckungen zur Risikosteuerung, die ich in diesem Buch beschrieben habe, vom Pascalschen Dreieck bis zur Gaußschen Normalverteilung, von Galtons Gesetz der Regression zum Mittelwert bis zur Markowitzschen Kovarianz und von Jacob Bernoullis Ideen über die Stichprobenauswahl bis zu Arrows Suche nach universeller Versicherung. Die Zuverlässigkeit der Preisberechnungen dieser komplexen Maßnahmen geht weit über das hinaus, was Black, Scholes und Merton mit solcher Gründlichkeit ausgearbeitet hatten. Diese drei sind übrigens schließlich in der Wall Street aufgetaucht, um an der Gestaltung und Bewertung neuer Risikomanagementverfahren mitzuarbeiten.

Aber wer ist die Gegenpartei bei Verträgen, die nur deshalb entstehen, weil sie spezifische Dinge abdecken, um auf dem offenen Markt gehandelt zu werden? Wer könnte in der Lage sein, die Rolle des Spekulanten zu spielen und die Unbeständigkeit zu übernehmen, welcher die Aktiengesellschaften sich so geflissentlich zu entledigen suchten? Unter den Gegenparteien dieser präzise auf die Bedürfnisse von Aktiengesellschaften zugeschnittenen Geschäfte befinden sich kaum Spekulanten.

In manchen Fällen ist die Gegenpartei eine andere Aktiengesellschaft mit entgegengesetzten Bedürfnissen. So könnte zum Beispiel eine Ölgesellschaft, die sich gegen sinkende Ölpreise zu schützen sucht, sich einer Flugliniengesellschaft anbieten, die Schutz vor einem steigenden Ölpreis sucht. Ein französisches Unternehmen, das Dollar für eine US.-Tochter braucht, könnte die Francverpflichtungen einer amerikanischen Firma mit einer französischen Tochtergesellschaft übernehmen, während die amerikanische Firma sich der Dollarverpflichtungen des französischen Unternehmens annimmt.

Perfekte Kombinationen lassen sich allerdings schwer finden. In den meisten Fällen übernimmt die Bank oder der Händler, die das Abkommen einleiten, die Rolle der Gegenpartei gegen eine Gebühr oder Konsortialprovision. Diese Banken und Händler ersetzen Versicherungsgesellschaften. Sie können es sich leisten, die starken Preisschwankungen zu übernehmen, die Aktiengesellschaften so geflissentlich zu meiden suchen, weil sie, im Gegensatz zu ihren Kunden, ihre Exponiertheit diversifizieren können, indem sie eine große Anzahl von Kunden mit unterschiedlichen Bedürfnissen bedienen. Falls ihre Bilanzen unausgewogen werden sollten, so können sie auf die öffentlichen Börsen gehen und die Optionen- und Terminverträge nützen, um ihre Position mindestens partiell abzusichern. Die Kombination von findigen Finanzmärkten mit den risikomindernden Aspekten der Diversifizierung hat die Muster der Sprunghaftigkeit unserer Zeit in Risiken umgewandelt, die für Aktiengesellschaften viel leichter zu bewältigen sind, als dies unter allen anderen Bedingungen der Fall gewesen wäre.

EINIGE DIESER anscheinend soliden, gesunden, vernünftigen und effizienten risikosteuernden Vereinbarungen gingen 1994 plötzlich zu Bruch und verursachten enorme Verluste unter den Kunden, welche die Händler mit Risikomanagementprodukten eigentlich doch gerade vor Desastern bewahren sollten. Es waren nicht nur die Ereignisse selbst, die überraschten; der wahre Schock entstand aus dem Prestige und dem hohen Ansehen der Opfer – darunter auch Giganten wie Procter & Gamble, Gibson Greetings und die deutsche Metallgesellschaft AG.[8]

Es gibt keinen Grund, warum ein Instrument zur Risikoeingrenzung an sich seinem Besitzer verheerenden Schaden zufügen müßte. Ganz im Gegenteil, signifikante Verluste bei einem Sicherungsgeschäft sollten eigentlich bedeuten, daß die Hauptwette des Unternehmens gleichzeitig einen großen Reibach bringt. Wenn eine Ölgesellschaft bei einem Hedgegeschäft gegen einen Rückgang des Ölpreises verliert, dann muß sie bei dem höheren Ölpreis, der den Verlust beim Hedgevertrag auslöste, einen großen Gewinn machen; wenn eine Fluglinie mit dem Hedge gegen eine Ölpreissteigerung Geld verliert, dann kann es ja nur deswegen sein, weil die Ölpreise und damit auch die Betriebskosten gefallen sind.

Für die Katastrophen berühmter Unternehmen mit derivativen Geschäften gab es den einfachen Grund, daß die Führungskräfte ihre Exponiertheit gegenüber sprunghaften Schwankungen am Ende erhöhten, statt sie zu reduzieren. Sie machten die Firmenkasse zu einem Profitzentrum. Sie betrachteten Entwicklungen, für die nur eine geringe Wahrscheinlichkeit bestand, als schlichtweg unmöglich. Wenn sie zwischen einem bestimmten Verlust und einem Hasardspiel wählen konnten, entschieden sie sich für das Hasardspiel. Sie mißachteten das wichtigste Grundprinzip der Investmenttheorie. *Man kann keine großen Gewinne erwarten, ohne das Risiko großer Verluste einzugehen.*

Gibson Greetings, die durch eine Reihe von derivativen Transaktionen mit Bankers Trust in große Schwierigkeiten geraten waren, lieferte ein perfektes Beispiel für die Gültigkeit der Prospect Theory. Im Laufe des Jahres 1994 teilte Bankers Trust dem Finanzchef mit, daß Gibson einen Verluststand von $ 17,5 Millionen erreicht hätte, nach Aussage des Finanzchefs hatte Bankers Trust ihm aber auch erklärt, daß die Verluste »potentiell unbegrenzt« sein könnten.[9] Gibson unterschrieb daraufhin prompt eine neue Vereinbarung, die die Verluste nach oben auf $ 27,5 Millionen eingrenzte, sie aber auch, falls alles absolut perfekt liefe, auf nur $ 3 Millionen reduzieren könnte. Die Prospect Theory betont, daß Personen mit Verlusten lieber drauflos spekulieren, als einen sicheren Verlust zu akzeptieren. Gibson hätte die Möglichkeit gehabt, mit $ 17,5 Millionen abzuschreibenden Verlusten sicherzugehen, entschied sich aber für das Hasard. Wie der Direktor eines anderen Unternehmens zum Geschehen in solchen Situationen bemerkt: »Es ist wie beim Glücksspiel um Geld. Man wird tief verschuldet. Und man denkt sich: ›Mit diesem allerletzten Mal werde ich da wieder herauskommen.‹« Aber Gibson hat es mit dem allerletzten Geschäft eben nicht geschafft und gab auf, als die Verlustspalte $ 20,7 Millionen erreichte: Gibson verklagte den Bankers Trust wegen Verstoß gegen »eine treuhänderische Geschäftsbeziehung«.

Procter & Gamble wurde, wie die *Fortune*-Reporterin Carol Loomis schreibt, 1994 »von Derivaten zerfressen, die eine überraschende Hebelwirkung und eine verwirrende Komplexität kombinierten.« Diese Derivate waren ebenfalls von Bankers Trust geschaffen worden, dessen ganzseitige Anzeigen in Finanz- und Wirtschaftszeitschriften verkündeten: »Das Risiko kommt in vielen Verkleidungen. Es ist die Stärke von Bankers Trust, Ihnen zu helfen, unter die Oberfläche zu sehen.«

Das Management von Procter & Gamble folgte Gibsons Beispiel, um pflichtschuldigst die Prospect Theory zu bestätigen. Ob der Finanzchef Raymond Mains gute Arbeit leistete, wurde nicht nach dem absoluten Stand des Zinssatzes beurteilt, den das Unternehmen bei Kreditaufnahmen zahlte, das Unternehmen bewertete seine Arbeit nach einem Gesichtspunkt, der sich in der Frage ausdrückt: »Was haben Sie in jüngster Zeit für uns geleistet?« Mit anderen Worten, sie achteten nur darauf, wieviel weniger Zinsen Mains im Vergleich zum Vorjahr zahlte. In diesem Ofen war die Temperatur extrem hoch. In einem sarkastischen Kommentar zum Desaster der Firma fragte Nobelpreisträger Merton Miller: »Kennen Sie Procter & Gamble? Procter ist die Witwe, Gamble die Waise.«

Der Abschluß, der die ganzen Probleme auslöste, hatte höchst komplizierte Details – es muß so viel Spaß gemacht haben, ihn auszuklamüsern, wie das Analysieren eines Falls in der Harvard Business School. Er wurde im Herbst 1993 unterzeichnet, nachdem die Zinsen für kurzfristige Kredite vier Jahre lang fast ohne Unterbrechung von rund 10% auf unter 3% gefallen waren. Der Vertrag verriet die Überzeugung von Procter & Gamble, daß nach einem so anhaltenden Rückgang ein beträchtlicher Anstieg der Zinsrate so unwahrscheinlich war, daß man ihn vergessen konnte. Offenbar hatte niemand bei Procter & Gamble Galton gelesen – das Gesetz von der Regression zum Mittelwert war den Managern dort anscheinend nicht bekannt.

Sie verwetteten alles auf eine Summe, die nicht mehr als eine bescheidene Ersparnis gewesen wäre, falls der Zinssatz stabil geblieben oder weiterhin gefallen wäre. Das Geschäft betraf eine theoretische Summe von $ 200 Millionen in Form eines fünfjährigen Darlehens von Bankers Trust an Procter & Gamble, doch die *maximale* Zinsersparnis für das Unternehmen hätte im Vergleich zu den Zinskosten eines einfachen Handelspapierdarlehens $ 7,5 Millionen über die Laufzeit des Kredits betragen. Falls die Dinge aber nicht wie erwartet liefen, sondern danebengingen – wenn der Zinssatz, statt zu sinken, in die Höhe ginge –, so würde der Abschluß das Unternehmen dermaßen exponieren, daß es »sich gegen das Risiko eines Zinssatzerdbebens absichern müßte«.

Vier Monate nach Unterzeichnung dieses Vertrags schreckte die Federal Reserve am 4. Februar 1994 die Börsen auf, weil sie die kurzfristigen Zinssätze erhöhte. Loomis berichtete: »Da hat dies Erdbeben dann mit außergewöhnlicher Heftigkeit stattgefunden.« Es ist offenkundig, daß die Manager bei Procter & Gamble auch nie von Kahneman und Tversky gehört hatten, denn als sich bereits Verluste abzeichneten, schloß das Unternehmen am 14. Februar sogar noch einen weiteren Vertrag, diesmal über $ 74 Millionen für 4 $^{1}/_{4}$ Jahre, der noch einmal einer Wette auf sinkende Zinssätze gleichkam.

Die Zinssätze sanken jedoch nicht. Der Zinssatz für Handelspapierdarlehen stieg von 3 $^{1}/_{4}$% im Februar auf 6 $^{1}/_{2}$% im Dezember, während der Vorzugszins großer Geschäftsbanken für erstklassige Kreditnehmer von 6% auf 8 $^{1}/_{2}$% kletterte. Für Procter & Gamble bedeutete das eine Katastrophe. Gemäß dem ersten Vertrag hatten sie somit die Verpflichtung zu erfüllen, Bankers Trust bis Ende 1998 14 $^{1}/_{2}$ Prozentpunkte an Zinsen zu zahlen, und nach dem zweiten Vertrag 16,4 Prozentpunkte an Zinsen für die gleiche Zeitspanne.

Auch in diesem Fall ist Bankers Trust verklagt worden und hat bis zum Zeitpunkt, da ich dies schreibe, von Procter & Gamble noch keinerlei Zahlungen erhalten. Mr. Mains ist nicht mehr beim Unternehmen tätig.

WIE IST DAS alles zu verstehen? Sind Derivate nun eine Erfindung des Teufels oder das letzte Wort zum Risikomanagement?* Schlimm genug, daß solch hervorragende Unternehmen wie Procter & Gamble und Gibson Greetings in Schwierigkeiten geraten können – ist nun aber das ganze Finanzsystem gefährdet, weil so viele Leute ihre Risiken abschütteln und sie jemand anderem aufbürden wollen? Wie gut vermag dieser andere mit solcher Verantwortung zu Rande kommen? Grundsätzlicher gefragt: Was besagt die enorme Popularität der Derivate heute, kurz vor dem Ende des 20. Jahrhunderts, über die Einstellung unserer Gesellschaft zum Risiko und zu der ungewissen Zukunft, die vor uns liegt? Mit der letzten Frage werde ich mich im folgenden, abschließenden Kapitel befassen.

James Morgan, ein Kolumnist der *Financial Times*, hat einmal bemerkt: »Ein Derivat ist wie ein Rasiermesser. Man kann es zum Rasieren benutzen ... Oder man kann es dazu gebrauchen, Selbstmord zu begehen.«[10] Wer Derivate verwendet, hat die Wahl. Er muß sie keineswegs zum Selbstmord benutzen.

Wer in den zitierten Fällen von Procter & Gamble und anderer Unternehmen nun wen wozu überredet hat, bleibt ungeklärt, doch ist die Ursache der Katastrophen klar genug: Statt sich gegen das Risiko sprunghafter Unbeständigkeit abzusichern, sind diese Firmen es vielmehr aktiv eingegangen. Sie haben die Stabilität ihres Cashflows und damit ihre ganze Zukunft von der Richtigkeit ihrer Prognosen über die Zinsratenentwicklung abhängig gemacht. Während Bankers Trust und die übrigen Derivatenhändler ihre Geschäftsbücher auf der Basis des Pascalschen Dreiecks, der Gaußschen Glockenkurve und der Markowitzschen Kovarianzen führten, verhielten sich die Risikonehmer der Unternehmen im Sinne der Keynesschen Vorstellung von subjektiver Überzeugung. Aber das war wirklich nicht der geeignete Moment, um das komplette Unternehmensvermögen zu riskieren oder mangelnde Invarianzen auszuspielen.

Spekulanten, die zu glauben wissen, was die Zukunft in petto hält, laufen stets Gefahr, sich zu irren und die Wette zu verlieren. In der langen Geschichte des Kapitals gibt es zahllose

* Zum Thema Derivate gibt es eine Unmenge Literatur, ich empfehle jedoch ganz besonders das *Journal of Applied Corporate Finance* vom Herbst 1994, das ausschließlich diesem Thema gewidmet ist, sowie das Buch von Smithson und Smith über Risikomanagement.

Fälle, bei denen durch große Wetten große Vermögen gewonnen oder verloren wurden. Es hat wirklich nicht der Derivate bedurft, damit die Menschen rasch pleite gehen können. Und wenn Derivate sich in unseren Tagen als Finanzierungsinstrument durchgesetzt haben, so muß deshalb wirklich niemand schneller Bankrott machen. Das Instrument ist der Bote, der Anleger ist die Botschaft.

Die Verluste einiger weniger Unternehmen im Jahre 1994 haben Riesenschlagzeilen gemacht, sie stellten aber für sonst niemand eine Gefahr dar. Doch einmal angenommen, daß es anders gekommen wäre – was wäre geschehen, wenn die Unternehmen statt ihrer Verluste enorme Gewinne gemacht hätten? Wären die Gegenparteien bei diesen Transaktionen dann zahlungsfähig gewesen? Bei den meisten großen Verträgen mit ganz speziellen Derivaten sind die Gegenparteien führende Geldbanken, Investmentbanker und Versicherungsgesellschaften. Im Jahr 1994, diesem Jahr voller Überraschungen, haben die großen Akteure alle miteinander zwar weniger Gewinn eingefahren als 1993, *von ihnen befand sich jedoch nicht ein einziger zu irgendeinem Zeitpunkt in Schwierigkeiten.* So hat beispielsweise Bankers Trust mitgeteilt, daß die Verluste »allesamt innerhalb unserer Kapital-Limite geblieben sind, und wir waren uns jederzeit des Ausmaßes der Risiken voll bewußt ... Die Risikokontrollmechanismen haben gut funktioniert.«

Die Zahlungsfähigkeit dieser Institute stützt die Zahlungsfähigkeit des Weltwirtschaftssystems. Sie sind tagtäglich in Millionen Transaktionen mit Billionen von Dollar verwickelt, die in einem komplexen Netzwerk vonstatten gehen, dessen reibungsloses Funktionieren wesentlich ist. Die Fehlermargen sind minimal. Eine unzulängliche Kontrolle von Größe und Streuung der Risiken wäre angesichts des extremen Unbeständigkeitsfaktors der Derivate unvertretbar, zumal eben weit mehr auf dem Spiel steht als das Schicksal eines einzelnen Instituts oder Unternehmens.

Der solcher Situation innewohnenden Gefahren sind sich alle bewußt – von der jeweiligen Unternehmensführung bis zu den amtlichen Kontrollbehörden, die das System überwachen. In diesen Kreisen ist das sogenannte »systemische Risiko« zum

Signalbegriff geworden; ihm gilt in allen Zentralbanken und Finanzministerien das primäre Augenmerk. Und das Erfassen des gesamten Risikomoments im System wird zunehmend umfassender und feiner.*

Es besteht aber nur eine dünne Trennlinie zwischen dem Garantieren absoluter Sicherheit und einem Abwürgen von Innovationen, die, richtig gehandhabt, die Unbeständigkeit des Cashflows von Unternehmen verringern könnten. Wenn Unternehmen ihren Cashflow vor sprunghaften Schwankungen bewahren, können sie es sich leisten, größere interne Risiken in Form von höherem Investitionsniveau oder von größeren Ausgaben für Forschung und Entwicklung einzugehen. Die Finanzinstitute wiederum sind der Fluktuation von Zinsraten und Wechselkursen ausgesetzt; in dem Maß, als sie diesen Unsicherheitsfaktor eingrenzen, können sie einem größeren Kreis von Kreditwürdigen neue Möglichkeiten eröffnen.

Die Gesellschaft könnte von so einem Umfeld nur profitieren. Im November 1994 erklärte Alan Greenspan, der Vorsitzende der Federal Reserve Board:

> Es gibt Personen, die so argumentieren würden, daß es die Aufgabe der Bankenkontrolle ist, Bankzusammenbrüche zu verringern oder gar zu eliminieren; nach meinem Dafürhalten geht solche Auffassung aber fehl. Risikobereitschaft ist von fundamentaler Bedeutung für das Wachstum einer freien Marktwirtschaft ... Wenn alle Sparer und ihre Finanzvertreter nur in risikolose Vermögenswerte investieren würden, so könnte das Potential des Wirtschaftswachstums niemals realisiert werden.[11]

* Im Juli 1995 baten die Federal Reserve Board, das Finanzministerium und das FDIC um Stellungnahmen zu einem Plan, um die Anforderungen an die Risikokontrollen von Geschäftsbanken für Transaktionen zu revidieren, die Auslandswährungen, Waren und den Handel mit Schuld- und Wertpapierscheinen einschließen. Das Dokument enthält 130 engbedruckte Seiten. Die sogenannter Basler Kommission, die aus den Vertretern der Zentralbanken wichtiger Wirtschaftsländer besteht, hat den definitiven Rahmenplan für die Überwachung der Derivatenaktivitäten von Banken und Wertpapierfirmen ausgearbeitet. Er wurde am 16. Mai 1995 als Pressemitteilung der Federal Reserve veröffentlicht.

19
Hinter jeder Berechnung lauert Unberechenbarkeit

Der große Statistiker Maurice Kendall hat einmal geschrieben: »Der Mensch hat die Kontrolle über die Gesellschaft dem Reich der göttlichen Vorsehung nicht entzogen …, um sie dem Gesetz des Zufalls auszuliefern.«[1] Wir sehen einem neuen Jahrtausend entgegen; wie stehen die Aussichten, daß wir diese Aufgabe erfüllen können? Dürfen wir hoffen, weitere Formen von Risiko in den Griff zu bekommen und dennoch Fortschritte zu machen?

Wer auf diese Fragen Antwort sucht, muß die Leibnizsche Warnung aus dem Jahr 1703 beachten. Sie ist heute so relevant wie damals, als Leibniz sie an Jacob Bernoulli adressierte: »Die Natur hat Muster eingerichtet, die für die Wiederkehr von Ereignissen sorgen, aber nur für den größten Teil.« Wie ich in der Einleitung des Buches ausführte, ist diese einschränkende Klausel der Schlüssel zu allem. Ohne diese Einschränkung würde es kein Risiko geben, wäre alles kalkulierbar. Ohne sie würde es keine Veränderungen geben, weil jedes Phänomen identisch mit einem vorausgegangenen Ereignis wäre. Ohne sie wäre das Leben ohne Geheimnis.

Es war der Wille, die Tendenz der Natur zur – aber nur unvollkommenen – Wiederholung zu begreifen, der die Helden dieses Buches vorangetrieben hat. Trotz der vielen genialen Instrumente, die sie zum Knacken dieses Rätsels geschaffen haben, sind viele Probleme noch immer nicht gelöst. Die Diskontinuität, Unregelmäßigkeit und Unbeständigkeit scheint sich eher zu mehren als abzunehmen. In der Finanzwelt tauchen in geradezu verwirrendem Tempo immer neue Hilfsinstrumente auf, überflügeln neue Märkte die alten, und die globale wechselseitige Abhängigkeit macht das Risikomanagement zunehmend komplizierter. Insbesondere die wirtschaftliche Unsicherheit des Arbeitsmarkts macht tagtäglich Schlagzeilen. Unsere Umwelt, Gesundheit, persönliche Sicherheit und selbst der Planet Erde scheinen heute von unbekannten feindlichen Mächten bedroht.

Unser Ziel, die menschliche Gesellschaft vom Gesetz des Zufalls zu befreien, ist noch immer nicht erreicht. Wieso?

FÜR LEIBNIZ rührte die Schwierigkeit, von Datenproben aus zu verallgemeinern, nicht aus der Unberechenbarkeit, sondern vielmehr aus der Vielschichtigkeit der Natur. Er glaubte, daß sich einfach zu viel tut, als daß wir alles durch die Erforschung eines Sortiments begrenzter Experimente herausbekommen könnten. Wie die meisten seiner Zeitgenossen war jedoch auch er davon überzeugt, daß dem ganzen Prozeß eine Ordnung zugrunde lag, die von dem Allmächtigen verfügt worden war. Das fehlende Teil, auf das er mit seinem Hinweis »*nur* für den meisten Teil« anspielte, war nicht willkürlich und zufällig, sondern lediglich ein unsichtbares Element der Gesamtordnung.

Dreihundert Jahre später blies Einstein ins gleiche Horn. In einer berühmten Formulierung hat Einstein seinem Kollegen Max Born in einem Brief erklärt: »Du glaubst an den würfelnden Gott, und ich an die volle Gesetzlichkeit einer Welt von etwas objektiv Seienden.«[2]

Bernoulli und Einstein mögen recht gehabt haben, wenn sie der Vorstellung eines würfelspielenden Gottes widersprachen, doch erfreuen wir uns, allen Bemühungen zum Trotz, noch immer nicht einer vollkommenen Kenntnisse der Gesetze, die die Ordnung der objektiv vorhandenen Welt bestimmen.

Bernoulli und Einstein waren Wissenschaftler, die sich mit der Natur befaßten, die Menschen müssen sich jedoch im allgemeinen mit etwas auseinandersetzen, das jenseits von Mustern der Natur liegt: mit sich selbst. Ja, mit dem kulturellen Fortschritt haben die Grillen der Natur an Bedeutung verloren und die menschlichen Entscheidungen spielen eine immer wichtigere Rolle.

Doch die zunehmend größere wechselseitige Abhängigkeit

der Menschheit hat von den Neuerern, die wir im Verlauf des Buches kennengelernt haben, keinen einzigen beschäftigt, bis wir im 20. Jahrhundert auf Knight und Keynes stoßen. Die meisten von ihnen lebten in der Spätrenaissance, im Zeitalter der Aufklärung oder im 19. Jahrhundert, folglich sahen sie beim Nachdenken über die Wahrscheinlichkeit die Natur vor sich, und sie verstanden den Menschen so, als ob er in allem durch den gleichen Grad von Regelmäßigkeit und Verläßlichkeit bestimmt sei, den sie in der Natur feststellten.

Das *Verhalten* des Menschen kam in ihren Überlegungen einfach nicht vor. Sie untersuchten Glücksspiele, Krankheiten und Lebenserwartung – Aspekte, deren Ausgang durch die Natur und nicht durch menschliche Entscheidungen bestimmt war. Die Menschen wurden immer nur als Vernunftwesen begriffen. (Daniel Bernoulli definiert Rationalität als »das Wesen des Menschen«.) Solche Betrachtungsweise vereinfacht die ganze Sache, weil sie das menschliche Verhalten genauso berechenbar erscheinen läßt wie das Naturverhalten – vielleicht sogar noch mehr. Sie führte dazu, daß zur Erklärung ökonomischer und gesellschaftlicher Phänomene naturwissenschaftliche Begriffe übernommen wurden. Die Möglichkeit einer Quantifizierung subjektiver Aspekte wie Präferenzen und Risikofeindlichkeit galt als selbstverständlich, das war überhaupt kein Diskussionsthema. In keinem einzigen der von ihnen angeführten Fallbeispiele hat die von einem Individuum getroffene Entscheidung eine Auswirkung auf das Wohlergehen eines anderen Individuums.

Der Durchbruch kommt mit Knight und Keynes, die beide unter dem Eindruck der Nachwirkungen des Ersten Weltkriegs schrieben. Ihre »radikal andere Vorstellung« von Ungewißheit und Unsicherheit hatte nicht das mindeste mit der Natur oder mit dem Thema der Diskussion zwischen Einstein und Born zu tun. Die Ungewißheit ist eine Konsequenz aus den irrationalen Aspekten, die Knight und Keynes im Wesen des Menschen wahrnahmen, und das hieß: Das Erforschen des Phänomens der Entscheidung und des Wählens durfte nicht mehr auf der Betrachtung des Menschen in einer isolierten Umwelt wie bei Robinson Crusoe beruhen. Trotz seines leidenschaftlichen

Glaubens an das Rationale analysiert selbst von Neumann Risikoentscheidungen in einem Rahmen, wo die Entscheidungen jedes Individuums sich auf andere auswirken und wo jeder einzelne die wahrscheinlichen Reaktionen der anderen in seine Entscheidungen einbeziehen muß. Von hier ist es nicht mehr weit bis zu den Untersuchungen, die Kahneman und Tversky über das Versagen der Invarianz angestellt haben, und zu den Verhaltensforschungen der Theorienpolizei.

Obwohl so manches von den Geheimnissen, die Leibniz in der Natur erblickte, bis zum 20. Jahrhundert einer Lösung nahegekommen war, haben wir heute immer noch Mühe, das viel quälendere Rätsel zu verstehen, wie Menschen ihre Entscheidungen treffen und auf Risiko reagieren. Mit einem Anklang an Leibniz hat G. K. Chesterton – kein Naturwissenschaftler, sondern ein Romancier und Essayist – die moderne Sicht folgendermaßen umschrieben:

> Das wirkliche Problem mit dieser unserer Welt besteht nicht etwa darin, daß sie eine unvernünftige Welt ist, oder gar darin, daß sie eine vernünftige ist. Die häufigste Art von Problemen rührt vielmehr daher, daß sie beinahe vernünftig ist, aber eben doch nicht ganz. Das Leben ist keine unlogische Angelegenheit; trotzdem stellt es für die Logik eine Falle dar. Es scheint eben ein ganz klein bißchen mathematischer und regulärer, als es ist; seine Genauigkeit ist augenfällig, seine Ungenauigkeit aber verborgen; seine Unberechenbarkeit liegt im Hinterhalt.[3]

Ist es zwecklos, in so einer Welt die Gesetze der Wahrscheinlichkeit und der Regression zum Mittelwert oder die Methode der Diversifizierung anzuwenden? Ist es überhaupt möglich, die effektiven Hilfsmittel zur Deutung von Variationen in der Natur bei der Suche nach den Wurzeln der Ungenauigkeit anzuwenden? Wird die Unberechenbarkeit immer im Hinterhalt liegen?

DIE VERFECHTER der Chaostheorie, einer relativ neuen Alternative zu den Vorstellungen von Pascal und seinesgleichen, erheben Anspruch, die verborgene Quelle des Ungenauen entdeckt zu haben. Den Chaostheoretikern zufolge entspringt es einem Phänomen namens »Nichtlinearität«. Nichtlinearität bedeutet, daß die Resultate nicht den Ursachen proportional sind. Andererseits sind die Chaostheoretiker aber mit Laplace, Poincaré und Einstein eins, wenn sie betonen: *Alle Resultate haben eine Ursache* – so wie ein Kegel infolge eines »ganz leichten Zitterns« sein Gleichgewicht verliert und umfällt.

Die Anhänger der Chaostheorie verwerfen die Auffassung, daß die Symmetrie der Glockenkurve die Realität darstellt. Sie verachten lineare statistische Systeme, in denen beispielsweise die Größe einer erwarteten Belohnung angeblich der Größe der Risiken entspricht, die zu ihrem Erhalt eingegangen worden sind, oder, allgemein ausgedrückt, in denen die gewonnenen Ergebnisse in einem systematischen Verhältnis zu den geleisteten Anstrengungen stehen. Folglich verwerfen sie auch die konventionellen Wahrscheinlichkeits-, Finanz- und Wirtschaftstheorien. Für sie ist das Pascalsche arithmetische Dreieck ein Spielzeug für Kinder. Francis Galton war ein Narr, und Quetelets heißgeliebte Glockenkurve ist eine Karikatur der Wirklichkeit.

Dimitris Chorafas, der die Chaostheorie besonders klar und verständlich zu erläutern weiß, hat das Chaos definiert als »... eine Zeitevolution mit einer feinfühligen Abhängigkeit von Auslösefaktoren«.[4] Die beliebteste Illustration für dieses Konzept ist das Flattern von Schmetterlingsflügeln in Hawaii, das letztlich die Ursache eines Hurrikans in der Karibik ist. Laut Chorafas sehen die Chaostheoretiker die Welt »in einem Zustand der Lebendigkeit ..., der durch Turbulenz und Unbeständigkeit gekennzeichnet ist«.[5] Es ist eine Welt, in der Abweichungen von der Norm sich nicht methodisch auf beiden Seiten des Mittelwerts häufen, wie es die Gaußsche Normalverteilung prädiziert; es ist vielmehr eine ungleichmäßige Welt, in der Galtons Regression zum Mittelwert keinen Sinn ergibt, weil der Mittelwert sich immerzu in Bewegung befindet. In der Chaostheorie kommt ein Normbegriff gar nicht erst vor.

Die Chaostheorie entwickelt Poincarés Vorstellung von der Allgegenwart des Prinzips von Ursache und Wirkung bis zu ihrem logischen Extrem, die Idee einer Zusammenhanglosigkeit von Ereignissen wird radikal zurückgewiesen. Was wie eine Zusammenhanglosigkeit aussieht, ist keineswegs ein abrupter Bruch mit Vorhergehendem, sondern vielmehr die logische Folge vorausgegangener Ereignisse. In der Welt der Chaostheorie lauert die Unberechenbarkeit immer nur darauf, sich zu demaskieren.

Die praktische Umsetzung der Chaostheorie ist allerdings eine andere Geschichte. »Die Signatur einer chaotischen Zeitserie ... besagt, daß die Prognosegenauigkeit mit zunehmender zeitlicher Entfernung abnimmt.« Damit verheddern die Praktiker der Chaostheorie sich allerdings in einem Geflecht von minutiösen Details, in dem jedes Signal minimal und alles übrige bloß heiße Luft ist.

Als Prognostiker haben die Jünger der angewandten Chaostheorie die Unbeständigkeitsfaktoren ins Visier genommen und immense Mengen an Daten von Transaktionen gesammelt, die sie in die Lage versetzt haben, mit einigem Erfolg Schwankungen bei Zinsraten und Wechselkursen sowie Veränderungen bei Aktienpreisen für die nahe Zukunft vorherzusagen.[6] Sie haben sogar entdeckt, daß die Rouletteräder nicht völlig willkürliche Ergebnisse bringen, obwohl der Vorteil, den diese Erkenntnis gezeitigt hat, zu gering ist, um einen Glücksspieler zum reichen Menschen zu machen.

Bis zum heutigen Zeitpunkt scheint die Leistung dieser Theorie, verglichen mit ihren Ansprüchen, eher bescheiden. Zwar ist es ihren Praktikern gelungen, den Schmetterling in der hohlen Hand zu fangen, doch haben sie bislang nicht die Luftschwingungen zu verfolgen vermocht, die vom Flattern der Flügel ausgingen. Sie geben aber nicht auf.

In jüngster Zeit sind weitere hochkomplexe Neuentwicklungen für Zukunftsprognosen präsentiert worden; sie haben so merkwürdige Bezeichnungen wie genetische Algorithmen und neuronale Netze.[7] Diese Verfahren fokussieren weitgehend die Merkmale der Unbeständigkeit, ihre praktische Umsetzung übersteigt selbst die Möglichkeiten der stärksten Computer.

Die Aufgabe der genetischen Algorithmen besteht darin, die Art und Weise zu replizieren, mit der Gene von einer zur nächsten Generation weitergegeben werden. Die überlebenden

Gene schaffen die Modelle, welche den strapazierfähigsten und effektivsten Nachwuchs bilden.* Neuronale Netze werden zu dem Zweck entworfen, das Verhalten des menschlichen Gehirns zu simulieren, indem sie aus den einprogrammierten Erfahrungen die Schlußfolgerungen ziehen, die für die Bewältigung der nächsten Erfahrung am nützlichsten sein wird. Man hat in einem System Verhaltensmuster entdeckt, die sich zur Prognose von Phänomen in gänzlich anderen Systemen verwenden lassen; die Grundannahme ist die, daß allen komplexen Systemen wie der Demokratie, dem Prozeß technologischer Entwicklungen und dem Aktienmarkt Muster und Reaktionen gemeinsam sind.[8]

Diese Modelle liefern wichtige Einsichten in die Komplexität von Realität, doch gibt es beim Erkennen von Mustern, welche dem Aufscheinen anderer Muster in den Finanzmärkten oder im Lauf des Rouletterads vorausgehen, keinen Beweis im Sinne von Ursache und Wirkung. Sokrates und Aristoteles würden gegenüber der Chaostheorie und den neuronalen Netzen nicht weniger skeptisch sein, wie es die Theoretiker dieser Richtungen gegenüber konventionellen Denkmodellen sind.

Ähnlichkeit mit der Wahrheit ist nicht dasselbe wie Wahrheit. Ohne eine theoretische Struktur, die erklärt, warum sich Muster querzeitlich und quersystemisch wiederholen, lassen diese Neuerungen wenig Zuversicht aufkommen, daß die Signale von heute die Ereignisse von morgen auslösen. Wir haben hier lediglich subtile Sequenzen von Daten, die dank der enormen Kapazität des Computers offenbar werden können. Insofern sind prognostische Instrumente, die auf nichtlinearen Modellen oder auf Computerakrobatik basieren, in vielem den gleichen ungelösten Fragen unterworfen, die der konventionellen Wahrscheinlichkeitstheorie Probleme machen, denn das Rohmaterial auch dieses Modells sind Daten der Vergangenheit.

* Der Mathematiker al-Charismi, dessen Name die Wurzel des Wortes »Algorithmus« geliefert hat, würde sich bestimmt wundern über die Entwicklungen, die aus den Anfängen hervorgegangen sind, die er vor fast 1200 Jahren begründete.

DIE VERGANGENHEIT tut uns selten den Gefallen mitzuteilen, wann die Zukunft Unberechenbarkeit bringen wird. Kriege, Wirtschaftskrisen, Haussen und Baissen der Börse und ethnische Massaker kommen und gehen, doch erscheinen sie, wann immer sie auftreten, jedesmal als Überraschung. Wenn wir aber hinterher die Geschichte der Vorkommnisse erforschen, so scheint die Quelle der Unberechenbarkeit so offenkundig, daß wir kaum begreifen können, daß die auf dem Schauplatz des Geschehens lebenden Menschen nicht merkten, was da auf sie zukam.

In der Finanzwelt sind Überraschungen besonders endemisch. So ging zum Beispiel in den späten 50er Jahren eine durch die Erfahrung von achtzig Jahren geheiligte Beziehung in die Brüche, als die Anleger entdeckten, daß tausend in risikoarme, hochgradige Wertpapiere investierte Dollar erstmals in der Geschichte ertragreicher waren als tausend in risikoreiche Stammaktien investierte Dollar.* In den frühen 70er Jahren stiegen die Zinsraten zum erstenmal seit dem amerikanischen Bürgerkrieg über 5 % an, und so ist es seither *geblieben.*

Aufgrund der bemerkenswerten Stabilität der wesentlichen Vergleichsmomente zwischen Wertpapier- und Aktienerträgen sowie der Unbeweglichkeit langfristiger Zinsraten über so viele Jahre hatte sich niemand je träumen lassen, daß es anders kommen könnte. Die Menschen hatten auch gar keinen Anlaß, so etwas für möglich zu halten – nicht vor dem Entstehen der antizyklischen Geld- und Finanzpolitik und der Erfahrung eines Preisniveaus, das, statt wie vorher manchmal zu steigen und manchmal zu fallen, immer nur weiter nach oben kletterte. Mit anderen Worten: Solche paradigmatischen Veränderungen mögen vielleicht nicht unvorhersehbar gewesen sein, aber sie waren schlicht undenkbar.

* Von 1871 bis 1958 übertrafen Aktienerträge die Wertpapiererträge um durchschnittlich rund 1,3 Punkte; es gab lediglich drei kurzfristige Umkehrungen dieses Verhältnisses, zuletzt im Jahre 1929. In einem Artikel im Märzheft von *Fortune* erklärte Gilbert Burke: »Es ist in den USA praktisch ein Artikel des Glaubensbekenntnisses gewesen, daß gute Aktien mehr Ertrag liefern müssen als gute Wertpapiere und daß ihre Preise fallen, wenn dem nicht so ist.« (Vgl. *Bank Credit Analyst*, 1995.) Es gibt Grund zu der Annahme, daß Aktien auch vor 1871 mehr an Ertrag lieferten als Wertpapiere, nur liegen erst seit 1871 zuverlässige Börsendaten vor. Seit 1958 haben die Wertpapiere die Aktien im Ertrag um durchschnittlich 3,5 Punkte übertroffen.

Falls solche Ereignisse in der Vergangenheit nicht im voraus berechenbar waren, wie sollen wir dann damit rechnen dürfen, daß sie mit Hilfe der ausgeklügelten quantitativen Methoden des Risikomanagements prognostiziert werden können? Wie sollen wir dem Computer Programme eingeben, die wir uns selbst nicht einzuprogrammieren vermögen, ja, die sogar unser Vorstellungsvermögen übersteigen?

Wir können den Computer nicht mit Zukunftsdaten füttern, weil uns solche Daten nicht zugänglich sind. Also füttern wir ihn mit Daten aus der Vergangenheit, um die Mechanismen der Entscheidungsfindung in Gang zu setzen, die unsere Modelle geschaffen haben, ganz gleich, ob sie nun linear oder nichtlinear sind. Aber genau da liegt die logische Falle: Vergangene Daten aus der realen Welt bilden eine Ereignissequenz und eben kein Muster aus unabhängigen Beobachtungen, wie das Wahrscheinlichkeitsgesetz es verlangt. Die Geschichte liefert uns eben nur ein einziges Sample von Wirtschaft und Kapitalmärkten und mitnichten Tausende von isolierten und zufällig verteilten Zahlen. Obwohl viele ökonomische und finanzielle Variablen Verteilungen bilden, die der Gaußschen Glockenkurve nahekommen, ist das Bild nie vollkommen. Noch einmal: Ähnlichkeit mit der Wahrheit ist nicht dasselbe wie Wahrheit. In diesen Abweichungen und Unvollkommenheiten lauert das Unberechenbare.

Schlußendlich erzeugt die Wissenschaft vom Risikomanagement manchmal neue Risiken, während sie alte Risiken in den Griff bekommt. Unser Vertrauen in das Risikomanagement ermutigt uns zur Übernahme von Risiken, die wir sonst nie eingehen würden. In den meisten Fällen ist das gut so, nur müssen wir achtgeben, daß wir nicht die Risikomenge im System vermehren. Der Sitzgurt, das haben Untersuchungen gezeigt, verführt die Autofahrer zu aggressiverem Fahren. Infolgedessen steigt die Zahl der Unfälle, obwohl die Schwere der Unfallverletzungen abnimmt.* Derivate Finanzierungsinstrumente, die zur Absicherung gegen Risiken entworfen worden sind, haben Anleger in Versuchung gebracht, sie zu Spekulati-

* Für eine ausführliche Analyse s. Adams, 1995.

onswerkzeugen umzufunktionieren, mit Ertragsbonanzas und Begleitrisiken, die kein Risikomanager einer Aktiengesellschaft je in Erwägung ziehen dürfte. Die Einführung der Portfolioversicherung in den späten 70er Jahren hat zu einem höheren Niveau des Eigenkapitalrisikos geführt, als es vorher üblich war. Auf die gleiche Weise neigen konservative institutionelle Anleger dazu, die breite Diversifizierung zur Rechtfertigung von höheren Risiken in unerprobten Gefilden zu verwenden – Diversifizieren bietet aber keine Garantie gegen Verlust, sondern nur dagegen, alles auf einmal zu verlieren.

NICHTS IST BERUHIGENDER oder überzeugender als der Computerbildschirm mit seinen beeindruckenden Zahlenkolonnen, leuchtenden Farben und eleganten Grafiken. Die vorüberflimmernde Parade nimmt uns dermaßen gefangen, daß wir nur allzu leicht vergessen, daß der Computer nur auf Fragen *antwortet*, stellen tut er keine. Wann immer wir diese Wahrheit vergessen, fördert der Computer unsere Denkfehler. Wer nur von Zahlen lebt, könnte eines Tages die Erfahrung machen, daß der Computer bloß an die Stelle der alten Orakel getreten ist, an die sich die Menschen vor Zeiten wandten, wenn sie in Fragen der Risikosteuerung und Entscheidungsfindung Orientierung brauchten.

Gleichzeitig müssen wir aber auch vermeiden, die Zahlen zurückzuweisen, wenn sie größere Genauigkeit als Intuition und Gefühl verheißen, die, wie Kahneman und Tversky gezeigt haben, nur zu oft von Widersprüchen und Kurzsichtigkeit geprägt sind. G. B. Airy, einer der vielen brillanten Mathematiker, die in England das Königliche Observatorium leiteten, hat 1849 geschrieben: »Ich bin ein überzeugter Bewunderer von Theorien, Hypothesen, Formeln und allen anderen Emanationen der reinen Vernunft, die den irrenden Menschen inmitten der Stolpersteine und Sümpfe aus Tatsachenbeobachtungen auf dem geraden Weg halten.«[9]

Es ist das zentrale Thema der Geschichte dieses Buches, daß die Helden, denen wir begegnet sind, mit ihren quantitativen Methoden für die vergangenen 450 Jahre die Bahn des Fortschritts gelegt haben. In Technik, Medizin, Naturwissenschaft, Finanzwesen, Wirtschaft und sogar in der Politik werden Entscheidungen, die das Leben aller berühren, heute in Übereinstimmung mit strengen Prozeduren vorgenommen, die weitaus besser sind als die hausbackenen Methoden der Vergangenheit. Auf diese Weise werden viele katastrophale Fehler vermieden oder aber in ihren Konsequenzen abgeschwächt.

Der Renaissancespieler Cardano, gefolgt von dem Geometer Pascal und dem Juristen Fermat, den Mönchen von Port-Royal und den Pfarrern von Newington, dem Kurzwarenhändler und dem Mann mit dem verstauchten Gehirn, von Daniel Bernoulli und seinem Onkel Jacob, dem geheimniskrämerischen Gauß und dem gesprächigen Quetelet, dem spielerischen von Neumann und dem schwerfälligen Morgenstern, dem frommen de Moivre und dem Agnostiker Knight, dem prägnant formulierenden Black und dem redseligen Scholes, von Kenneth Arrow und Harry Markowitz – sie alle haben unser Risikoverständnis verändert, so daß das Risiko für uns aus einer Verlustgefahr zur Gewinnchance geworden ist, aus SCHICKSAL und URSPRUNGSPLAN zur hochentwickelten, auf Wahrscheinlichkeit gründenden Zukunftsprognose, aus einer Situation der Hilflosigkeit zur Freiheit der Entscheidung zwischen Alternativen.

Auch wenn Keynes sich einer mechanischen Anwendung der Wahrscheinlichkeits- und Quantifizierungsgesetze in bezug auf Ungewißheit und Unsicherheit widersetzte, so hat er doch erkannt, daß solches Denken für die Menschheit von größter Bedeutung gewesen ist:

> Die Bedeutung der Wahrscheinlichkeit kann nur aus der Erkenntnis erhellt werden, daß es rational ist, sich im Handeln von ihr leiten zu lassen; und sich im Praktischen darauf zu verlassen, kann nur durch die Erkenntnis gerechtfertigt werden, daß wir im Handeln so handeln sollten, daß wir sie ein wenig berücksichtigen.

Deshalb ist die Wahrscheinlichkeit für uns der »Leitfaden des Lebens«, da uns, wie Locke sagt, »Gott für den größten Teil unserer Besorgtheit nur das Zwielicht, wenn ich so sagen darf, der Wahrscheinlichkeit gegönnt hat, die, so nehme ich an, jenem Stand der Mittelmäßigkeit und der Bewährung entspricht, in den Er uns nach seinem Wohlgefallen hier gestellt hat.«[10]

Anhang

Anmerkungen

Einführung

1 Zitiert in: Keynes, 1921, Vorsatz zu Kapitel XXVIII.
2 Persönliche Mitteilung.
3 Arrow, 1992, S. 46.

Erstes Kapitel

1 Zitiert in: Ignatin und Smith, 1976, S. 80. Das Zitat stammt aus Buch I, Kapitel X, von *Untersuchung über die Natur und die Ursachen des Nationalreichtums*.
2 Keynes, 1936, S. 159.
3 Ebd., S. 150.
4 Dieser ganze Absatz stammt aus: Bolen, 1976.
5 Ausgezeichnete Hintergrundinformation dazu in: David, 1962, S. 2–21.
6 Siehe David, 1962, S. 34.
7 Hayano, 1982.
8 Johnson, 1995.
9 Siehe David, S. 2.
10 Sambursky, 1956, S. 36.
11 Ebd., S. 37.
12 Ebd., S. 36–40.
13 Rabinovitch, 1969.
14 Frankfort, 1956, zitiert bei: Heilbroner, 1995, S. 23. Siehe auch David, 1962, S. 21–26.
15 Siehe Eves, 1983, S. 136.

Zweites Kapitel

1 Das Material über Hintergrund und Biographie von Fibonacci stammt im wesentlichen aus der *Encyclopedia Brittannica*, Eves, 1983, S. 161, Hogben, 1968, S. 250, und Garland, 1987.
2 Zwei anregende Kommentare über die Zahlen Fibonaccis finden sich bei: Garland, 1987, und Hoffer, 1975. Die Beispiele sind diesen zwei Quellen entnommen.
3 Das hier präsentierte Hintergrundmaterial stammt in erster Linie aus: Hogben, 1968, Kapitel I.
4 Siehe Hogben, 1968, S. 35; siehe auch Eves, 1983, Kapitel I.
5 Siehe Hogben, 1968, S. 36 und S. 244–246.

6 Das Hintergrundmaterial über Diophantus stammt von Turnbull, 1951, S. 113.
7 Ebd., S. 110.
8 Ebd., S. 111.
9 Siehe Hogben, 1968, S. 433.
10 Aus: Newman, 1988a, S. 443.
11 Das Hintergrundmaterial über al-Charismi stammt in erster Linie aus: Muir, 1961, und Hogben, 1968.
12 Hogben, 1968, S. 243.
13 Siehe Hogben, 1968, Kapitel VI, für eine ausführliche und anregende Diskussion der Entwicklung von Algebra und der Verwendung der Null.
14 Das Hintergrundmaterial über Omar Chajjam stammt von Fitzgerald.
15 Hogben, 1968, S. 245.

Drittes Kapitel

1 Das Hintergrundmaterial über Paccioli stammt größtenteils aus: David, 1962, S. 36–39, und Kemp, 1981, S. 146–148.
2 Die Informationen über das Verhältnis von Paccioli und Leonardo stammen aus: Kemp, 1981, S. 248–250.
3 David, 1962, S. 37.
4 Sambursky, 1956.
5 Ebd.
6 Ebd.
7 Das Hintergrundmaterial zu Cardano sowie die Zitate stammen hauptsächlich aus: Ore, 1965, und Morley, 1854; mit einigen Zitaten aus Cardan, 1930.
8 David, 1962, S. 61.
9 Siehe Sarton, 1957, S. 29–32; aber auch Muir, 1961, S. 35–38.
10 Hacking, 1975, S. 18. Die vollständige Erörterung, die das gesamte dritte Kapitel füllt, lohnt eine gründliche Lektüre.
11 Hacking, 1975, S. 22.
12 Ebd., S. 26.
13 Ebd., S. 44.
14 David, 1962, S. 58.
15 Kogelman und Heller, 1986, S. 164f.
16 Das Hintergrundmaterial zu Galileo entstammt hauptsächlich: David, 1962, Kapitel 7, S. 61–69.
17 David, 1962, S. 65.
18 Ebd., S. 13.
19 Stigler, 1988.

Viertes Kapitel

1 Das Hintergrundmaterial zu Pascal stammt aus: Muir, 1961, S. 77–100, David, 1962, S. 34–79, und Hacking, 1975, S. 55–70.
2 Siehe David, 1962, S. 74.
3 Muir, 1961, S. 90.
4 Ebd., S. 93.
5 Ebd., S. 94.
6 Ebd., S. 95.
7 David, 1961, S. 69; siehe auch Anmerkung 4.
8 Vgl. Huff, 1959, S. 63–69.
9 Siehe Hogben, 1968, S. 551; siehe auch Hacking, 1975, S. 58f.
10 Siehe David, 1962, S. 71–75.
11 Turnbull, 1951, S. 130.
12 Ebd., S. 131.
13 Siehe Hogben, 1968, S. 277–279; siehe auch David, 1962, S. 34.
14 Turnbull, 1951, S. 131; siehe auch Eves, 1984, S. 34.
15 Ich bin Stanley Kogelman für seine Hilfe beim Erarbeiten dieser Beispiele zu Dank verpflichtet.
16 Diese Pointe sowie das anschließende Zitat stammen aus: Gauibaud, 1968.
17 David, 1962, S. 252.
18 Die gesamten folgenden Informationen entstammen: Hacking, 1975, Kapitel 8 mit dem Titel »The Great Decision«, S. 63–70.
19 Hacking, S. 62.
20 Das Material zum Kloster Port-Royal entstammt: Hacking, 1975, S. 73–77.
21 Ebd., S. 25.
22 Ebd., S. 74.
23 Ebd., S. 77.
24 Ebd., S. 77.
25 Ebd., S. 77.
26 Ebd., S. 77.
27 Ebd., S. 77.

Fünftes Kapitel

1 Für diese Darstellung bin ich Stigler, 1977, zu Dank verpflichtet. Stephen Stigler schulde ich Dank dafür, daß er mich persönlich auf die *Trial of the Pyx* aufmerksam gemacht hat.
2 Das Hintergrundmaterial zu Graunt stammt aus: Muir, 1961, David, 1962, und Newman, 1988g. (Die Originalzitate aus dem Werk *Natural and Polical Obligations* stammen hauptsächlich aus Newman.)
3 Newman, 1988g, S. 1394.
4 Das Hintergrundmaterial zu Petty entstammt: Hacking, 1975, S. 102ff.

5 Die Informationen über Wilkins und die Royal Society entstammen: Hacking, 1975, S. 169–171.
6 Graunt, S. 1401.
7 Ebd., S. 1401.
8 Hacking, 1975, S. 103.
9 Die Klärung dieses Punktes verdanke ich Stephen Stigler.
10 Siehe Hacking, 1975, S. 103–105.
11 Die Illustration stammt aus: Stigler, 1996.
12 David, 1962, S. 107. Eine ausführliche Erklärung der Grauntschen Berechnungen und seines Kalkulationsverfahrens stehen auf S. 107–109.
13 Hacking, 1975, S. 107.
14 Ebd., S. 110.
15 Siehe die Erörterung in: Hacking, 1975, S. 105–110.
16 Das Hintergrundmaterial zu Neumann und Halley sowie die Zitate Halleys stammen hauptsächlich aus: Newman, 1988g, S. 1393–1432.
17 Siehe die Erläuterung in: Hacking, 1975, S. 111–121.
18 Die anschließenden Informationen zur Versicherungsgeschichte im allgemeinen und von Lloyd's im besonderen entstammen: Flower und Jones, 1974; außerdem Hodgson, 1984.
19 Macaulay, 1848, S. 494. Zu Macaulays faszinierender Geschichte der englischen Staatsschuld insgesamt siehe das ganze Kapitel von S. 487–498.
20 Flower und Jones, 1974.
21 American Academy of Actuaries, 1994, und Moorehead, 1989.
22 Aufschlußreiches Hintergrundmaterial zur Rolle des Monte dei Paschi findet sich in: Chichilnisky und Heal, 1993.
23 Siehe besonders Townsend, 1995, und Besley, 1995.
24 Flower und Jones, 1974, S. 13.

Sechstes Kapitel

1 Bernoulli, Daniel, 1738.
2 Das Hintergrundmaterial zur Familie Bernoulli entstammt: Newman, 1988f.
3 Bell, 1965, S. 131.
4 Newman, 1988f., S. 759.
5 Ebd.
6 Ebd.
7 Ebd.
8 Diese Geschichte einschließlich der Zitate stammen aus: David, 1962, S. 133–135.
9 Stigler, 1993.
10 Alle Bernoulli-Zitate stammen aus: Bernoulli, 1739.

11 Ein ausführlicheres und klares Beispiel von Nutzerwartungen und Risiko findet sich in: Bodie, Kane und Marcus, 1992, Kapitel 7, S. 183–209. Siehe auch Kritzman, 1995, Kapitel 3, S. 21–32.

12 Todhunter, 1949. Siehe auch Bassett, 1987, und die dort enthaltenen Quellenangaben.

13 Siegel, 1994, Kapitel 8, S. 95–104.

Siebtes Kapitel

1 Das Hintergrundmaterial zu Jacob Bernoulli bei Newman, 1988f.

2 Hacking, 1975, S. 166; siehe auch Kendall, 1974.

3 Zitiert in Keynes, 1921, Kapitel XXVIII, in der ursprünglichen griechischen und lateinischen Fassung; ich bin Marta Steele und Doris Bullard für die Übersetzung ins Englische zu Dank verpflichtet. Kapitel XXX von Keynes, 1921, enthält eine erweiterte, aufschlußreiche Erörterung dieser Diskussion zwischen Leibniz und Bernoulli.

4 Eine ausgezeichnete Untersuchung der *Ars Conjectandi* findet sich in: David, 1962, S. 133–139, und in: Stigler, 1986, S. 63–78.

5 Bernoulli, Jacob, 1713, S. 1430.

6 Ebd., S. 1431.

7 Hacking, 1975, S. 145.

8 Ebd., S. 146.

9 Ebd., S. 163.

10 David, 1962, S. 137.

11 Stigler, 1986, S. 71. Das Werk war für dieses Kapitel eine unschätzbare Informationsquelle.

12 Das Hintergrundmaterial zu de Moivre stammt aus: Stigler, 1986, Kapitel 2, und David, 1962, Kapitel XV.

13 Stigler, 1986, S. 85.

14 Dieses Beispiel ist frei übernommen aus: Groebner und Shannon, 1993, Kapitel 20.

15 Das Hintergrundmaterial zu Bayes entstammt: Stigler, 1986, und Cone, 1952.

16 Groebner und Shannon, 1993, S. 1014.

17 Stigler, 1986, S. 123.

18 Cone, 1952, S. 50.

19 Ebd., S. 41.

20 Ebd., S. 42–44.

21 Bayes, 1763.

22 Prices Brief zur Übersendung und Bayes Aufsatz sind abgedruckt in: Kendall und Plackett, 1977, S. 134–141.

23 Eine ausgezeichnete Beschreibung dieses Experiments findet sich in: Stigler, 1986, S. 124–130.

24 Smith, 1984. Diese Abhandlung enthält eine ausgezeichnete Untersuchung der Bayesschen Methode.

25 David, 1962, S. 177.

Achtes Kapitel

1 Das biographische Material zu Gauß stammt hauptsächlich aus: Schaaf, 1964, und aus Bell, 1965.

2 Schaaf, 1964, S. 40.

3 Bell, 1965, S. 310.

4 Die biographischen Hintergrundinformationen zu Laplace stammen aus: Newman, 1986d., S. 1291–1299.

5 Newman, 1988d., S. 1297.

6 Ebd., S. 1297.

7 Ebd. S. 1297.

8 Bell, 1965, S. 324.

9 Ebd., S. 307.

10 Die folgende Erörterung und die Beispiele sind aus: Schaaf, 1964, S. 23–25.

11 Bell, 1965, S. 321.

12 Zitiert in Schaaf, 1964, S. 114.

13 Einzelheiten über Roberts' Experiment finden sich in: Bernstein, 1992, S. 98–103.

Neuntes Kapitel

1 Die biographischen Hintergrundinformationen zu Galton entstammen hauptsächlich: Forrest, 1974.

2 Newman, 1988e, S. 1142.

3 Ebd., S. 1143.

4 Kelves, 1985.

5 Die Details dieser afrikanischen Anekdoten einschließlich der Zitate stammen aus: Forrest, 1974, S. 38–57.

6 Forrest, 1974, S. 4.

7 Ebd., S. 12.

8 Ebd., S. 12.

9 Newman, 1988e.

10 Galton, 1869, S. 20. Auf dieses Zitat hat mich Stigler in persönlicher Korrespondenz aufmerksam gemacht.

11 Das Hintergrundmaterial zu Quetelet ist aus: Keynes, 1921, S. 334–335, und Stigler, 1986, S. 161–182 und S. 206–268.

12 Stigler, 1986, S. 162.

13 Ebd., S. 169.

14 Ebd., S. 170.

15 Ebd., S. 171.

16 Eine hervorragende Erörterung der Ansichten Cournots über die Wahrscheinlichkeit findet sich in: Stigler, 1986, S. 195–201.

17 Stigler, 1986, S. 172.

18 Eine ausführliche Beschreibung des Experiments von Quetelet findet sich in: Galton, 1869, in der Zusammenfassung in: Newman, S. 1157.

19 Stigler, 1986, S. 171.

20 Ebd., S. 203.

21 Forrest, 1974, S. 202.

22 Stigler, 1986, S. 268.

23 Forrest, 1974, S. 89.

24 Galton, 1883, S. 49. Auch zitiert bei: Stigler, 1986, S. 271.

25 Forrest, 1974, S. 92.

26 Ebd., S. 91.

27 Galton, 1869, in der Zusammenfassung bei: Newman, S. 1162.

28 Forrest, 1974, S. 201.

29 Galton, 1869, in der Zusammenfassung bei: Newman, S. 1162.

30 Forrest, 1974, S. 89.

32 Ebd., S. 217.

33 Ebd., S. 101.

34 Eine detaillierte Beschreibung des Quincunx inklusive einer Abbildung sowie Fotos der Originalnotizen Galtons finden sich in: Stigler, 1986, S. 175–281.

35 Stigler, 1986, S. 281.

36 Forrest, 1974, S. 189.

37 Ebd., S. 189.

38 Ebd., S. 190.

39 Diese Erörterung, einschließlich der anschließenden Tabelle, entstammt: Stigler, 1986, S. 275–281.

40 Stigler, 1986, S. 289.

41 Forrest, 1974, S. 199.

42 Ebd., S. 201–202.

Zehntes Kapitel

1 Sanford C. Bernstein & Co., 1995.

2 DeBondt und Thaler, 1986.

3 Ebd.

4 Siehe Dreman und Berry, 1995.

5 *Morningstar Mutual Funds*, 1. April 1994.

6 Reichenstein und Dorsett, 1995, S. 46–47.

7 Diese Folgerungen sind gezogen aus: Reichenstein und Dorsett, 1995, Tabelle 11, S. 32.

8 Baumol, 1986. Für eine ausführliche Untersuchung dieses Verfahrens siehe Baumol, Nelson und Wolff, 1994.

9 Baumol, 1986, S. 1077.
10 Ebd., S. 1077.
11 Ebd., S. 1084.
12 Keynes, 1924, S. 88.
13 Forrest, 1974, S. 201–202.
14 Trotz externer Unterstützung ist es mir nicht gelungen, die Quelle für dieses Zitat aufzuspüren, das seit langem bei mir gespeichert ist. Ein ähnlicher Kommentar findet sich in: Keynes, 1936, S. 152–153.

Elftes Kapitel

1 Bernoulli, 1738.
2 Jevons zitiert diese Passagen in *The Theory of Political Economy.* Eine Zusammenfassung findet sich in: Newman, 1988a, S. 1193–1212, und das fragliche Zitat ebd., S. 1197.
3 Zitiert in Skidelsky, 1983, S. 47.
4 Die folgenden Zitate entstammen sämtlich: Jevons, 1970.
5 Kendall, 1972, S. 43.
6 Keynes, 1931, S. vii.

Zwölftes Kapitel

1 Laplace, 1814, S. 1301.
2 Ebd., S. 1302.
3 Ebd., S. 1307.
4 Ebd., S. 1308.
5 Newman, 1988b, S. 1353.
6 Die Geschichte von Louis Bachelier wird ausführlicher dargestellt in: Bernstein, 1992, S. 19–20.
7 Poincaré in: Newman, 1988a, S. 1359.
8 Ebd., S. 1362–1363.
9 Ebd., S. 1359.
10 Ebd., S. 1360.
11 Ebd., S. 1361.
12 Ebd., S. 1362.
13 Keynes, 1921, S. 3.
14 Persönliche Korrespondenz.
15 Arrow, 1992, S. 46.
16 Ebd., S. 47.
17 Keynes, 1937, S. 213.
18 Arrow und Hahn, 1971.
19 Arrow, 1992, S. 45.
20 Die Daten für die folgenden zwei Grafiken stammen aus dem *Morningstar Mutual Funds*, eine Publikation, die zweiwöchentlich erscheint.

21 Dieser spezielle Streßtest ist entwickelt nach Rubinstein, 1991. Bei der Entwicklung dieser Anwendung hat Mark Kritzman mich unterstützt.
22 EPA, 1992.
23 Ebd., S. 1.
24 Ebd., S. 1–8.
25 Ebd., Tabelle 5–2.
26 Ebd., 1994, S. 3.
27 Ebd., 1992, S. 1.

Dreizehntes Kapitel

1 Knight, 1921, S. 209.
2 Keynes, 1933, in Moggridge, 1972, Bd. X, S. 262.
3 Keynes, 1936, S. 161.
4 Dixon, 1986, S. 587.
5 Das meiste des Hintergrundmaterials zu Knight wurde mir großzügig zur Verfügung gestellt von Donald Dewey und ist entnommen: Dewey, 1987, Dewey, 1990, und persönlicher Korrespondenz.
6 Zitiert von Herbert Stein in: *Wall Street Journal*, 1. November 1995, S. A14.
7 Knight, 1921, S. 205.
8 Arrow, 1951.
9 Knight, 1921, S. 197.
10 Ebd., S. 226.
11 Ebd., S. 223.
12 Ebd., S. 227.
13 Den Text dieses Briefes verdanke ich Donald Dewey.
14 Zitiert in: Newman, 1988c, S. 1336, mit Hinweis auf das *Times Literary Supplement* vom 23. Februar 1951, S. 111.
15 Keynes, 1971, S. 98.
16 Keynes, 1936, S. 176 Anm.
17 Skidelsky, 1986, S. 1.
18 Siehe Blaug, 1994, S. 1209, für Angaben zur persönlichen finanziellen Situation von Keynes.
19 Dieses Zitat findet sich in: Moggridge, Bd. X, S. 440. Siehe auch Keynes, 1921, S. 408.
20 Keynes, 1971, S. 88.
21 Keynes, 1933, in Keynes, 1972, S. 338–339.
22 Keynes, 1921, S. 51.
23 Ebd., S. 3–4.
24 Ebd., S. 22–26.
25 Ebd., S. 407.
26 Ebd., S. 206–209.
27 Bateman, 1987, S. 101.

28 Keynes, 1921, S. 2–4.
29 Ebd., S. 5.
30 Knight, 1921, S. 237.
31 Keynes, 1936, S. 1171.
32 Ebd., S. 33.
33 Ebd., S. 33.
34 Ebd., S. 3.
35 Keynes, 1937.
36 Laplace, 1814, S. 1301.

Vierzehntes Kapitel

1 Der größte Teil des Hintergrundmaterials und der Details über von Neumann entstammt: Macrae, 1992.
2 Ebd., S. 20.
3 Ebd., S. 87.
4 Ebd., S. 87.
5 Zu Morgensterns Antisemitismus siehe Leonard, 1995, Teil III.1.
6 Ebd., S. 16.
7 Ebd.
8 Leonard, 1994, Fußnote 3.
9 Ebd., Fußnote 4.
10 Dieses und die folgenden Zitate in diesem Absatz stammen aus: Mirowski, 1991, S. 239.
11 Leonard, 1995, S. 22 Anmerkung.
12 Ebd., S. 22.
13 von Neumann, 1944, S. 3.
14 Ebd., S. 9.
15 Ebd., S. 20.
16 Dieses Beispiel ist frei übernommen aus: von Neumann, 1944, Kapitel I, Teil 3.3, S. 17–20.
17 Blinder, 1982, besonders S. 22–24.
18 Für eine interessante Biographie von Nash und über seinen Beitrag zur Spieltheorie siehe Nasar, 1994.
19 von Neumann, 1944, S. 33.
20 Mirowski, 1991, S. 234.
21 Ebd., S. 229.
22 Ebd., S. 231 und S. 237.

Fünfzehntes Kapitel

1 Aus einem Vortrag am 7. Februar 1995 zum Thema des weltweiten Investierens.
2 Der vollständige Text von »The Prudent Man Decision« findet sich in: *The Journal of Portfolio Management*, Herbst 1976, S. 67–71.

3 Eine umfassende biographische Skizze zu Markowitz und eine ausführliche Erörterung seines Schriftstücks aus dem Jahre 1951 finden sich bei: Bernstein, 1992, Kapitel 2.
4 Darvan, 1994 (Nachdruck).
5 Williams, 1938, S. 1.
6 Kaplan und Welles, 1969, S. 168.
7 Alle Markowitz-Zitate stammen aus: Markowitz, 1952.
8 Baumol, 1966.
9 Wells Fargo-Nikko Investment Advisors, *Global Currents*, März 1995, S. 1.
10 Siehe Sorensen, 1995, S. 12.
11 Phillips, 1995.
12 Jeffrey, 1984.
13 Sharpe, 1990, S. 34.
14 Thaler, in persönlichem Briefwechsel.

Sechzehntes Kapitel

1 Zu den Theorien und dem Hintergrund von Kahneman und Tversky ist eine umfangreiche Literatur erhältlich, für das allgemeine Interesse ist jedoch am erhellendsten McKean, 1985.
2 McKean, 1985, S. 24.
3 Ebd., S. 25.
4 Kahneman und Tversky, 1979, S. 268.
5 McKean, 1985, S. 22; siehe auch Kahneman und Tversky, 1984.
6 Tversky, 1990, S. 75. Siehe auch Kahneman und Tversky, 1979.
7 Ich bin Dr. Richard Geist von der Harvard Medical School zu Dank verpflichtet, daß er mich auf diesen Punkt hingewiesen hat.
8 Tversky, 1990, S. 75.
9 Ebd., S. 75.
10 Ebd., S. 58–60.
11 Miller, 1995.
12 Kahneman und Tversky, 1984.
13 McKean, 1985, S. 30.
14 Ebd., S. 29.
15 Diese Anekdote entstammt einem unveröffentlichen Schriftstück Thalers mit dem Titel »Mental Accounting Matters«.
16 McKean, 1985, S. 31.
17 Redelmeier und Shafir, 1994, S. 548.
18 Redelmeier und Koehler, 1994, S. 548.
19. Redelmeier, Koehler, Lieberman und Tversky, 1995.
20 Ellsberg, 1961.
21 Fox und Tversky, 1995.
22 Ebd., S. 587–588.

23 Kahneman und Tversky, 1992.
24 Kahneman und Tversky, 1973.
25 Thaler, 1993.
26 Kagel und Roth, 1995, S. 4.
27 Von Neumann und Morgenstern, 1953, S. 5.

Siebzehntes Kapitel

1 Persönliche Gesprächsmitteilung.
2 Bell, 1983, S. 1160.
3 »Die kürzliche Erholung der langfristigen Wertpapiere ist durch kurzfristige Spekulation hervorgerufen.« Roger Lowenstein, INTRINSIC VALUE, *The Wall Street Journal*, 1. Juni 1995, S. C1.
4 Keynes, 1936, S. 158.
5 Persönliche Korrespondenz.
6 Die folgende Anekdote stammt von: Thaler, 1991, S. xi–xii.
7 Ebd., S. xii.
8 Statman, 1982, S. 451.
9 Thaler und Shefrin, 1981.
10 Shefrin und Statman, 1984.
11 Miller, 1987, S. 15.
12 Bernstein, 1986, S. 805.
13 Lakonishok, Shleifer und Vishny, 1993.
14 Kahneman, Knetsch und Thaler, 1990, S. 170–177.
15 French und Poterba, 1989.
16 Keynes, 1936, S. 155–156.
17 Bernstein, 1992, S. 32.
18 Ebd., S. 143.
19 Für eine detaillierte Untersuchung dieser Frage und diesbezügliche Literatur siehe Shiller, 1989.
20 Vertin, 1974, S. 10.

Achtzehntes Kapitel

1 Zitiert in »Unemployment and Mr. Keynes' Revolution in Economic Thought«, *Canadian Journal of Economic and Political Science*, Bd. 3 (1977), S. 113.
2 Siehe Garber, 1989.
3 Für Details über diese Notiz siehe Smithson und Smith, 1995, S. 26–28 (mit Abbildung), und Ball, 1991, S. 74–79 und Anhang.
4 Für die vollständige Geschichte über die Entwicklung der Optionsbewertungsformel siehe Bernstein, 1992, Kapitel 11. Der Bericht an dieser Stelle hier übernimmt großzügig von dem Kapitel. Alle Zitate stammen von dort.

5 Für die vollständige Geschichte der Entwicklung der Portfolioversicherung siehe Bernstein, 1992, Kapitel 14. Die Darstellung an dieser Stelle hier übernimmt großzügig von dem Kapitel. Alle Zitate stammen von dort.

6 Quelle: Office of the Comptroller of the Currency, publiziert in *The New York Times* vom 15. Juni 1995.

7 »Global Market for Derivatives«, *The Wall Street Journal*, 19. Dezember 1995, S. 1.

8 Die Hauptquelle für diese Geschichte, einschließlich aller Zitate, ist Loomis, 1995.

9 Wenn nicht anders angegeben, stammen alle Zitate von dieser Stelle an bis zum Schluß des Kapitels aus: Loomis, 1995.

10 Zitiert in *Grant's Interest Rate Observer*, 17. März 1995.

11 Ansprache vor dem Garn Institute of Finance, University of Utah, 30. November 1994.

Neunzehntes Kapitel

1 Kendall, 1972, S. 42.

2 Zitiert in Adams, 1995, S. 17.

3 Die genaue Herkunft dieses Zitats ist mir nicht bekannt, doch erscheint es auf dem Frontispiz von Macaulay, 1938.

4 Chorafas, 1994, S. 15.

5 Ebd., S. 16.

6 Siehe besonders Hsieh, 1995, und Focardi, 1996.

7 Für eine aufschlußreiche und luzide Darstellung von Fortschritten auf diesen Gebieten siehe Focardi, 1994, sowie Leinweber und Arnott, 1995. *The Journal of Investing*, Winter 1995, enthält fünf ausgezeichnete Beiträge zu diesem Thema.

8 Siehe »Can the Complexity Gurus Explain It All«, *Business Week*, 6. November 1995, S. 22–24; dieser Artikel enthält auch die Rezension von zwei Büchern zu diesem Thema.

9 Kruskal und Stigler, 1994, S. 7.

10 Keynes, 1921, S. 323.

Literaturverzeichnis

Adams, John, *Risk*, London 1995.

Alderfer, C. P., und H. Bierman jr., »Choices with Risk: Beyond the Mean and Variance«, *Journal of Business*, Bd. 43, Nr. 3, 1970, S. 341–353.

American Academy of Actuaries, *Fact Book*, 1994.

American Demographics, Februar 1995.

Ansell, Jack, und Frank Wharton (Hrsg.), *Risk Analysis, Assessment and Management*, Chichester 1992.

Arrow, Kenneth J., »Alternative Approaches to the Theory of Choice in Risk-taking Situations«, in: Arrow, 1971, S. 1–21.

Arrow, Kenneth J., *Essays in the Theory of Risk-Bearing*, Chicago 1971.

Arrow, Kenneth J., »I know a Hawk from a Handsaw«, in: M. Szenberg (Hrsg.), *Eminent Economists: Their Life and Philosophies*, Cambridge und New York 1992, S. 42–50.

Arrow, Kenneth und Frank Hahn, *General Competitive Analysis*, San Francisco 1971.

Baker, H. K., und J. A. Haslem, »The Impact of Investor Socio-Economic Characteristics on Risk and Return Preferences«, *Journal of Business Research*, 1974, S. 469–476.

Ball, Douglas B., *Financial Failure and Confederate Defeat*, Urbana 1991.

Bank Credit Analyst, Special Supplement, Montreal, Dezember 1995.

Barnett, A., und A. J. Lofasco, »After the Crash: The Passenger Response to the DC-10 Disaster«, *Management Science*, Bd. 29, Nr. 11, 1983, S. 1225–1236.

Bassett, Gilbert W., jr., »The St. Petersburg Paradox and Bounded Utility«, *History of Political Economy*, Bd. 19, Nr. 4, 1987, S. 517–522.

Bateman, W. Bradley, »Keynes's Changing Conception of Probability«, *Economics and Philosophy*, 1987, S. 97–119.

Bateman, W. Bradley, »Das Maynard Keynes Problem«, *Cambridge Journal of Economics*, Bd. 15, 1991, S. 101–111.

Baumol, William J., »Mathematical Analysis of Portfolio Selection«, *Financial Analysts Journal*, Bd. 22, Nr. 5 (September–Oktober), 1966, S. 95–99.

Baumol, William J., »Productivity Growth, Convergence, and Welfare: What the Long-Run Data Show«, *American Economic Review*, Bd. 76, Nr. 5 (Dezember), 1986, S. 1072–1086.

Baumol, William J., und Hilda Baumol, »On the Economics of Musical Composition in Mozart's Vienna«, *Journal of Cultural Economics*, Bd. 18, Nr. 3, 1994, S. 171–198.

Baumol, William J., und J. Benhabib, »Chaos: Significance, Mechanism, and Economic Applications«, *Journal of Economic Perspectives*, Bd. 3, Nr. 1, 1989, S. 77–106.

Baumol, William J., Richard R. Nelson und Edward N. Wolff, *Convergence of Productivity: Cross-national Studies and Historical Evidence*, Oxford and New York 1994.

Bayes, Thomas, »An Essay Toward Solving a Problem in the Doctrine of Chances«, *Philosophical Transactions*, Essay LII, 1763, S. 370–418; und in: Kendall and Plackett, 1977, S. 134–150.

Bell, David E., »Risk Premiums for Decision Regret«, *Management Science*, Bd. 29, Nr. 10 (Oktober), 1983, S. 1156–1166.

Bell, Eric Temple, »Gauss, the Prince of Mathematics«, in: *Men of Mathematics*, New York 1965; vgl. auch: Newman, 1988a, S. 291–332.

Bernoulli, Daniel, 1738. »Specimen Theoriae Novae de Mensura Sortis (Exposition of a New Theory on the Measurement of Risk)«, translated from the Latin by Louise Sommer in: *Econometrica*, Bd. 22, 1954, S. 23–36 deutsch: *Darlegung einer neuen Theorie zum Messen von Risiko*, in: *Die Werke von Daniel Bernoulli*. Ed. von David Speiser, Patricia Radelet-de Grave, André Englebert, Luc Bouckaert, Volker Zimmermann. (Birkhäuser, Basel).

Bernoulli, Jacob, 1713. *Ars Conjectandi*; zusammengefaßt in: Newman, 1988, S. 1425–1432. Ins Deutsche übersetzt mit Erläuterungen in: R. Haußner, *Wahrscheinlichkeitstheorie*. Ostwalds Klassiker der exakten Wissenschaften Nr. 107/8 (1899).

Bernstein, Peter L., »Does the Stock Market Overreact?«, *Journal of Finance*, Bd. XL, Nr. 3, 1986, S. 793–807.

Bernstein, Peter L., *Capital Ideas: The Improbable Origins of Modern Wall Street*, New York 1992.

Besley, Timothy, »Nonmarket Institutions for Credit and Risk Sharing in Low-Income Countries«, *Journal of Economic Perspectives*, Bd. 9, Nr. 3 (Sommer), 1995, S. 115–127.

Blaug, Mark, »Recent Biographies of Keynes«, *Journal of Economic Literature*, Bd. XXXII, Nr. 3 (September), 1994, S. 1204–1215.

Blinder, Alan S., »Issues in the Coordination of Monetary and Fiscal Policies«, in: *Monetary Policy Issues in the 1980s*, Kansas City, Missouri, 1982, S. 3–34.

Bodie, Zvi, Alex Kane und Alan J. Marcus, *Essentials of Investments*, Homewood, Illinois, 1992.

Boge, Steve, *Exploration into the Lives of Athletes on the Edge*, Berkeley, California, 1988.

Bolen, Darrell W., »Gambling: Historical Highlights and Trends and Their Implications for Contemporary Society«, in: Eadington, 1976.

Brenner, Reuven, *Rivalry: In Business, Science, Among Nations*, New York 1987.

Breyer, Stephen, *Breaking the Vicious Circle: Toward Effective Risk Regulation*, Cambridge, Massachusetts, 1993.

Bühler, Walter, *Gauss: A Biographical Study*, New York 1981.

Cardan, Jerome, *De Vita Propria Liber: The Book of My Life*, translated from the Latin by Jean Stoner, 1930. Deutsch: *Des Girolamo Cardano von Mailand (Bürger von Bologna) eigene Lebensbeschreibung)* 1914.

Chichilnisky, Graciela, und Geoffrey Heal, »Global Environmental Risks«, *Journal of Economic Perspectives*, Bd. 7, Nr. 4 (Herbst), 1993, S. 65–86.

Chorafas, Dimitris N., *Chaos Theory in the Financial Markets*, Chicago 1994.

Cohen, John, und Mark Hansel, *Risk and Gambling: The Study of Subjective Probability*, 1956.

Cone, Carl, *Torchbearer of Freedom: The Influence of Richard Price on Eighteenth Century Thought*, Lexington, Kentucky, 1952.

Darvan, Nicholas, *How I Made $ 2 Million in the Stock Market*, Reprint, New York 1994.

David, Florence Nightingale, *Games, Gods, and Gambling*, New York 1962.

Davidson, Paul, »Is Probability Theory Relevant for Uncertainty? A Post Keynesian Perspective«, *Journal of Economic Perspectives*, Bd. 5, Nr. 1 (Winter), 1991, S. 129–143.

Davidson, Paul, »Reality and Economic Theory«, *Journal of Post Keynesian Economics*, Sommer 1996.

DeBondt, Werner, und Richard H. Thaler, »Does the Stock Market Overreact?«, *Journal of Finance*, Bd. XL, Nr. 3, S. 793–807.

Dewey, Donald, »The Uncertain Place of Frank Knight in Chicago Economics«, veröffentlicht für die American Economic Association, Chicago, 30. Dezember 1987.

Dewey, Donald, »Frank Knight before Cornell: Some Light on the Dark Years«, in: *Research in the History of Economic Thought and Methodology*, Bd. 8, S. 1–38, New York 1990.

Dewey, Donald, »Frank Hyneman Knight«, *Dictionary of American National Biography*, New York 1997.

Dixon, Robert, »Uncertainty, Unobstructedness, and Power«, *Journal of Post Keynesian Economics*, Bd. 8, Nr. 4 (Sommer), 1986, S. 585–590.

Dreman, David, und Michael Berry, »Overreaction, Underreaction, and the Low P/E Effect«, *Financial Analysts Journal*, Juli–August 1995, S. 21–30.

Durand, David, »Growth Stocks and the Petersburg Paradox«, *Journal of Finance*, Bd. XII, Nr. 3 (September), 1957, S. 348–363.

Eadington, W. R., *Gambling and Society: Interdisciplinary Studies on the Subject of Gambling*, London 1976.

Edwards, W., »Probability Preferences in Gambling«, *American Journal of Psychology*, Bd. LXIV, 1953, S. 349–364.

Ellsberg, Daniel, »Risk, Ambiguity, and the Savage Axioms«, *Quarterly Journal of Economics*, Bd. LXXV, 1961, S. 643–669.

Environmental Protection Agency (EPA), Office of Research and Development, Office of Health and Environmental Assessment, *Respiratory Health Effects of Passive Smoking: Lung Cancer and Other Disorders*, 1992.

Environmental Protection Agency (EPA), Office of Research and Development, Office of Health and Environmental Assessment, *Setting the Record Straight: Secondhand Smoke Is a Preventable Health Risk*, 1994.

Eves, Howard, *Great Moments in Mathematics (Before 1650)*, The Mathematical Association of America, 1983.

Finney, P. D., »Personality Traits Attributed to Risky and Conservative Decision Makers: Cultural Values More Than Risk«, *Journal of Psychology*, 1978, S. 187–197.

Fischoff, Baruch, Stephen R. Watson und Chris Hope, »Defining Risk«, in: Glickman and Glough, 1990, S. 30–42.

Flower, Raymond, und Michael Wynn Jones, *Lloyd's of London: An Illustrated History*, Newton Abbot, England, 1974.

Focardi, Sergio, »From Equilibrium to Nonlinear Dynamics in Investment Management«, *Journal of Portfolio Management*, 1996.

Fox, Craig R., und Amos Tversky, »Ambiguity Aversion and Comparative Ignorance«, *Quarterly Journal of Economics*, Bd. CX, 1995, S. 585–603.

Forrest, D. W., *Francis Galton: The Life and Work of a Victorian Genius*, New York 1974.

Frankfort, Henri, *The Birth of Civilization in the Near East*, Garden City, New York 1956, S. 9.

French, Kenneth, und James Poterba, »International Diversification and International Equity Markets«, *American Economic Review*, Bd. 81, Nr. 1, 1991, S. 222–226.

Friedman, Milton, und Leonard J. Savage, »The Utility Analysis of Choices Involving Risk«, *Journal of Political Economy*, Bd. LVI, Nr. 4 (August), 1948, S. 279–304.

Galton, Francis, *Hereditary Genius: An Inquiry into Its Laws and Consequences*, London, 1869; zusammengefaßt in: Newman, 1988a, S. 1141–1162. Deutsch: *Genie und Vererbung*, 1910.

Galton, Francis, *Inquiries into Human Faculty and Its Development*, London 1883.

Garber, Peter M., »Who Put the Mania in Tulipmania?«, *The Journal of Portfolio Management*, Bd. 16, Nr. 1 (Herbst), 1989, S. 53–60.

Garland, Trudi Hammel, *Fascinating Fibonaccis: Mystery and Magic in Numbers*, Palo Alto, California, 1987.

Georgescu-Roegen, Nicholas, »Utility«, in: *The McGraw-Hill Encyclopedia of Economics*, 2. Aufl., Douglas Greenwald (Hrsg.), New York 1994, S. 998–1010.

Glickman, Theodore S., und Michael Gough, *Readings in Risk*, Washington, DC, 1990.

Graunt, John, »Natural and Political Observations made upon the Bills of Mortality«; zusammengefaßt in: Newman, 1988, S. 1399–1411.

Greenspan, Alan, »Remarks before the Boston College Conference on Financial Markets and the Economy«, Boston, Massachusetts, September 1994 (veröffentlicht vom Federal Reserve Board, Washington, DC).

Groebner, David F., und Patrick Shannon, *Business Statistics: A Decision-Making Approach*, 4. Aufl. New York 1993.

Guilbaud, G. Th., *Éléments de la théorie mathématique des jeux*, Paris, 1968.

Hacking, Ian, *The Emergence of Probability: A Philosophical Study of Early Ideas about Probability, Induction, and Statistical Inference*, London 1975.

Hald, Anders, *A History of Probability & Statistics and Their Applications Before 1750*, New York 1990.

Hancock, J. G., und Teevan, R. C., »Fear of Failure and Risk-Taking Behavior«, *Journal of Personality*, Bd. 32, Nr. 2, 1964, S. 200–209.

Hayano, David M., *Poker Face: The Life and Work of Professional Card Players*, Berkeley and Los Angeles 1982.

Heilbroner, Robert L., *Visions of the Future*, New York 1995.

Herrnstein, Richard J., »Rational Choice Theory: Necessary But Not Sufficient«, *American Psychologist*, Bd. 45, Nr. 3, S. 356–367.

Herrnstein, Richard J., und Drazen Prelec, »Melioration: A Theory of Distributed Choice«, *Journal of Economic Perspectives*, Bd. 5, Nr. 3 (Sommer), 1991, S. 137–156.

Hodgson, Godfrey, *Lloyd's of London: A Reputation at Risk*, London 1984.

Hoffer, William, »A Magic Ratio Recurs Through Art And Nature«, *Smithsonian*, Bd. 6, Nr. 9 (Dezember), 1975, S. 111–124.

Hogben, Lancelot, *Mathematics for the Millions: How to Master the Magic Art of Numbers*, New York 1968, Erstausgabe 1937. Deutsch: Mathematik für alle, 1953.

Howard, R. A., »On Fates Comparable to Death«, *Management Science*, Bd. 30, Nr. 3, 1984, S. 407–422.

Howey, Richard S., »Frank Hyneman Knight and the History of Economic Thought«, in: *Research in the History of Economic Thought and Methodology*, Bd. 1, S. 163–186, New York 1983.

Hsieh, David A., »Nonlinear Dynamics in Financial Markets: Evidence and Implications«, *Financial Analysts Journal*, Bd. 51, Nr. 4 (Juli–August), 1995, S. 55–62.

Huff, Daniel, *How to Take a Chance*, New York 1959.

Ignatin, George, und Robert Smith, »The Economics of Gambling«, in: Eadington, 1976.

Jackson, Norma, und Pippa Carter, »The Perception of Risk«, in: Ansell and Wharton, 1992.

Jeffrey, Robert H., »A New Paradigm for Risk«, *Journal of Portfolio Management*, Bd. 11, Nr. 1 (Herbst), 1984, S. 33–40.

Jevons, W. Stanley, *The Theory of Political Economy*, Harmondsworth, 1970, Erstausgabe 1871.

Johnson, Dirk, »More Casinos, More Players Who Bet Until They Lose All«, *The New York Times*, 25. September 1995, S. A1.

Jones, Charles P., und Jack W. Wilson, »Probability Estimates of Returns from Common Stock Investing«, *Journal of Portfolio Management*, Bd. 22, Nr. 1 (Herbst), 1995, S. 21–32.

Kagel, John H., und Alvin E. Roth (Hrsg.), *The Handbook of Experimental Economics*, Princeton, New Jersey, 1995.

Kahneman, Daniel, und Amos Tversky, »Prospect Theory: An Analysis of Decision under Risk«, *Econometrica*, Bd. 47, Nr. 2, 1979, S. 263–291.

Kahneman, Daniel, und Amos Tversky, »Choices, Values, and Frames«, *American Psychologist*, Bd. 39, Nr. 4 (April), 1984, S. 342–347.

Kahneman, Daniel, Jack L. Knetsch und Richard H. Thaler, »Experimental Tests of the Endowment Effect and the Coase Theorem«, *Journal of Political Economy*, Bd. 98, Nr. 6, 1990, S. 1325–1348.

Kaplan, Gilbert Edmund, und Chris Welles (Hrsg.), *The Money Managers*, New York 1969.

Kelves, Daniel J., *In the Name of Eugenics*, New York 1985.

Kemp, Martin, *Leonardo da Vinci: The Marvellous Works of Nature and Man*, Cambridge, Massachusetts, 1981.

Kendall, Maurice G., »Measurement in the Study of Society«, in: Kendall and Plackett, 1977, S. 35–49.

Kendall, Maurice G., und R.L. Plackett (Hrsg.), *Studies in the History of Statistics and Probability*, Bd. II., New York 1977.

Keynes, John Maynard, *A Treatise on Probability*, London 1921.

Keynes, John Maynard, *A Tract on Monetary Reform*, New York 1924, in:

Moggridge, 1972, Bd. IV. Deutsch: Ein Traktat über die Währungsreform, 2. Aufl. 1995. .

Keynes, John Maynard, *Essays in Persuasion*, London 1931.

Keynes, John Maynard, *Essays in Biography*, London 1933; wiederabgedruckt in: Moggridge, 1972, Bd. X.

Keynes, John Maynard, *The General Theory of Employment, Interest and Money*, New York 1936. Deutsch: Die Allgemeine Theorie der Beschäftigung, des Zinses und des Geldes, 7. Aufl. 1994.

Keynes, John Maynard, »The General Theory«, *Quarterly Journal of Economics*, Bd. LI (Februar), 1937, S. 209–233; wiederabgedruckt in: Moggridge, 1972, Bd. XIV.

Keynes, John Maynard, *Two Memoirs*, New York 1971.

Knight, Frank H., *Risk, Uncertainty & Profit*, New York 1964, Erstausgabe 1921.

Kogelman, Stanley, und Barbara R. Heller, *The Only Math Book You'll Ever Need*, New York 1986.

Kritzman, Mark, *The Portable Financial Analyst*, Chicago 1995.

Kruskal, William, H., und Stephen M. Stigler, »Normative Terminology: ›Normal‹ in Statistics and Elsewhere«, unveröffentlichtes Manuskript, 15. September 1994.

Lakonishok, Josef, André Shleifer und Robert Vishny, »Contrary Investment, Extrapolation, and Risk«, Cambridge, Massachusetts, 1993.

Laplace, Pierre Simon, »Concerning Probability«, in: Newman, 1988a, S. 1301–1309.

Lease, Ronald C., Wilbur G. Lewellen und Gary G. Schlarbaum, »The Individual Investor, Attributes and Attitudes«, *Journal of Finance*, Bd. XXIX, Nr. 2 (Mai), 1974, S. 413–433.

Leinweber, David, J., und Robert D. Arnott, »Quantitative and Computational Innovation in Investment Management«, *Journal of Portfolio Management*, Bd. 22, Nr. 1 (Winter), 1995, S. 8–16.

Leonard, Robert J., »Reading Cournot, Reading Nash: The Creation and Stabilisation of Nash Equilibrium«, *Economic Journal*, Bd. 104, Nr. 424 (Mai), 1994, S. 492–511.

Leonard, Robert J., »From Parlor Games to Social Science: Von Neumann, Morgenstern, and the Creation of Game Theory«, *Journal of Economic Literature*, Bd. XXXIII, Nr. 2 (Juni), 1995, S. 730–761.

Loomis, Carol J., »Cracking the Derivatives Case«, *Fortune*, 28. März 1995, S. 50–68.

Macaulay, Frederick R., *Some Theoretical Problems Suggested by the Movements of Interest Rates, Bond Yields and Stock Prices in the United States since 1856*, New York 1938.

Macaulay, Thomas Babington, *The History of England*, 1848, Reprint, New York 1968.

Macrae, Norman, *John von Neumann*, New York 1992.

Markowitz, Harry M., »Portfolio Selection«, *Journal of Finance*, Bd. VII, Nr. 1 (März), 1952, S. 77–91.

Markowitz, Harry M., »The Utility of Wealth«, *Journal of Political Economy*, Bd. LIX, Nr. 3 (April), 1952, S. 151–157.

McCusker, John J., *Money and Exchange in Europe and America, 1600–1775*, Chapel Hill, North Carolina, 1978.

McKean, Kevin, »Decisions«, *Discover*, Juni 1985, S. 22–31.

Miller, Edward M., »Do the Ignorant Accumulate the Money?«, Arbeitspapier, University of New Orleans, 5. April 1995.

Miller, Merton H., »Behavioral Rationality in Finance«, *Midland Corporate Finance Journal* (heute: *Journal of Applied Corporate Finance*), Bd. 4, Nr. 4 (Winter), 1987, S. 6–15.

Millman, Gregory J., *The Vandals' Crown: How Rebel Currency Traders Overthrew the World's Central Banks*, New York 1995.

Mirowski, Philip, »When Games Grow Deadly Serious: The Military Influence on the Evolution of Game Theory«, *History of Political Economy*, Bd. 23, 1991, S. 227–260.

Mirowski, Philip, »What Were von Neumann and Morgenstern Trying to Accomplish?«, *History of Political Economy*, Bd. 24, 1992, S. 113–147.

Moggridge, Donald (Hrsg.), *The Collected Writings of John Maynard Keynes*, Bd. I–XXX, New York 1972.

Moorehead, E. J., *Our Yesterdays: The History of the Actuarial Profession in North America, 1809–1979*, Schaumburg, Illinois, 1989.

Morgan, M. Granger, und Max Henrion, *Uncertainty: A Guide to Dealing with Uncertainty in Quantitative Risk and Policy Analysis*, Cambridge, Massachusetts, 1990.

Morley, Henry, *Jerome Cardan: The Life Of Girolamo Cardano Of Milan, Physician*, London 1854.

Muir, Jane, *Of Men and Numbers: The Story of the Great Mathematicians*, New York 1961.

Nasar, Sylvia, »The Lost Years of a Nobel Laureate«, *The New York Times*, 13. November 1994.

Newman, James R., *The World of Mathematics: A Small Library of the Literature of Mathematics from A'h-mosé the Scribe to Albert Einstein*, Redmond, Washington 1988a.

Newman, James R., »Commentary on an Absent-Minded Genius and the Laws of Chance«, 1988b, in: Newman, 1988a, S. 1353–1358.

Newman, James R., »Commentary on Lord Keynes«, 1988c, in: Newman, 1988a, S. 1333–1338.

Newman, James R., »Commentary on Pierre Simon De Laplace«, 1988d, in: Newman, 1988a, S. 1291–1299.

Newman, James R., »Commentary on Sir Francis Galton«, 1988e, in: Newman, 1988a, S. 1141–1145.

Newman, James R., »Commentary on the Bernoullis«, 1988f, in: Newman, 1988a, S. 759–761.

Newman, James R., »Comment on an Ingenious Army Captain and on a Generous and Many-sided Man«, 1988g, in: Newman 1988a, S. 1393 bis 1397.

Oldman, D., »Chance and Skill: A Study of Roulette«, *Sociology*, S. 407 bis 426.

Ore, O., *Cardano, The Gambling Scholar*, Princeton, New Jersey, 1953.

Osborne, Martin J., und Ariel Rubinstein, *A Course in Game Theory*, Cambridge, Massachusetts, 1994.

Passell, Peter, »Game Theory Captures a Nobel«, *The New York Times*, 12. Oktober 1994.

Phillips, Don, »A Deal with the Devil«, *Morningstar Mutual Funds*, 26. Mai 1995.

Poincaré, Henri, »Chances«, in: Newman, 1988a, S. 1359–1372.

Poterba, James M., und L. H. Summers, »Mean Reversion and Stock Prices«, *Journal of Financial Economics*, Bd. 22, Nr. 1, 1988, S. 27–59.

Pratt, John W., »Risk Aversion in the Small and in the Large«, *Econometrica*, Bd. 32, Nr. 1–2 (Januar–April), 1964, S. 122–136.

Rabinovitch, Nachum L., »Studies in the History of Probability and Statistics: Probability in the Talmud«, *Biometrika*, Bd. 56, Nr. 2, 1969, in: Kendall und Plackett, 1977, S. 15–19.

Raiffa, Howard, *Decision Analysis: Introductory Lectures on Choice Under Uncertainty*, New York 1968. Deutsch: Einführung in die Entscheidungstheorie, 1973.

Redelmeier, Donald A., und Eldar Shafir, »Medical Decision Making in Situations That Offer Multiple Alternatives«, *Journal of the American Medical Association*, Bd. 273, Nr. 4, 1995, S. 302–305.

Redelmeier, Donald A., und Amos Tversky, »Discrepancy Between Medical Decisions for Individual Patients and for Groups«, *New England Journal of Medicine*, Bd. 322 (19. April 1990), S. 1162–1164.

Redelmeier, Donald A., D. J. Koehler, V. Z. Lieberman, und Amos Tversky, »Probability Judgment in Medicine: Discounting Unspecified Alternatives«, *Medical Decision-Making*, Bd. 15, Nr. 3, 1995, S. 227–231.

Reichenstein, William, und Dovalee Dorsett, *Time Diversification Revisited*, Charlottesville, Virginia, 1995.

Rescher, Nicholas, *Risk: A Philosophical Introduction to the Theory of Risk Evaluation and Management*, Washington, DC, 1983.

Rubinstein, Mark, »Continuously Rebalanced Investment Strategies«, *Journal of Portfolio Management*, Bd. 18, Nr. 1, 1991, S. 78–81.

Sambursky, Shmuel, »On the Possible and Probable in Ancient Greece«, *Osiris*, Bd. 12, 1956, S. 35–48, in: Kendall und Plackett, 1977, S. 1–14.

Sanford, C. Bernstein & Co., *Bernstein Disciplined Strategies Monitor*, Dezember 1994.

Sarton, George, *Six Wings of Science: Men of Science in the Renaissance*, Bloomington, Indiana, 1957.

Schaaf, William L., *Carl Friedrich Gauss: Prince of Mathematicians*, New York 1964.

Seitz, Frederick, *The Science Matrix: The Journey, Travails, and Triumphs*, New York 1992.

Shapira, Zur, *Risk Taking: A Managerial Perspective*, New York 1995.

Sharpe, William F., »Investor Wealth Measures and Expected Return«, in: Sharpe, William F. (Hrsg.), *Quantifying the Market Risk Premium Phenomenon for Investment Decision Making*, Charlottesville, 1990, S. 29–37.

Shefrin, Hersh, und Meir Statman, »Explaining Investor Preference for Dividends«, *Journal of Financial Economics*, Bd. 13, Nr. 2, 1984, S. 253–282.

Shiller, Robert J., »Do Stock Prices Move Too Much?«, *American Economic Review*, Bd. 71, Nr. 3 (Juni), 1981, S. 421–436.

Shiller, Robert J., *Market Volatility*, Cambridge, Massachusetts, 1989.

Siegel, Jeremy J., *Stocks for the Long Run: A Guide to Selecting Markets for Long-Term Growth*, Burr Ridge, Illinois, 1994.

Siskin, Bernard R., *What Are the Chances?*, New York 1989.

Skidelsky, Robert, *John Maynard Keynes*, Bd. 1: *Hopes Betrayed*, New York 1986.

Slovic, Paul, Baruch Fischoff und Sarah Lichtenstein, »Rating the Risks«, in: Glickman und Gough, 1990, S. 61–75.

Smith, Clifford, W., jr., »Corporate Risk Management: Theory and Practice«, *Journal of Derivatives*, Sommer 1995, S. 21–30.

Smith, M. F. M., »Present Position and Potential Developments: Some Personal Views of Bayesian Statistics«, *Journal of the Royal Statistical Association*, Bd. 147, Teil 3, 1984, S. 245–259.

Smithson, Charles W., und Clifford W. Smith jr., *Managing Financial Risk: A Guide to Derivative Products, Financial Engineering, and Value Maximization*, New York 1995.

Sorensen, Eric, »The Derivative Portfolio Matrix – Combining Market Direction with Market Volatility«, Institute for Quantitative Research in Finance, Frühjahr 1995, Seminar.

Statman, Meir, »Fixed Rate or Index-Linked Mortgages from the Borrower's Point of View: A Note«, *Journal of Financial and Quantitative Analysis*, Bd. XVII, Nr. 3 (September), 1982, S. 451–457.

Stigler, Stephen M., »Eight Centuries of Sampling Inspection: The Trial of the Pyx«, *Journal of the American Statistical Association*, Bd. 72, 1977, S. 493–500.

Stigler, Stephen M., *The History of Statistics: The Measurement of Uncertainty before 1900*, Cambridge, Massachusetts, 1986.

Stigler, Stephen M., »The Dark Ages of Probability in England: The Seventeenth Century Work of Richard Cumberland and Thomas Strode«, *International Statistical Review*, Bd. 56, Nr. 1, 1988, S. 75–88.

Stigler, Stephen M., »The Bernoullis of Basel«, opening address to the Bayesian Econometric Conference, Basel, 29. April 1993.

Stigler, Stephen M., »Statistics and the Question of Standards«, *Journal of Research of the National Institute of Standards and Technology*, 1996.

Thaler, Richard H., »The Psychology of Choice and the Assumptions of Economics«, in: Thaler, 1991, Kap. 7, S. 139.

Thaler, Richard H., *Quasi-Rational Economics*, New York 1991.

Thaler, Richard H., *The Winner's Curse: Paradoxes and Anomalies of Economic Life*, New York 1992.

Thaler, Richard H., *Advances in Behavioral Finance*, New York 1993.

Thaler, Richard H., »Behavioral Economics«, *NBER Reporter*, National Bureau of Economic Research, Herbst 1995, S. 9–13.

Thaler, Richard H., und Hersh Shefrin, »An Economic Theory of Self-Control«, *Journal of Political Economy*, Bd. 89, Nr. 2 (April), 1981, S. 392–406, in: Thaler, 1991.

Thaler, Richard H., Daniel Tversky und Jack L. Knetsch, »Experimental Tests of the Endowment Effect«, *Journal of Political Economy*, Bd. 98, Nr. 6, 1990, S. 1325–1348.

Thaler, Richard H., Daniel Tversky und Jack L. Knetsch, »Endowment Effect, Loss Aversion and Status Quo Bias«, *Journal of Economic Perspectives*, Bd. 5, Nr. 1, 1991, S. 193–206.

Todhunter, Isaac, *A History of the Mathematical Theory of Probability from the Time of Pascal to that of Laplace*, New York 1931, Erstausgabe Cambridge, England, 1865.

Townsend, Robert M., »Consumption Insurance: An Evaluation of Risk-Bearing Systems in Low-Income Economies«, *Journal of Economic Perspectives*, Bd. 9, Nr. 3 (Sommer), 1995, S. 83–102.

Tsukahara, Theodore, jr., und Harold J. Brumm jr., »Economic Rationality, Psychology and Decision-making Under Uncertainty«, in: Eadington, 1976, S. 92–106.

Turnbull, Herbert Westren, »The Great Mathematicians«, in: Newman, 1988, S. 73–160.

Tversky, Amos, »The Psychology of Risk«, in: Sharpe, 1990, S. 73–77.

Tversky, Amos, und Daniel Kahneman, »The Framing of Decisions and the Psychology of Choice«, *Science*, Bd. 211, 1981, S. 453–458.

Tversky, Amos, und Daniel Kahneman, »Rational Choice and the Framing of Decisions«, *Journal of Business*, Bd. 59, Nr. 4, 1986, S. 251–278.

Tversky, Amos, und Daniel Kahneman, »Advances in Prospect Theory: Cumulative Representation of Uncertainty«, *Journal of Risk and Uncertainty*, Bd. 5, Nr. 4, S. 297–323.

Tversky, Amos, und Derek J. Koehler, »Support Theory: A Nonextensional Representation of Subjective Probability«, *Psychological Review*, Bd. 101, Nr. 4, 1994, S. 547–567.

Urquhart, John, *Risk Watch: The Odds of Life*, New York 1984.

Vertin, James, »The State of the Art in Our Profession«, *Journal of Portfolio Management*, Bd. I, Nr. 1, 1974, S. 10–12.

von Neumann, John, »Can We Survive Technology?«, *Fortune*, Juni 1955.

von Neumann, John, und Oskar Morgenstern, *Theory of Games and Economic Behavior*, Princeton, New Jersey, 1944. Deutsch: Spieltheorie und wirtschaftliches Verhalten, 1973.

Wade, H., *The Greatest Gambling Stories Ever Told*, Ontario 1973.

Waldrop, M. Mitchell, *Complexity: The Emerging Science at the Edge of Order and Chaos*, New York 1992.

Wallach, M. A., und C. W. Wing jr., »Is Risk a Value?«, *Journal of Personality and Social Psychology*, Bd. 9, Nr. 1 (Mai), 1968, S. 101–106.

Warren, George F., und Frank A. Pearson, *The Price Series*, New Jersey 1993.

Whitman, Marina von Neumann, »John von Neumann: A Personal View«, *Proceedings of Symposia in Pure Mathematics*, Bd. 50, 1990.

Wildavsky, Aaron, »No Risk Is the Highest Risk of All«, in: Glickman und Gough, 1990, S. 120–128.

Willems, E. P., »Risk is a value«, *Psychological Reports*, Bd. 24, 1969, S. 81–82.

Williams, John Burr, *The Theory of Investment Value*, Cambridge, Massachusetts, 1938.

Wilson, R., »Analyzing the Daily Risks of Life«, *Technology Review*, 1981, S. 40–46.

Winslow, E.G., »›Human Logic‹ and Keynes's Economics«, *Eastern Economic Journal*, Bd. XII, Nr. 4 (Oktober–Dezember), 1986, S. 413–430.

Personenregister

Sachregister

Danksagung

Der Vorschlag, daß ich ein Buch über das Risiko schreiben sollte, kam vom inzwischen verstorbenen, ehemaligen Verleger der Free Press, Erwin Glickes. Erwin war ein Mensch, der in höchstem Maße Einfluß- und Überzeugungskraft sowie Charme besaß. Während er sicher war, daß meine langjährige Erfahrung als Investmentberater mich ausreichend für diese Aufgabe qualifizierte, mußte ich bald feststellen – was ich ohnehin befürchtet hatte –, daß Risiko ein nicht mit der New Yorker Börse beginnendes oder endendes Thema ist.

Thema und Stoff sind beängstigend umfangreich und so umfassend, daß sie Grundfragen von Psychologie, Mathematik, Statistik und Geschichte berühren. Die einschlägige Literatur ist immens, und mit jedem Tag kommen Nachrichten, die wieder neue interessante Aspekte aufzeigen. Infolgedessen mußte ich notgedrungen selektiv vorgehen. Ich bin jedoch der Überzeugung, daß es sich, wo immer in diesem Buch wichtiges Material ausgespart wird, nicht um ein Versehen, sondern um das Ergebnis einer bewußten Auswahl handelt.

Ich war bei diesem Projekt in viel stärkerem Maße auf andere Menschen angewiesen als bei meinen früheren literarischen Bemühungen. Alte Freunde, aber auch fremde Personen aus vielen Berufen und Fachdisziplinen haben mir unschätzbare Hilfe, Kritik und schöpferische Anregungen zukommen lassen, und hier haben die vielen Köche das Gericht bestimmt nicht verdorben, sondern verbessert. Ihnen allen gilt mein uneingeschränkter Dank. Ohne sie hätte es dieses Buch überhaupt nie gegeben.

Die Konvention verlangt, daß der Ausdruck des Dankes an Ehepartner und Lektoren an das Ende der Danksagungen gerückt wird. Diesmal bin ich fest entschlossen, meine Frau und meine Lektoren vorab zu erwähnen. Sie gehören einfach an die erste Stelle.

Barbara – meine Ehefrau und zugleich meine Geschäftspartnerin – hat unendlich viel an schöpferischen Gedanken, konzeptionellen Vorschlägen und konkreter Kritik beigesteuert, was für die bevorstehende Aufgabe ausnahmslos bedeutsam war. Es gibt kaum eine Seite, auf der nicht ihr Einfluß spürbar wäre. Im übrigen hat die Effizienz, mit der sie unserem Leben eine Ordnung gegeben hat, in der für dieses Projekt dann überhaupt Raum war, das mögliche Chaos verhindert und den Fortgang der Arbeit gewährleistet.

Myles Thompson vom Verlag John Wiley hat an diesem Projekt auf entscheidende Weise Anteil genommen. Ich habe den Vorzug genossen, von seinen kompetenten verlegerischen Vorschlägen, seiner enthusiastischen Anleitung und seinem professionellen Management profitieren zu dürfen. Myles' Kollegen im Verlag haben von Anfang bis Ende in jeder erdenklichen Form geholfen und mitgearbeitet. Die Lektoratsarbeit von Everrett Simms hat es mir ermöglicht, vorhandene Unklarheiten zu erkennen; sein meisterlicher Einsatz des Skalpells hat dazu beigetragen, eine Menge Fusseln im Manuskript auszumerzen, ohne daß der Inhalt Schaden genommen hätte.

Einige Menschen haben mir mehr Beistand geleistet, als sie zu leisten verpflichtet gewesen wären. Besonderen Dank schulde ich Peter Dougherty für seine zahllosen, unschätzbar wertvollen Kommentare und Hinweise. Mark Kritzman war mir ein unermüdlicher Lotse durch die Untiefen mathematischer und statistischer Abhandlungen. Richard Rogalski und seine Mitarbeiter in der Baker Library zu Dartmouth haben mir endlose Stunden an Zeit erspart, indem sie mir ihre Einrichtungen über weite Entfernungen nutzbar machten; der feine Humor und die Hilfsbereitschaft von Rich haben die Freude über seine großzügige Unterstützung noch gesteigert. Martin Leibowitz schenkte mir immens wertvolles Material, das den Gehalt des Buches bereichert hat. Richard und Edith Sylla haben unermüdlich an Stellen recherchiert, wo ein Weiterkommen sich besonders schwierig gestaltete. Stanley Kogelman hat mir unbezahlbaren Einzelunterricht über die Wahrscheinlichkeitsanalyse erteilt. Als ideale Forschungsassistentin hat mir Leora Klapper zur Seite gestanden: Sie war stets unermüdlich, voller Begeisterung, gründlich und pünktlich.

Mollie Baker, Peter Brodsky, Robert Ferguson, Richard Geist und William Leigh haben freundlicherweise Teile früherer Manuskriptfassungen durchgelesen. Sie verhalfen mir zu dem fliegenden Start, dessen ich bedurfte, um Rohfassungen zu einer endgültigen Form zu bringen.

Die folgenden Personen haben ebenfalls bedeutsame Beiträge zu diesem Buch geleistet und verdienen meinen tiefempfundenen Dank: Kenneth Arrow, Gilbert Bassett, William Baumol, Zalmon Bernstein, Doris Bullard, Paul Davidson, Donald Dewey, David Durand, Barbara Fotinatos, James Fraser, Greg Hayt, Roger Hertog, Victor Howe, Bertrand Jacquillat, Daniel Kahneman, Mary Kentouris, Mario Laserna, Michelle Lee, Harry Markowitz, Morton Meyers, James Norris, Todd Petzel, Paul Samuelson, Robert Shiller, Charles Smithson, Robert Solow, Meir Statman, Mara Steele, Richard Thaler, James Tinsley, Frank Trainer, Amos Tversky und Marina von N. Whitman.

Acht Personen haben sich zum Lesen des Gesamtmanuskripts bereitgefunden und mir in großzügiger Weise fachwissenschaftliche Kritik und Empfehlungen zugute kommen lassen. Sie alle, jeder für sich, haben wesentliche Verdienste an der inhaltlichen und formalen Qualität des Buches, ohne irgendwelche Verantwortung für seine Unzulänglichkeiten zu tragen. Es sind: Theodore Aronson, Peter Brodsky, Jay Eliasberg, Robert Heilbroner, Peter Kinder, Charles Kindleberger, Mark Kritzman und Stephen Stigler.

Ich schließe mit einem Ausdruck des Dankes an meine verstorbenen Eltern Allen M. Bernstein und Irma L. Davis, die zu einem wesentlichen Teil die Begeisterung geweckt haben, welche in das Entstehen dieses Buches eingeflossen ist.

Peter L. Bernstein

Joël de Rosnay

Homo symbioticus
Einblicke in das 3. Jahrtausend

Aus dem Französischen von Bernd Wilczek
416 Seiten, Leinen, Fadenheftung
ISBN 3-9803352-4-0

»Der Mensch muß mit der Gesellschaft und dem Ökosystem in eine Symbiose eintreten, um zu überleben. Er ist die symbiotische Zelle eines riesigen planetarischen Organismus, der aus sich selbst heraus zu leben beginnt; ein Makroorganismus, von dem unsere Zukunft abhängt.«
Joël de Rosnay in »Die Zeit«